EUL VERLAG

PERSONAL, ORGANISATION UND ARBEITSBEZIEHUNGEN

Herausgegeben von Prof. Dr. Fred G. Becker, Bielefeld, und Prof. Dr. Walter A. Oechsler, Mannheim

Band 44
Ismail Düzgün
Alter, Erfolg und Innovation in Arbeitsgruppen – Eine empirische Untersuchung in der Fließbandproduktion
Lohmar – Köln 2008 • 268 S. • € 47,- (D) • ISBN 978-3-89936-661-7

Band 45
Isabell Noack
Leistungsanreize und Entgeltgestaltung in der Wissenschaft
Lohmar – Köln 2008 • 350 S. • € 74,- (D) • ISBN 978-3-89936-708-9

Band 46
Angelika E. K. Günther
Projektleiter als Erfolgsdeterminante von Projekten – Eine empirische Analyse in der IT-Dienstleistungsbranche
Lohmar – Köln 2008 • 384 S. • € 65,- (D) • ISBN 978-3-89936-738-6

Band 47
Marion Mertesacker
Die Interkulturelle Kompetenz im Internationalen Human Resource Management – Eine konfirmatorische Evaluation
Lohmar – Köln 2010 • 400 S. • € 66,- (D) • ISBN 978-3-89936-938-0

Band 48
Nicolas Rohde
Disliked Practices – An Empirical Study on the Reverse Side of Organizational Practices
Lohmar – Köln 2010 • 268 S. • € 57,- (D) • ISBN 978-3-8441-0003-7

Band 49
Ekkehard Hermsdorf
Integrationsconsulting bei Unternehmenszusammenschlüssen unter Berücksichtigung des psychologischen Vertrages
Lohmar – Köln 2011 • 312 S. • € 62,- (D) • ISBN 978-3-8441-0026-6

JOSEF EUL VERLAG

Reihe: Personal, Organisation und Arbeitsbeziehungen · Band 49
Herausgegeben von Prof. Dr. Fred G. Becker, Bielefeld, und Prof. Dr. Walter A. Oechsler, Mannheim

Dr. Ekkehard Hermsdorf

Integrationsconsulting bei Unternehmenszusammenschlüssen unter Berücksichtigung des psychologischen Vertrages

EUL VERLAG

Bibliografische Information der Deutschen Nationalbibliothek

Die Deutsche Nationalbibliothek verzeichnet diese Publikation in der Deutschen Nationalbibliografie; detaillierte bibliografische Daten sind im Internet über <http://dnb.d-nb.de> abrufbar.

Dissertation, Universität Flensburg, 2011

ISBN 978-3-8441-0026-6
1. Auflage April 2011

JOSEF EUL VERLAG GmbH
Brandsberg 6
53797 Lohmar
Tel.: 0 22 05 / 90 10 6-6
Fax: 0 22 05 / 90 10 6-88
E-Mail: info@eul-verlag.de
http://www.eul-verlag.de

Bei der Herstellung unserer Bücher möchten wir die Umwelt schonen. Dieses Buch ist daher auf säurefreiem, 100% chlorfrei gebleichtem, alterungsbeständigem Papier nach DIN 6738 gedruckt.

VORWORT

"It is not only important doing the right thing, but doing it the right way". Diesen Ausspruch, den ich während meines Studiums in Großbritannien hörte, deutet auf die beiden zentralen Problemfelder hin, die aus meiner Sicht bei der Erstellung einer solchen Arbeit zu bewältigen sind. Zum einen betrifft es die Auswahl und Bearbeitung eines geeigneten Forschungsthemas, zum anderen den Umgang mit den vielen Unterstützern, ohne deren Hilfe der erfolgreiche Abschluss dieser Arbeit nicht denkbar gewesen wäre. Deshalb ist es mir ein besonderes Anliegen all denjenigen zu danken, die mich bei der Erstellung unterstützt haben.

Mein besonderer Dank gilt Herrn Professor Dr. Heiner Dunckel für seine tatkräftige Unterstützung. Auch möchte ich mich bei Frau Professor Dr. Marianne Resch für die Übernahme des Zweitgutachtens bedanken. Mein weiterer Dank geht an die Vorsitzenden der Prüfungskommission Frau Professor Dr. Susanne Royer sowie Herrn Professor Dr. Uwe Danker.

Auch möchte ich mich bei den zahlreichen Interviewpartnern bedanken, die sich die Zeit nahmen, mich zu unterstützen. Ihr Wissen und ihre Erfahrungen bilden die Grundlage für die beiden empirischen Untersuchungen. In diesem Sinne möchte ich mich besonders bei Herrn Jan-Dirk Henrich und Herrn Peter Tatar bedanken.

Für ihr Verständnis möchte ich mich bei meinen Freunden und Bekannten ganz herzlich bedanken, denn es war nicht immer einfach, Promotion und Privatleben miteinander zu kombinieren. Besonders hervorheben möchte ich Herrn Dr. Adrian Stephan und Herrn Claudius Jaskolka.

Vielen Dank schulde ich Annelies und Joachim Noack für ihr Verständnis und ihre tatkräftige, zeitbeanspruchende Unterstützung.

Der größte Dank gebührt meiner Verlobten Isabell. Ihre charmante Art, mich zum Lernen zu bewegen ebnete mir den Weg durch Studium und Promotion. Ihre fortwährende Unterstützung und Ermutigung bestärkte mich, mein gesetztes Ziel allen Widerständen zum Trotz zu erreichen. Hoffentlich gelingt es uns auch weiterhin, alle Widrigkeiten des Lebens gemeinsam zu bewältigen.

Bei meinen Eltern möchte ich mich für all ihre bedingungslose Unterstützung bedanken. In großer Dankbarkeit widme ich ihnen dieses Buch.

Köln, im März 2011

Ekkehard Hermsdorf

INHALTSVERZEICHNIS

Abbildungsverzeichnis

1. Einleitung

1.1. Ausgangssituation

Unternehmenszusammenschlüsse und -fusionen (M&A) sind im Laufe dynamischer wirtschaftlicher Wandlungsprozesse zu strategischen Basisinstrumenten geworden. Sie dienen der schnellen Anpassung an veränderte globalisierte Märkte und der Erreichung angestrebter Wachstumsziele. Unternehmenszusammenschlüsse sind längst keine Modeerscheinung mehr, auch wenn sie zur Zeit in den Medien nicht mehr so präsent sind wie zu Zeiten des Neuen Marktes und der Internet-Start-Up-Firmenneugründungen. Die Zahl der Unternehmenszusammenschlüsse war seit dieser Zeit leicht rückläufig. Seit 2004 konnte jedoch wieder eine Zunahme der M&A-Aktivitäten konstatiert werden. Besonders häufig fanden derartige Transaktionen im Finanz- und Telekommunikationsbereich sowie in der Chemie- und Pharmaindustrie statt.[1]

Seit der Fusion von SmithKline Beckman und Beecham zu SmithKline Beecham im Jahr 1989 sind besonders in der Pharmabranche häufig Unternehmenszusammenschlüsse zwischen großen Konzernen zu beobachten.[2] Als Gründe für die zunehmenden Übernahmen werden vor allem steigende Entwicklungskosten aufgeführt. Außerdem deckeln immer mehr Staaten die Ausgaben ihrer Gesundheitssysteme, welches die Anbieter von Pharmaprodukten zwingt immer effizienter zu werden. Dieser zunehmende Druck führt dazu, dass sich wegen der aktuellen globalen Finanz- und Wirtschaftskrise die großen Pharmahersteller zusammenschließen, um der wachsenden Konkurrenz durch die Hersteller von billigeren Nachahmer-Medikamenten (Generika) entgegenzutreten.[3]

---

[1] Vgl. Müller, Martina (2007) Die Identifikation kultureller Erfolgsfaktoren bei grenzüberschreitenden Fusionen. Eine Analyse am Beispiel der DaimlerChrysler AG, Wiesbaden: Deutscher Universitätsverlag, S. 1 ff.

[2] Vgl. Schäfer, Michael (2001) Integrationscontrolling – Bausteine zur Beobachtung der Integration von Akquisitionen. Bamberg: Difo-Druck, S. 2 f.

[3] Vgl. Grabbe, Hanna (2009) Wie Fusionen die Branche retten sollen, Financial Times Deutschland, http://www.ftd.de/unternehmen/gesundheitswirtschaft/:Pharma-Wie-Fusionen-die-Branche-retten-sollen/484843.html?p=1#a1, (Stand 11.03.2009).

Neben den branchenspezifischen Gründen fördern auch branchenneutrale Faktoren die Zunahme des Zusammenschlussgeschehens. Einerseits stellt die fortschreitende Globalisierung der Güter- und Dienstleistungsmärkte gesteigerte Anforderungen an die Marktpräsenz der Unternehmen. Andererseits fordert die zunehmende internationale Konkurrenz ein gewisses Größenwachstum, um am Markt bestehen zu können. Dieser Zusammenhang kann am Beispiel forschungsintensiver Branchen verdeutlicht werden. So ermöglicht es der Zusammenschluss zweier Unternehmen, dass z. B. bei der Zusammenlegung der beiden Forschungsabteilungen Synergien entstehen, die dem neuen Unternehmen zugute kommen. Dies hat wiederum einen gewissen Zusammenschlussautomatismus zur Folge, denn die verbesserte Ausgangslage eines Marktteilnehmers setzt die Konkurrenz unter Zugzwang.[4]

Das Thema Mergers & Acquisitions ist nicht nur für Großunternehmen von Bedeutung, es erfasst auch zunehmend die mittelständischen Betriebe. Die im Mittelstand vorherrschende Nachfolgeproblematik hat positive Auswirkungen auf den Markt für Unternehmensbeteiligungen.[5] Ferner ist auch im öffentlichen Sektor ein gestiegenes Interesse zu verzeichnen, welches vor allem durch finanzielle Motive begründet wird.[6] Prominentes Beispiel ist der Zusammenschluss der Gerhard-Mercator-Universität Duisburg und der Universität-Gesamthochschule Essen zur Universität Duisburg-Essen. Nach dem Zusammenschluss am 1. Januar 2003 gehört sie mit rund 30.000 Studenten[7] zu den -nach Studentenzahlen- zehn größten Universitäten Deutschlands.

Aktuelle Prognosen gehen von einem langfristig anhaltenden Wachstum von M&A-Transaktionen aus, obwohl die Konsolidierungsprozesse aufgrund der aktuellen weltwirtschaftlichen Lage noch längst nicht abgeschlossen sind. Hinzukommend ha-

---

[4] Vgl. Schäfer 2001, S. 3.

[5] Vgl. Fischer, Katja (2001) Ein Nachfolger für den Chefsesel dringend gesucht, Welt Online, http://www.welt.de/print-welt/article425686/Ein_Nachfolger_fuer_den_Chefsessel_dringend-_gesucht.html, (Stand 11.03.2009).

[6] Vgl. Weiss, Katharina (2005) Zur Relevanz weicher Faktoren bei Akquisitionen: Einflussbereiche der Unternehmenskultur und Einflussfaktoren des Integrationsklimas, http://deposit.ddb.de/cgi-bin/dokserv?idn=978917219&dok_var=d1&dok_ext=pdf&filename=978917219.pdf (Stand 21.11.2008), S. 1.

[7] Personen- und Funktionsbezeichnungen in diesem Text gelten jeweils in männlicher und weiblicher Form.

ben zahlreiche Unternehmen ihre Kostensenkungsprogramme und –maßnahmen bereits erfolgreich implementiert und wenden sich wieder vermehrt der Erreichung strategischer Wachstumsziele zu.[8]

Demgegenüber nehmen betroffene Stakeholder Unternehmenszusammenschlüsse eher kritisch auf. In Anbetracht der häufig angekündigten Synergieziele reagieren die Kunden oft verunsichert.[9] Auch bei den betroffenen Beschäftigten und Führungskräften wirft die Bekanntgabe eines Zusammenschlussvorhabens Fragen in Bezug auf die Zukunft des eigenen Arbeitsplatzes auf.[10] Während sich das neu zusammengeschlossene Unternehmen noch mit der Integration beschäftigt, können die Wettbewerber die entstehende Unsicherheit zur Vergrößerung des eigenen Marktanteils nutzen.[11] Das eher negative Bild von Unternehmenszusammenschlüssen wird auch durch eine hohe Misserfolgsquote bestätigt. In Abhängigkeit der zugrunde gelegten Kriterien und Zeiträume variiert die ermittelte Quote zwischen 40 und 80 Prozent.[12]

Die Gründe für eine solche Misserfolgsquote sind zahlreich. Im Rahmen einer qualitativen Studie befragte Jansen 96 Integrations- und Zusammenschlussverantwortliche, welche entscheidenden Faktoren den Erfolg eines Unternehmenszusammenschlusses gefährden können.[13] Abbildung 1 zeigt die Ergebnisse dieser qualitativen Untersuchung und gibt Hinweise auf mögliche Misserfolgsquellen. Etwa die Hälfte aller aufgelisteten Gefahrenquellen beruht auf Entscheidungen, die in den Bereichen Marketing, Organisation und Unternehmensstrategie getroffen werden. Die übrigen

---

[8] Vgl. Müller 2007, S. 1 ff.

[9] Vgl. Bucerius, Matthias (2004) Marketing-Integration nach Fusionen und Akquisitionen, Wiesbaden: Deutscher Universitäts Verlag.

[10] Vgl. Berner, Winfried (2002) Zur Psychologie der Fusion: Post-Merger-Integration als angewandte Sozial- und Massenpsychologie, Wirtschaftspsychologie aktuell Arbeit-Betrieb-Organisation, Jahrgang 2002, Heft 2, S. 12-19; Hesse, M. (2005) Fressen und gefressen werden. Frankfurter Allgemeine Zeitung, 17./18. September, S. 27.

[11] Vgl. Homburg, Christian/Bucerius, Matthias (2004) Übernahmen erfolgreich gestalten, Frankfurter Allgemeine Zeitung, 26. April, S. 20.

[12] Vgl. Cartwright, Sue/Cooper, Cary (2000a) Managing mergers, acquisitions and strategic alliances: integrating people and cultures, 2. Auflage, Oxford [u.a.]: Butterworth-Heinemann.

[13] Vgl. Jansen, Stephan (2002) Die 7 K's des Merger Managements, Zeitschrift Führung + Organisation, 71. Jahrgang, Heft 1, S. 6-13; Jansen, Stephan (2003) Form der Fusion –empirische und modelltheoretische Analysen zum Management von Unternehmenszusammenschlüssen- Am Beispiel von Großtransaktionen mit deutscher Beteiligung und High Tech-Mehrfachakquisiteuren im Silicon Valley, CA, 1 CD ROM 12cm, S. 77.

Faktoren beziehen sich auf eine mangelnde Einbeziehung und Unterstützung der Mitarbeiter, auf einen zu geringfügigen Einsatz personalpolitischer Instrumente und geeigneter Kommunikationsmaßnahmen sowie auf eine zu geringe Beachtung unternehmenskultureller Faktoren. Diese Gefahrenquellen können den Erfolg von Unternehmenszusammenschlüssen beeinträchtigen.[14]

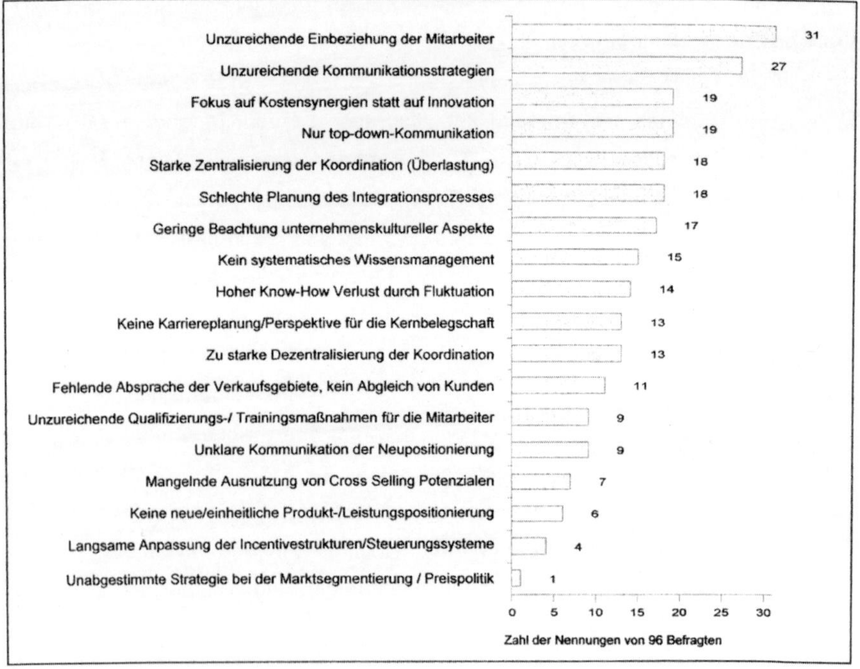

Abbildung 1: Gefahrenquellen bei Unternehmenszusammenschlüssen.[15]

Ein entscheidender Grund für das Scheitern vieler Unternehmenszusammenschlüsse liegt darin, dass die beteiligten Unternehmensführungen unternehmenskulturelle und personelle Aspekte unterschätzen.[16] So führt die Ankündigung eines Zusammen-

[14] Vgl. Jansen 2003, S. 199.

[15] Quelle: in Anlehnung an Jansen 2003, S. 199.

[16] Vgl. Aldering, Christoph/Högemann, Bernd (2005) Human Resources Due Diligence, in Berens, Wolfgang/Brauner, Hans/Strauch, Joachim (Hrsg.) Due Diligence bei Unternehmensakquisitionen, Stuttgart: Schäffer-Poeschel, S. 513-539; Högemann, Bernd (2005) Cultural Due Diligence, in Berens, Wolfgang/Brauner, Hans/Strauch, Joachim (Hrsg.) Due Diligence bei Unternehmensakqui-

schlusses bei vielen Mitarbeitern zu teilweise heftigen emotionalen Reaktionen. Zum einen wird der Unternehmenszusammenschluss von vielen Mitarbeitern als Verlust eines Teils der persönlichen Identität empfunden.[17] Zum anderen wird Angst vor Veränderungen eines als bisher sicher eingestuften und bekannten Umfeldes mit seinen Regeln, Aufgabenstellungen, Hierarchien, Strukturen und Kollegen geweckt.[18]

Für den einzelnen Mitarbeiter gewinnen die so genannten Ich-Faktoren nach Bekanntgabe des Unternehmenszusammenschlusses eine dominierende Bedeutung. Die sich aufdrängenden Fragen für den einzelnen Mitarbeiter können zum Beispiel sein: Werde ‚ich' meinen Arbeitsplatz behalten? Wer ist ‚mein' möglicher Konkurrent in dem anderen Unternehmen? Was bedeutet der Zusammenschluss für ‚meinen' Arbeitsplatz und ‚meinen' Aufgabenbereich? Werde ‚ich' einen neuen Vorgesetzten bekommen? Was wird aus ‚meiner' Beförderungsplanung? Was wird aus den persönlichen Abmachungen zwischen ‚mir' und ‚meinem' Vorgesetzten?[19]

Diese Fragen und die damit verbundenen Erwartungen sind Inhalt des psychologischen Vertrages. Sie spiegeln seine Bedeutung bei Unternehmenszusammenschlüssen wider. Die wechselseitigen Erwartungen zwischen Mitarbeiter und Unternehmen, die den psychologischen Vertrag kennzeichnen, werden eben durch diese Fragen im Integrationsprozess beeinflusst. Dennoch ist sich die Unternehmensführung oftmals nicht bewusst, dass bei Unternehmenszusammenschlüssen der psychologische Vertrag der Mitarbeiter in Frage gestellt wird. Die aus den Ich-Faktoren resultierenden Ängste und Unsicherheiten können sich lähmend auf den einzelnen Mitarbeiter und die Belegschaft auswirken. Denn nach Bekanntgabe des Unternehmenszusammenschlusses ist das Erreichen der vom Management verkündeten Ziele für die Mitarbeiter nicht annähernd so bedeutsam wie die Wahrung ihres psychologischen Vertra-

sitionen, Stuttgart: Schäffer-Poeschel, S. 539-564; Zimmer, Alexander (2001) Unternehmenskultur und Cultural Due Diligence bei Mergers & Acquisitions, Aachen: Shaker.

[17] Vgl. Giessner, Steffen (2003) Eine Intergruppenperspektive auf Unternehmensfusionen, in Strähle, Jochen (Hrsg.) Interkulturelle Mergers & Acquisitions. Eine interdisziplinäre Perspektive, Sternenfels: Verlag Wissenschaft & Praxis, S. 168-194, S. 172.

[18] Vgl. Cartwright/Cooper 2000a, S. 46 ff.

[19] Vgl. Jansen 2003, S. 121; Cartwright/Cooper 2000a, S. 50 ff.

ges. Somit können Zweifel über den Fortbestand des bestehenden psychologischen Vertrages die Durchführung des Integrationsprozesses beeinflussen.[20]

Die Gestaltung des Integrationsprozesses wird als zentraler Erfolgsfaktor für die Zielerreichung des Zusammenschlusses gesehen.[21] Die sorgfältige Gestaltung des Integrationsprozesses ist sogar der bedeutsamste Faktor gemäß einer Untersuchung der Unternehmensberatung ATKearney.[22] Ein umfassend systematisches und professionelles Integrationsconsulting wirkt sich deutlich positiv auf die Erschließung von Wertsteigerungspotenzialen aus.[23] Aufgrund der besonderen Bedeutung der Integration im Zusammenschlussprozess soll diese Arbeit einen entscheidenden Beitrag zum Integrationsconsulting bei Unternehmenszusammenschlüssen leisten. Da dem psychologischen Vertrag eine bedeutende Rolle im Integrationsprozess zukommt, sollte das Konzept des psychologischen Vertrages vom Integrationsconsulting aufgegriffen und berücksichtigt werden.

1.2. Problemstellung aus wissenschaftlicher Perspektive

In den vergangenen Jahrzehnten hat sich die wissenschaftliche Forschung intensiv dem Forschungsfeld von Unternehmenszusammenschlüssen gewidmet.[24] Im Verlauf

---

[20] Vgl. Bellou, Victoria (2007) Psychological contract assessment after a major organizational change: The case of mergers and acquisitions, Employee Relations, 29. Jahrgang, Heft 1, S. 68-88.

[21] Vgl. Coley, Stephen/Reinton, Sigurd (1988) The hunt for value, McKinseyQuarterly, Spring 1988, Heft 2, S. 29-34; Ellis, Kimberly (2004) Managing the Acquisition Process: Do Differences Actually Exist Across Integration Approaches, in Pablo, Amy/Javidan, Mansour (Hrsg.) Mergers and Acquisitions, creating integrative knowledge, Oxford: Blackwell, S. 113-134, S.114 ff.; Epstein, Marc (2004) The Drivers of Success in Post-Merger Integration, Organizational Dynamics, 33. Jahrgang, Heft 2, S. 174-189; Lucks, Kai/Meckl, Reinhard (2002) Internationale Mergers & Acquisitions, der prozessorientierte Ansatz, Berlin [u.a.]: Springer, S. 226.

[22] In Picot, Gerhard (2000) Gestaltung von Mergers & Acquisitions, Betriebswirtschaftliche Forschung und Praxis, 52. Jahrgang, Heft 4, S. 345-357.

[23] Vgl. Gerds, Johannes/Schewe, Gerhard (2004) Post Merger Integration, Unternehmenserfolg durch Integration Excellence, Berlin [u.a.]: Springer, S. 4 ff.

[24] Vgl. Stahl, Günter/Mendenhall, Mark/Pablo, Amy/Javidam, Mansour (2005) Sociocultural Integration in Mergers and Acquisitions, in Stahl, Günter/Mendenhall, Mark (Hrsg.) Mergers and Acquisitions, Stanford, Stanford University Press, S. 3-16; Leland, Hayne (2007) Financial synergies and the optimal scope of the firm: implications for mergers, spinoffs, and structured finance, Journal of Finance, 62. Jahrgang, Heft 2, S. 765-807; Datta, Deepak/Puia, George (1995) Cross-border acquisitions: an examination of the influence of relatedness and cultural fit on shareholder value creation in U.S. acquiring firms, Management International Review, 35. Jahrgang, Heft 4, S. 337-359; Healy, Paul/Palepu, Krishna/Ruback, Richard (1997) Which Takeovers are profitable? Strategic or Finan-

der Zeit haben sich hierbei unterschiedliche Forschungsstränge herausgebildet, die nun in den nachfolgenden Abschnitten kurz umrissen werden.

- Der Forschungsstrang des „Strategic Management“ fokussiert auf die strategischen Motive und Gründe von Unternehmenszusammenschlüssen sowie auf ihre Auswirkungen auf den Zusammenschlusserfolg.[25] Aus Sicht dieses Forschungsfeldes gibt es fünf zentrale Gründe für einen Unternehmenszusammenschluss. Hierzu zählen: Abbau von Überkapazitäten, geografische Expansion, Erweiterung der Produktpalette, Wissenserwerb und Nutzung aufkommender Konvergenzen zwischen den Unternehmensfeldern.[26] Bower schreibt, dass die einzelnen Zusammenschlussmotive unterschiedliche Anforderungen an die sich anschließende Zusammenschlussphase stellen.[27] Folglich ergeben sich aus den einzelnen Zielvorgaben auch verschiedene Ansprüche an den Integrationsprozess und das Integrationsconsulting. In der Literatur werden aber auch weitere Zusammenschlussmotive aufgeführt. So schreibt Ghoshal, dass die zusammenschlussbedingten Umstrukturierungsmaßnahmen die Lernfähigkeit und Wissensbasis der Organisation positiv beeinflussen können und damit ein weiteres Motiv für die Initiierung darstellen.[28] Auch verbesserte wirtschaftliche Möglichkeiten[29], wie Optionen der Synergieerzielung[30] oder ein verbesserter Marktzugang[31], sind aus Perspektive der strategischen Managementforschung untersucht worden. Eine Viel-

---

cial, Sloan Management Review, 38. Jahrgang, Heft 4, S. 45-57; Larsson, Rikard/Lubatkin, Michael (2001) Achieving acculturation in mergers and acquisitions: An international case survey, Human Relations, 54. Jahrgang, Heft 12, S. 1573-1607; Birkinshaw, Julian/Bresman, Henrik/Håkanson, Lars (2000) Managing the post-acquisition integration process: how the human integration and task integration processes interact to foster value creation, Journal of Management Studies, 37. Jahrgang, Heft 3, S. 427-443;

[25] Vgl. Stahl/Mendenhall/Pablo/Javidam 2005, S. 4.

[26] Vgl. Bower, Joseph (2004) When we study M&A, what are we learning? in Pablo, Amy/Javidan, Mansour (Hrsg.) Mergers and Acquisitions: Creating Integrative Knowledge, Oxford: Blackwell, S. 235-244.

[27] Vgl. Bower 2004, S. 235 ff.

[28] Vgl. Ghoshal, Sumantra (1987) Global Strategy: An organizing framework, Strategic Management Journal, 8. Jahrgang, Heft 5, S. 425-440.

[29] Vgl. Barney, Jay (1991) Firm resources and sustained competitive advantage, Journal of Management, 17. Jahrgang, Heft 1, S. 99-120.

[30] Vgl. Leland, 2007, S. 765 ff.; Shaver, Myles (2006) A paradox of synergy: contagion and capacity effects in mergers and acquisitions, Academy of management review, 31. Jahrgang, Heft 4, S. 962-976.

[31] Vgl. Trautwein, Friedrich (1990) Merger Motives and prescriptions, Strategic Management Journal, 11. Jahrgang, Heft 4, S. 283-295.

zahl von Wissenschaftlern hat die Auswirkungen von Unternehmenszusammenschlüssen auf die Wertschöpfung und ähnliche Organisationsvariablen untersucht.[32]

- Ein weiterer Forschungsstrang, der als „Capital Markets" bezeichnet wird, betrachtet Unternehmenszusammenschlüsse aus Perspektive der Kapitalmärkte.[33] Dabei werden Unternehmenszusammenschlüsse als Finanzinvestitionen gesehen, die einen pekuniären Mehrwert für das Käuferunternehmen erbringen müssen.[34] Mithilfe von Kapitalmarktindikatoren, wie Börsennotierungen von Aktien, wird u.a. nach Bekanntgabe des Zusammenschlusses anhand der Kursentwicklung untersucht, wie die Märkte auf das Vorhaben reagieren.[35] Auf Basis dieser Daten zeigen Datta und Puia, dass multinationale Unternehmenszusammenschlüsse für die Shareholder des Käuferunternehmens zumeist mit Verlusten verbunden sind.[36] Andere Studien zeigen, dass Unternehmenszusammenschlüsse, die vor dem Ziel der Markterweiterung initiiert wurden, zu einer Steigerung des Börsenwertes führen.[37]

- Ein weiteres Forschungsfeld beschäftigt sich mit Unternehmenszusammenschlüssen aus Sicht der „Financial Performance". Hier werden Zusammenschlüs-

---

[32] Vgl. Becker, Daniel (2005) Ressourcen-Fit bei M&A Transaktionen-Konzeptionalisierung, Operationalisierung und Erfolgswirkung auf Basis des Resource-Based View, Wiesbaden: Deutscher Universitätsverlag, S. 25 f.; Capron, Laurence (1999) The long-term performance of horizontal acquisitions, Strategic Management Journal, 20. Jahrgang, Heft 11, S. 987-1018; Sirower, Mark (2001) Der Synergie-Effekt: Chancen und Risiken von Fusionen für Unternehmer und Anleger, München: Finanzbuch-Verlag; Singh, Habir/Zollo, Maurizio (1998) Creating Value in Post-Acquisition Integration Processes, Working Paper Series, Philadelphia: Financial Institutions Center, Wharton School, University of Pennsylvania; Ramaswamy, Kannnan (1997) The performance impact of strategic similarity in horizontal mergers: Evidence from the U.S. banking industry, Academy of Management Journal, 40. Jahrgang, Heft 3, S. 697-715.

[33] Vgl. Stahl/Mendenhall/Pablo/Javidam 2005, S. 4.

[34] Bühner, Rolf (1990a) Reaktionen des Aktienmarktes auf Unternehmenszusammenschlüsse. Eine empirische Untersuchung, Schmalenbachs Zeitschrift für betriebswirtschaftliche Forschung (zfbf), 42. Jahrgang, S. 295 -316.

[35] Vgl. Chatterjee, Sayan (1992) Sources of value in takeovers: Synergy or restructuring-implications for target and bidder firms, Strategic Management Review, 13. Jahrgang, Heft 4, S. 267-286.

[36] Vgl. Datta/Puia 1995, S. 337 ff.

[37] Vgl. Shelton, Lois (1988) Strategic business fits and corporate acquisition: Empirical evidence, Strategic Management Journal, 9. Jahrgang, Heft 3, S. 279-287; Jensen, Michael (1988) Takeovers: Their causes and consequences, Journal of Economic Perspectives, 2. Jahrgang, Heft 1, S. 21-48; Lubatkin, Michael (1987) Merger strategies and stockholder value, Strategic Management Journal, 8. Jahrgang, Heft 1, S. 39-53.

se z. B. durch eine Auswertung der Unternehmensbilanzen untersucht. Bei diesen Analysen werden meist über einen längeren Zeitraum ausgewählte Indikatoren mit dem Branchenmittel verglichen. Als mögliche Indikatoren können beispielsweise Erlöse, Ertrag oder Gewinn herangezogen werden. Healy, Palepu und Ruback analysierten den Cash-Flow übernehmender Unternehmen in 50 großen Unternehmenszusammenschlüssen.[38] Ihre Ergebnisse zeigen, dass die meisten übernehmenden Unternehmen nach dem Zusammenschluss lediglich ihre zusammenschlussbedingten Kosten decken konnten. Darüber hinausgehende Kapitalrenditen konnte die Studie nicht nachweisen.[39] In einer bilanzorientierten Erfolgsanalyse von Bühner wurden 110 Unternehmenszusammenschlüsse mit Hilfe einer Rentabilitätsanalyse, bestehend aus Gesamtkapitalrentabilität und Eigenkapitalrentabilität, untersucht.[40] Die dabei ausgewerteten Bilanzen umfassen den Zeitraum von drei Jahren vor dem Zusammenschluss bis sechs Jahren danach. Bühner kommt zu dem Ergebnis, dass Unternehmenszusammenschlüsse zu einem Rückgang der Gesamtkapitalrendite führen. Bei konglomeraten und horizontalen Unternehmenszusammenschlüssen kommt es sogar zu einer signifikanten Verringerung der Gesamt- und Eigenkapitalrentabilität. Dieser Rückgang tritt mit einer zeitlichen Verzögerung auf und ist ab dem zweiten Jahr nach vollzogenem Zusammenschluss deutlich nachweisbar. Die Rückgänge dieser Rentabilitäten lassen sich auf unterschiedliche Kapital- und Ertragsentwicklungen zurückführen. Demnach gelingt es den Unternehmen nach dem Zusammenschluss nicht, ihre vormalige Ertragsstärke auf das gesteigerte Kapital zu übertragen oder aber der Ertrag verringert sich bei gleich bleibendem Kapital. Insgesamt zeigt diese Studie, dass Unternehmenszusammenschlüsse keine nachhaltige wertsteigernde Wirkung erzielen.

- Ein weiterer Forschungsbereich untersucht Unternehmenszusammenschlüsse aus dem Blickwinkel des „Organisational Behaviour“. Hier wird ein Unternehmenszusammenschluss als ein Prozess verstanden, bei dem sich zwei vormals

[38] Vgl. Healy/Palepu/Rubak 1997, S. 45 ff.

[39] Vgl. Healy/Palepu/Rubak 1997, S. 45 ff.

[40] Vgl. Bühner, Rolf (1990b) Der Jahresabschlußerfolg von Unternehmenszusammenschlüssen, Zeitschrift für Betriebswirtschaftslehre (ZfB), 60. Jahrgang, S. 1275-1294.

autonome Einheiten in eine neue Gesamtheit umwandeln.[41] Besonderes Augenmerk wird dabei auf den Integrationsprozess und die Vereinheitlichung der Unternehmensstrukturen, -abläufe und -kulturen gelegt. Arbeiten, die zu diesem Forschungsstrang gehören, basieren auf der Prämisse, dass ein Zusammenhang zwischen Integrationserfolg, Zusammenschlusspotenzial und Zusammenschlusserfolg besteht.[42] In seiner Arbeit zur Synergieerzielung zeigt Larsson, dass bei der Integrationsdurchführung auf die Ausgewogenheit zwischen eben diesen Parametern zu achten ist.[43] Ansonsten könne der Unternehmenszusammenschluss negative Auswirkungen auf das Unternehmen, die dort beschäftigten Mitarbeiter und deren wechselseitige Beziehungen haben.[44] Hervorgerufen werden diese Auswirkungen z. B. durch zusammenschlussbedingte negative Konsequenzen auf die Unternehmenskultur[45], die Organisationsstruktur[46] oder den Statusverlust des ehemals selbstständigen Unternehmensteils[47]. Pablo und Javidan zeigen anhand einer Fallstudie und eines Modells, dass kulturelle Unterschiede dysfunktionale Auswirkungen auf den Zusammenschluss haben können.[48] Einen weiterführenden Einblick in diesen Forschungsstrang geben zum Beispiel die Arbeiten von Napier[49] und Schweiger/ Goulet[50].

---

41 Vgl. Stahl/Mendenhall/Pablo/Javidam 2005, S. 5.

42 Vgl. Larsson, Rickard (1989) Organizational integration of mergers and acquisitions: a case survey of realization of synergy potentials, Lund: Lund University Press; Pablo, Amy (1994) Determinants of acquisition integration level: A decision-making perspective, Academy of Management Journal, 37. Jahrgang, Heft 4, S. 803-836.

43 Vgl. Larsson 1989.

44 Vgl. Shanley, Mark/Correa, Mary (1992) Agreement between top management teams and expectations for post acquisition performance, Strategic Management Journal, 13. Jahrgang, Heft 4, S. 245-266.

45 Vgl. Larsson/Lubatkin, 2001, S. 1573 ff.; Nahavandi, Afsaneh/Malekzadeh, Ali (1988) Acculturation in Mergers and Acquisitions, Academy of Management Review, 13. Jahrgang, Heft 1, S. 79-90.

46 Vgl. Iverson, Roderick/Pullman, Jacqueline (2000) Determinants of voluntary turnover and layoffs in an environment of repeated downsizing following a merger: An event history analysis, Journal of Management, 26. Jahrgang, Heft 5, S. 977-1003; Walsh, James (1989) Doing a deal: Merger and acquisition negotiations and their impact upon target company top management turnover, Strategic Management Journal, 11. Jahrgang, Heft 4, S. 307-322.

47 Vgl. Hambrick, Donald/Cannella, Albert (1993) Relative standing: A framework for understanding departures of acquired executives, Academy of Management Journal, 36. Jahrgang, Heft 4, S. 733-762.

48 Vgl. Pablo, Amy/Javidan, Mansour (2002) Thinking of a merger ... do you know their risk and propensity file?, Organizational Dynamics, 30. Jahrgang, Heft 3, S. 206-222.

49 Vgl. Napier, Nancy (1989) Mergers and acquisitions, human resource issues and outcomes: A review and suggested typology, Journal of Management Studies, 26. Jahrgang, Heft 3, S. 271-289.

- Das letzte Forschungsfeld, das hier vorgestellt werden soll, ist das des „Human Resource Management" im Kontext von Unternehmenszusammenschlüssen. Diesem unterliegt das Ausgangsproblem, dass die Auswirkungen von Unternehmenszusammenschlüssen auf die Mitarbeiter häufig von den Zusammenschlussverantwortlichen unterschätzt und vernachlässigt werden.[51] Deshalb untersucht eine Vielzahl von Forschungsarbeiten diesen Zusammenhang.[52] Auch in aktuelleren Untersuchungen wird die Bedeutung psychologischer, kommunikativer und führungsspezifischer Aspekte bei Unternehmenszusammenschlüssen bestätigt.[53] Diese Arbeiten weisen auch auf stressbedingte Mitarbeiterreaktionen hin, die z. B. durch Arbeitsplatzunsicherheit, Unternehmenswandel oder den Verlust der Autonomie am Arbeitsplatz begründet werden können.[54] Eine Arbeit von Larsson und Finkelstein zeigt, dass diese stressbedingten Mitarbeiterreaktionen besonders bei der Beschäftigtengruppe der übernommenen Mitarbeiter nachgewiesen werden konnten, die dem Unternehmenszusammenschluss nicht positiv gegenüberstand.[55]

Bereits bei der Darstellung der einzelnen Forschungsstränge wurden die jeweiligen zentralen Erkenntnisgebiete hervorgehoben. Analog zu den von den Zusammenschlussakteuren häufig genannten M&A-Zielen wurden in den meisten Forschungs-

---

50 Vgl. Schweiger, David/Goulet, Philip (2000) Integrating mergers and acquisitions: An international research review, Advances in Merger and Acquisition, 1. Jahrgang, S. 61-91.

51 Vgl. Birkinshaw/Bresman/Håkanson 2000, S. 427 ff.; Buono, Anthony/Bowditch, James (1989) The human side of mergers and acquisitions: managing collisions between people, cultures and organizations, San Francisco [u.a.]: Jossey Bass.

52 Vgl. Cartwright, Sue/Cooper, Cary (1993) The role of culture compatibility in successful organizational marriage, Academy of Management Executive, 7. Jahrgang, Heft 2, S. 57-70; Greenwood, Royston/Hinings, C.R./Brown, John (1994) Merging Professional Service Firms, Organization Science, 5. Jahrgang, Heft 2, S. 239-257; Haspeslagh, Philippe/Jemison, David (1992) Akquisitionsmanagement: Wertschöpfung durch strategische Neuausrichtung des Unternehmens, [übersetzt ins Deutsche durch Künzel, Patricia], Frankfurt a.M. [u.a.]: Campus Verlag.

53 Vgl. Stahl/Mendenhall/Pablo/Javidam 2005, S. 5; Marks, Mitchell/Mirvis, Philip (1998) Joining forces: Making one plus one equal three in mergers, acquisitions and alliances, San Francisco [u.a.]: Jossey Bass.

54 Vgl. Birkinshaw/Bresman/Håkanson 2000, S. 427 ff; Schweiger, David/Denisi, Angelo (1991) Communication with employees following a merger. A longitudinal field experiment, Academy of Management Journal, 34. Jahrgang, Heft 1, S. 110-135.

55 Vgl. Larsson, Rikard/Finkelstein, Sydney (1999) Integrating Strategic, Organizational, and Human Resource Perspectives on Mergers and Acquisitions: A Case Survey of Synergy Realization, Organization Science, 10. Jahrgang, Heft 1, S. 1-26.

arbeiten strategische oder monetäre Fragestellungen untersucht.[56] Eine Fokussierung auf den strategischen und finanziellen Erfolg ist aus Perspektive der beteiligten Unternehmensführung verständlich.

Die Beschäftigung mit dem Konstrukt des psychologischen Vertrages im Hinblick auf die Zusammenschlussproblematik wird in der Literatur noch weitestgehend vernachlässigt. Entsprechende Arbeiten wären entweder im Forschungsstrang des „Organizational Behaviour“ oder in dem des „Human Resource Management“ angesiedelt. Es konnten in der relevanten Literatur keine Arbeiten gefunden werden, die die Wechselwirkungen zwischen Unternehmenszusammenschluss und psychologischem Vertrag analysieren und darauf aufbauend ein Konzept zur Berücksichtigung des psychologischen Vertrages im Integrationsprozess entwickeln. Es konnte lediglich eine Studie von Bellou (2007)[57] ausfindig gemacht werden, die zwar den psychologischen Vertrag bei Unternehmenszusammenschlüssen empirisch untersucht, diese Untersuchung aber weder auf einer fundierten wissenschaftlichen Analyse beruht noch anschließende Antworten zum Umgang mit dem Konstrukt im Integrationsprozess liefert.

Die Forschungsstränge zeigen die unterschiedlichen Erkenntnisinteressen und Erklärungswege, mit denen Forschungsfragen im Zusammenhang mit der Zusammenschlussproblematik untersucht wurden. Bei näherer Betrachtung wird deutlich, dass zwar vielfältige Fragestellungen und Wirkbeziehungen innerhalb der einzelnen Forschungsstränge untersucht wurden, ein strangübergreifender Ansatz in der relevanten Literatur jedoch nicht zu finden ist.

---

[56] Vgl. Stahl/Mendenhall/Pablo/Javidam 2005, S. 5 f.

[57] Vgl. Bellou, Victoria (2007) Psychological contract assessment after a major organizational change: The case of mergers and acquisitions, Employee Relations, 29. Jahrgang, Heft 1, S. 68-88.

1.3. Problemstellung aus Sicht der Unternehmens- und Consultingpraxis

Bei Unternehmenszusammenschlüssen kann aus Sicht betroffener Mitarbeiter der psychologische Vertrag oftmals durch den Arbeitgeber verletzt bzw. gebrochen werden.[58] Zentrale Inhalte dieses Vertrages können nämlich u. a. Arbeitsplatzsicherheit, Gehaltssituation und Bonuszahlungen, faire Behandlung sowie Weiterbildungs- und Karrieremöglichkeiten sein, die durch das Unternehmen auch im Rahmen des Zusammenschlusses zu gewährleisten sind. Im Gegenzug haben die Mitarbeiter bestimmte arbeitsrelevante Verhaltensstandards zu erfüllen.[59]

Durch einen Unternehmenszusammenschluss können Diskrepanzen zwischen Erwartungen und tatsächlichem Verhalten des Unternehmens hervorgerufen werden. Betroffene Mitarbeiter können auf diese Unterschiede durch Einstellungs- oder Verhaltensänderungen reagieren. Ein Rückgang von Vertrauen, Arbeitszufriedenheit und Commitment wäre die Folge. Außerdem kann sich die Suchneigung nach einem neuen Arbeitgeber erhöhen.[60] Es ist davon auszugehen, dass diese zusammenschlussbedingten Einstellungs- und Verhaltensänderungen Auswirkungen auf den Integrationsprozess und dessen Erfolg haben können. Eine Studie von A.T. Kearney (2001) verdeutlicht, dass ein Rückgang von Commitment die größte Barriere der Integration darstellt (vgl. Abbildung 2).

[58] Vgl. Bellou 2007, S. 68-88.

[59] Vgl. Klendauer, Ruth/Frey, Dieter/Jonas, Eva/Kauffeld, Simone (2003) Psychologische Erfolgsfaktoren bei Fusionen und Akquisitionen, in Schwaab, Markus-Oliver/Frey, Dieter/Hesse, Jörg (Hrsg.) Fusionen, Herausforderungen für das Personalmanagement, Heidelberg: Verlag Recht und Wirtschaft, S.193-213, S. 203.

[60] Vgl. Turnley/Feldman 1999, S. 895 ff.; Robinson, Sandra (1996) Trust and Breach of the psychological contract, Administrative Science Quarterly, 41 Jahrgang, Heft 4, S. 574-599.

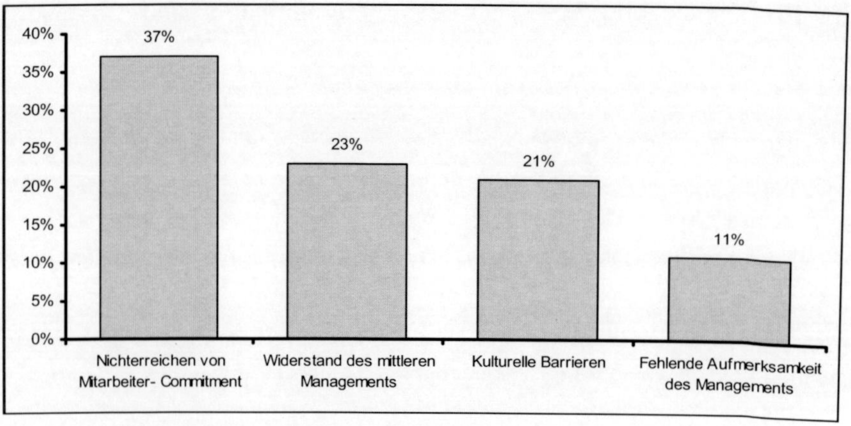

Abbildung 2: Die größten Integrationsbarrieren.[61]

Dass befragte Manager die Integration als größten Erfolgsfaktor im gesamten Zusammenschlussprozess betrachten, veranschaulicht eine weitere Studie von A.T. Kearney. In Abbildung 3 wird ersichtlich, dass der Bewältigung kultureller Unterschiede sowie der Beherrschung des Integrationsprozesses eine bedeutende Rolle beigemessen wird. Interessant ist auch, dass bereits bei der Unterzeichnung des Zusammenschlussvertrages, also in der Transaktionsphase, die Motivation der Mitarbeiter nur von 10 Prozent der befragten Führungskräfte als wichtig erachtet wird.

Insgesamt kann festgehalten werden, dass für einen Erfolg des Zusammenschlusses besonderes die Integration entscheidend ist. Im Rahmen des Integrationsprozesses stellt wiederum das Erreichen des Mitarbeiter-Commitments die größte Herausforderung dar. Der Zusammenhang, dass eine Schmälerung des Commitments durch die Beeinträchtigung des psychologischen Vertrages erfolgen kann, wird in der Zusammenschlusspraxis noch nicht ausreichend berücksichtigt. Ebenfalls werden in der Unternehmenspraxis die Auswirkungen der Nichtbeachtung des psychologischen Vertrages für den Integrationserfolg weitgehend ausgeblendet.

[61] Vgl. A.T. Kearney Research (1999) Corporate Marriage: Blight or Bliss? A Monograph on Post-Merger Integration, http://www.atkforum.com.cn/index.php?option=com_docman&task=-doc_download&gid=107 (Stand 20.03.2009).

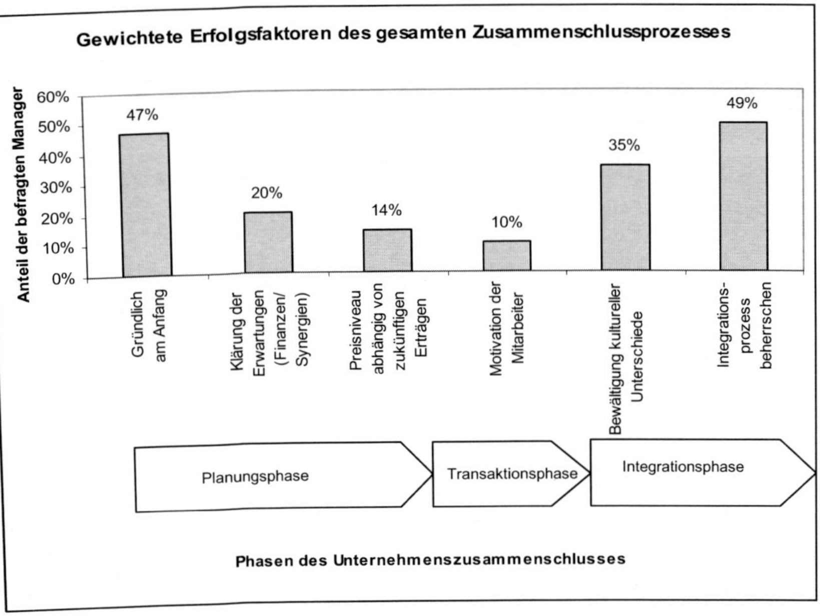

Abbildung 3: Erfolgsfaktoren des Zusammenschlussprozesses.[62]

Nachdem das mangelnde Bewusstsein des psychologischen Vertrages im Rahmen der Zusammenschlussproblematik in der Unternehmenspraxis konstatiert wurde, schließt sich die Frage an, wie mit dieser Thematik in der Consultingpraxis umgegangen wird. Schließlich nutzen Unternehmen die Expertise und Erfahrungen von Unternehmensberatungen insbesondere im Rahmen von Unternehmenszusammenschlüssen.[63]

Beratungsunternehmen bedienen sich zur Bewältigung von Unternehmensintegrationen bei ihren Klienten verschiedener Herangehensweisen. Im Allgemeinen kann zwischen der klassischen Unternehmensberatung und dem Beratungskonzept der Organisationsentwicklung unterschieden werden. Jedoch stehen diese Herangehensweisen nicht isoliert oder klar abgrenzbar nebeneinander. Vielmehr fließen sie inei-

[62] A.T. Kearney (1998) Global PMI Survey, in: Grube, Rüdiger/Töpfer, Armin (2002) Post Merger Integration, Erfolgsfaktoren für das Zusammenwachsen von Unternehmen, Stuttgart: Schäffer-Poeschel Verlag, S. 49.

[63] Vgl. Müller-Stewens, Günter/Spickers, Jürgen/Deiss, Christian (1999) Mergers & Acquisitions: Markttendenzen und Beraterprofile, Stuttgart: Schäffer-Poeschel, S. 28 f.

nander und weisen teilweise enge Berührungspunkte auf. Trotz gewisser Ähnlichkeiten und gemeinsam genutzter Methoden können einige grundsätzliche Unterschiede festgestellt werden.[64] In den folgenden Abschnitten sollen deshalb die Ansätze vorgestellt, ihre Unterschiede diskutiert und der Frage nachgegangen werden, inwieweit der psychologische Vertrag in den einzelnen Herangehensweisen bereits berücksichtigt wird.

Die klassische Beratungskonzeption hat in den vergangenen Jahrzehnten eine anerkannte Stellung erobert und dominiert die Beratungspraxis. Walger (1995) bevorzugt in diesem Zusammenhang den Terminus Expertenberatung: „Die Expertenberatung (...) ist heute immer noch die verbreitetste Form der Unternehmensberatung, der sich die großen Beratungsgesellschaften von McKinsey bis zu Kienbaum bedienen."[65] Die Wurzeln der klassischen Unternehmensberatung finden sich in den Theorien des „scientific management". Daraus resultiert ein mechanisch geprägtes Organisationsbild verbunden mit der Vorstellung einer Plan- und Steuerbarkeit. Ein Unternehmen bemerkt Schwierigkeiten und geht davon aus, dass eine externe Institution durch ihr spezifisches Wissen in der Lage ist, das Problem zu lösen. Der Schwerpunkt des Consultings liegt somit in der Vermittlung von Expertenwissen zur Problemlösung. Ansatzpunkte der Beratung sind organisatorische Strukturen, Prozesse oder Strategien des Klientenunternehmens. Die Aufgabe des Beraters besteht in erster Linie im Lehren, also in der Vermittlung von konkreten Inhalten.[66]

Korine (1995) beschreibt die Auswirkungen dieser Herangehensweise: (...) the approach is limited to project-level concerns and structural solution. Questions about team and organisational level processes that affect how individuals feel and behave receive little concrete attention."[67] Betroffene Mitarbeiter werden nur als eine von vielen Variablen im Integrationsconsulting betrachtet. Ihre Rolle wird zumeist auf zwei Bereiche reduziert. Sie liefern zum einen den Beratern Informationen zur Problembe-

---

[64] Vgl. Walkner, Veit (2001) Gerechtigkeit und Fairness als Konzept zur Ueberwindung der Widerstandsproblematik bei Beratungsprojekten, Bamberg: Difo-Druck, S. 43.

[65] Walger, Gerd (1995) Idealtypen der Unternehmensberatung, in: Walger, Gerd/Achatzi, Hans-Joachim (Hrsg.) Formen der Unternehmensberatung, Köln: Otto Schmidt Verlag, S. 1-18. , S. 5,

[66] Vgl. Walkner 2001, S. 44 ff.

[67] Korine, Harry (1995) Procedural Fairness: A Key to Innovation Team Management. INSEAD Working Paper Series: Corporate Renewal Initiative, 95/77/SM, S. 4.

stimmung und Lösung und zum anderen sind sie diejenigen, die getroffene Entscheidungen umzusetzen haben. Konkrete Empfehlungen, wie zur Berücksichtigung oder gar Stärkung des psychologischen Vertrages beigetragen werden kann, sind in der klassischen Unternehmensberatung kaum zu finden.

Während die klassische Unternehmensberatung inhaltsorientiert ist, arbeitet die Organisationsentwicklung (OE) prozessorientiert. Sie ist eine Konzeption für die Planung, Initiierung und Durchführung von Änderungsprozessen in sozialen Systemen. Dieser Beratungsansatz geht von der Intransparenz und Selbstorganisiertheit von Systemen aus, d. h. sie sind von außen weder vorherzubestimmen noch zu dirigieren. Systeme sind selbstbestimmt und von außen nur mittelbar zu beeinflussen.[68] Die Leistung des Consultings besteht nicht in der Überbringung inhaltlicher Problemlösungen, sondern im funktionalen Steuern von Prozessen sozialen Handelns, wodurch der Klient die notwendigen inhaltlichen Problemlösungsschritte und die begleitenden sozialen Prozesse verstehen soll.[69] Somit steht nicht das konkrete organisatorische Problem und seine Lösung im Vordergrund, sondern die Erhöhung der Problemlösungskapazität des Systems, in dem das Problem festgestellt wurde. Nicht durch die Vermittlung von Inhalten, sondern durch die Vermittlung von Prozesswissen sollen Betroffene den Integrationsprozess selbst gestalten. Der Consultant lehrt dem Klienten das Lernen oder anders gesagt, er gibt Hilfe zur Selbsthilfe.[70]

Dieser Beratungsansatz ist von der Annahme geprägt, dass Veränderungen der Organisation nur durch eine Veränderung des Verhaltens der Organisationsmitglieder hervorgerufen werden können. Ansatzpunkt für ein erfolgreiches Integrationsconsulting sind hier die einzelnen Mitarbeiter bzw. ihr Verhalten.[71] Durch den starken Einbezug der Betroffenen, die dadurch zu Beteiligten werden, soll eine Identifikation mit den durch das Integrationsconsulting intendierten Maßnahmen herbeigeführt werden. Die Mitarbeiter sehen sich dann als Träger der Integration, wodurch mit weniger

---

68 Vgl. Mingers, Susanne (1996) Systematische Organisationsberatung: Eine Konfrontation von Theorie und Praxis, Frankfurt a.M: Campus Verlag, S. 23.

69 Carqueville, Petra (1991) Rollentheoretische Analyse der Berater/Klientenbeziehung, in: Hofmann, Michael (Hrsg.) Theorie und Praxis der Unternehmensberatung: Bestandsaufnahme und Entwicklungstendenzen, Heidelberg: Physika-Verlag, S. 247-280.

70 Vgl. Walkner 2001, S. 49 ff.

71 Vgl. Walkner 2001, S. 52.

Problemen im Integrationsprozess zu rechnen ist. Jedoch kann nicht davon ausgegangen werden, dass durch eine verstärkte Einbindung der Mitarbeiter im Integrationsprozess eine Berücksichtigung ihres psychologischen Vertrages erfolgt.

Mit Blick auf den Beratungsalltag der großen Beratungsunternehmen ist von einer klassischen Beratungskonzeption auszugehen, welches die Problemdefinition im Klientenunternehmen in den Mittelpunkt stellt und eine sachlich-rationale und betriebswirtschaftliche Problemlösung heranzieht. Obwohl zunehmend Aspekte der Organisationsentwicklung integriert werden, finden sich in der gegenwärtigen Beratungspraxis kaum Ansätze, die psychologische oder sozio-emotionale Aspekte thematisieren und damit den psychologischen Vertrag der Mitarbeiter im Integrationsconsulting berücksichtigen.

1.4. Ziel der Arbeit

Aus der Zusammenführung von Theorie- und Praxisdefizit ergibt sich die Zielstellung dieser Arbeit. In einem ersten Schritt werden die Wechselwirkungen zwischen Unternehmenszusammenschluss und psychologischem Vertrag analysiert und herausgearbeitet. Anschließend werden die Ergebnisse der theoretischen Analyse anhand einer explorativen empirischen Untersuchung mit der Integrationspraxis abgeglichen. Darauf aufbauend soll in einem zweiten Schritt ein Konzept zur Berücksichtigung des psychologischen Vertrages im Integrationsprozess entwickelt und durch Experteninterviews ergänzt und modifiziert werden. Diese zweiteilige Zielsetzung stellt unterschiedliche Ansprüche an die Arbeit. Zum einen wird sie so den wissenschaftlichen Anforderungen gerecht. Zum anderen unterstreicht diese Vorgehensweise den praktischen Nutzen, der aus den gewonnenen Erkenntnissen gezogen werden kann.

Ferner ist es Ziel dieser Arbeit, durch Anwendung wissenschaftlicher Methoden und Ansätze zu einem Erkenntnisgewinn beizutragen. Damit eine Arbeit diesen Anforderungen genügt, sind theoretische und empirische Aspekte zu berücksichtigen. Zu einem Erkenntnisfortschritt kann man in jedem der einzelnen Bereiche gelangen. Auf theoretischer Ebene kann er dadurch erreicht werden, dass bekannte theoretische

Ansätze erstmalig zur Beschreibung oder Erklärung eines neuen Sachverhaltes herangezogen werden. Zum anderen besteht auch die Möglichkeit, durch Entwicklung einer neuen Theorie oder eines Modells zum angestrebten Erkenntnisfortschritt beizutragen.[72] Auf empirischer Ebene kann die erstmalige empirische Erhebung themenrelevanter Daten neue Erkenntnisse liefern. Ähnliches kann auch durch die Ergänzung der bisherigen empirischen Basis mittels wissenschaftlicher Datenerhebungsmethoden erreicht werden.[73]

Vor diesem Hintergrund soll das wissenschaftliche Ziel dieser Arbeit genauer spezifiziert werden. Ziel ist, auf theoretischer Ebene den Erkenntnisfortschritt durch die erstmalige Beschreibung und Erklärung der Wechselwirkungen zwischen Unternehmenszusammenschluss und psychologischem Vertrag mithilfe bekannter theoretischer Ansätze voranzutreiben. Dadurch wird die Entwicklung eines theoretischen Modells möglich, welches die Wechselwirkungen zwischen Unternehmenszusammenschluss und psychologischem Vertrag abbildet. Dieses Modell wird im Anschluss mit den praktischen Erfahrungen von Mitarbeitern und Verantwortlichen abgeglichen, die in einem Integrationsprozess involviert waren.

Ebenfalls soll diese Arbeit auch den Interessen und Anforderungen der M&A-Praktiker in der Unternehmens- wie in der Beraterpraxis gerecht werden. Demzufolge sollen nicht nur die wechselseitigen Wirkbeziehungen zwischen Unternehmenszusammenschluss und psychologischem Vertrag aufgezeigt werden. Vielmehr soll auf Basis der theoretischen und empirischen Befunde für das Integrationsconsulting ein Konzept zur Berücksichtigung des psychologischen Vertrages im Integrationsprozess entwickelt werden. Dieses wird anschließend mittels Experteninterviews evaluiert. Das Integrationsconsulting dient dem Ziel dazu beizutragen, den psychologischen Vertrag im Integrationsprozess stärker als bisher zu berücksichtigen. Folglich soll dieses Konzept eine neue Problemlösung darstellen, um zum Integrationserfolg beizutragen.

---

[72] Vgl. Burchert, Heiko/Sohr, Sven (2008) Praxis wissenschaftlichen Arbeitens, eine anwendungsorientierte Einführung, 2. aktualisierte und ergänzte Auflage, München [u.a.]: Oldenbourg, S. 21.

[73] Vgl. Burchert/Sohr 2008, S. 21.

Zusammenfassend können die Ziele der Arbeit präzise formuliert werden:

1. Analyse und empirische Untersuchung der Wechselwirkungen zwischen Unternehmenszusammenschluss und psychologischem Vertrag.
2. Erstellung und Ergänzung eines Konzeptes zur Berücksichtigung des psychologischen Vertrages im Rahmen des Integrationsconsultings

1.5. Aufbau der Arbeit

Die vorliegende Arbeit besteht aus sieben Kapiteln. In dem sich anschließenden Kapitel 2 werden die für den Fortgang dieser Arbeit wichtigen Begriffe definiert. Hierbei gilt es, sich mit den Begriffen „psychologischer Vertrag“, „Unternehmenszusammenschluss“ und „Zusammenschlussprozess“ sowie „Integrationsprozess“, „Integrationsconsulting“ und „Integrationserfolg“ auseinanderzusetzen. Dabei ist zu klären, inwieweit sich der Integrationsprozess vom Zusammenschlussprozess abgrenzen lässt und welche Bedeutung ersterer bei einem Unternehmenszusammenschluss spielt.

In Kapitel 3 sollen die Wechselwirkungen zwischen Unternehmenszusammenschluss und psychologischem Vertrag analysiert und herausgearbeitet werden. Dieses geschieht in zwei konsekutiven Stufen. Zunächst werden die Auswirkungen des Unternehmenszusammenschlusses auf den psychologischen Vertrag mithilfe einer Matrix systematisch erfasst. Anschließend werden die möglichen Konsequenzen einer Änderung des psychologischen Vertrages für den Integrationserfolg mithilfe einer weiteren Matrix untersucht. In Kapitel 4 schließt sich die Auswertung und Diskussion der empirischen Untersuchung zu den Wechselwirkungen zwischen Unternehmenszusammenschluss und psychologischem Vertrag an.

Kapitel 5 beinhaltet die Entwicklung und Vorstellung eines Konzeptes zur Berücksichtigung des psychologischen Vertrages im Integrationsprozess basierend auf den vorher gewonnenen Erkenntnissen. In einer qualitativen Studie soll anschließend dieses Konzept evaluiert werden (Kapitel 6). Schließlich endet diese Arbeit mit einer Diskussion der gewonnenen Erkenntnisse und einem Ausblick für weitere anknüpfende Forschungsfragen (Kapitel 7). Die Veranschaulichung des Aufbaus der Arbeit erfolgt in Abbildung 4.

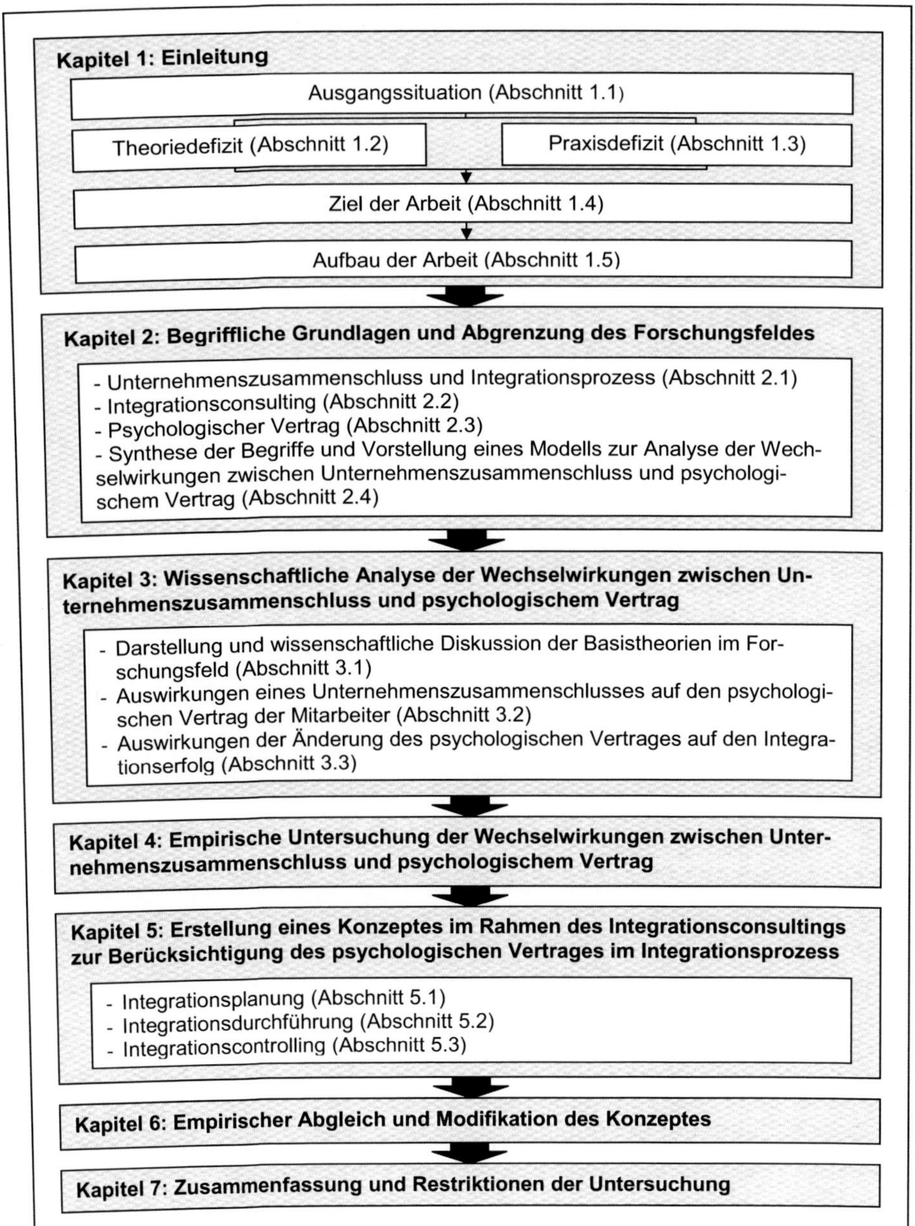

Abbildung 4: Aufbau der Arbeit.

2. Begriffliche Grundlagen und Abgrenzung des Untersuchungsfeldes

2.1. Unternehmenszusammenschluss und Integrationsprozess

2.1.1. Unternehmenszusammenschluss: Begriff und Ziele

In den nachfolgenden Abschnitten wird der Begriff des Unternehmenszusammenschlusses dargestellt. Anschließend werden die möglichen Gründe, die für einen Zusammenschluss sprechen bzw. die Ziele, die mit ihm erreicht werden sollen, erläutert.

Eine erste Annäherung an den Begriff des Unternehmenszusammenschlusses erfolgt durch das inzwischen zum deutschen Sprachgebrauch gehörende Begriffspaar ‚Merger & Acquisition' (M&A).[74] Es entspricht ungefähr dem deutschen Oberbegriff des ‚Unternehmenszusammenschlusses'.[75] Es hat sich jedoch im deutschsprachigen Schrifttum bislang keine allgemeingültige Definition für M&A durchgesetzt.[76] Ähnliches gilt für die Begriffsverwendung im angloamerikanischen Raum. Nach Lynch sind sich ‚Mergers' und ‚Acquisitions' ähnlich, da sich in beiden Fällen zwei Unternehmen zusammenschließen.[77] Andere Autoren trennen jedoch die Termini ‚Merger' und ‚Acquistion' und schreiben ihnen unterschiedliche Inhalte zu.[78]

---

74 Vgl. Picot, Gerhard (2008): Wirtschaftliche und wirtschaftsrechtliche Parameter bei der Planung von Mergers & Acquisitions, in: Picot, Gerhard, et al. (Hrsg.) Handbuch Mergers & Acquisitions: Planung, Durchführung, Integration, 4. grundlegend überarbeitete und aktualisierte Auflage, Stuttgart: Schäffer-Poeschel, S. 2-47.

75 Vgl. Grewe, Anne-Katrin (2005): Integration akquirierter Unternehmen, Frankfurt a.M., [u.a].: Verlag Peter Lang, S. 19 ff.; Hild, Markus (2004): Die Rolle von Organisationskultur in der Integrationsphase von Fusionen, Karlsruhe: Selbstverlag, S. 88; Unterreitmeier, Andreas (2004) Unternehmenskultur bei Mergers & Acquisitions: Ansätze zur Konzeptualisierung und Operationalisierung, Wiesbaden: Deutscher Universitätsverlag, S. 6; Pausenberger, Ehrenfried (1989) Zur Systematik von Unternehmenszusammenschlüssen, Wirtschaftsstudium, 18. Jahrgang, Heft 11, S. 621-626, S. 624.

76 Vgl. Picot 2008, S. 26; Wirtz, Bernd W., 2003, Mergers & acquisitions management: Strategie und Organisation von Unternehmenszusammenschlüssen, 1. Auflage, Wiesbaden: Gabler; S. 10.

77 Lynch, Richard (2000), Corporate Strategy, 2. Auflage, London [u.a.]: Pearson Education, S. 583.

78 Thompson, John (2002) Strategic Management: awareness and change, 4. Auflage, London [u.a.]: Thomson, S. 542 f.; Cartwright, Sue/Cooper, Cary (1992) Mergers & Acquisitions, The Human Factor, Oxford, S. 30 ff.

Aufgrund der fehlenden einheitlichen und eindeutigen Begriffsbezeichnung und -abgrenzung sowohl in der deutschen wissenschaftlichen Forschung als auch in der Praxis werden die Begriffe Mergers & Acquisitions, Unternehmenszusammenschluss, Unternehmenskombination, Unternehmensübernahme oder Unternehmensverknüpfung für ein und denselben Sachverhalt häufig synonym verwendet. Unterschiede bestehen u. a. dahingehend, inwieweit Schwerpunkte der Untersuchung eher im betriebswirtschaftlichen, volkswirtschaftlichen oder juristischen Bereich angesiedelt sind. Übereinstimmung besteht jedoch zumindest hinsichtlich Ziel, Mittel und Bedeutung von Unternehmenszusammenschlüssen.[79]

Die Vielzahl möglicher Zusammenschlussformen wird mittels verschiedener Ordnungskriterien zu systematisieren versucht. Zu diesen Merkmalen gehören u. a. Angaben zu Dauer, Umfang und Grundlage des Zusammenschlusses sowie Einzelheiten zum Bindungsinstrument, zum Verhältnis der beteiligten Unternehmen und zur Bindungsintensität. Abbildung 5 gibt eine Zusammenstellung der Ordnungskriterien und deren mögliche Ausprägungen wieder. Unternehmenszusammenschlüsse können mithilfe dieser Kriterien näher charakterisiert werden. In der Literatur wird dabei auch eine Kombination von Kriterien und Ausprägungen herangezogen.[80]

Für diese Arbeit sind nur solche Unternehmenszusammenschlüsse von Interesse, die mit dem Prozess der Integration verbunden sind. Zur Eingrenzung des Zusammenschlussbegriffs soll deshalb das Kriterium der Bindungsintensität verwendet werden. Die Bindungsintensität eines Unternehmenszusammenschlusses gibt an, inwieweit ein Unternehmen seine rechtliche und/oder wirtschaftliche Selbstständigkeit nach dem Zusammenschluss aufgibt.[81] Gleichzeitig ist die Bindungsintensität ein Indikator für das Ausmaß an Integration. Je stärker die Bindungsintensität, d. h. je mehr Selbstständigkeit ein Unternehmen aufgibt, desto höher ist der Integrationsbedarf.[82]

---

[79] Vgl. Rohloff, Susanne (1994) Die Unternehmenskultur im Rahmen von Unternehmenszusammenschlüssen, Bergisch Gladbach [u.a.]: Eul, S. 24.

[80] Vgl. Rohloff 1994, S. 24 f.

[81] Vgl. Schäfer, Torsten, 2008, Stakeholderorientiertes Integrationsmanagement bei Fusionen und Akquisitionen, S. 7.

[82] Vgl. Grewe 2003, S. 6.

Ordnungskriterien	Ausprägungen		
Dauer des Zusammenschlusses	Zeitlich befristet	Zeitlich unbefristet	
Umfang des Zusammenschlusses	Teilfunktionsbezogen	Funktionsbezogen	Gesamtunternehmens-bezogen
Grundlage des Zusammenschlusses	Freiwillige Basis	Zwangsweise Basis	
Bindungsinstrument	Vertragliche Vereinbarung	Personelle Verflechtung	Kapitalbeteiligung
Verhältnis der Unternehmen	Gleichberechtigung	Über- / Unterordnung	
Bindungsintensität	Ohne Einschränkung wirtschaftlicher Selbstständigkeit	Relative wirtschaftliche Selbstständigkeit	Aufgabe wirtschaftlicher Selbstständigkeit
	Ohne Einschränkung rechtlicher Selbstständigkeit	Aufgabe rechtlicher Selbstständigkeit	

Abbildung 5: Kriterien zur Charakterisierung von Unternehmenszusammenschlüssen.[83]

Die in Abbildung 6 dargestellte Systematik unterteilt die möglichen Zusammenschlussformen in Unternehmenskooperationen und Unternehmensverknüpfungen. Demnach beschreibt der Begriff des Unternehmenszusammenschlusses das Spektrum von vergleichsweise unverbindlichen Kooperationen, bei denen zwei unabhängige Unternehmen ihre freiwillige Zusammenarbeit beschließen, bis hin zur Eingliederung oder Verschmelzung, bei der zumindest ein Unternehmen auf seine rechtliche Selbstständigkeit verzichtet.[84] Die einzelnen Begriffe in Abbildung 6 sollen nachfolgend erläutert werden.

[83] Quelle: in Anlehnung an Rohloff 1994, S. 25.

[84] Vgl. Pausenberger, Ehrenfried (1993) Unternehmenszusammenschlüsse, in Wittmann, Waldemar/Kern, Werner/Köhler, Richard/Küpper, Hans-Ulrich/Wysocki, Klaus von (Hrsg.) Handwörterbuch der Betriebswirtschaft, 5. völlig neu gestaltete Ausgabe, Stuttgart: Schäffer-Poeschel, Sp. 4436-4448

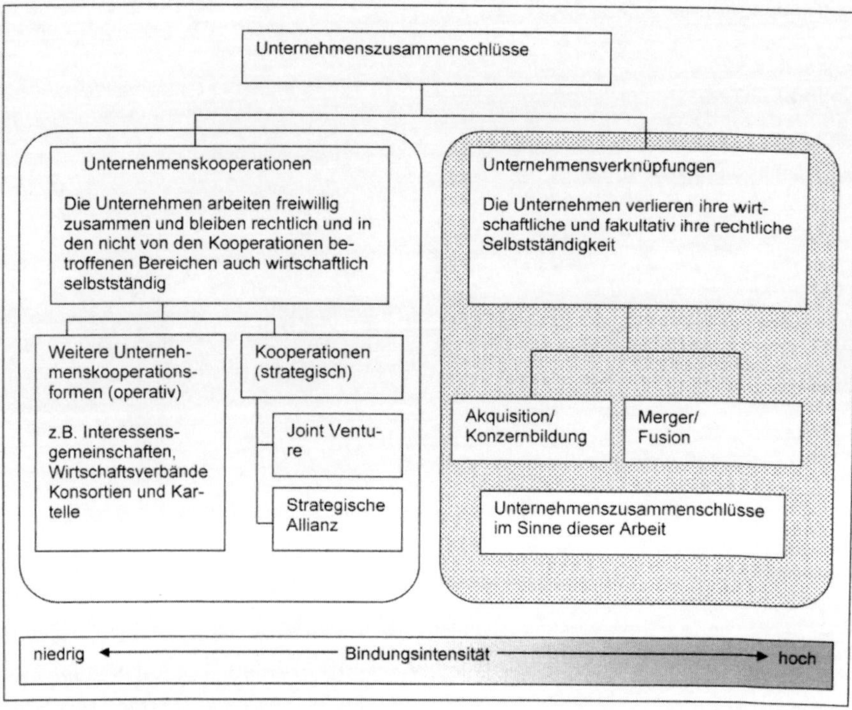

Abbildung 6: Systematische Übersicht von Unternehmenszusammenschlüssen.[85]

Gekennzeichnet sind Unternehmenskooperationen durch wirtschaftlich und rechtlich selbstständige Partner, die zweckgebunden in bestimmten Bereichen zusammenarbeiten und sich zu koordiniertem Handeln verpflichten.[86] Ziel dieser Verpflichtung bzw. der daraus folgenden Handlungen ist es, ein bestimmtes vorher festgelegtes Ziel zu erreichen.[87] Diese Kooperationsform lässt sich weiter in operative und strategische Kooperationen unterscheiden. Wirtschaftsverbände und Interessensgemeinschaften sowie Konsortien und Kartelle werden den operativen Kooperationen zuge-

[85] In Anlehnung an Pausenberger 1993, Sp 4441.

[86] Vgl. Wirtz 2003, S. 19 ff.

[87] Vgl. Wöhe, Günter (2002) Einführung in die allgemeine Betriebswirtschaftslehre, 21. neubearbeitete Auflage, München: Vahlen, S. 302 ff.

ordnet. Strategische Allianzen und Joint Ventures zählen zu den strategischen Unternehmenskooperationen.[88]

Die Zielsetzung von Unternehmenszusammenschlüssen in Wirtschaftsverbänden und Interessensgemeinschaften ist eine gemeinsame Interessensvertretung in der Öffentlichkeit gegenüber gesetzgebenden Organen, den Arbeitnehmerverbänden, der Politik anderer Verbände und internationaler Gemeinschaften (EU). Daneben wird von ihnen auch die Bereitstellung von Marktforschungsdaten, Informationen über Rationalisierungs- und Finanzierungsmöglichkeiten, Gemeinschaftswerbung etc. übernommen. Verbände und Interessensgemeinschaften sind sehr lose Kooperationsformen, die lediglich stark übergeordnete Interessen wahrnehmen. Sie nehmen praktisch keinen Einfluss auf den Betriebsablauf. Eine Mitgliedschaft in Verbänden ist für Unternehmen in den meisten Fällen freiwillig.[89]

Konsortien oder auch Arbeitsgemeinschaften sind Zusammenschlüsse von rechtlich und wirtschaftlich selbstständigen Unternehmen zu dem Zweck, eine sachlich und zeitlich begrenzte Aufgabe gemeinsam zu erfüllen. Mit Erreichen des Zusammenschlusszwecks lösen sie sich wieder auf. Sie sind vorwiegend im Baugewerbe anzutreffen. Einzelne Unternehmen sind hier produktionsbedingt oder finanziell nicht in der Lage, große Projekte, wie dem Bau einer Talsperre oder Autobahn, allein auszuführen. Konsortien oder Arbeitsgemeinschaften werden meist in der Rechtsform einer Gesellschaft des bürgerlichen Rechts geführt (GbR). [90]

Kartelle werden mit dem Ziel begründet, den Wettbewerb zwischen den an ihnen beteiligten Unternehmen zu beschränken. Die Kartellmitglieder behalten zwar ihre rechtliche und organisatorische Selbstständigkeit, sie geben aber in den im Vertrag bestimmten Bereichen ihre wirtschaftliche Handlungsfreiheit auf. Diese Form des Unternehmenszusammenschlusses ermöglicht den Beteiligten, die ungewisse Koordinierung über den Markt durch eine kontrollierbare und vor allem kalkulierbare Ver-

[88] Vgl. Wirtz 2003, S. 14.

[89] Vgl. Jung, Hans, 2006, Allgemeine Betriebswirtschaftslehre, 10. überarbeitete Auflage, München [u.a.]: Oldenbourg, S.134 ff.

[90] Vgl. Jung 2006, S.132.

haltensabstimmung zu ersetzen.[91] Je nach Gegenstand der Absprache können u. a. Preis- Konditionen-, Produktions-, Absatz- und Beschaffungskartelle unterschieden werden.[92]

Von einer strategischen Allianz spricht man bei einer Kooperation unter Wettbewerbern,[93] bei der die Handlungsfreiheit der beteiligten Unternehmen im Kooperationsbereich eingeschränkt ist. Sie bezieht sich auf strategische Kernfragen wie die Wahl attraktiver Märkte, die Verteidigung und der Ausbau von Wettbewerbspositionen sowie die Erhaltung und Stärkung von Kernkompetenzen. Ein solcher Unternehmenszusammenschluss wird auch deshalb als strategisch bezeichnet, weil er für die langfristige Existenz und für den langfristigen Erfolg des ganzen Unternehmens von großer Bedeutung ist.[94]

Die bekannteste Form strategischer Allianzen ist das Joint Venture. Darunter versteht man ein Gemeinschaftsunternehmen, das von zwei oder mehreren Unternehmen gemeinsam getragen wird und Aufgaben in beiderseitigem Interesse ausführt. Joint Ventures gewinnen durch die wachsende Bedeutung strategischer Allianzen an Aktualität. Die Partner beabsichtigen bei dieser Form des Unternehmenszusammenschlusses nicht nur die organisatorische Verknüpfung bestimmter Unternehmensaktivitäten, sondern bringen die zur Zielerreichung erforderlichen Ressourcen in eine rechtlich selbstständige Einheit mit klarer Ergebniszuordnung ein.[95]

Wie die Ausführungen zeigen, ist die Bindungsintensität bei operativen Kooperationsformen gering. Die Bindung ist bei strategischen Kooperationen zwar ausgeprägter, aber die beteiligten Unternehmen behalten ihre rechtliche Selbstständigkeit und bleiben in den nicht von den Kooperationen betroffenen Bereichen auch wirtschaftlich selbstständig. Der Prozess, beide Firmen zu einer einzigen Einheit zu integrieren, entfällt somit.

---

[91] Thommen, Jean-Paul/Achleitner, Ann-Kristin (2006) Allgemeine Betriebswirtschaftslehre, 5. Auflage, Wiesbaden: Gabler, S. 89.

[92] Vgl. Wirtz 2003, S. 13.

[93] Macharzina, Klaus/Wolf, Joachim (2005) Unternehmensführung, 5. Auflage, Wiesbaden: Gabler, S. 273.

[94] Thommen/Achleitner 2006, S. 91.

[95] Thommen/Achleitner, 2006, S. 89.

Im Gegensatz zu den vorgestellten Unternehmenskooperationen zeichnen sich Unternehmensverknüpfungen dadurch aus, dass mindestens eines der beteiligten Unternehmen seine wirtschaftliche Selbstständigkeit dauerhaft aufgibt. Unter wirtschaftlichen und rechtlichen Kriterien können diese Unternehmenszusammenschlüsse zwischen Akquisitionen (bzw. Konzernbildung) und Fusionen (auch Merger) unterschieden werden. Bei Akquisitionen bleiben die beteiligten Partner jeweils rechtlich selbstständig. Bei Unternehmensfusionen gibt mindestens eines der involvierten Unternehmen seine rechtliche Existenz auf. Bei Akquisitionen wird somit eine wirtschaftliche Einheit, bei Fusionen eine wirtschaftliche und rechtliche Einheit gebildet.[96]

Abschließend ist festzustellen, dass bei Unternehmenskooperationen die wirtschaftliche und juristische Selbstständigkeit der Partnerunternehmen gewährleistet bleibt. Daraus folgt, dass keine organisatorischen Eingliederungs- bzw. Verschmelzungsprozesse erfolgen und somit keine Integration notwendig wird. Da insbesondere das Integrationsconsulting Gegenstand dieser Arbeit ist, fallen Kooperationen aus dem Betrachtungsrahmen dieser Arbeit heraus. Demgegenüber ist die Aufgabe der wirtschaftlichen Selbstständigkeit bei Unternehmensverknüpfungen in der Regel mit einem gewissen Integrationsbedarf verbunden.[97] Unternehmenszusammenschlüsse im Sinne dieser Arbeit sind somit Akquisitionen (Konzernbildung) und Fusionen (Merger).

In den meisten Fällen ist nach dem Zusammenschluss ein Über- bzw. Unterordnungsverhältnis der beteiligten Unternehmen zu beobachten. Besonders Akquisitionen und Fusionen sind durch ein grundsätzlich vorhandenes hierarchisches Über- und Unterordnungsverhältnis zwischen Käufer- und Verkäuferunternehmen bzw. zwischen Zusammenschlusssubjekt und -objekt gekennzeichnet. Das Käuferunternehmen hat vom Prinzip her größere Einflussmöglichkeiten auf die Gestaltung der Integration als das erworbene Unternehmen. Ersterem kommt damit eine klare Führungsrolle bzw. Dominanz während des Zusammenschlusses und insbesondere im Integrationsprozess zu.[98]

---

[96] Vgl. Schäfer 2008, S. 7 f.

[97] Vgl. Schäfer 2008, S. 8.

[98] Vgl. Gerpott 1993, S. 33; ferner Bartoszewski 2006, S. 22 f.

Diese Dominanz ist in den meisten Fällen besonders ausgeprägt, wenn im Wege einer sog. feindlichen Übernahme (bzw. Hostile Takeover) ein Unternehmenszusammenschluss durchgeführt wird. Dabei versucht ein Unternehmen, die Aktien einer anderen Gesellschaft gegen deren Willen bzw. gegen den Willen des Managements zu übernehmen, indem es in der Regel den Anteilseignern einen deutlich über dem Börsenkurs liegenden Preis bietet.[99] Stimmt hingegen auch das Management der Zielgesellschaft dem Unternehmenszusammenschluss zu, so liegt eine freundliche Übernahme bzw. ein Friendly Takeover vor. Dabei verhandelt der Interessent zunächst mit dem Management des Akquisitionsobjekts, um das weitere Vorgehen festzulegen. Bei einer feindlichen Übernahme wendet sich der Interessent direkt an die Aktionäre der Zielgesellschaft. Sobald der Käufer über die Börse genügend Aktien des Übernahmeobjektes gekauft hat, tritt er offen auf und unterbreitet den Aktionären ein zeitlich befristetes Angebot für den Erwerb der Aktienmehrheit. Zielobjekt einer solchen Übernahme sind zumeist Gesellschaften, die durch einen niedrigen Aktienkurs am Kapitalmarkt vermeintlich unterbewertet sind, wodurch der Zusammenschluss trotz der hohen Prämie auf den aktuellen Marktwert des Eigenkapitals lohnenswert erscheint.[100]

Bei der Fusion durch Neugründung entsteht ein neues Unternehmen, wodurch beide Fusionspartner ihre bisherige rechtliche Identität verlieren. Es wäre dann zu vermuten, dass keiner der Partner eine dominierende Führungsrolle einnimmt. Keinem der beiden Unternehmen kommt ex ante eine Führungsrolle für die Planung und Implementierung des Unternehmenszusammenschlusses beider Unternehmen zu. Cartwright und Cooper (1995) gehen jedoch davon aus, dass spätestens im Integrationsprozess ein Fusionspartner den anderen dominieren wird.[101] Außerdem kann in der Praxis festgestellt werden, dass bereits vor Vertragsschluss, etwa durch einen Technologievorsprung oder finanzielle Überlegenheit, der eine Partner den anderen

[99] Vgl. Picot, Gerhard (2008) Vertragliche Gestaltung besonderer Erscheinungsformen der Mergers & Acquisitions, in: Picot, Gerhard et al. (Hrsg.) Handbuch Mergers & Acquisitions, 4. Auflage, Stuttgart: Schäffer-Poeschel Verlag, S. 270-373, S. 298.

[100] Vgl. Wirtz 2003, S. 21 f.; Macharzina/Wolf 2005, S. 699.

[101] Cartwright, Sue/Cooper, Cary (1995a) Managing Mergers, Acquisitions and Strategic Alliances: Integrating People and Cultures, 2. Auflage, Oxford: Butterworth-Heinemann, S. 86.

dominiert.[102] Hinzu kommt, dass insbesondere bei horizontalen Fusionen es durchaus wahrscheinlich ist, dass beide Partner zuvor langjährige Rivalen waren, die auf dem Markt um die Gunst der Kunden wetteiferten. Eine Gleichberechtigung erscheint dann umso unvorstellbarer.[103] Unter realistischen Bedingungen ist deshalb die Annahme eines dominanteren Fusionspartners gerechtfertigt.

Insgesamt kann festgehalten werden, dass bei Unternehmenszusammenschlüssen von einem hierarchischen Unterordnungsverhältnis zueinander gesprochen werden kann. Das trifft insbesondere bei Akquisitionen und Fusionen durch Aufnahme zu. Bei feindlichen Übernahmen kann sich dieses Verhältnis noch weiter verschärfen. Selbst Fusionen durch Neugründung verlieren im Prozess der Zusammenführung das idealtypische Gleichordnungsverhältnis zueinander. Es wird deshalb im Fortgang dieser Arbeit von dominierenden bzw. übernehmenden und dominierten bzw. übernommenen Unternehmen ausgegangen.

Im Zusammenhang mit der Klärung des Begriffs Unternehmenszusammenschluss sei auch darauf hingewiesen, dass in Abhängigkeit der Richtung, Leistungsbreite und Leistungstiefe von horizontalen, vertikalen oder konglomeraten Zusammenschlüssen gesprochen werden kann.[104] Die einzelnen Begriffe werden nachfolgend erläutert.

Ein horizontaler Unternehmenszusammenschluss beschreibt die Kombination zweier Unternehmen, die beide in derselben Branche und auf der gleichen Stufe der Wertschöpfungskette tätig sind.[105] Horizontale Zusammenschlüsse können in solche mit

---

102 Vgl. Appelbaum, Steven/Gandell, Joy/Yortis, Harry/Proper, Shay/Jobin, Francois (2000) Anatomy of a merger: behavior of organizational factos and processes throughout the pre- during- post-stages (part1), Management Decision, 38. Jahrgang, 2000, Heft 9, S. 649-661, S. 652; Lubatkin, Michael/Lane, Peter (1996) Psst ... The merger mavens still have it wrong! Academy of Management Executive, 10. Jahrgang, 1996, Heft 1, S. 21-37, S. 28 ff.

103 Vgl. Heini, Claude (2003) Eine Megafusion erleben aus Sicht von Managern und Mitarbeitern, Münster [u.a.]: Waxmann, S. 164.

104 Vgl. Rohloff 1994, S. 66 ff.

105 Vgl. Bergmann, Helmut (2005) Zusammenschlusskontrolle, in Picot, Gerhard/Bartels, Eric (Hrsg.) Handbuch Mergers & Acquisitions: Planung Durchführung Integration, 3. grundlegend überarbeitete und aktualisierte Auflage, Stuttgart: Schäffer-Poeschel, S. 353-408, S. 395; Unterreitmeier 2004, S. 7.

und ohne Produktausweitung differenziert werden.[106] Bei Ersteren sind die zusammengeschlossenen Unternehmen in denselben Märkten tätig und die vertriebenen Produkte weisen zumindest grobe Ähnlichkeit auf.[107] Ein Zusammenschluss ohne Ausweitung der Produktpalette liegt dann vor, wenn sich zwei direkte Wettbewerber mit identischer Produktpalette zusammenschließen. Ein Unternehmenszusammenschluss wird auch dann als horizontal charakterisiert, wenn sich zwei Unternehmen aus derselben Branche mit dem Ziel zusammenschließen, z. B. ihre Produktpaletten gegenseitig zu ergänzen.[108] Dadurch können Angebotssortimente und somit auch das Leistungsangebot beider Unternehmenspartner erweitert werden.

Ein vertikaler Unternehmenszusammenschluss erhöht die Leistungstiefe, da sich Unternehmen zusammenschließen, die in aufeinander folgenden Produktions- oder Handelsstufen tätig sind.[109] Beim Zusammenschluss sämtlicher Unternehmen einer zusammenhängenden Wertschöpfungskette entsteht eine durchgezogene Hauptlinie von der Rohstoffgewinnung bis hin zum Absatz des fertigen Endproduktes.[110] Je nachdem, ob der Zusammenschluss mit einem vorgelagerten Zulieferer oder einem nachgelagerten Abnehmer erfolgt, bezeichnet man ein solches Vorgehen als Vorwärts- oder Rückwärts-Integration.[111] Durch einen vertikalen Unternehmenszusammenschluss sollen technische und betriebswirtschaftliche Vorgänge vereint werden, um unterschiedliche Produktionsstufen miteinander zu kombinieren.

Zu den konglomeraten Unternehmenszusammenschlüssen werden sämtliche nichtvertikale und nichthorizontale Kombinationen gezählt.[112] Sie zeichnen sich dadurch

[106] Vgl. Faller, Markus (2006) Strategieorientierte HR Due Diligence, Lohmar [u.a]: Eul, S. 18 ff.; Neumann, Andreas (1994) Fusionen und fusionsähnliche Unternehmenszusammenschlusse unter besonderer Berücksichtigung finanzieller Aspekte, Bern: Haupt, S. 67 f.; Schubert, Werner/Küting, Karlheinz (1981) Unternehmenszusammenschlüsse, München: Vahlen, S. 29.

[107] Vgl. Schubert/Küting 1981, S. 29.

[108] Vgl. Faller 2006, S. 18 f.

[109] Vgl. Faller 2006, S. 19.

[110] Vgl. Neumann 1994, S. 68 ff.

[111] Vgl. Bergmann 2005, S. 395; Pausenberger 1989, S. 622; Schubbe, Marcus (1999) Der Einfluss von Unternehmenskulturen auf den Integrationsprozess bei Unternehmenszusammenschlüssen, Freiburg: Universitätsschrift, S. 40 f.

[112] Vgl. Schubert/Küting 1981, S. 21; Neumann 1994, S. 71; Pausenberger 1989, S. 623; Hopfenbeck, Waldemar (2000) Allgemeine Betriebswirtschafts- und Managementlehre: Das Unternehmen im Spannungsfeld zwischen ökonomischen, sozialen und ökologischen Interessen, 13. vollständig überarbeitete und erweiterte Auflage, Landsberg a. Lech: Verlag Moderne Industrie, S. 254; Unterreitmeier 2004, S. 7 f.

aus, dass sich das Leistungsangebot um solche Güter oder Dienstleistungen erweitert, die mit keinem Tätigkeitsbereich weder des einen noch des anderen Partners in Zusammenhang stehen.[113] Somit bezeichnet man als konglomerate Unternehmenszusammenschlüsse solche, bei denen die Partner in unterschiedlichen Branchen tätig sind.[114] Ein konglomerater Unternehmenszusammenschluss erfolgt zumeist aus finanzpolitischen Erwägungen, d. h. als Kapitalanlage oder als Mittel zur Risikominimierung.[115] Er wirkt sich meist weniger auf die Marktmacht der beteiligten Unternehmen aus.

Die zu wählende Richtung des Unternehmenszusammenschlusses hängt stark von den verfolgten Zusammenschlusszielen ab. Zur Erreichung der antizipierten Ziele soll das Integrationsconsulting einen entscheidenden Beitrag leisten. Deshalb werden in den nachfolgenden Abschnitten die einzelnen Ziele vorgestellt, die im Rahmen eines Unternehmenszusammenschlusses von den beteiligten Unternehmensführungen verfolgt werden.

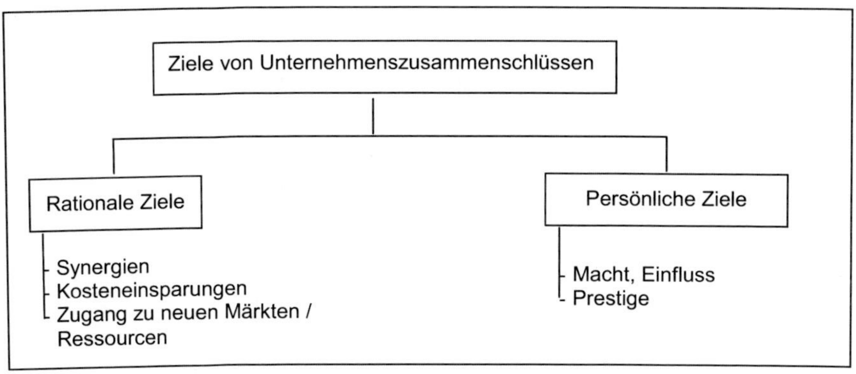

Abbildung 7: Ziele von Unternehmenszusammenschlüssen.[116]

Die aus den Interessen der Eigentümer bzw. der beauftragten Manager abgeleitete Zielvorgabe besteht aus einer Vielzahl unterschiedlicher Komponenten, die in enger

[113] Vgl. Schubert/Küting 1981, S. 33 f.

[114] Vgl. Hild 2004, S. 92 f.

[115] Vgl. Faller 2006, S. 19 f.

[116] Eigene Darstellung.

Beziehung zueinander stehen. So kann sich die unternehmerische Zielvorgabe aus einzelnen Zielkomponenten wie Gewinn- oder Rentabilitätsstreben, Machtstreben, Unternehmenswachstum, Unabhängigkeit und die Sicherung von Arbeitsplätzen ableiten.[117] Prinzipiell kann zwischen rationalen und persönlichen Zielen unterschieden werden. Abbildung 7 verdeutlicht die Vielzahl und Zuordnung der einzelnen Ziele, die anschließend näher erläutert werden.

Mithilfe eines Unternehmenszusammenschlusses können die beiden beteiligten Unternehmen unterschiedliche rationale Ziele realisieren. Zur Begründung eines solchen Vorhabens werden von den Initiatoren Synergieeffekte, Kosteneinsparungen sowie die Sicherung des Zugangs zu Märkten zur Verbesserung der Wettbewerbssituation besonders häufig genannt.[118]

Der Begriff der ‚Synergie' lässt sich etymologisch aus dem Griechischen ableiten. Er ist mit ‚zusammenwirken' oder ‚zusammenarbeiten' zu übersetzen.[119] Verbreitung fand der Begriff insbesondere in den Naturwissenschaften. Er beschreibt dort das Zusammenwirken zweier Substanzen mit überadditivem Resultat, welches keiner der beiden Substanzen allein zugerechnet werden kann. Dieser Gedanke wird auch in der Definition des Synergiebegriffs von Ansoff wiedergegeben. Demnach liegt eine Synergie vor, wenn der entstehende Gesamtunternehmenserfolg größer ist als die Summe der Erfolge der einzelnen Teilbereiche.[120] In der Literatur werden Synergieeffekte deshalb häufig auch als ‚2 + 2 = 5' Effekte oder als Verbundeffekte bezeichnet.[121] Nach Penrose kommt dieser höhere Unternehmenserfolg dadurch zustande, dass das erweiterte Unternehmen die Kosten bestimmter betriebswirtschaftlicher Be-

---

[117] Vgl. Schubbe 1999, S. 43.

[118] Neumann 1994, S. 65 ff.

[119] Vgl. Paprottka, Stephan (1996) Unternehmenszusammenschlüsse: Synergiepotentiale und ihre Umsetzungsmöglichkeiten durch Integration, Wiesbaden: Gabler, S. 41; Hase, Stefan (1996) Integration akquirierter Unternehmen: Planung, Konzeption, Bewertung und Kontrolle, Berlin; Wissenschaft und Praxis, S. 30 ff.

[120] Vgl. Ansoff, Igor (1966) Management-Strategie, deutsche Übersetzung von Folchert, Helmut, München: Verlag moderne Industrie; Sirower, Mark (2001) Der Synergie-Effekt: Chancen und Risiken von Fusionen für Unternehmer und Anleger, München: FinanzBuch Verlag.

[121] Vgl. Ropella, Wolfgang (1989) Synergie als strategisches Ziel der Unternehmung, Berlin [u.a.] de Gruyter; Gimpel-Iske, Eva (1973) Untersuchung zur Vorteilhaftigkeit von Unternehmenszusammenschlüssen, Bonn: Institut für Gesellschafts- und Wirtschaftswissenschaften, S. 49 f.

reiche reduzieren und gleichzeitig das Wissen und die Kompetenzen beider Unternehmen gemeinsam nutzen kann.[122]

Synergieeffekte sind in allen betrieblichen Funktionsbereichen möglich.[123] So können etwa im Vertrieb die Kosten des Außendienstes durch gemeinsame Nutzung der bestehenden Vertriebskanäle reduziert werden. Verbundeffekte im Absatzbereich könnten dadurch entstehen, dass sich Bekanntheitsgrad und positives Image der Produkte der einen Unternehmung auf die Produkte des Unternehmenspartners übertragen. Durch diesen so genannten ‚spill-over-effect' ist der Bekanntheitsgrad der Marke *Chrysler* nach der Unternehmensfusion von *Daimler* und *Chrysler* gerade in Deutschland stark angestiegen. Weitere Synergieeffekte können auch im Beschaffungsbereich beider Unternehmen erzielt werden. Förderlich ist die deutlich gestärkte Verhandlungsposition, die zu höheren Lieferantenkrediten, größeren Mengenrabatten oder einem Jahresbonus führen dürfte. Des Weiteren besteht die Möglichkeit, durch Auftragsbündelung Transportkosten zu verringern. Ein entscheidender Vorteil bei vertikalen Unternehmenszusammenschlüssen liegt in der Ausschaltung des Lieferrisikos für den nachgelagerten Betrieb. Synergiepotenzial ist auch im Finanzbereich des zusammengeschlossenen Unternehmens vorhanden. Oftmals besteht hier die Möglichkeit, gleichzeitig die Finanzierungskosten zu senken und die Kreditwürdigkeit zu erhöhen. Bei vertikalen Zusammenschlüssen wäre das verringerte Ausfallrisiko hervorzuheben.

Kosteneinsparungen können durch ‚economies of scale' und ‚economies of scope' erzielt werden. Besonders horizontale Unternehmenszusammenschlüsse ermöglichen die Realisierung der ‚economies of scale'.[124] Dieser Begriff bezieht sich auf die

---

[122] Vgl. Penrose, Edith (1997) The theory of the growth of the firm, 3. Auflage, Oxford, u.a.: Oxford University Press.

[123] Vgl. Möller,Wolf-Peter (1983) Der Erfolg von Unternehmenszusammenschlüssen: Eine empirische Untersuchung, München: Minerva-Publikation, S. 142 ff.; Ropella 1989.

[124] Für Brealey und Myers sind die ‚economies of scale' die Triebfeder einer horizontalen Unternehmensfusion. „These economies of scale are the natural goal of horizontal mergers. [...] There are innumerable examples of possible economies of scale". Brealey, Richard/Myers, Steward (1988) Principles of Corporate Finance, 3. Auflage, New York [u.a.]: McGraw-Hill, S. 796 ff.; vgl. Jansen, Stephan (2001) Mergers & Acquisitions: Unternehmensakquisitionen und –kooperationen. Eine strategische, organisatorische und kapitalmarkttheoretische Einführung, 4. überarbeitet und erweiterte Auflage, Wiesbaden: Gabler, S. 74 f.; Albrecht, Stefan (1994) Kritische strategische Erfolgsfaktoren bei Zusammenschlussstrategien, Wiesbaden: Deutscher Universitätsverlag, S. 86 f.; Capron, Laurence (1999) The long-term performance of horizontal acquisitions, Strategic Management Journal, 20. Jahrgang, Heft 11, S. 987-1018, S. 989 ff.

Verringerung der Stückkosten, die durch eine Erhöhung der Ausbringungsmenge hervorgerufen wird. Diese Verringerung kann auf eine Vielzahl von Faktoren zurückzuführen sein. Eine der Hauptursachen ist die Fixkostendegression. Die Gesamtkosten der Leistungserstellung (K) setzen sich aus fixen Kosten (K_{fix}) und variablen Kosten (K_{var}) zusammen. Somit gilt: $K = K_{fix} + K_{var}$. Fixe Kosten (K_{fix}) fallen unabhängig von der tatsächlichen Produktionsmenge an. Hierzu gehören zum Beispiel Kosten für Miete, Gehälter sowie Versicherungsprämien für Gebäude und Einrichtungen. Der Begriff der Fixkostendegression beschreibt die Verteilung der gesamten unternehmensweiten fixen Kosten auf eine größere Ausbringungsmenge (x). Weitere Faktoren, die zur Erzielung von ‚economies of scale' beitragen, sind verringerte Rüstkosten oder Lerneffekte. Unter Lerneffekten wird der Wissens- und Erfahrungszuwachs verstanden, der mit der längerfristigen Produktion einhergeht. Die Kosteneinsparungen, die durch Lerneffekte hervorgerufen werden, sind auf höhere Produktivität oder höhere Qualität, bedingt durch den Erfahrungszuwachs, zurückzuführen.[125]

Weitere Möglichkeiten Kosten einzusparen, bestehen durch die Erzielung der so genannten ‚economies of scope'.[126] Sie entstehen durch die gemeinsame Herstellung unterschiedlicher Produkte im Verbund. Aus diesem Grund werden sie auch oftmals als Verbundertrag bezeichnet. Voraussetzung für die Erzielung von ‚economies of scope' ist, dass für die Produktion unterschiedlicher Produkte gemeinsame Ressourcen verwendet werden können. Hierin liegt auch der Hauptunterschied zwischen den ‚economies of scale' und den ‚economies of scope'. ‚Economies of scale' entstehen durch die Verteilung der konstanten Fixkosten auf eine erhöhte Produktionsmenge. Somit sinkt bei den ‚economies of scale' der Fixkostenanteil pro Stück bei gleichzeitiger Erhöhung der Ausbringungsmenge. ‚Economies of scope' hingegen entstehen, wenn die fixen Kosten, die z. B. durch eine gemeinsam genutzte Forschungs- und Entwicklungsabteilung entstehen, auf mehrere Produktlinien umgelegt werden können.[127] Ähnliches wäre auch durch eine bessere Auslastung bestehender Ressour-

---

125 Vgl. Lapré, Michael/van Wassenhove, Luk (2003) Managing learning curves in factories by creating and transfering knowledge, Californian Management Review, 46. Jahrgang, Heft 1, S. 53-71.

126 Vgl. Jansen 2001, S. 75; Albrecht 1994, S. 86 f.; Janz, Christian (2002) Unternehmeszusammenschlüsse in der Mich- und Zuckerindustrie unter wettbewerbsrechtlichen und ökonomischen Gesichtspunkten, Göttingen, http://webdoc.sub.gwdg.de/diss/2003/janz/, S. 25.

127 Vgl. Chandler, Alfred (1990) Scale and scope: the dynamics of industrial capitalism, 2. Auflage, Cambridge [u.a.]: Belknap, S. 17.

cen möglich. So könnte z. B. eine nicht ausgelastete Marketingabteilung die Markteinführung eines weiteren Produktes vorbereiten. Damit ließen sich die Fixkosten dieser Abteilung auch auf weitere Produktlinien verteilen.

Neben Synergieeffekten und Kosteneinsparungen ist die Sicherung des Zugangs zu bestehenden Beschaffungs- und Absatzmärkten ein weiterer rationaler Grund für einen Unternehmenszusammenschluss. Die Sicherung des Marktzugangs ist das zentrale Ziel vertikaler Unternehmenszusammenschlüsse. Auf diese Weise werden auch Markteintrittsbarrieren für potenzielle Wettbewerber gebildet.[128] Im Absatzbereich können durch Unternehmenszusammenschlüsse die Vervollständigung der Produktlinien vorgenommen werden, die Vergrößerung des Marktanteils und die Erschließung neuer Absatzgebiete erreicht werden. [129]

Grundsätzlich kann im Beschaffungsbereich zwischen dem materiellen und immateriellen Ressourcenzugang unterschieden werden. Durch einen Unternehmenszusammenschluss können im Bereich der materiellen Ressourcen natürliche Rohstoffquellen sowie Vor- und Zwischenprodukte nachhaltig gesichert werden. Als Beispiel kann hierfür die Akquisition von Wintershall durch die BASF aufgeführt werden, wodurch wichtige Lieferungen von petrochemischen Ausgangsstoffen sichergestellt werden konnten. Im Hinblick auf den immateriellen Ressourcenzugang können einerseits Rechte und Patente, andererseits aber auch das im Zielunternehmen vorhandene explizite und implizite Wissen Motive für Unternehmenszusammenschlüsse darstellen. Explizites Wissen kann z. B. in Form einer umfangreichen Kundendatenbank erworben werden. Demgegenüber ist das implizite Wissen eines Unternehmens an deren Mitarbeiter gebunden und kann nur über diese genutzt und übertragen werden.[130]

Insbesondere bei Akquisitionen können neben den dargestellten Zielen noch weitere Motive für Zusammenschlussentscheidungen aufgelistet werden, die sich seitens des übernommenen Unternehmens ergeben. Ein Schuldenabbau oder die Überwindung

---

[128] Vgl. Porter, Michael (1998) Wettbewerbsstrategie: Methoden zur Analyse von Branchen und Konkurrenten, (deutsche Übersetzung von Brandt, Volker), 10. durchgesehene und erweiterte Auflage, Frankfurt a.M., [u.a.]: Campus, S. 4 ff.

[129] Vgl. Wirtz 2003, S. 62.

[130] Vgl. Wirtz 2003, S. 60 f.

kritischer Liquiditätsengpässe kann ein Grund sein, sich mit einem finanzstarken Unternehmen zusammenzuschließen. Fehlende finanzielle Mittel können dadurch ebenso für eventuelle Wachstumsbestrebungen oder notwendig gewordene Investitionen in die technologische Entwicklung aufgebracht werden.[131]

Die erläuterten rationalen Ziele sind für Unternehmensführung und Eigentümer der beteiligten Unternehmen gleichermaßen erstrebenswert. Divergenzen zwischen Unternehmensführung und Eigentümer können sich aufgrund unterschiedlicher persönlicher Motive für Zusammenschlussentscheidungen ergeben. Unterstellt man, dass die Unternehmensführung ihre eigenen Ziele verfolgt und damit nicht immer im Interesse der Eigentümer handelt, können durch die Trennung von Leitung und Eigentum Zielkonflikte entstehen. Für Eigentümer steht oftmals die Sicherung und Erhaltung des Unternehmens bzw. des eingesetzten Kapitals, bei angemessener Einlagenrendite, im Vordergrund.

Für die Unternehmensführung hingegen können Vergrößerung des persönlichen Prestiges und der Macht sowie der Einflusssphäre von Bedeutung sein.[132] Da die Gehälter des Managements häufig an die Unternehmensgröße und nicht an den Unternehmensprofit gekoppelt sind, basiert die Entscheidung für einen Unternehmenszusammenschluss möglicherweise nicht auf fundierten Analysen.[133] Gerade durch externes Unternehmenswachstum kann eine Unternehmensleitung versuchen, ihren Einflussbereich zu vergrößern. Der Wunsch, sich mit anderen Unternehmen zusammenzuschließen, kann unter Umständen mit monetären Zielen in Einklang stehen. Dennoch liefert auch das Motiv ‚Macht' als unternehmerisches Ziel der Unternehmensleitung eine Erklärung für den Zusammenschluss vieler Unternehmen, bei denen rein monetäre Vorteile zweifelhaft erscheinen.[134]

---

[131] Vgl. Wirtz 2003, S. 74.

[132] Vgl. Rohloff 1994, S. 63 f.

[133] Vgl. Jansen, Stephan (2003) Form der Fusion –empirische und modelltheoretische Analysen zum Management von Unternehmenszusammenschlüssen- Am Beispiel von Großtransaktionen mit deutscher Beteiligung und High Tech-Mehrfachakquisiteuren im Silicon Valley, CA, 1 CD ROM 12cm, S. 77.

[134] Vgl. Schubert/Küting 1981, S. 16 ff.

Nachdem in den vorangehenden Abschnitten der Begriff des Unternehmenszusammenschlusses definiert und die mit einem Zusammenschluss verbundenen Ziele erläutert wurden, soll im folgenden Abschnitt der Zusammenschlussprozess vorgestellt werden.

2.1.2. Unternehmenszusammenschlussprozess und Integrationsprozess

Der Zusammenschlussprozess stellt einen hochkomplexen Ablauf dar, zu dessen wirtschaftswissenschaftlichem Verständnis ein formaler Zugang gesucht wird.[135] In der Literatur findet sich eine Fülle von einander ähnlichen, sequenziellen Darstellungen des Ablaufs eines Unternehmenszusammenschlusses.[136] Ein wesentlicher Grund für die jedoch insbesondere im Detail zu bemerkenden Abweichungen liegt wohl darin, dass der Zusammenschlussprozess in der Praxis keinen festen Regeln unterworfen ist und die Spezifika des jeweiligen Falles adressiert. So haben grundlegende Charakteristika einer Akquisition wie freundliche vs. feindliche Übernahme bedeutenden Einfluss auf die Durchführung und Durchführbarkeit der einzelnen Schritte im Unternehmenszusammenschlussprozess.[137]

Allen Abläufen ist jedoch gemeinsam, dass sie sich in eine übergeordnete Gliederungslogik einfügen, die zwischen den Phasen Pre-Merger, Merger und Post-Merger unterscheidet.[138] Alternativ werden diese auch als Planungs-, Transaktions- und Integrationsphasen bezeichnet.[139] Dieser Gliederungslogik folgt auch der hier dargestellte idealtypische Ablauf eines Unternehmenszusammenschlusses, bei dem allerdings Pre-Merger- und Merger- Phase unter dem Begriff Planungs- und Transakti-

---

[135] Vgl. König, Arne (2006) Erfolgreiches Fusionsmanagement, VDM Verlag Dr. Müller, S. 24 ff.

[136] Vgl. zu den verschiedenen Prozessmodellen stellvertretend die Ausführungen bei König 2006, S. 24 ff.; Felder, Rupert (2004) Human Resources im M&A-Prozess, S.18.; Jansen, Stephan (1999) Mergers & Acquisitions. Unternehmensakquisitionen und –kooperationen; eine strategische, organisatorische und kapitalmarkttheoretische Einführung, 2. Auflage, Wiesbaden, S. 146; Waldecker, P. (1995) Strategische Alternative in der Unternehmensentwicklung: interne Entwicklung und Unternehmensakquisition, Wiesbaden, S. 40 ff.; Dahm, Hans (1982) Der Akquisitionsprozess, in: Rädler, Albert./Pöllath, Reinhard (Hrsg.) Handbuch der Unternehmensorganisation, Frankfurt a. M., S. 11-37, S. 14 ff.

[137] Vgl. Metz, Matthias (2002) Controlling des Integrationsprozesses bei Mergers & Acquisitions, Wiesbaden: Deutscher Universitäts-Verlag, S. 17 f.; Macharzina/Wolf 2005, S. 699.

[138] Vgl. Wirtz 2003, S. 107.

[139] Vgl. Picot 2008, S. 22.

onsprozess subsumiert werden, während die Post-Merger-Phase als Integrationsprozess bezeichnet wird. Der Grund hierfür liegt im besonderen Fokus der Arbeit auf den Integrationsprozess, weshalb der Planung und Transaktion des Zusammenschlusses hier eine untergeordnete Rolle zukommt.

Der Planungsprozess bezieht sich vor allem auf Überlegungen im Vorfeld bezüglich des Entscheidungsprozesses für den Zusammenschluss, beinhaltet ferner die Due Diligence und die Bewertung der Gesellschaften sowie den Entwurf und Verhandlung des Transaktionsvertrages.[140] Der Transaktionsprozess beinhaltet den rechtskräftigen Kauf oder Verkauf eines Unternehmens bzw. der Zusammenschluss zweier Unternehmen, der mit der Unterzeichnung des Kauf- bzw. Fusionsvertrages besiegelt wird.[141] Das Wort Transaktion lässt sich auf den spätlateinischen Begriff transactio (Vollendung, Abschluss, Übereinkunft) zurückführen und bezeichnet generell eine größere finanzielle Unternehmung bzw. ein über die üblichen Gepflogenheiten hinausgehendes Geldgeschäft.[142] Zu den einzelnen Phasen des Planungs- und Transaktionsprozesses, die noch näher erläutert werden, zählen im Einzelnen: die strategische Analyse, die Informationssuche, die Due Diligence und der juristische Zusammenschluss.

An die Phase des juristischen Zusammenschlusses schließt sich die Zusammenführung, d. h. die Integration der beiden Unternehmen an. Der Begriff Integration leitet sich von dem lateinischen Ausdruck integratio ab, der mit den Worten Vereinigung, Eingliederung, Schaffung einer Identität oder auch Wiederherstellung eines Ganzen übersetzt werden kann. Diese Übersetzungen weisen bereits auf den Prozesscharakter des Begriffes hin. Ein Ganzes soll wiederhergestellt werden, und zwar aus Bestandteilen, die für sich kein Ganzes darstellen.[143] Nach Scheiter handelt es sich bei der Integration um die „Zusammenführung und Verschmelzung von Systemen, Strukturen, Ressourcen und Kulturen zweier Unternehmen zur Erreichung einer wirtschaft-

---

[140] Vgl. Picot 2008, S. 22.

[141] Vgl. Wirtz 2003, S. 125.

[142] Vgl. Duden (1999).

[143] Vgl. Hartmann 2002, S. 34.

lichen Zielsetzung".[144] Die Integration beider Unternehmen ist Gegenstand der ‚Post-Merger-Phase' bzw. des Integrationsprozesses.

Für einen erfolgreichen Integrationsprozess spielt auch eine intensive Planung des Prozesses eine wichtige Rolle, und zwar nicht erst zum Zeitpunkt der Integration, d. h. nach Abschluss des Zusammenschlussvertrages, sondern bereits im Vorfeld in Verbindung mit dem Planungs- und Transaktionsprozess.[145] Im Folgenden soll deshalb der Gesamtprozess eines Unternehmenszusammenschlusses grundsätzlich als zwei sich partiell explizit überlappende Hauptphasen – Planungs- und Transaktionsprozess sowie Integrationsprozess - skizziert werden.

Trotz der Vernetzung des Planungs- und Transaktionsprozesses und des Integrationsprozesses kommt Letzterem ein kritischer Stellenwert zu. Der Integrationsprozess entscheidet letztendlich über Erfolg oder Misserfolg des Unternehmenszusammenschlusses.[146] Shrivastava betont bereits 1986, dass ein primäres Problem bei einem effektiven Zusammenschlussmanagement ist, beide Firmen zu einer einzigen Einheit zu integrieren.[147] Haspeslagh/Jemison (1991) sind sich deshalb sicher, dass etwaige Wertsteigerungen erst nach dem Zusammenschluss stattfinden, weshalb die Qualität des Integrationsprozesses von entscheidender Bedeutung ist.[148]

Der Integrationsprozess kann in drei Kernphasen unterteilt werden. Während der Integrationskonzeption bzw. Integrationsplanung wird das Grundmodell der Integration festgelegt. Auf dessen Basis wird im Anschluss die Integration umgesetzt, d. h. die Integrationsmaßnahmen werden durchgeführt. Zur Messung der erzielten unternehmerischen Zielverwirklichung einer Integration folgt schließlich der Aspekt der Integrationskontrolle. In den folgenden Abschnitten sollen die einzelnen Phasen eines Zusammenschlussprozesses kurz dargestellt werden.

---

[144] Scheiter, Dietmar (1989) Die Integration akquirierter Unternehmen, St. Gallen: Hochschulschriften, S. 7.

[145] Vgl. Rohloff 1994, S. 41.

[146] Vgl. Schäfer 2001, S. 9 ff.

[147] Shrivastava, Paul (1986) Postmerger Integration, Journal of Business Strategy, 7. Jahrgang, Heft 1, S. 65-76.

[148] Haspeslagh, Philippe /Jemison, David (1991) Managing acquisitions: creating value through corporate renewal. New York: Free Press.

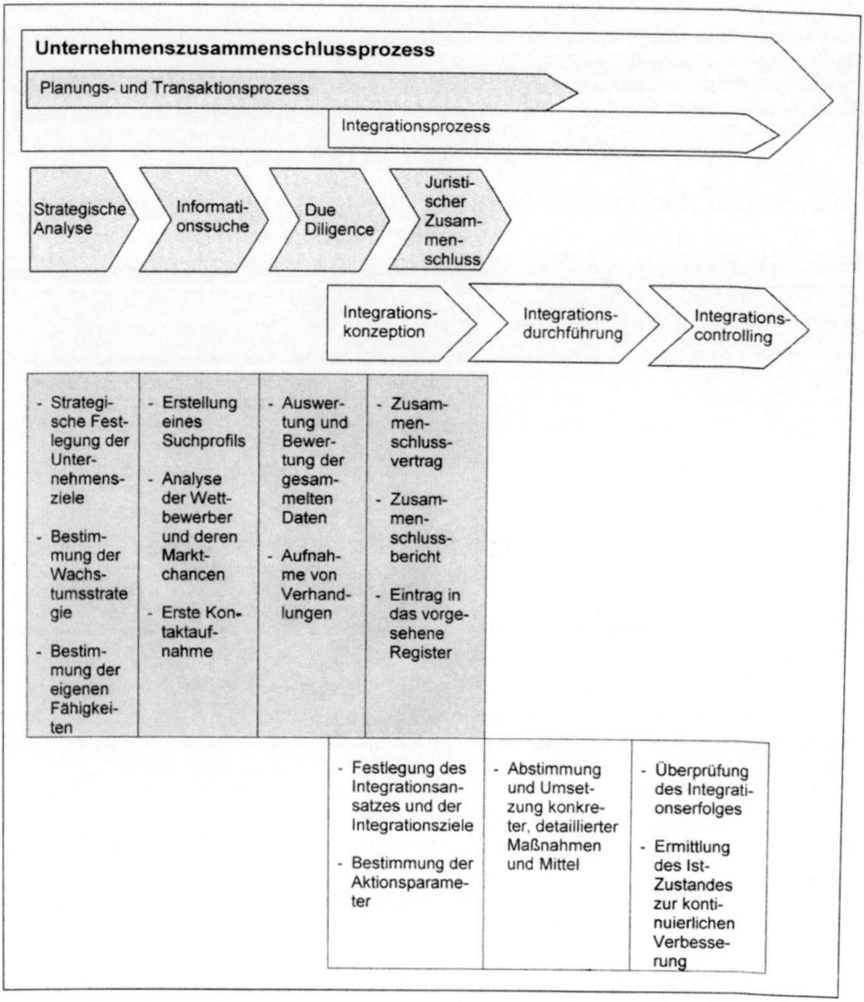

Abbildung 8: Modellhafte Darstellung des Unternehmenszusammenschlussprozesses.[149]

[149] Eigene Darstellung.

Strategische Analyse

Die Entwicklung einer Unternehmensstrategie ist oftmals der Ausgangspunkt für einen Unternehmenszusammenschluss. Die strategische Analyse beginnt mit der Feststellung eines verbesserungsfähigen Zustandes und könnte in einer Entscheidung für einen Zusammenschluss enden. Die Bestimmung der gegenwärtigen Situation des Unternehmens umfasst beispielsweise die Beurteilung des Unternehmens sowie seine gegenwärtigen und zukünftigen Handlungsmöglichkeiten am Markt. Anschließend sollten die zu erstrebenden Ziele (z. B. Marktanteile oder Renditeziele) festgelegt werden.[150] Falls diese Untersuchung ergibt, dass sich das Unternehmen in einem gesunden Zustand befindet, sind die Möglichkeiten weiteren Wachstums zu prüfen.[151]

Internes Wachstum bezeichnet eine Vergrößerung des Unternehmens, z. B. durch Erschließung neuer Märkte und Bildung neuer Verkaufsabteilungen. Externes Wachstum geschieht z. B. durch den Erwerb eines etablierten Wettbewerbers, sprich durch eine Akquisition.[152] Externes Wachstum ist immer dann zu bevorzugen, wenn hohe Markteintrittsbarrieren, Zeitdruck oder fehlende Managementkompetenzen vorliegen.[153] Der Hauptvorteil internen Wachstums ist neben Unabhängigkeit und Selbstständigkeit die stets bestehende Möglichkeit des geschäftlichen Rückzugs. Dieser Vorteil ist besonders wegen der hohen Misserfolgsquote externen Wachstums von Bedeutung.[154]

Falls sich aus der Analyse der gegenwärtigen Situation ergibt, dass sich das Unternehmen in einem sanierungsbedürftigen Zustand befindet, könnte ein Unternehmenszusammenschluss auch ein probates Mittel sein, aus der Krise zu kommen. Als

[150] Vgl. Picot, Gerhard (2005) Wirtschaftliche Aspekte der Durchführung von Mergers & Acquisitions, insbesondere der Gestaltung des Transaktionsvertrages, in Picot, Gerhard (Hrsg.) Handbuch Mergers & Acquisitions: Planung, Durchführung Integration, 3. grundlegend überarbeitete und aktualisierte Auflage, Stuttgart: Schäffer-Poeschel, S. 121-286.

[151] Vgl. Faller 2006, S. 8 ff.

[152] Vgl. Gimpel-Iske 1973, S. 12 ff.

[153] Vgl. o.A. (2005) Global Alliance for Hybrid Development, in DaimlerChrysler (Hrsg.), 2005, [http://www.daimlerchrysler.com/Projects/c2c/channel/documents/750025_IRRelease_Global_Alliance_for_Hybrid_Development.pdf], abgerufen am 23.09.2007.

[154] Vgl. Jansen, Stephan (2005) Trends, Tools, Thesen und empirische Tests zum Integrationsmanagement bei Unternehmenszusammenschlüssen, in Picot, Gerhard/Bartels, Eric (Hrsg.) Handbuch Mergers & Acquisitions: Planung, Durchführung, Integration, 3. grundlegend überarbeitete und aktualisierte Auflage, Stuttgart: Schäffer-Poeschel, S. 525-560, S. 531; Jansen 2001, S. 240.

Grundlage für einen Erfolg versprechenden Unternehmenszusammenschluss bringt der schwächere Partner Vertriebswege und Marktanteile ein, die der stärkere Partner z. B. mit finanziellen Mitteln oder speziellem Know-how ergänzt.

Informationssuche und Kontaktaufnahme

Ziel der Informationssuche sollte es sein, eine überschaubare Anzahl möglicher Zusammenschlusspartner zu finden.[155] Dafür muss zunächst das Anforderungsprofil eines potenziellen Kandidaten festgelegt werden. Neben übergeordneten strategischen und finanziellen Aspekten sind auch Umwelt- und Konkurrenzmerkmale wie Produktportfolio, Marktanteile oder der Bekanntheitsgrad von Bedeutung.[156] Die notwendigen Informationen können von dem zusammenschlusswilligen Unternehmen selbst, durch eigene Recherchen oder mit Hilfe externer Berater eingeholt werden. In diesem Zusammenhang sind Zuverlässigkeit und Zugänglichkeit der Informationen sowie die mit ihrer Beschaffung verbundenen Kosten zu berücksichtigen. Der Beschaffung benötigter Informationen mit Hilfe externer Spezialisten verhilft oftmals zu mehr Objektivität und Vertraulichkeit am Markt, da die Anonymität des suchenden Unternehmens gewahrt werden kann. In der nachfolgenden Initiierungsphase müsste durch Kontaktaufnahme die Akzeptanz des Zusammenschlussvorhabens bei Eigentümern und Management überprüft werden. Erst wenn diese einen Unternehmenszusammenschluss für vorteilhaft erachten, kann mit der ‚Due Diligence' begonnen werden.

Due Diligence

Bei der ‚Due Diligence' werden Informationen beschafft und aufbereitet, die Chancen und Risiken auf betriebswirtschaftlicher und juristischer Ebene erkennen lassen.[157] ‚Due Diligence' unterscheidet sich von der Informationssuche deutlich in Art und Um-

[155] Vgl. Cartwright, Sue/Cooper, Cary (2000) HR Know How in Mergers and Acquisitions, London: Institute of Personnel and Development, S. 8.

[156] Vgl. Kreikebaum, Hartmut (1993) Strategische Unternehmensplanung, 5. überarbeitete Auflage, Stuttgart [u.a.]: Kohlhammer, S. 62 ff.

[157] Vgl. Sebastian, Karl-Heinz/Niederdrenk, Ralph/Tesch, Andreas (1998) Market Due Diligence: Bewertungen von Unternehmen aus Sicht des Marktes, M&A Review, Jahrgang 1998, Heft 5, S. 207-211; Berens, Wolfgang/Strauch, Joachim (2005) Herkunft und Inhalt des Begriffs Due Diligence, in Berens, Wolfgang/Brauner, Hans/Strauch, Joachim (Hrsg,) Due Diligence bei Unternehmensakquisitionen, 4. überarbeitete und erweiterte Auflage, Stuttgart: Schäffer-Poeschel, S. 3-24, S. 12; Rockholtz, Carsten (1999) Marktwertorientiertes Akquisitionsmanagement: Due Diligence-.Konzeption zur Identifikation, Beurteilung und Realisation akquisitionsbedingter Synergiepotentiale, Frankfurt a.M. [u.a.]: Peter Lang.

fang der Informationen. Der Umfang der Informationssuche kann mit den Adjektiven breit (viele mögliche Partner betreffend) und flach (eher genereller Art) charakterisiert werden. Bei der ‚Due Diligence' ergibt sich eine andere Aufgabenstellung, die mit den Adjektiven schmal (nur das Zielunternehmen betreffend) und tief (versteckte Detailinformationen) assoziiert wird. Da es sich bei dieser Art von Informationen zumeist um streng vertrauliche Betriebsgeheimnisse handelt, muss auch sichergestellt werden, dass diese Informationen vor einem potenziellen Konkurrenten geschützt werden.[158]

Neben der ursprünglichen Verwendung im US- amerikanischen Recht im Rahmen der Prospektprüfung[159] kommt der ‚Due Diligence' überall dort besondere Bedeutung zu, wo für weitreichende Entscheidungen eine entsprechende Datenbasis zur Verfügung zu stellen ist. Insbesondere bei Zusammenschlüssen sind Interesse und Notwendigkeit am größten, die Entscheidungsträger über Chancen und Risiken ihres Vorhabens umfassend zu informieren.[160] Das nachträgliche Bereinigen etwaiger Fehleinschätzungen bindet enorme zusätzliche Management- und Mitarbeiterressourcen. Zusätzlich verursacht es hohe Kosten und bedeutet nicht zuletzt einen großen Imageverlust bei Mitarbeitern und in der Öffentlichkeit.[161]

Berens und Strauch (2005) unterscheiden entsprechend der zu überprüfenden Gebiete zwischen ‚Financial-, Legal-, Management- bzw. Human Resource-, Market- und Environmental Due Diligence'.[162] Eine ‚Financial Due Diligence' beginnt mit der Analyse der letzten Jahresabschlüsse. Aufgrund der Vergangenheitsorientierung von Bilanz und Gewinn- und Verlustrechnung (GuV) gilt es, potenzielle Einnahmen z. B.

---

[158] Vgl. Faller 2006, S. 34 ff.; Pack, Heinrich (2005) Due Diligence, in Picot, Gerhard/ Bartels, Eric (Hrsg.) Handbuch Mergers & Acquisitions: Planung, Durchführung, Integration, 3. grundlegend überarbeitete und aktualisierte Auflage, Stuttgart: Schäffer-Poeschel, S. 287-320.

[159] Der Begriff leitet sich aus der US-amerikanischen Transaktionspraxis ab und bedeutet ins Deutsche übersetzt etwa ‚sorgsame Erfüllung' oder ‚im Verkehr erforderliche Sorgfalt'. Die Herkunft des ‚Due Diligence' Konzepts ist begründet im US-amerikanischen Kapitalmarkt- und Anlegerschutzrecht. Vgl. Berens/Strauch 2005, S. 3 ff.

[160] Vgl. Berens, Wolfgang/Hoffjan, Andreas/Strauch, Joachim (2005) Planung und Durchführung der Due Diligence, in Berens, Wolfgang/Brauner, Hans/Strauch, Joachim (Hrsg,) Due Diligence bei Unternehmensakquisitionen, 4. überarbeitete und erweiterte Auflage, Stuttgart: Schäffer-Poeschel, S. 119-173, S. 121 ff.; Cartwright/Cooper, 2000, S. 8 f.

[161] Vgl. Canepa/Ancillo (1998) Die Due Diligence im M & A Prozeß, Bern [u.a.]: Haupt, S. 7.

[162] Weiterführende Gebiete, die eine probate Entscheidungsbasis für eine Unternehmensfusion bilden könnten, wären z. B. Technical-, Organisational- & IT-, Strategic-, Marketing-, External Due Diligence. Vgl. Berens/Strauch 2005, S. 14.

aus Patenten und Urheberrechten sowie mögliche Ausgaben, die sich aus Haftungsverhältnissen[163] ergeben können, besonders zu berücksichtigen.[164] Bei der ‚Legal Due Diligence' steht die Überprüfung externer Rechtsverpflichtungen im Vordergrund, die sich etwa aus Verträgen mit Kunden, Lieferanten, Miet- und Pachtverträgen oder Garantievereinbarungen ergeben.[165]

Auch wenn die Überprüfung der Arbeitsverträge in den Bereich der ‚Legal- Due Diligence' fällt, ist eine Auswertung vorhandener Personalberichte, die u.a. Aussagen über Mitarbeiterfluktuation, Krankenstand und Mitarbeiterzufriedenheit enthalten, Kernfeld der ‚Human Resource Due Diligence'. Im Rahmen der ‚Human Resource Due Diligence' soll versucht werden, Einblicke in die personalpolitischen Grundsätze und in die Betriebsrats- und Gewerkschaftsbeziehungen zu bekommen.[166] Gerade in Anbetracht der Zusammenschlussproblematik sind die Informations-, Mitwirkungs- und Mitbestimmungsrechte des Betriebsrats nicht zu unterschätzende Einflussfaktoren.

Der juristische Zusammenschluss

Der Unternehmenskauf ist zwar ein Rechtsgeschäft im Sinne des § 433 ff. BGB. Dennoch lassen sich Unternehmenskaufverträge nicht ausschließlich mit den Kategorien des Sach- und Rechtskaufs erfassen. In Abhängigkeit des gewünschten rechtlichen oder steuerlichen Ablaufs kann der Zusammenschluss als Übertragung einzelner Wirtschaftsgüter (Asset Deal) oder als Übertragung von Gesellschaftsbeteiligungen (Share Deal) vollzogen werden.

Der Asset Deal stellt den Kauf eines Unternehmens durch den Erwerb der damit verbundenen Wirtschaftsgüter, immateriellen Vermögensgegenstände und Verbindlich-

---

[163] Gem. § 285 Nr. 3 HGB. gehören hierzu z. B. Bürgschaften, finanzielle Verpflichtungen oder Patronatserklärungen.

[164] Vgl. Pack 2005, S. 287 ff.

[165] Vgl. Pack 2005, S. 287 ff.; Brebeck, Frank/Bredy, Jörg (2005) Financial Due Diligence I: Vermögen, Ertrag und Cashflow, in Berens, Wolfgang/Brauner, Hans/Strauch, Joachim (Hrsg,) Due Diligence bei Unternehmensakquisitionen, 4. überarbeitete und erweiterte Auflage, Stuttgart: Schäffer-Poeschel, S. 371-394; Fritsche, Michael/Griese, Markus (2005) Legal Due Diligence, in Berens, Wolfgang/Brauner, Hans/Strauch, Joachim (Hrsg,) Due Diligence bei Unternehmensakquisitionen, 4. überarbeitete und erweiterte Auflage, Stuttgart: Schäffer-Poeschel, S. 457-488.

[166] Vgl. Faller 2006; Aldering, Christoph/Högemann, Bernd (2005) Human Resources Due Diligence in Berens, Wolfgang/Brauner, Hans/Strauch, Joachim (Hrsg,) Due Diligence bei Unternehmensakquisitionen, 4. überarbeitete und erweiterte Auflage, Stuttgart: Schäffer-Poeschel, S. 513-538.

keiten dar.[167] Gemäß § 433 Abs 1. BGB steht dem Käufer ein Erfüllungsanspruch zu, dass ihm der Verkäufer die geschuldete Sache frei von Sach- (§434 BGB) und Rechtsmängeln (§435 BGB) übergibt und ihm das Eigentum überlässt.[168] Für den Asset Deal spricht, dass der Bieter in der Regel nicht die Zustimmung seiner Shareholder benötigt und damit das Zusammenschlussvorhaben zügiger umgesetzt werden kann.

Bei einem Share Deal kommt der Erwerb durch Übertragung des Rechtsträgers im Wege des Anteils- bzw. Beteiligungserwerbs zustande.[169] Hierbei finden die Normen des § 453 BGB bezüglich des Rechtskaufs Anwendung. Der Verkäufer eines Inhaberrechts hat hierbei nicht nur für den rechtlichen Bestand der verkauften Rechte bzw. Beteiligungen, sondern auch für ihren wirtschaftlichen Wert einzustehen.[170] Da die Identität der Zielgesellschaft gewahrt bleibt, findet beim Share Deal keine Rechtsnachfolge statt. Als Vorteil eines Share Deals ist zu nennen, dass der Käufer direkt mit den Shareholdern des Zielunternehmens verhandeln kann, um auf diese Weise etwaige Auseinandersetzungen mit dem derzeitigen Management zu umgehen.[171]

Der juristische Ablauf einer Fusion wird in Deutschland durch das Umwandlungsgesetz (UmwG) festgelegt. Dieses Gesetz besagt, dass die Fusion zweier Unternehmen ein zweiseitiges Rechtsgeschäft ist, welches erst durch Abschluss eines notariell beurkundeten Verschmelzungsvertrages rechtskräftig wird.[172] Dieser Verschmelzungsvertrag ist durch mindestens einen von den Vertretungsorganen zu bestellen-

[167] Vgl Wirtz 2003, S. 257.

[168] Vgl. Picot, Gerhard (2008) Vertragliche Gestaltung des Unternehmenskaufs, in Picot, Gerhard, et. al. (Hrsg.) Handbuch Mergers & Acquisition, Planung, Durchführung, Integration, Stuttgart: Schäffer-Poeschel, S. 206-269.

[169] Vgl. Wirtz 2003, S. 258.

[170] Vgl. Picot 2008, S. 212.

[171] Vgl. Imping, Andreas/Knoche, Sebastian (2003) Arbeitsrecht in Balz, Ulrich/Arlinghaus, Olaf (Hrsg.) Das Praxisbuch Mergers & Acquisitions: Von der strategischen Überlegung zur erfolgreichen Integration, München: Redline, S. 241-265.

[172] Siehe §§ 4 ff. UmwG. Die inhaltlichen Mindestanforderungen ergeben sich aus §§ 5 Abs.1, 29, 36 UmwG.

den Prüfer zu kontrollieren.[173] Im zweiten Schritt muss ein gemeinsamer Verschmelzungsbericht angefertigt werden. Dieser sollte Erläuterungen und Begründungen für die Verschmelzung, den Verschmelzungsvertrag, das Umtauschverhältnis und die Bewertung der jeweiligen Anteile enthalten.[174] Im dritten Schritt müssen die Anteilseigner auf der Basis des Verschmelzungsberichts dem Verschmelzungsvertrag mit mindestens qualifizierter Mehrheit zustimmen. Als letzten Schritt haben die gesetzlichen Vertreter die Verschmelzung bei den zuständigen Registergerichten anzumelden. Mit der Eintragung in das Register ist der Unternehmenszusammenschluss vollzogen (§20 UmwG).

Integrationskonzeption

Nach Müller-Stevens (2006) können bei der Integrationskonzeption vier Modelle unterschieden werden: Kolonialherr, d. h. Dominanz der übernehmenden Organisation; Best-of-Breed, d. h. Übernahme der jeweils besten Konzeption; Parität, d. h. gleichberechtigte Existenz und Visionär, d. h. Entwicklung eines gemeinsamen Ansatzes.[175]

Das erste Modell trägt den Namen „Kolonialherr". Dieses Integrationskonzept prägte sehr stark das Integrationsverhalten bis Ende der 1990er Jahre. Hierbei dominiert der übernehmende Unternehmensteil eindeutig den übernommenen. Sämtliche Planungen und Entscheidungen werden vom übernehmenden Unternehmen getroffen. Bei zentralen Aspekten des Integrationsprozesses, wie Konzeption, Durchführung oder Kontrolle, hat die übernommene Belegschaft keine Entscheidungsbefugnis. Diesem Konzept liegt die Annahme zugrunde, dass der übernehmende Unterneh-

---

173 Bei Zustimmung der Gesellschafter sind Personengesellschaften und GmbH von dieser Prüfung ausgenommen (§§ 44, 48 UmwG). Auch bei der AG oder die KGaA kann bei einstimmigem Beschluss der Aktionäre auf die Pflichtprüfung verzichtet werden (§§ 60, 78 UmwG). Vgl. Griesar, Patrick (1998) Verschmelzung und Konzernabschluß: Konsolidierungsanforderungen und Konsolidierungsmethoden, am Beispiel der Aufnahme eines konzernfremden Unternehmens durch ein Konzernbeteiligungsunternehmen, Düsseldorf: IDW-Verlag, S. 13 f.; Lutter, Marcus (1995) Verschmelzung – Spaltung – Formwechsel nach dem neuen Umwandlungsrecht und Umwandlungssteuerrecht, Köln: O.Schmidt.

174 Vgl. Picot 2008, S. 2 ff.

175 Müller-Stewens, Günther (2006) Konzeptionelle Entscheidungen beim Post-Merger-Management, in: Wirtz, Bernd (Hrsg.) Handbuch Mergers & Acquistions, Wiesbaden: Gabler, S. 785-804.

mensteil dem anderen schon deshalb fachlich und wirtschaftlich überlegen ist, da er das Zusammenschlussvorhaben initiieren konnte.[176]

Das zweite mögliche Integrationskonzept wird als „best-of-breed“ bezeichnet. Bei diesem Integrationskonzept werden die beiden Organisationen in ihren wesentlichen Attributen (Organigramm, Ablaufpläne, Besetzung von Schlüsselpositionen, IT-Systeme, Fertigungsmethoden etc.) konzeptuell erfasst und miteinander verglichen. Ziel dieser Gegenüberstellung ist der Vergleich der Effizienz und Leistungsfähigkeit beider Organisationsstrukturen. Anschließend wird der nach analytischen Kriterien vergleichsweise bessere Lösungsweg des einen Unternehmens für das andere übernommen.[177]

Das dritte Integrationskonzept ist das paritätische Modell, das den Betroffenen eine paritätische Machtverteilung suggerieren soll. Deshalb wird bei der Verwendung dieses Ansatzes zumindest auf eine strukturelle Gleichverteilung geachtet, welches z. B. in der Besetzung der Führungsorgane und des Integrationsteams äußerlich erkennbar wird. Diese augenscheinliche Gleichberechtigung kann zum einen als „joviale Geste“ des Käufers verstanden werden, die es den Übernommenen erleichtern soll, ihr Gesicht zu wahren. Zum anderen kann der vertrauensvolle Umgang der beiden Partnerunternehmen miteinander den Grundstein für eine erfolgreiche zukünftige Zusammenarbeit legen.[178]

Das vierte und letzte Integrationskonzept nennt Müller-Stewens „Visionär“. Hier entwickeln beide beteiligten Unternehmensführungen eine gemeinsam geteilte Vorstellung, welche Aufgaben von dem neuen Unternehmen zu bewältigen sind oder wie eine solche Organisation auszusehen hätte. Ausgehend von dieser gemeinsamen Vision der beteiligten Unternehmensführungen wird dann nach dem Vergleich beider Organisationen die Struktur ausgewählt, die zur Erreichung dieser Vision am ehesten geeignet erscheint.[179]

---

[176] Vgl. Müller-Stewens 2006, S. 785 ff.

[177] Vgl. Müller-Stewens 2006, S. 785 ff.

[178] Vgl. Müller-Stewens 2006, S. 785 ff.

[179] Vgl. Müller-Stewens 2006, S. 785 ff.

Im Rahmen des gewählten Integrationsansatzes setzt sich die Planungsphase aus der Zielbildung sowie der Bewertung und Entscheidung bezüglich der Aktionsparameter zusammen. Am Ende der Planungsphase steht schließlich die Aufstellung eines oder mehrerer Pläne. Die Formulierung möglicher Integrationsziele orientiert sich an den mit dem Unternehmenszusammenschluss verfolgten Zielen. Die Integrationsziele sind im Vergleich zu den Zusammenschlusszielen hinsichtlich Inhalt, Ausmaß und Zeitplanung präziser formuliert. Das liegt schon daran, dass fundierte Daten und Materialen aus den vorherigen Phasen des Unternehmenszusammenschlusses vorliegen. Es sind Entscheidungen bezüglich verschiedener Aktionsparameter zu treffen. Der Integrationsgrad, die anzustrebenden Integrationsebenen sowie die Integrationsverantwortlichen sind zu bestimmen. In zeitlicher Hinsicht ist der Aspekt der Integrationsgeschwindigkeit von Bedeutung. Neben dem Zeitplan muss auch der Ressourcenplan bestimmt werden. Die Aktionsparameter werden im Fortgang des Abschnitts noch näher ausgeführt.[180]

Integrationsdurchführung

Im Mittelpunkt der Integrationsumsetzung steht die Art und Weise der Durchführung des Planes, d. h. die Umsetzung der Integrationsstrategien in zielgerichtete Maßnahmen. Konkrete, detaillierte Maßnahmen und Mittel bzw. Instrumente sind in organisatorischer, sachlich-inhaltlicher, zeitlicher sowie personeller Hinsicht abzustimmen und umzusetzen. Dazu gehört u. a., dass Maßnahmen und Instrumente in Abhängigkeit von einzelnen Funktionsbereichen präzisiert werden. Beispielsweise ist es notwendig, dass Umstrukturierungen im Organisationssystem erfolgen, Abstimmungen der Finanzierungspolitik vorgenommen werden, Rechnungslegungsvorschriften vereinheitlicht sowie Entlohnungs- und Beurteilungssysteme angeglichen werden. In organisatorischer Hinsicht müssen Budgetvorgaben vereinbart sowie Regelungen zu Zuständigkeiten und Kompetenzen getroffen werden. Außerdem wird der zeitliche Ablauf der Durchführung präzisiert.[181]

Eine wesentliche Rolle in der Phase der Integrationsumsetzung spielt die Kommunikation mit den beteiligten Interessensgruppen, insbesondere mit den betroffen Mitarbeitern. Die Berücksichtigung von potenziellen Änderungswiderständen und Motivie-

[180] Vgl. Rohloff 1994, S. 44 ff.

[181] Vgl. Rohloff 1994, S. 49 f.

rungsproblemen, zum Teil auch aufgrund von Unklarheiten und Informationslücken, stellen einen wesentlichen Aufgabenbereich dar. Dazu zählen auch mögliche Konflikte sozialer wie psychologischer Natur, d. h. die persönliche Ebene des Mitarbeiters bzw. der Gruppe wird erreicht.[182]

Integrationscontrolling

Der Integrationsumsetzung muss flankierend ein Integrations-Controlling beigefügt werden. Seine Aufgabe besteht im Verfolgen der Einhaltung von Meilensteinen, der Kontrolle des Verbrauches von finanziellen und kapazitativen Ressourcen und der Verfolgung der Umsetzung von Synergiepotenzialen. Bereits im Jahr 1967 postuliert Kitching in seiner Studie „Why do mergers miscarry?" die Etablierung einer Integrationskontrolle.[183]

Aus dieser Wichtigkeit resultieren drei Hauptaufgaben des Integrationscontrollings.[184] Erstens werden die Voraussetzungen für eine möglichst prozessnahe Beobachtung der Auswirkungen bereits durchgeführter Integrationsaktivitäten geschaffen. Somit kann überprüft werden, ob der Integrationsfortschritt im Rahmen der Vorgaben abläuft. Außerdem kann die Frage geklärt werden, inwiefern die mit dem Zusammenschluss verbundenen Ziele erreicht werden, d. h. ob der Zusammenschluss letztendlich zum Erfolg oder Misserfolg führt. Zweitens können durch das Integrationscontrolling Ansätze zur kontinuierlichen Verbesserung des laufenden Integrationsprozesses auf Basis der akkumulierten Erfahrungen generiert werden, um auf negative Abweichungen zwischen dem geplanten Integrationsstatus und dem Ist-Zustand proaktiv reagieren zu können. Drittens wird ein solches Controlling genutzt, um bisherige planerische Annahmen hinsichtlich ihrer Ursache-Wirkungs-Beziehungen ständig infrage zu stellen. Mit jedem neuen Integrationsprojekt werden gewissen Kausalitätsannahmen bestätigt, andere widerlegt. Beim Auftreten neuer Herausforderungen kann

---

[182] Vgl. Rohloff 1994, S. 50.

[183] Vgl. Kitching, John (1967) Why do mergers miscarry?, Harvard Business Review, 45. Jahrgang, Heft 6, S. 84-101.

[184] Zu den Hauptaufgaben des Integrationscontrollings siehe auch Schäfer 2001, S. 13 f.; Glahn von, Carsten/Keuper, Frank (2006) Gestaltung unternehmensmarktlicher Interaktionsbedingungen in der Post-M&A-Phase, in Keuper, Frank/Häfner, Michael/Glahn von, Carsten (Hrsg.) Der M & A Prozess: Konzepte, Ansätze und Strategien für die Pre- und Post-Phase, S. 339-366, S. 353.

auf bewährte Lösungsansätze zurückgegriffen werden, wodurch auch eine „Fusionskultur" entwickelt werden kann.[185]

Rathjen (2008) suggeriert, dass das Integrations-Controlling möglichst weit gefasst werden sollte, indem es die Schnittstellen zu Kunden, Lieferanten und nicht zuletzt den eigenen Mitarbeitern beinhaltet. Mitarbeiterzufriedenheit, Mitarbeiterqualifikation, Fluktuation bzw. ungewollte Kündigungen etc. stellen im Rahmen des Integrations-Controllings aus Perspektive des Human Resource Managements geeignete Kriterien zur Information und Überprüfung dar.[186]

Wie bereits oben erwähnt, geht es bei der Integrationsplanung in erster Linie darum, bestimmte Aktionsparameter festzulegen. Dies kann schon vor dem formellen Abschluss des Zusammenschlussvertrages beginnen. Zunächst sollte der Integrationsgrad thematisiert werden. Er beschreibt das Ausmaß der Eingliederung eines Unternehmens in ein anderes.[187] Der Umfang der erforderlichen Eingliederungsmaßnahmen ergibt sich aus situativen Einflussfaktoren, strategischen Analysen und den Unternehmenszielen.

Im Falle der Autonomie wird von einer über die juristischen Mindestanforderungen hinausgehende Zusammenführung abgesehen.[188] Hierbei erfolgt weder eine strukturelle noch personelle Verschmelzung. Die Unternehmen sind lediglich in juristischer, steuerlicher und bilanztechnischer Hinsicht verbunden. Autonomie ist insbesondere bei konglomeraten Zusammenschlüssen eine veritable Zusammenführungsoption. Als zweite Möglichkeit umfasst eine partielle Integration zumindest die Umstrukturierung administrativer oder operativer Unternehmensteile.[189] Einerseits können die Schwerpunkte der partiellen Integration in administrativen Bereichen, wie Personal, Finanzen und Unternehmensleitung, gesetzt werden. Andererseits bedingt die Zusammenführung operativer Funktionsbereiche, wie der Produktion, auch die Zusammenlegung der zugehörigen gemeinsamen administrativen Bereiche. Nur dadurch ist

[185] Vgl. Metz 2002.

[186] Vgl. Rathjen 2006, S. 436.

[187] Vgl. Scheiter 1989, S. 122 ff.; Möller 1983, S. 245.

[188] Vgl. Rohloff 1994, S. 53.

[189] Vgl. Scheiter 1989, S. 122; Möller 1983, S. 250 ff.

auch weiterhin eine Kontrolle der operativen Bereiche gesichert.[190] Bei der totalen Integration werden sämtliche Bereiche der fusionierenden Unternehmen von Eingliederungsmaßnahmen betroffen.[191]

Im Zusammenhang mit dem Integrationsgrad ist auch die Frage nach den verschiedenen Integrationsebenen zu klären. Shrivastava (1986) unterscheidet die prozessuale, die physische und die soziokulturelle Integration. Die prozessuale Zusammenführungsebene verknüpft die unterschiedlichen Abläufe z. B. im Finanz- und Rechnungswesen oder in den Bereichen der Beschaffung, Logistik und des Absatzes. Zweck ist die Homogenisierung bzw. Standardisierung von relevanten Arbeitsprozessen und Tätigkeiten, um die Zusammenschlussziele zu erreichen.

Im Rahmen der physischen Integration geht es beispielsweise um die Herstellung einer unternehmensweiten Kompatibilität von Computersystemen, Infrastrukturen und Produktionsverfahren sowie um die Eingliederung bzw. Umsetzung von Ressourcen, Technologien, Vermögen und Know-how. Ziel ist es, gemeinsame und gegenseitig exklusive Ressourcen bzw. Vermögen langfristig zu kombinieren und zu optimieren. Soziokulturelle Integrationsmaßnahmen betreffen das Führungssystem, die Unternehmensphilosophie, die Organisationsstruktur und das Personalmanagement. Diese Ebene ist die schwierigste Integrationsebene, da hier die soziale, menschliche Komponente im Mittelpunkt steht.[192]

Gemäß dem Ziel der Arbeit, ein Konzept zur Berücksichtigung des psychologischen Vertrages im Integrationsprozess zu erstellen, ist speziell die soziokulturelle Integrationsebene Gegenstand der nachfolgenden Betrachtung.

Ein weiterer wesentlicher Faktor der Integration ist die Integrationsgeschwindigkeit. Diese bezeichnet die Zeitspanne, die für die Realisierung der geplanten Maßnahmen notwendig ist. Sie ist von einer Vielzahl verschiedener Einflussfaktoren abhängig. Hauptgrund für eine schrittweise Integration ist die zeitintensive Gewinnung der Detailinformationen, wodurch Entscheidungen oftmals nur langsam getroffen werden

---

[190] Scheiter 1989, S. 123.

[191] Vgl. Rohloff 1994, S. 53 ff.

[192] Vgl. Albrecht 1994, S. 79 ff.; Shrivastava 1986, S. 70 ff.

können.[193] Eine schnelle Integration reduziert Unsicherheit und verringert die Opportunitätskosten, kann aber auch häufig zu Fehlentscheidungen führen.[194] Abbildung 9 stellt relevante Vorteile einer hohen und niedrigen Integrationsgeschwindigkeit gegenüber.

Schnelle Integration	Langsame Integration
- Nutzen von Veränderungserwartungen der Mitarbeiter - Leichteres Durchsetzen von Veränderungen - Vermeiden eines unangebrachten Sicherheitsgefühls bzw. verspäteter Überraschungen	- Wechselseitiges gründliches Kennenlernen der Fähigkeiten, Strategie- und Wertvorstellungen sowie Führungssysteme des Partners verbunden mit Vertrauensaufbau beim Top-Management, bei den Mitarbeitern und Mitarbeitervertretungen
- Schnelle Realisierung von Wertsteigerungspotenzialen bzw. Veränderung der Opportunitätskosten unveränderter Ressourcennutzung	- Motivation der Betroffenen durch nachhaltige Einbindung und Nutzung ihres Wissens bei der Vorbereitung und Umsetzung der Integrationsgestaltung
- Vermeiden/Abbau von Unsicherheit - Sofortiges Schaffen klarer Führungsverhältnisse - Umgehendes Fixieren von Positionsbesetzungen, Kompetenzen, Verantwortlichkeiten, d.h. von organisatorischen Strukturen, keine Paralyse durch Analyse	- Fundierte Strategieentwicklung auf Basis vertiefter Produkt-Markt- und Ressourcentransfer-Analysen - Bessere Bewältigung der hohen Problemkomplexität/verringertes Fehlentscheidungsrisiko - Sachgerechtere Reorganisationsprioritäten
- Überwindung der Aufmerksamkeitskonzentration auf unternehmensinterne Ereignisse - Fokussieren auf externe Marktherausforderungen - Verringern von Produktivitätsverlusten - Vermeiden langwieriger, dysfunktionaler Machtkämpfe	- Vermeidung einer Überforderung der beteiligten Führungskräfte/Mitarbeiter (Arbeitsvolumen, Anpassungs- und Lernfähigkeit)

Abbildung 9: Mögliche Vorteile einer schnellen und langsamen Integration.[195]

[193] Vgl. Möller 1983, S. 267; Freund, Werner (1991) Die Integration übernommener Unternehmen: Fragen, Probleme und Folgen, Die Betriebswirtschaft, 51. Jahrgang, S. 491-498; Ansoff, Igor/Brandenburg, Richard/Portner, Fred/Radosevich, Raymond (1971) Acquisition Behavior of U.S. Manufacturing Firms: 1946-1965, Nashville: Vanderbilt University Press.

[194] Vgl. Buono, Anthony (2003) SEAM-less post-merger integration strategies: a cause for concern, Journal of Organizational Change, 16. Jahrgang, Heft 1, S. 90-98.; Buono, Anthony/Bowditch, James (1989) The human side of mergers and acquisitions: managing collisions betweeen people, cultures, and organizations, San Francisco [u.a.]: Jossey-Bass, S. 15 f.

[195] Quelle: Gerpott 1993, S. 164.

Hinsichtlich der Planungskonzeption und Integrationsumsetzung knüpft sich hieran schließlich die Frage nach der Teamzusammensetzung der Integrationsverantwortlichen. Ihre sorgfältige Auswahl kann die Erfolgswahrscheinlichkeit des Zusammenschlussvorhabens erhöhen.[196] Aus Gründen einer höheren Akzeptanz erscheint es ratsam, das Zusammenführungsteam paritätisch zu besetzen. Auf diese Weise kann der Eindruck verhindert werden, dass bei der Zusammenführung die Mitarbeiter eines Unternehmensteils gegenüber den Angehörigen des anderen übervorteilt würden.[197] Neben dieser wesentlichen psychologischen Funktion können so auch die fundierten Kenntnisse im Sinne von Erfahrungen formeller wie informeller Art beider Unternehmen herangezogen werden, um den Integrationsplan bereits im Voraus auf potenzielle Problemquellen hin abzustimmen.[198]

Aufgrund des breiten Spektrums des für den Integrationsprozess erforderlichen Wissens besteht in Literatur und Praxis Einigkeit darüber, dass die Integrationsaufgaben von einem interdisziplinären Projektteam übernommen werden sollten. Dies schließt Mitarbeiter verschiedener Hierarchieebenen, Geschäftsbereiche und Funktionen ein.[199] Müller-Stewens/Schreiber (1993) stellen für die von ihnen untersuchten Akquisitionen fest, dass im Integrationsprozess neben der Unternehmensführung und verschiedenen Stabsabteilungen auch die Leiter der betroffenen Unternehmensbereiche eingebunden waren.[200]

Darüber hinaus scheint es ratsam, einzelne Integrationsverantwortliche bereits im Zusammenschlussprozess zu involvieren. Dazu zählen insbesondere Linienmanager, die während des Integrationsprozesses die Übertragung von Ressourcen unterstützen sollen. Dadurch können bestimmte Problemkreise der Integration schon im Vorfeld des Zusammenschlusses aufgegriffen werden.[201] Neben den häufiger in Integrationsprojekte involvierten Stabsstellen sollten auch bewusst Linienmanager, die

---

196 Vgl. Rohloff 1994, S. 58 ff.

197 Vgl. Möller 1983, S. 272 ff.; Shrivastava 1986, S. 74 f.

198 Vgl. Rohloff 1994, S. 58.

199 Vgl. Gomez, Peter/Weber, Bruno (1989) Akquisitionsstrategie: Wertsteigerung durch Übernahme von Unternehmen, Stuttgart: Schäffer, S. 46 f.; Gerpott 1993, S. 134.

200 Müller-Stewens, Günther/Schreiber, K. (1993) Zur organisatorischen Anbindung des Akquisitionsprozesses in Käuferunternehmen, Die Unternehmung, 47. Jahrgang, Heft 4, S. 275-292, S. 277 ff.

201 Vgl. Schäfer 2001, S. 56.

in der Vergangenheit Erfahrungen bei Integrationsprozessen gesammelt haben, in das aktuelle Team der Integrationsverantwortlichen aufgenommen werden. Dadurch kann eine systematische Umsetzung von Lerneffekten erzielt werden.[202]

Aufgrund ihrer Bedeutung für die Integration und ihres Einflusses auf den Integrationsprozess sollen in der wissenschaftlichen Analyse dieser Arbeit Zusammenschluss-/Integrationsverantwortliche von der übrigen Belegschaft abgegrenzt werden. Es ist davon auszugehen, dass sich der psychologische Vertrag der Mitarbeiter, die den Integrationsprozess weitestgehend bestimmen, von dem der passiven Mitarbeiter unterscheidet. Weiterhin ist anzunehmen, dass eine Änderung des psychologischen Vertrages der Integrationsverantwortlichen weitreichendere Konsequenzen für den Integrationserfolg hat als Änderungen des psychologischen Vertrages der von der Integration zwar betroffenen, aber dennoch passiven Mitarbeiter. In der wissenschaftlichen Analyse sollen deshalb Zusammenschluss-/Integrationsverantwortliche und passive Mitarbeiter getrennt voneinander untersucht werden.

Im Zuge eines Unternehmenszusammenschlusses wird zudem von den Integrationsverantwortlichen oft Hilfe von externen Unternehmensberatern in Anspruch genommen. Die Gründe hierfür sind zahlreich. Viele Unternehmen haben bei Unternehmenszusammenschlüssen nicht die ausreichenden Kapazitäten, die notwendigen Veränderungsmaßnahmen umzusetzen. Das liegt meist daran, dass sie eher auf Routinesituationen eingerichtet sind und deshalb nicht genügend Ressourcen und Fähigkeiten besitzen, um die notwendigen Integrationsmaßnahmen allein zu planen und umzusetzen.[203] Ferner wird von den Zusammenschlussverantwortlichen der Aufwand, den eine erfolgreiche Integration an das Management stellt, häufig unterschätzt. Ein weiteres Dilemma, in welchem sich die Unternehmensführung befindet, liegt auch darin begründet, dass die Implementierung der zusammenschlussbedingten Veränderungen mit einer deutlichen Änderung ihrer Rollen und Aufgaben einhergeht. Außerdem befinden sich die Führungskräfte in einer Situation, in der sie einerseits das Ziel von Veränderungen sind und andererseits diese mit ihren Mitarbeitern

---

[202] Vgl. Gerpott 1993, S. 135 ff.; Schäfer 2001, S. 56 f.

[203] Vgl. Al-Ani, Ayad/Gattermeyer, Wolfgang (2000) Entwicklung und Umsetzung von Change Management-Programmen, Al-Ani, Ayad/Gattermeyer, Wolfgang (Hrsg.) Change Management und Unternehmenserfolg: Grundlagen-Methoden-Praxisbeispiele, Wiesbaden: Gabler, S. 13-40.

umsetzen sollen. Diese Situation kann besonders bei komplexen Zusammenschlüssen schnell zu einer Überforderung der Beteiligten führen.[204] Im Folgenden soll näher auf das Integrationsconsulting eingegangen werden.

2.2. Integrationsconsulting

Die Unternehmensberatung verzeichnete wie kaum eine andere Branche in den letzten Dekaden ein äußerst dynamisches Wachstum.[205] In Europa hat sich der Branchenumsatz von 1994 bis 2005 fast versechsfacht (von 11,0 auf 61,6 Mrd. Euro).[206] Auch für den deutschen Beratungsmarkt zeigt sich eine deutlich positive Entwicklung. Sein Umsatzvolumen verdoppelte sich zwischen 1995 bis 2006 (von 7,2 auf 14,7 Mrd. Euro).[207] Damit ist die Beraterbranche selbst viel schneller gewachsen als die Branchen, denen die meisten ihrer Kunden angehören.[208] Die Zahlen sind umso bemerkenswerter, wenn man bedenkt, dass die Beauftragung von Unternehmensberatern im Gegensatz zu Wirtschaftsprüfern für Unternehmen keine juristische Notwendigkeit darstellt.[209] Die häufigste Erklärung für das Wachstum des Consultingmarktes wird im Anstieg der Komplexität und Dynamik der Umwelt gesehen.[210] Zur

[204] Vgl. Al-Ani/Gattermeyer 2000, S. 18.

[205] Mohe, Michael/Nissen, Volker/Deelmann, Thomas (2008) „Einige Überlegungen und Daten zur Institutionalisierung des Forschungsfeldes Consulting Research“, in: Loos, Peter/Breitner, Michael/Deelmann, Thomas (Hrsg.): „IT-Beratung – Consulting zwischen Wissenschaft und Praxis“. Berlin: Logos Verlag, S. 75-88, S. 76.

[206] FEACO (European Federation of Management Consultancies Association) (2003) Survey of the European Management Consulting Market 2003, Brüssel, http://www.consultoras.org/frontend/aec/descargar.php?idf=11449 (Stand 21.03.2009); FEACO (European Federation of Management Consultancies Association) (2007) Survey of the European Management Consulting Market 2006/2007, Brüssel, http://www.consultoras.org/frontend/aec/descargar.php?idf=11452 (Stand 21.03.2009).

[207] Bund Deutscher Unternehmensberater e.V. (Hrsg.), Marktstudie Facts & Figures zum Beratermarkt 2006/7, Bonn, http://www.itz-medi.com/Presse/BDU_Studie_2006_2007_Beratermarkt.pdf (Stand 21.03.2009).

[208] Vgl. Ernst, Berit/Kieser, Alfred (2002) In Search of Explanations for the Consulting Explosion, in: Sahlin-Andersson, Kerstin/Engwall, Lars (Hrsg.) The expansion of management knowledge: carriers, flows, and sources. Stanford: Stanford University Press, S. 47-73.

[209] Vgl. Kieser, Alfred/Wellstein, Benjamin (2008) Do activities of consultants and management scientists affect decision making by managers?, S. 499, in: Hodgkinson, Gerard/Starbuck, William (Hrsg.) The Oxford Handbook of Organizational Decision Making, Oxford University Press, S. 495-516.

[210] Hasek, Glenn (1997) The Era of Experts, Industry Week, 246. Jahrgang, Heft 10, S. 60-67; Kipping, Matthias (2002) Jenseits von Krise und Wachstum, Zeitschrift Führung + Organisation (ZfO), 71. Jahrgang, Heft 5, S. 269-276.

ununterbrochenen Nachfrage der Unternehmen nach Managementberatung bemerken Armbrüster/Kieser (2001, S. 689) treffend:

> „Die Unternehmensbranche hat sich zu einem festen Bestandteil im Gefüge der Industrie- und Dienstleistungsbranche entwickelt. Während die Beauftragung von Unternehmensberatern noch vor wenigen Jahrzehnten als Zeichen für ein Versagen des Managements galt, ist die Zusammenarbeit mit Beratern zumindest in Großunternehmen nun zu einem Stück Normalität im betrieblichen Alltag geworden. Kaum ein Mitarbeiter in Großunternehmen war noch nie mit einem Beratungsprojekt in Kontakt, viele sind oder waren sogar unmittelbar involviert."[211]

Die Nachfrage nach Beratungsleistungen wirft die Frage auf, welchen Nutzen bzw. Produkte Consultants ihren Kunden bieten? In der Consultingpraxis besitzen Berater Konzeptionen zur Problemlösung ihrer Klienten. Das bedeutet, dass sie inhaltliches Wissen heranziehen, welches sie in den Beratungsprozess einbringen. In der Praxis wird dabei auch häufig von Berateransätzen gesprochen. Diese Konzeptionen bzw. Berateransätze haben zumeist die Form von Techniken, z. B. in Vorstellungen zur Lösung einer Klasse von Problemen (wie z. B. die Lösung von Qualitätsproblemen durch Total Quality Management) oder in Form von Methoden, mit deren Hilfe Probleme strukturiert bzw. gelöst werden können (wie z. B. durch das Konzept des Business Process Reengineering).[212]

Konzeptionen des Consultings beinhalten Wissen, das der Berater zur Lösung von Klientenproblemen einbringt. Damit stellt das Wissen gewissermaßen ein Leistungspotenzial und somit ein Produkt des Beraters dar. Die Entwicklung der Berateransätze basiert häufig auf Erkenntnissen aus der Wissenschaft. Der Consultant ist deshalb zunächst Anwender wissenschaftlicher Erkenntnisse. Er nutzt den Fundus der Betriebs- oder Volkswirtschaftslehre, Individual- oder Sozialpsychologie, aber auch der Organisationstheorie. Indem er dieses Wissen in Form von Konzeptionen den Klienten zur Verfügung stellt, nimmt der Consultant eine Transfer-Funktion zwischen Wis-

---

[211] Armbrüster, Thomas/Kieser, Alfred (2001) Unternehmensberatung – Analysen einer Wachstumsbranche, Die Betriebswirtschaftslehre (DBW), 61. Jahrgang, Heft 6, S. 688-709.

[212] Vgl. Bamberger, Ingolf/Wrona, Thomas (2005) Konzeptionen der strategischen Unternehmensberatung, in Bamberger, Ingolf (Hrsg.), Strategische Unternehmensberatung: Konzeptionen, Prozesse, Methoden, 4. Auflage, S. 1-48, S. 12.

senschaft und Praxis wahr.[213] Dieser wird in jüngerer Zeit verstärkt Bedeutung beigemessen.[214]

In der Consultingpraxis gibt es eine Vielzahl von Konzeptionen, die Berater ihren Klienten anbieten können. Die wichtigsten seien hier genannt:

- Das Erfahrungskurvenkonzept, das von der Boston Consulting Group (BCG) entwickelt wurde
- Der ebenfalls von der BCG entwickelte strategische Portfolio-Ansatz und die Weiterentwicklung bzw. Versionen anderer Beratungsunternehmen wie McKinsey, Booz Allen & Hamilton, Arthur D. Little
- Das Konzept strategischer Geschäftseinheiten (McKinsey/General Electric) hat das strategische Denken in Praxis und Grundlagendiskussion wesentlich beeinflusst.
- Das PIMS-Programm vom Strategic Planning Institute
- Die Gemeinkostenwertanalyse von McKinsey
- Verschiedene Wettbewerbsmatrizen u.a. von BCG und McKinsey
- Das bekannte 7-S-Modell von Athos/McKinsey
- Die Konzeption des Reengineering (z. B. Champy)
- Shareholder-Value-Ansätze, u. a. von Stern Stewart
- Verschiedene Sozialtechnologien, wie sie im Rahmen von Organisationsentwicklungsansätzen konzipiert wurden.[215]

Diese Konzeptionen werden nicht nur im Beraterallatg genutzt, sondern sind auch in der einschlägigen Management Literatur wieder zu finden.[216] Das zeigt auch, dass

---

[213] Vgl. Bamberger/Wrona 2005, S. 12.

[214] Vgl. Bartunek, Jean/Ryners , Sara/Daft, Richard (2001) Across the great divide: knowledge creation and transfer between practioners and academics, Academy of Management Journal, 44. Jahrgang, Heft 2, S. 340-355; Nicolai, Alexander (2004) Der „trade-off" zwischen „rigour" and „relevance" und seine Konsequenzen für die Managementwissenschaften, Zeitschrift für Betriebswirtschaft (ZfB), 77. Jahrgang, Heft 2, S. 99-118.

[215] Vgl. Bamberger/Wrona 2005, S. 13 f.

diese Konzeptionen inzwischen zu den standardisierten Problemlösungsprodukten gehören, die Berater ihren Kunden anbieten. Keimzellen des Wachstums im Beratungsmarkt hingegen können neue Problemlösungen bzw. Konzeptionen sein. In der Beratungspraxis werden neue innovative Probleme mit analytischen, wissenschaftlichen oder statistischen Methoden gelöst, während Standardprobleme der Klienten mit standardisierten Produkten bearbeitet werden. Aus neuen individuellen Lösungen entstehen durch Abstraktion weitere neue Standardprodukte. Nur durch Bearbeitung neuer Probleme und durch eine immer weiter betriebene Standardisierung dieses neu gewonnenen Problemlösungswissens ist in der Beratungsbranche eine qualitativ hochwertige Professionalisierung und Produktivitätssteigerung möglich.[217] Ein Konzept zur Berücksichtigung des psychologischen Vertrages im Integrationsprozess stellt eine neue Problemlösung dar, um zum Integrationserfolg fusionierender Unternehmen beizutragen. Durch Abstraktion und Standardisierung des in dieser Arbeit hergeleiteten Konzeptes können M&A-Berater eine neue, standardisierte Problemlösungsmethode für die Consultingpraxis gewinnen (vgl. Abbildung 10).

Richtet man den Blick auf die M&A-Beratung im Allgemeinen, bezieht sich hier das Leistungsspektrum auf den gesamten Prozess des Unternehmenszusammenschlusses, von der strategischen Analyse bis zur Integration nach einem erfolgreichen juristischen Zusammenschluss. Die Beratungsaufgaben sind im Einzelnen sehr unterschiedlich, je nach Phase des Unternehmenszusammenschlusses, und erstrecken sich von der Erarbeitung einer Transaktionsstrategie bis zur gestalterischen Begleitung der Post-Merger-Integration.[218] Letzteres ist unter Berücksichtigung des psychologischen Vertrages Gegenstand des Konzeptes, das in Kapitel 4 vorgestellt wird.

---

[216] Thomsen, Eike-Hendrik (2006) Strategische Unternehmensführung, 2. Auflage, St. Gallen: SMG Publishing; Müller-Stewens, Günter/Lechner, Christoph (2005) Strategisches Management: wie strategische Initiativen zum Wandel führen, der St. Galler General-Management-Navigator, 3. Auflage, Stuttgart: Schäffer-Poeschel; Bea, Franz Xaver/Haas, Jürgen (2005) Strategisches Management, 4. Auflage, Stuttgart: Lucius & Lucius; Lombriser, Roman/Abplanalp, Peter (2005) Strategisches Management: Visionen entwickeln, Strategien umsetzen, Erfolgspotenziale aufbauen, 4. Auflage, Zürich: Versus; Thompson, John (2002) Strategic Management, awareness and change, 4. Auflage, London [u.a.]: Thompson; Lynch, Richard (2000) Corporate Strategy, 2. Auflage, Harlow [u.a.]: Pearson Education.

[217] Vgl. Niedereichholz, Christel (2001) Beratungsmarketing und Auftragsaquisition, 3. vollständig neu bearbeitete und erweiterte Auflage, München [u.a.]: Oldenbourg, S. 13.

[218] Vgl. Achleitner, Ann-Kristin (2001) Handbuch Investment Banking, 2. Auflage, Wiesbaden: Gabler, S. 152.

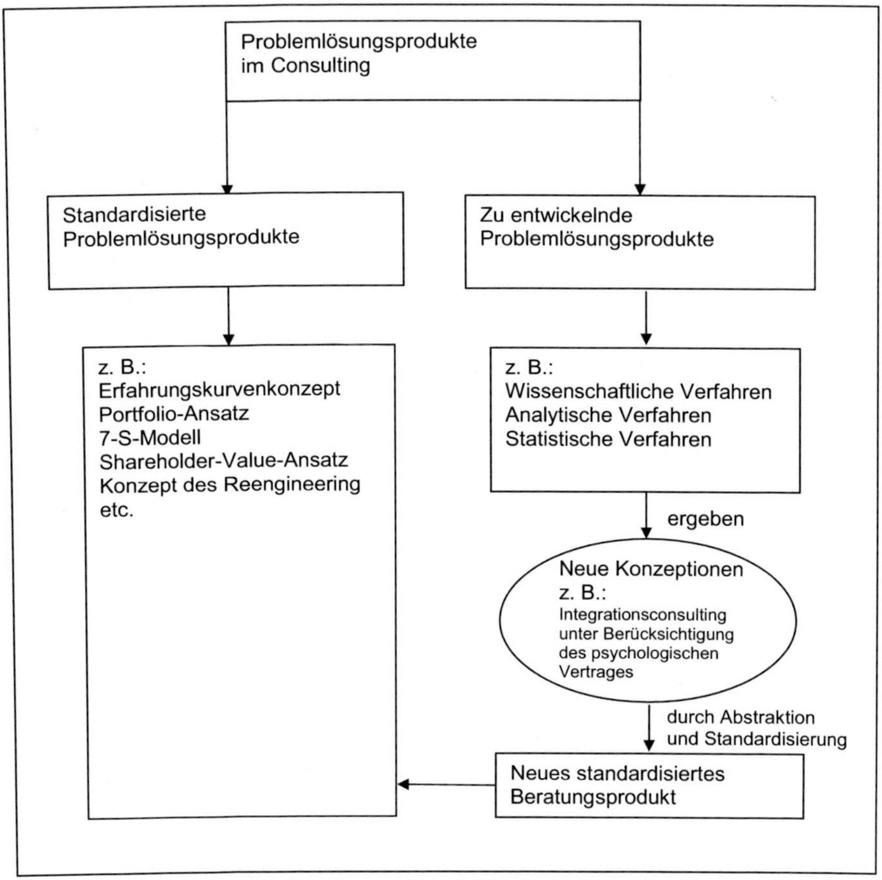

Abbildung 10: Einordnung des zu entwickelnden Konzeptes in die Consultingpraxis.[219]

Aus übergeordneter Perspektive lässt sich der Einsatz von Consultants mit der Erfüllung der nachfolgenden Aufgaben begründen:[220]

- Verkürzung der gesamten Prozesslaufzeit: Unternehmenszusammenschlüsse erfordern in der Regeln den Einsatz von Teams über Abteilungs- und Unternehmensgrenzen hinweg. Der Berater kann aufgrund seiner Erfahrung im Un-

[219] In Anlehnung an Niedereichholz 2001, S. 13.
[220] Vgl. Achleitner 2001, S. 152 f.

ternehmenszusammenschlussprozess die Aufgabenverteilung und Schnittstellensteuerung zeitlich optimieren.

- Spezielle Fachkompetenz: Durch ihr Einbringen können strategische, steuerliche und finanzielle Nachteile vermieden werden.
- Identifizierungsfunktion: Da Unternehmenszusammenschlüsse für viele Unternehmen nicht zum Tagesgeschäft zählen, sind Informationen über den M&A-Markt häufig nicht vorhanden, insbesondere über mögliche Akquisitionsobjekte und Fusionspartner. Berater können eine schnelle, detaillierte und zielgruppengerecht aufbereitete Informationsbeschaffung gewährleisten.
- Sparringspartner- und Objektivierungsfunktion: Der Berater kann aus seiner externen Sichtweise neue Ideen einbringen und intern entwickelte Ideen kritisch überprüfen. Außerdem kann er Vertragsverhandlungen aufgrund seiner Stellung weniger emotional und daher möglicherweise erfolgsversprechender führen.
- Ausgleich personeller Kapazitätsengpässe beim Auftraggeber: insbesondere bei kleineren Unternehmen ist es möglich, dass die vorhandenen Mitarbeiterressourcen nicht ausreichen, um einen Unternehmenszusammenschluss in angemessener Qualität und Zeit durchzuführen. Durch die Einbindung externer Berater ist entsprechendes qualifiziertes Personal kurzfristig verfügbar.
- Blitzableiterfunktion: Sie kommt insbesondere bei kritischen Verhandlungsphasen zum Tragen. Beispielsweise kann sich der Klient darauf berufen, dass ein vom Berater vorgeschlagenes Ultimatum, das die Gegenseite ausschlägt, nicht von ihm stamme. Er kann somit die Verhandlungen ohne Vertrauensverlust weiterführen.

Die Bewältigung dieser Aufgaben erfordert für jede Phase des Unternehmenszusammenschlusses ein sehr umfassendes Detailwissen. Deshalb ist eine durchgängige Betreuung des Auftraggebers über den gesamten M&A-Prozess durch einen externen Dienstleister in der Praxis eher untypisch. Vielmehr spezialisieren sich Berater im M&A-Geschäft auf einen Teilbereich des Unternehmenszusammenschlusses. Im Einzelnen handelt es sich bei den sog. M&A - Dienstleistern vor allem um Banken, Wirtschaftsprüfer und Steuerberater, Rechtsanwälte, Strategieberater und Unternehmensmakler.[221] Sie sollen im Folgenden näher betrachtet werden und ihre Bedeutung im Unternehmenszusammenschlussprozess geklärt werden.

Die Berater im Bankensektor sind vornehmlich die großen anglo-amerikanischen Investmentbanken und die M&A- Abteilungen der großen deutschen Universalbanken. Mit unterschiedlichen Schwerpunkten betreuen sie die Phase von der Kontaktaufnahme bis zur Vertragsgestaltung, wobei meist für beide Seiten Exklusivität vereinbart wird. Die Planungsphase - hier insbesondere die strategische Analyse – und die Integrationsphase wurden traditionell jedoch in der Regel nicht abgedeckt. Mittlerweile bieten Universalbanken auch Leistungen im Bereich der Due Diligence an, wobei sie vor allem auf ihre Kundenkenntnis, ihren schnellen Informationsfluss, ihre Diskretion und ihre internationalen Beziehungen zurückgreifen können.[222]

Aufgabenschwerpunkt der Wirtschaftsprüfer und Steuerberater bildet die Durchführung der Financial Due Diligence. Die Prüfung und gutachterliche Bewertung des Kaufs- bzw. Verkaufsobjektes obliegt der Wirtschaftsprüfung, während Steuerberater für die steuerlich optimale Gestaltung des Kaufvertrages hinzugezogen werden. Die Aufbereitung des internen in ein aussagekräftiges, externes Rechnungswesen ist eine weitere Tätigkeit der Wirtschaftsprüfung. Insgesamt ist eine Verschmelzung von Steuerberatung und Wirtschaftsprüfung innerhalb international tätiger Wirtschaftsprüfungs- Steuerberatungsgesellschaften zu beobachten.[223]

Rechtsanwälte unterstützen beim Einhalten börsen-, gesellschafts- und kartellrechtlicher Auflagen und assistieren bei der Prüfung der rechtlichen Verhältnisse eines Transaktionsobjektes (Legal Due Diligence). Die Ausarbeitung vertraglicher Unterlagen wie Geheimhaltungsverpflichtung, Vorvertrag und Kaufvertrag gehört ebenfalls zu ihren Aufgaben. Außerdem treten Rechtsanwälte regelmäßig als Vertreter einer Partei in Vertragsverhandlungen auf. Dagegen sind sie meistens nicht in betriebswirtschaftliche Berateraufgaben und in die Kontaktaufnahme eingebunden. Die inter-

221 Vgl. Wirtz 2003, S. 99 f.

222 Vgl. Achleitner 2001, S. 155 f.; Wirtz 2003, S. 101.

223 Vgl. Achleitner 2001, S. 156 f.; Wirtz 2003, S. 102 f.

nationale Expertise beratender Rechtsanwälte wird umso wichtiger, je häufiger und komplexer internationale Zusammenschlüsse werden.[224]

Unternehmens- bzw. Strategieberater bieten Unterstützung insbesondere bei der Planungs- und Integrationsphase. Die Identifikation und Evaluation von strategischen Optionen gehören ebenso zu ihren Tätigkeiten wie die Festlegung betriebswirtschaftlicher Anforderungen an Kauf- und Verkaufsobjekte und die Auswahl geeigneter Kandidaten u. a. anhand von zukünftigen Ertragsprognosen. An der Transaktionsphase beteiligen sie sich in der Regel nicht. Nach Abschluss des Vertrages stellen die Unternehmensberater dann wieder ihre Beratungsleistungen im Rahmen der Integration zur Verfügung. Die Umsetzung und Gestaltung des Integrationsprozess gehört zu ihrem Kerngeschäft.[225]

Planungs- und Transaktionsprozess				Integrationsprozess		
Strategische Analyse	Informationssuche und Kontaktaufnahme	Due Diligence	Juristischer Zusammenschluss	Integrationskonzeption	Integrationsdurchführung	Integrationscontrolling
Strategieberater	Strategieberater Berater im Bankensektor	Wirtschaftsprüfer Steuerberater Rechtsanwälte Strategieberater	Berater im Bankensektor Wirtschaftsprüfer Steuerberater Rechtsanwälte	Strategieberater	Strategieberater Wirtschaftsprüfer	Strategieberater Wirtschaftsprüfer

Abbildung 11: Betätigungsfelder von M&A-Beratern im Rahmen des Unternehmenszusammenschlussprozesses.[226]

Wie in den Ausführungen verdeutlicht wurde, verlangt jede einzelne Phase im Unternehmenszusammenschlussprozess in Bezug auf die anfallenden Beratungsleistungen eine spezifische Expertise seitens der Berater und wird deshalb auch von verschiedenen M&A-Beratern wahrgenommen. Ein Kerngeschäft der Unternehmensberatung ist die Gestaltung der Integration. Im Rahmen des Integrationsprozesses stellt der Berater Kompetenz zur Verfügung, die intern nicht verfügbar ist und trägt somit zum Erfolg der Integration bei. Da die Unternehmensberatung auch in anderen Betätigungsfeldern im Unternehmenszusammenschlussprozess vertreten ist, in dieser Arbeit aber eine Beratungskonzeption für eine erfolgreiche Integration entwickelt

[224] Vgl. Achleitner 2001, S. 157; Wirtz 2003, S. 103 f.

[225] Vgl. Achleitner 2001, S. 157 f.; Wirtz 2003, S. 104 f.

[226] Eigene Darstellung.

werden soll, wird der Begriff des Integrationsconsultings gewählt. Dieser ist in der Literatur noch nicht mit einer bestimmten Definition besetzt. Deshalb erlaubt der Begriff die Zusammenfassung aller Maßnahmen und Methoden, die nötig sind, den psychologischen Vertrag bei Unternehmenszusammenschlüssen zu berücksichtigen und damit zum Erfolg der Integration beizutragen.

Nachdem in Abschnitten 3 und 4 untersucht wird, ob Wechselwirkungen zwischen Unternehmenszusammenschluss und psychologischem Vertrag bestehen, wird in Abschnitt 5 darauf aufbauend ein Konzept zur Berücksichtigung des psychologischen Vertrages bei Unternehmenszusammenschlüssen für das Integrationsconsulting vorgestellt.

2.3. Psychologischer Vertrag

2.3.1. Der Begriff des psychologischen Vertrages

Eine Annäherung an das Konstrukt des psychologischen Vertrages setzt Kenntnisse über den juristischen Vertrag voraus. In einer kurzen Darstellung der rechtlichen Grundlagen eines Arbeitsverhältnisses soll der juristische Vertrag vom psychologischen Vertrag abgegrenzt werden. Anschließend werden unterschiedliche Sichtweisen in der Wissenschaft zum psychologischen Vertrag vorgestellt. Zuletzt wird eine begründete Auswahl einer Definition getroffen, die für den Fortgang dieser Arbeit tragend ist.

Der Arbeitsvertrag bildet die juristische Grundlage des Arbeitsverhältnisses zwischen Organisation und Individuum. Ein Arbeitsvertrag wird durch zwei übereinstimmende Willenserklärungen von Arbeitgeber und Arbeitnehmer rechtskräftig. Er ist ein Unterfall des Dienstvertrages (§§ 611 – 630 BGB) und begründet ein Dauerschuldverhältnis.[227] Wesentliches Merkmal ist, dass es sich nicht um eine einmalige Transaktion handelt, sondern um einen kontinuierlichen, wechselseitigen Austausch von Leistungen. Den Mittelpunkt dieser Tauschbeziehung bilden die aus dem Vertrag erwachse-

[227] Vgl. Lieb, Manfred/Jacobs, Matthias (2006) Arbeitsrecht, 9. neu bearbeitete Auflage, Heidelberg: Müller, S. 13 ff.

nen Rechte und Pflichten. Die Rechte des Arbeitgebers stellen somit zugleich die Pflichten des Arbeitnehmers dar und umgekehrt. Diese Rechte und Pflichten des Arbeitgebers und Arbeitnehmers lassen sich in Hauptpflichten und Nebenpflichten unterteilen.[228]

Zu den Hauptpflichten des Arbeitnehmers gehören die persönliche Erbringung der versprochenen Leistung (§§ 611 Abs. 1, 613 BGB)[229] sowie die Gehorsamspflicht. Letztere leitet sich aus dem Direktionsrecht des Arbeitgebers ab. Demnach hat der Arbeitnehmer im Rahmen seines Arbeitsverhältnisses den Anweisungen seines Arbeitgebers Folge zu leisten. Hierbei steht es dem Arbeitgeber frei, Ort und Zeit sowie Art und Weise der zu erbringenden Leistung festzulegen.[230] Die Nebenpflichten des Arbeitnehmers werden oftmals auch als Loyalitätspflichten beschrieben. Wichtige Bestandteile sind die Verschwiegenheitspflicht und die Treuepflicht. Sie verpflichten den Arbeitnehmer Betriebsgeheimnisse zu wahren sowie rufschädigende Handlungen oder Äußerungen zu unterlassen. Der Arbeitnehmer ist auch verpflichtet, drohende Schäden für den Arbeitgeber abzuwenden. Ferner hat der Arbeitnehmer dem Arbeitgeber Auskunft über seine verrichteten Arbeitsaufgaben zu geben. Im Falle einer Kündigung unterliegt der Arbeitnehmer unter Umständen einem Wettbewerbsverbot. Dieses untersagt ihm, in direkte Konkurrenz zu seinem bisherigen Arbeitgeber zu treten.[231]

Zu den Hauptpflichten des Arbeitgebers gehört die Zahlung des vereinbarten Entgelts (§ 611 Abs.1 BGB). Im Gegenzug dafür erhält der Arbeitgeber das Direktionsrecht, welches ihm erlaubt, dem Arbeitnehmer Weisungen zu erteilen. Vertragsgemäße Beschäftigung sowie Fürsorge gehören zu den Nebenpflichten des Arbeitgebers. Hierbei hat der Arbeitgeber dafür zu sorgen, dass Gesundheit und Eigentum

---

[228] Vgl. Zöllner, Wolfgang/Loritz, Karl-Georg/Hergenröder, Curt (2008) Arbeitsrecht- ein Studienbuch, 6. neubearbeitete Auflage, München: Beck, S. 124 ff.

[229] Vgl. Zöllner, Loritz, Hergenröder 2008, S. 144 ff; Hanau, Peter/Adomeit, Klaus (2007) Arbeitsrecht, 14. neu bearbeitete Auflage, Neuwied: Luchterhand, S. 176 ff.; Junker, Abbo (2007) Grundkurs Arbeitsrecht, 7. neu bearbeitete Auflage, München: Beck, S. 108 ff.; Hromadka, Wolfgang (1994) Arbeitsrecht: Handbuch für die betriebliche Praxis, 2. überarbeitete und erweiterte Auflage, Stuttgart: Schäffer-Poeschel, S. 63 ff.

[230] Vgl. Oechsler, Walter (2006) Personal und Arbeit: Grundlagen des Human Resource Management und der Arbeitgeber-Arbeitnehmer-Beziehungen, 8. grundlegend überarbeitete Auflage, München [u.a.]: Oldenbourg, S. 243 ff.

[231] Vgl. Zöllner/Loritz/Hergenröder 2008, S. 153 ff.; Junker, 2007, S. 121 ff.

des Arbeitnehmers nicht durch die Arbeit gefährdet werden. Außerdem ist der Urlaubsanspruch des Arbeitnehmers gesetzlich geregelt.[232]

Im Falle von Störungen des Arbeitsverhältnisses, die durch den Arbeitnehmer verursacht werden, gehört es zu den Rechten des Arbeitgebers, Disziplinarmaßnahmen zu ergreifen. Das Spektrum dieser Maßnahmen reicht von einer formlosen Ermahnung bis hin zur fristlosen Kündigung und Schadensersatzforderungen. Eine Ermahnung soll den Arbeitnehmer zumeist über die aus dem Arbeitsvertrag resultierenden Pflichten belehren. Sie wird oftmals mit dem Ziel eingesetzt, dem Arbeitnehmer zu signalisieren, dass inakzeptables, pflichtwidriges Verhalten auffällig geworden ist. Eine Ermahnung[233] ist vielfach die Vorstufe zur Abmahnung[234]. Erhält ein Arbeitnehmer mehrere Abmahnungen, so kann sein Arbeitsverhältnis gekündigt werden.

Neben dem Abschluss eines Arbeitsverhältnisses mit den daraus resultierenden Rechten und Pflichten für beide Vertragsparteien ist auch die Beendigung von Arbeitsverhältnissen juristisch geregelt. Zunächst gilt es, zwischen befristeten und unbefristeten Arbeitsverträgen zu unterscheiden. Ein befristetes Arbeitsverhältnis endet entweder durch Fristablauf oder durch Eintritt der befristenden Bedingung.[235] Darüber hinaus kann ein Arbeitsverhältnis entweder durch eine Kündigung oder einen Aufhebungsvertrag beendet werden. Nach Beendigung des Arbeitsverhältnisses bestehen zwischen den Arbeitsparteien keine Ansprüche aus dem Arbeitsverhältnis, weder auf Arbeitsleistung noch auf Arbeitslohn. Obwohl eine Kündigung formlos erfolgen kann, empfiehlt es sich (u. a. aus Dokumentationsgründen), diese schriftlich zu verfassen. Nach deutschem Recht gibt es drei Arten von Kündigungen. Hierzu zählen: die ordentliche Kündigung, die außerordentliche Kündigung sowie die Änderungskündigung.[236] Im Gegensatz zu der ordentlichen und der außerordentlichen Kündigung, die das Arbeitsverhältnis beenden, werden bei einer Änderungskündi-

---

[232] Vgl. Zöllner/Loritz/Hergenröder 2008, S. 180 ff.; Junker, 2007, S. 125 ff., Oechsler, 2006, S. 243 ff.

[233] Vgl. Engler, Christiane (2008) Disziplinierung und Kündigung im deutschen und französischen Arbeitsrecht, Baden-Baden: Nomos, S. 134 ff.

[234] Vgl. Engler 2008, S. 153 ff.

[235] Vgl. Zöllner/Loritz/Hergenröder 2008, S. 262 ff.; Hanau/Adomeit 2007, S. 237; Oechsler 2006, S. 249 ff.; Kropp, Waldemar (1997) Systemische Personalwirtschaft: Wege zu vernetzt-kooperativen Problemlösungen, München [u.a.]: Oldenbourg.

[236] Vgl. Oechsler 2006, S. 274 ff.; Böhme, Margit (2006) Kündigung des Arbeitnehmers, betriebsbedingt, verhaltensbedingt und personenbedingt, Eschborn: RKW-Verlag.

gung[237] nur einzelne Arbeitsbedingungen des Arbeitsvertrages durch den Arbeitgeber geändert. Da diese Änderungen zustimmungspflichtig sind, hängt der Fortbestand des Arbeitsverhältnisses von der Zustimmung des Arbeitnehmers ab. Ansonsten gilt der Arbeitsvertrag als beendet. Ähnliches gilt für den Aufhebungsvertrag.[238] Aufgrund der Vertragsfreiheit kann durch die übereinstimmenden Willenserklärungen von Arbeitgeber und Arbeitnehmer der bestehende Arbeitsvertrag aufgelöst werden.[239]

Wie die Ausführungen verdeutlichen, ist der Arbeitsvertrag gewissermaßen die ‚Geschäftsgrundlage' für die Leistungserbringung. Er enthält eine auf allgemeiner Ebene verbleibende Beschreibung von wechselseitigen Rechten und Pflichten, jedoch keine exakte Spezifizierung aller Arbeitsvorgänge, die auf den Arbeitnehmer zukommen.[240] Menge und Qualität der abgelieferten Arbeit können vom Arbeitgeber schon aufgrund der Langfristigkeit des Arbeitsverhältnisses nur vage dem Arbeitnehmer vorgegeben werden. Ähnlich verhält es sich mit möglichen Versprechen des Arbeitgebers bezüglich der zukünftigen Gehalts- oder Karriereentwicklung des Arbeitnehmers. Die verhaltensbestimmende Kraft des juristischen Arbeitsvertrages ist somit beschränkt. Aus diesem Grund wird das konkrete Arbeitsverhalten nicht nachhaltig durch ihn bestimmt, sondern durch das subjektive Verständnis von Organisation und Individuum bezüglich des Charakters des Arbeitsverhältnisses. Die verhaltensbestimmende Vertragsgrundlage ist somit nicht der juristische, sondern der psychologische Vertrag.[241] Diesen Sachverhalt fasst der Organisationspsychologe Schein wie folgt zusammen:

> „Die Erkenntnis des psychologischen Vertrags impliziert, dass das Individuum mit vielfältigen Erwartungen der Organisation gegenübertritt und dass die Organisation umgekehrt eine Erwartungshaltung bezüglich des Individuums einnimmt. Gegenstand dieser Erwartungen ist nicht nur, wie viel Arbeit für

---

[237] Vgl. Betz, Christoph (2008) Die betriebsbedingte Änderungskündigung, Mittel oder Hindernis bei der Umsetzung freier unternehmerischer Entscheidungen?, München: Sellier.

[238] Vgl. Grundmann, Stephan (2004) Der Aufhebungsvertrag, Münster: Rieder.

[239] Vgl. Oechsler 2006, S. 278; Bauer, Jobst-Hubertus (1993) Arbeitsrechtliche Aufhebungsverträge: arbeits-, gesellschaft-, steuer und sozialversicherungsrechtliche Hinweise zur Einvernehmlichen Beendigung von Dienst- und Arbeitsverhältnissen, 3. neubearbeitete Auflage, München: Beck, S. 3 ff.

[240] Vgl. Bartscher-Finzer, Susanne/Martin, Albert (2003) Psychologischer Vertrag und Sozialisation, in Martin, Albert (Hrsg.) Organizational Behaviour- Verhalten in Organisationen, Stuttgart: Kohlhammer, S. 53-76, S. 55 ff.

[241] Vgl. Bartscher-Finzer/Martin 2003, S. 55 ff.

welche Bezahlung zu leisten ist, sondern auch das ganze Spektrum von Rechten, Privilegien und Pflichten zwischen Mitarbeiter und Organisation. [...] Obwohl derartige Erwartungen normalerweise nicht vertraglich fixiert sind, wirken sie doch als mächtige Verhaltens-Determinanten."[242]

Die ersten Studien über den psychologischen Vertrag fanden in den 1960er Jahren statt. Argyris veröffentlichte mehrere Arbeiten, in denen er die wechselseitigen Erwartungen zwischen Organisation und Individuum untersuchte.[243] In seinen Untersuchungen führt er, als einer der ersten, den Begriff des psychologischen Vertrages ein. Etwa zur gleichen Zeit griffen auch andere Gelehrte wie z. B. Levinson und Schein das Konzept auf.[244] Erst zu Beginn der 1990 Jahre ist das Interesse am Konstrukt des psychologischen Vertrages wieder gestiegen.[245] Dieser Anstieg ist wahrscheinlich mit dem etwa gleichzeitigen Einsatz von „Lean Management" oder „Downsizing Konzepten" verbunden, denn das Erkenntnisinteresse vieler in dieser Zeit erschienenen wissenschaftlichen Arbeiten liegt eher bei den Konsequenzen, die aus einer Verletzung des psychologischen Vertrages erwachsen.[246] Darüber hinaus kann

---

242 Schein, Edgar (1980) Organisationspsychologie, [deutsche Übersetzung von Münster, Thomas], Wiesbaden: Gabler, S. 24.

243 Vgl. Argyris, Chris (1958) The Organization: What makes it healthy?, Harvard Business Review, Jahrgang 36, Heft 6, S. 107-116, S. 112 f.; Argyris, Chris (1963) Integrating the Individual and the Organization, New York [u.a.]: John Wiley & Sons; Argyris, Chris (1960) Understanding organizational behavior, London: Tavistock.

244 Vgl. Levinson, Harry/Mandl, Harold/Munden, Kenneth/Price, Charlton/Solley, Charles (1962) Men, Management, and Mental Health, Cambridge: Harvard University Press; Schein, Edgar (1965) Organizational psychology, Englewood Cliffs [u.a.]: Prentice Hall.

245 Vgl. Rousseau, Denise (1989) Psychological and implied contracts in organizations. Employee Responsibilities and Rights Journal, 2. Jahrgang, Heft 2, S. 121-139, S. 121 ff.; Spindler, George (1994) Psychological contracts in the workplace: A lawyer's view, Human Resource Management, 33. Jahrgang, Heft 3, S. 325-333; S. 326 ff.; McLean-Parks, Judi/Schmedemann, Deborah (1994) When promises become contracts: implied contracts and handbook provisions on job security, Human Resource Management, 33. Jahrgang, Heft 3, S. 403-423, S. 405 ff.;

246 Vgl. Robinson, Sandra/Kraatz, Matthew/Rousseau, Denise (1994) Changing obligations and the psychological contract: A longitudinal study, Academy of Management Journal, 37. Jahrgang, Heft 1, S. 137-152; Robinson, Sandra/ Wolfe-Morrison, Elizabeth (1995) Psychological contracts and OCB: The effect of unfulfilled obligations on civic virtue behavior, Journal of Organizational Behavior, 16. Jahrgang, Heft 3, S. 289-298; Robinson, Sandra (1996) Trust and Breach of the psychological contract, Administrative Science Quarterly, 41. Jahrgang, Heft 4, S. 574-599; Robinson, Sandra/Rousseau, Denise (1994) Violating the psychological contract: Not the exception but the norm. Journal of Organizational Behavior, 37. Jahrgang, Heft 3, S. 245-259; Wolfe-Morrison, Elizabeth/ Robinson, Sandra (1997) When employees feel betrayed: A model of how psychological contract violation develops, Academy of Management Review, 22. Jahrgang, Heft 1, S. 226-258; Turnley, William/Feldman, Daniel (1999) A discrepancy model of psychological contract violations, Human Resource Management Review, 9. Jahrgang, Heft 3, S. 367-386; Turnley, William/Feldman, Daniel (1999) The impact of psychological contract violation on exit, voice, loyalty, and neglect, Human Relations, 52. Jahrgang, Heft 7, S. 895-922.

das Konzept des psychologischen Vertrages auch allgemein zur Erklärung des Beziehungssystems zwischen Unternehmen und Mitarbeiter verwendet werden.[247]

Seit der wahrscheinlich erstmaligen Erwähnung des Begriffes „psychologischer Vertrag" durch Argyris[248] ist dieses Konstrukt von einer Vielzahl von Wissenschaftlern aufgegriffen und verfeinert worden.[249] Deshalb werden nun gemäß der chronologischen Abfolge unterschiedliche Definitionsansätze vorgestellt. Demnach ist der psychologische Vertrag:

> „[...] a series of mutual expectations of which parties of the relationship may not themselves be dimely aware but which nonetheless govern their relationship to each other" (Levinson, Mandl, Munden, Price, Solley, 1962, S. 21).[250]

> „[...] an implicit contract between an individual and his organization which specifies what each expect to give and receive from each other in their relationship" (Kotter, 1973, S. 92).[251]

> „[...] a set of unwritten reciprocal expectations between an individual employee and the organization" (Schein, 1978, S. 48).[252]

---

[247] Vgl. Coyle-Shapiro, Jackie/Kessler, Ian (2000) Consequences of the psychological contract for the employment relationship: A large scale survey, Journal of Management Studies, 37. Jahrgang, Heft 7, S. 903-930; Marks, Abigail (2001) Developing a multiple foci conceptualization of the psychological contract, Employee Relations, 23. Jahrgang, Heft 5, S. 454-467, Benett, Haydn/Durkin, Mark (2000) The effects of organizational change on employee psychological attachment. An exploratory study. Journal of Managerial Psychology, 15. Jahrgang, Heft 2, 126-147, Hiltrop, Jean-Marie (1995) The changing psychological contract: The human resource challange of the 1990s, European Management Journal, 13. Jahrgang, Heft 3, S. 286-294; Paul, Robert/Niehoff, Brian/Turnley, William (2000) Empowerment, expectations, and the psychological contract-managing the dilemmas and gaining the advantages, The Journal of Socio-Economics, 29. Jahrgang, S. 471-785; Herriot, Peter/Manning, W.E.G/Kidd, Jennifer (1997) The content of the psychological contract, British Journal of Management, 8. Jahrgang, Heft 2, S. 151-162

[248] Vgl. Argyris, Chris (1957) The Individual and the Organization: Some Problems of mutual Adjustment. Administrative Science Quarterly, 2. Jahrgang, Heft 1, S. 1-24, S. 20 f.

[249] Vgl. Kotter, John (1973) The psychological contract: Managing the Joining-up Process, California Management Review, 15. Jahrgang, Heft 3, S. 91-99, S. 92 ff.; Schein, Edgar (1978) Career Dynamics: Matching individual and organizational needs, Reading [u.a.]: Addison-Wesley Publication, S. 48.

[250] Levinson/Mandl/Munden/Price/Solley, 1962, S. 21.

[251] Kotter 1973, S. 92.

[252] Schein 1978, S. 48.

„[...] an individual's belief regarding the terms and conditions of reciprocal exchange agreement between the focal person and another party" (Rousseau, 1989, S. 123).[253]

„[...] individual beliefs, shaped by the organization, regarding terms of an exchange agreement between the individual and their organization" (Rousseau, 1995, S. 9).[254]

„[...] the perceptions of both parties to the employment relationship, organization and individual, of the obligations implied in the relationship. Psychological contracting is the process whereby these perceptions are arrived at" (Herriot, Pemberton, 1997, S. 45).[255]

„[...] an employee's belief about the reciprocal obligations between that employee and his or her organization, where these obligations are based on percieved promises and are not necessarily recognised by agent of the organization" (Wolfe-Morrison/Robinson, 1997, S. 229).[256]

Die Zitate weisen darauf hin, dass in der Literatur noch kein Konsens über eine einheitliche Definition erreicht werden konnte. Diese Divergenzen zeigen sich zum einen bezüglich der deutlich abweichenden Vorstellungen über die zentralen Bestandteile, die einen psychologischen Vertrag ausmachen, wie etwa Erwartungen (expectation), Überzeugungen (beliefs), Versprechen (promise) oder Verpflichtungen (obligation). Zum anderen zeigen sich aber auch innerhalb dieser Definitionen Unterschiede bezüglich der Parteien, zwischen denen ein psychologischer Vertrag besteht.

---

253 Rousseau 1989, S. 123.

254 Rousseau, Denise (1995) Psychological contracts in organizations: understanding written and unwritten agreements, Thousand Oaks [u.a.]: Sage, S. 9.

255 Herriot, Peter/Pemberton, Carole (1997) Facilitating New Deals, Human Resource Management Journal, 7. Jahrgang, Heft 1, S. 45-56, S. 45.

256 Wolfe-Morrison/Robinson 1997, S. 229

Mögliche Bestandteile eines psychologischen Vertrages	Definition
Versprechen (promise)	- Ein Versprechen ist eine verbindliche einseitige Erklärung, dass man etwas Bestimmtes tun werde bzw. jemandem etwas Bestimmtes zuteil werden lasse.[257] - „a commitment to do (or not do) something).[258]
Verpflichtung (obligation)	- Eine Verpflichtung ist eine bindende Zusage, eine Tätigkeit auszuüben.[259] - Ein bestehendes Schuldverhältnis verpflichtet ein Rechtssubjekt, die geschuldete Leistung zu erbringen, wobei die Leistung auch in einer Unterlassung bestehen kann (vgl. BGB §241 Abs. 1).
Erwartung (expectation)	- Eine Erwartung ist eine vorausschauende Vermutung, Annahme oder Hoffnung.[260] - Sie beschreibt die Annahme darüber, was ein oder mehrere Andere tun würden bzw. tun sollten und die Wahrscheinlichkeit mit der dies eintreten wird.[261]

Abbildung 12: Definition von Versprechen, Verpflichtung und Erwartung als mögliche Bestandteile eines psychologischen Vertrages.[262]

Es erscheint deshalb zunächst ratsam, die gerade aufgeführten Bestandteile und deren Auswirkungen für die Begriffsbedeutung und den damit verbundenen Fortgang dieser Arbeit näher vorzustellen. Die zeitliche Reihenfolge der hier dargestellten Definitionen verdeutlicht, dass in den früheren Sichtweisen zum psychologischen Vertrag der Begriff der Erwartung häufiger vorkommt. Die neuere Forschung tendiert damit eher dazu, den begrifflichen Schwerpunkt auf den Aspekt des Versprechens zu

[257] Vgl. Drosdowski, Günther/Dose, Maria/Folz, Jürgen/Kraif, Ursula/Mang, Dieter/Schrupp, Charlotte/Tauchmann, Christine/Thyen, Olaf/Trunk-Nußbaumer, Marion (1995) Duden- das große Wörterbuch der deutschen Sprache, Band 8, 2. völlig überarbeitete und erweiterte Auflage, Mannheim [u.a.]: Dudenverlag, S. 3719 f.

[258] Vgl. Rousseau/McLean Parks 1993.

[259] Vgl. Drosdowski, et al. 1995, S. 3696.

[260] Vgl. Drosdowski, Günther/Dose, Maria/Folz, Jürgen/Kraif, Ursula/Mang, Dieter/Schrupp, Charlotte/Tauchmann, Christine/Thyen, Olaf/Trunk-Nußbaumer, Marion (1993) Duden- das große Wörterbuch der deutschen Sprache, Band 2, 2. völlig überarbeitete und erweiterte Auflage, Mannheim [u.a.]: Dudenverlag, S. 978.

[261] Vgl. Drosdowski, et al. 1995, S. 978.

[262] Eigene Darstellung.

legen.[263] Vermutlich ist dies auch darauf zurückzuführen, dass ein Versprechen von den Autoren als subjektiv bindender betrachtet wird.

In der vorangegangen Abbildung werden die begrifflichen Unterschiede zwischen den angeführten Bestandteilen (Erwartungen, Versprechen und Verpflichtung) eines psychologischen Vertrages näher beschrieben. Der Aspekt der Überzeugung wurde vernachlässigt, da er wie das folgende Zitat belegt, schon in den anderen Attributen enthalten ist.

> „Expectations refer simply to what the employee expects to recieve from his or her employer. The psychological contract, on the other hand, refers to the percieved mutual obligations that characterize the employee's relationship with his/her employer. The psychological contract, unlike expectations, entails a belief in what the employer is obliged to provide, based on percieved promises of reciprocal exchange."[264]

Die in Abbildung 12 beschriebenen Bestandteile eines psychologischen Vertrages lassen sich auch hinsichtlich ihres definitorischen Umfanges in eine Reihenfolge bringen. Als äußeres Element sind Erwartungen zu nennen. Das mittlere Element bezieht sich auf Versprechen, die als wahrgenommene artikulierte Erwartungen nur eine Teilmenge ausmachen würden. Das innere und damit auch das kleinste Element entspricht den Verpflichtungen. Aufgrund eines bestehenden Schuldverhältnisses ist hierbei der Schuldner nicht nur moralisch, sondern auch juristisch verpflichtet, die geschuldete Leistung wie versprochen zu erbringen. Diese Abfolge wird in der Abbildung 13 grafisch dargestellt.

---

[263] Vgl. Conway, Neil/Briner, Rob (2005) Understanding Psychological Contracts at Work, A critical evaluation of Theory and Research, Oxford [u.a.]: Oxford University Press, S. 23; McLean Parks, Judi/ Kidder, Deborah (1994) „Till death us do part..." Changing work relationships in the 1990s, in Cooper, Cary/ Rousseau, Denise (Hrsg.) Trends in Organizational Behavior, 1. Jahrgang, Chichester: Wiley, S. 111-136; Robinson, Kraatz, Rousseau, 1994; Robinson, Sandra (1995) Violations of psychological contracts: Impact on employee attitudes, in Tetrick, Lois/Barling, Julian (Hrsg.) Changing employment relations: behavioral and social perspectives, Washington: American Psychological Association, S. 91-108; Robinson 1996, Wolfe-Morrison, Robinson, 1997.

[264] Vgl. Robinson, Sandra/Rousseau, Denise (1994) Violating the psychological contract: not the exception but the norm, Journal of Organizational Behavior, 15. Jahrgang, Heft 3, S. 245-259, S. 246.

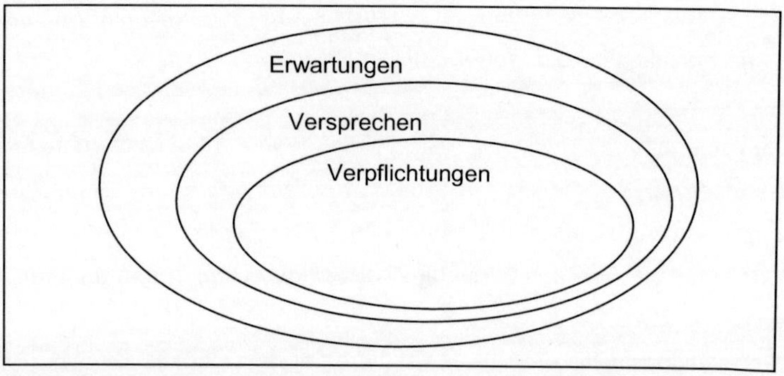

Abbildung 13: Unterschiede zwischen Erwartungen, Versprechen und Verpflichtungen.[265]

In der relevanten Literatur über den psychologischen Vertrag werden die Unterschiede zwischen den einzelnen Definitionsbestandteilen zumeist ausgeblendet. Dies lässt auch den Schluss zu, dass eine klare definitorische und konzeptionelle Bestimmung des psychologischen Vertrages von den involvierten Wissenschaftlern nicht unbedingt angestrebt wird.[266] Möglicherweise ist dieses mangelnde Interesse auch darauf zurückzuführen, dass sich in der empirischen Forschung die Unterschiede zwischen subjektiv wahrgenommenen Erwartungen, Versprechen und Verpflichtungen nur unzureichend voneinander unterscheiden und trennen lassen. Auf theoretischer Ebene sind die Unterschiede jedoch deutlicher auszumachen.

Eine Definition des Begriffs psychologischer Vertrag als Verpflichtungen hätte vermutlich zur Folge, dass sich die Ergebnisse stark an den gesetzlichen Vorgaben und den damit verbundenen Rechten und Pflichten orientieren. Eine Festlegung des Begriffs auf Versprechen impliziert, dass die Gegenseite, also der Versprechende, explizit oder implizit eine eindeutige Willenserklärung abgegeben hat. Folglich wäre zu prüfen, ob der Versprechende wirklich bewusst seinen Willen bekundet hat oder ob dies möglicherweise nur einseitig von der Gegenseite wahrgenommen wurde. Um diese Abgrenzungsprobleme zu überwinden, erscheint es sinnvoll, für den Fortgang dieser Arbeit eine Definition des Begriffs psychologischer Vertrag auf der Basis von

[265] Eigene Darstellung.
[266] Vgl. Conway/Briner 2005, S. 25.

Erwartungen zu wählen. Eine solche Festlegung erlaubt eine umfassende Betrachtung des Inhalts des psychologischen Vertrages.

Wie sich in den bereits dargestellten Definitionen zum psychologischen Vertrag zeigt, besteht in der Literatur eine unterschiedliche Sichtweise bezüglich der involvierten Vertragsparteien. Es wird deutlich, dass sich besonders die älteren Definitionen auf ein wechselseitiges Austauschverhältnis beziehen. Dies ist vermutlich auf die Vorarbeiten von Argyris zurückzuführen. Er veröffentlichte bereits im Juni 1957 einen Artikel mit dem Titel: „The Individual and Organization: Some Problems of Mutual Adjustment". Nach einer ausführlichen Darstellung der Natur des Individuums und der Organisation leitet Argyris unter anderem ab, dass die Bedürfnisse von Arbeitern mit den Anforderungen einer industriellen Unternehmung selten übereinstimmen. Mit diesem Gedanken formulierte er die Hypothese, dass diese Inkongruenzen zu nachhaltigen Störungen des Arbeitsverhältnisses führen können.[267] Bestärkt von dem Erfolg dieser Veröffentlichung beschließt er, diese These empirisch zu verifizieren.[268] Dazu analysiert er einen Industriebetrieb, der 500 Mitarbeiter beschäftigt. Aus seinem erhobenen Datenmaterial zieht er den folgenden Schluss:

> „The needs of this alienated work group – wages, job security, noninvolvement, and so on – are important norms in their culture, hence the major sources of employee satisfaction. The employees will want to protect them – but how?
>
> I believe it is done by the employees mentally "signing" what I term a "psychological work contract". In effect, each employee, by accepting the contract, promises to produce a fair day's work in return for:
>
> 1. Wages and job security
> 2. Being left alone by both management and employees
> 3. Having only skin-surface, 'friendly" relations with everyone
>
> Once in effect this psychological contract governs the relationships between the employee and management and among the employees, and serves to

---

267 Argyris 1957, S. 20 f.

268 Argyris 1958, S. 108 ff.

maintain the employee culture. It becomes the code by which all will live their lives in the plant." (Argyris, 1958, S.112 f).[269]

In diesem Zitat stellt Argyris die Hauptinteressen von Arbeitgeber und Arbeitnehmer kurz zusammen und zeigt damit die Wechselseitigkeit einer Arbeitgeber-Arbeitnehmer Beziehung auf. Die Existenz dieser längerfristigen gegenseitigen Austauschbeziehung schafft für jede Seite zusätzliche Verhaltenssicherheit, denn über die wiederkehrende Interaktion zwischen Arbeitgeber und Arbeitnehmer bilden sich Regeln der Zusammenarbeit heraus, welche die Grundlage für den psychologischen Vertrag bilden können.[270]

In der neueren Forschung über den psychologischen Vertrag, die maßgeblich durch die Arbeiten von Rousseau und Robinson vorangetrieben wurden, ist eine deutliche Schwerpunktverschiebung bezüglich der involvierten Vertragsparteien gegenüber den bereits vorgestellten älteren Sichtweisen erkennbar.[271] Nach ihrer Auffassung ist der psychologische Vertrag unilateral und steht im deutlichen Widerspruch zu den älteren Definitionen. Sie schreiben, dass

„A psychological contract emerges when one party believes that a promise of future return has been made (e.g. pay for performance), a contribution has been given (e.g. some form of exchange) and thus, an obligation has been created to provide future benefits."[272]

„Mutuality is not a requisite condition."[273]

---

[269] Argyris 1958, S.112 f.

[270] Vgl. Wilkens, Uta (2004) Management von Arbeitskraftunternehmern. Psychologische Vertragsbeziehungen und Perspektiven für Arbeitskräftepolitik in wissensintensiven Organisationen. Wiesbaden: Deutscher Universitätsverlag, S. 68; Weick, Karl (1995) Der Prozess des Organisierens, [ins Deutsche übersetzt von Hauck Gerhard], Frankfurt a.M.: Suhrkamp, S. 130 ff.

[271] Vgl. Rousseau, 1989; Robinson, Kraatz, Rousseau, 1994; Robinson, Wolfe-Morrison, 1995; Robinson, 1996; Robinson, Rousseau, 1994; Wolfe-Morrison, Robinson, 1997; Rousseau, Denise (1990) New hire perceptions of their own and their employer's obligations. A study of psychological contracts, Journal of Organizational Behaviour, 11. Jahrgang, Heft 5, S. 389-400; Rousseau, Denise (1993) The contracts of individuals and organizations, Research in Organizational behavior, 15. Jahrgang, S. 1-43.

[272] Robinson/Rousseau 1994, S. 246.

[273] Vgl. Rousseau, 1990, S. 391.

Basierend auf diesen unterschiedlichen Sichtweisen begründeten Herriot/Pemberton die Kategorien der „klassischen“ bzw. der „modernen“ Definition.[274] Die zuerst angeführten Definitionen werden zu den „klassischen“ Begriffserklärungen des psychologischen Vertrages gezählt. „Klassische“ Definitionen zeichnen sich dadurch aus, dass Arbeitnehmer und Arbeitgeber einen wechselseitigen psychologischen Vertrag abschließen.[275] Bei „modernen“ Definitionen, wie die zuletzt aufgeführten von Rousseau und Robinson, wird der psychologische Vertrag ausschließlich von den Ansichten des Individuums über seinen Arbeitgeber oder über das Austauschverhältnis zwischen ihm und seinem Arbeitgeber geprägt.[276]

Diese unterschiedlichen Auffassungen führten zu einer Debatte, in der sich besonders Rousseau und Guest engagierten.[277] Anstoß gab das Argument von Rousseau, dass insbesondere bei größeren Organisationen nicht davon ausgegangen werden kann, dass das Unternehmen mit jedem Mitarbeiter einen konsistenten psychologischen Vertrag abschließt.[278] Ein Grund ist die Anzahl der Beteiligten, die auf Unternehmensseite dem einzelnen Mitarbeiter Versprechen abgeben und annehmen (z. B. Kollegen, Vertreter der Personalabteilung, Vorgesetzte oder Betriebsräte). Deshalb schreibt sie:

> „Note that this conceptualization of a psychological contract focuses on the *employee's* experience. Individuals have psychological contracts, organizations do not. The organization, as the other party in the relationship, provides the context for the creation of a psychological contract, but cannot in turn have a psychological contract with its members. Organizations cannot "perceive," though their individual managers can themselves personally perceive a psychological contract with employees and respond accordingly.“[279]

274 Vgl. Herriot, Peter/Pemberton, Carole (1995) New Deals, the revolution in managerial careers, Chichester [u.a.]: Wiley.

275 Siehe hierzu auch die Definitionen von Argyris und Schein. Vgl. Argyris 1958, S. 112; Schein 1978, S. 48.

276 Vgl. Rousseau 1995, S. 9.

277 Siehe auch: Journal of Organizational Behaviour (1998) 19. Jahrgang, Special Issue: Psychological contract.

278 Vgl. Rousseau 1993, S. 1 ff; Rousseau 1990, S. 389 ff; Rousseau 1989, S. 121 ff.

279 Rousseau 1989, S. 126.

Als ein Argument gegen diese Auffassung führt Guest die Metapher des Vertrages an.[280] Der psychologische Vertrag kann nur mit einer anderen Vertragspartei geschlossen werden und deshalb nicht einseitig aus Perspektive des Arbeitnehmers bestehen. Er erläutert dazu:

> „In this respect the focus should be at least as much on the word „contract" as on „psychological", which is Rousseau's preferred emphasis. In most dictionaries, the verb, to contract, is defined as `to enter into business or legal engagement' (Oxford English Dictionary) and the noun, a contract, is „an agreement between parties . . . enforceable by law" (OED). In other words, law is closely associated with the concept of contract; indeed there is a core area of law known as contract law. It is also worth emphasizing that the contract is defined in terms of the agreement between parties."[281]

Das angeführte Zitat von Guest zeigt, dass ein psychologischer Vertrag aus Gründen der sprachlichen und juristischen Stringenz Aspekte der Wechselseitigkeit implizieren sollte. Das Argument von Rousseau, dass Organisationen mangels subjektiver Wahrnehmung keinen psychologischen Vertrag mit dem Mitarbeiter schließen können, greift Guest in diesem Zitat jedoch nicht auf. Rousseaus Einwand, dass die Organisation nur durch die beteiligten Mitarbeiter handlungs- und wahrnehmungsfähig ist, erscheint jedoch von solch fundamentaler Bedeutung, dass er weiter zu betrachten sei.

Hierfür soll zunächst wieder auf die juristische Perspektive verwiesen werden. Nach deutschem Recht kann die Gruppe der Rechtssubjekte in natürliche Personen und juristische Personen unterschieden werden. Für die Gruppe der natürlichen Personen beginnt die Rechtsfähigkeit mit Vollendung der Geburt.[282] Juristische Personen benötigen zwar für sie handelnde natürliche Personen, dennoch sind sie voll rechtsfähig.[283] So wird, wie eingangs dargestellt, der Arbeitsvertrag durch die Unterschrift

---

[280] Vgl. Guest, David (1998) On meaning, metaphor and the psychological contract: a response to Rousseau (1998), Journal of Organizational Behaviour, 19. Jahrgang, Special Issue, S. 673-677, S. 674.

[281] Vgl. Guest 1998, S. 674.

[282] Vgl. § 1 BGB.

[283] Als Beispiele für juristische Personen können eingetragene Vereine (§ 21 BGB), Gesellschaften mit beschränkter Haftung (§ 13 Abs. 1 GmbH) oder Aktiengesellschaften aufgeführt werden (§ 1 Abs. 1 Satz 1 AktG).

der autorisierten verantwortlichen natürlichen Personen seitens der Organisation und der des Mitarbeiters rechtskräftig. Diese Unterschriften begründen nur eine rechtskräftige vertragliche Bindung zwischen Mitarbeiter und Organisation, nicht jedoch zwischen den natürlichen Personen, die diesen Vertrag unterzeichnen. Aus juristischer Sicht können demnach Organisationen sehr wohl rechtskräftige schriftliche Verträge abschließen, die eine Vielzahl von wechselseitigen Erwartungen oder Verpflichtungen (z.B. Zahlung des Entgelts bzw. Erbringung der Arbeitsleistung) begründen.

Auch aus Perspektive der Wirtschaftswissenschaften sind sich Unternehmen und natürliche Personen ähnlicher als vermutet. Als Maxime des Wirtschaftens oder des wirtschaftlichen Verhaltens gilt für beide das folgende ökonomische Prinzip: Unter der Annahme rationalen Verhaltens und rationaler Entscheidungen werden beide Wirtschaftsakteure versuchen, entweder mit gegebenen Mitteln einen maximalen Nutzen zu erzielen oder ein gegebenes Ziel mit möglichst minimalen Mitteleinsatz zu erreichen.[284] Diese Annahme gilt für sämtliche Wirtschaftsakteure und damit gleichermaßen für Unternehmen und private Haushalte bzw. die dort anzutreffenden natürlichen Personen.[285]

Orientiert sich das Handeln von Unternehmen im Sinne der Wirtschaftswissenschaften an dem Ziel der Gewinn- bzw. Nutzenmaximierung, dann wollen Unternehmen Gewinne erzielen und Verluste vermeiden.[286] Diese Aussage, die mittels der volkswirtschaftlichen Basistheorie des Rationalprinzips des Verhaltens von Unternehmen gestützt wird, zeigt entgegen der Aussage von Rousseau, dass eine Organisation durchaus Erwartungshaltungen gegenüber dem Verhalten ihrer Mitarbeiter hegen kann. Schließlich ist es für die Organisation von überlebensnotwendiger Bedeutung, dass die von ihr beschäftigten Mitarbeiter zum Unternehmenserfolg beitragen und

[284] Vgl. Wöhe, Günter/Döring, Ulrich (2008) Einführung in die Allgemeine Betriebswirtschaftslehre, 23. vollständig neu bearbeitete Auflage, München: Vahlen, S. 1.

[285] Vgl. Behrens, Christian-Uwe/Kirspel, Matthias (2001) Grundlagen der Volkswirtschaftslehre: Einführung, 2. ergänzte Auflage, München [u.a.]: Oldenbourg, S. 78 ff.; Hardes, Heinz-Dieter/Uhly, Alexandra (2007) Grundzüge der Volkswirtschaftslehre, 9. überarbeitete Auflage, München: Oldenbourg Verlag, S. 3; Wagenblaß, Horst (2008) Volkswirtschaftslehre, öffentliche Finanzen und Wirtschaftspolitik, 8. neu bearbeitete Auflage, Heidelberg [u.a.]: C.F. Müller, S. 1 ff.

[286] Vgl. Hardes, Uhly, 2007, S. 85; Oberender, Peter/ Fleischmann, Jochen (2005) Einführung in die Mikroökonomik, 3. überarbeitete und erweiterte Auflage, Bayreuth: P.C.O., S. 2 ff.

folglich dem Unternehmenserfolg abträgliches Verhalten unterlassen.[287] Im Hinblick auf das Erkenntnisinteresse dieser Arbeit ist demnach zu schlussfolgern, dass die Organisation von ihren Mitarbeitern erwartet, dass sie zum Unternehmenserfolg beitragen. Ferner leiten sich aus diesem übergeordneten Ziel des Unternehmenserfolges untergeordnete Ziele bzw. Erwartungen ab.[288]

Da in den vorangegangenen Abschnitten gezeigt werden konnte, dass ein Unternehmen seinen Beschäftigten gegenüber durchaus mit Erwartungen entgegen treten kann, erscheint eine Definition des Begriffs psychologischer Vertrag auf Basis der modernen „einseitigen" Definitionen für diese Arbeit als nicht zielführend. Eine begriffliche Bestimmung des psychologischen Vertrages, der, wie bei Rousseau, den allgemeinen sprachlichen und juristischen Gepflogenheiten der Wechselseitigkeit zuwiderläuft, erscheint nicht sinnvoll. Eine Beschränkung des Erkenntnisinteresses auf den Arbeitnehmer würde nicht nur zu singulären Ergebnissen führen, sondern bei einer solchen Vorgehensweise blieben auch die vielschichtigen zusammenschlussbedingten Veränderungen unberücksichtigt, die Auswirkungen auf die Beziehung zwischen Mitarbeiter und Organisation haben.

Folglich ist das wechselseitige Austauschverhältnis ein entscheidender Aspekt der in dieser Arbeit zu untersuchenden Problematik. Schließlich zieht sich die dem Arbeitsverhältnis immanente Wechselseitigkeit durch den gesamten Integrationsprozess. Es muss zwischen der Mitarbeiter- und der Organisationssicht unterschieden werden. Aus Perspektive der Mitarbeiter ist zu prüfen, ob ein Unternehmenszusammenschluss Auswirkungen auf ihre Erwartungen hat und ob bzw. wie die Mitarbeiter ihre Interessen und Bedürfnisse in den Integrationsprozess mit einfließen lassen können. Aus Perspektive der Organisation ist zu analysieren, ob die durch den Zusammenschluss möglicherweise veränderten Erwartungen der Mitarbeiter Auswirkungen auf den Integrationserfolg haben können und mit welchen Maßnahmen sich das Unternehmen die Unterstützung der Belegschaft sichern kann. Als besonders tragfähig und eindeutig erscheint deshalb für diese Arbeit die Definition von Schein. Er definiert den Begriff wie folgt:

---

[287] Vgl. Schanz, Günther (1991) Motivationale Grundlagen der Gestaltung von Anreizsystemen, in Schanz, Günther (Hrsg.) Handbuch Anreizsysteme, Stuttgart: Poeschel, S. 5-30.

[288] Vgl. Schanz, 2000, S. 16 f.

„The psychological contract is a set of unwritten reciprocal expectations between an individual employee and the organization."[289]

Demnach soll festgehalten werden, dass der psychologische Vertrag im Sinne dieser Arbeit aus den wechselseitigen Erwartungen zwischen Mitarbeiter und Organisation / Unternehmen besteht. Dieser Zusammenhang wird in der nachfolgenden Abbildung 14 schematisch zusammengefasst.

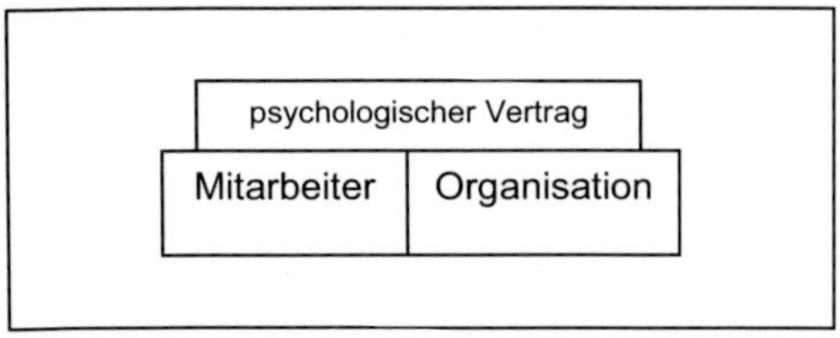

Abbildung 14: Schematische Darstellung des psychologischen Vertrages.

Basierend auf der Erwartung des Unternehmens Gewinn zu erzielen und Verluste zu vermeiden, trifft das Unternehmen bestimmte unternehmerische Entscheidungen, das heißt es geht mit der Gewinnerzielungsabsicht verbundene Risiken ein. Im Hinblick auf die in dieser Arbeit zu untersuchende Problematik ist hier im Besonderen die Initiierung und Durchführung des Integrationsprozesses von Bedeutung. Schließlich können die an den Unternehmenszusammenschluss geknüpften Erwartungen den psychologischen Vertrag zwischen Unternehmen und Mitarbeiter beeinflussen und verändern. Funktionales Mitarbeiterverhalten ist der Erreichung des Unternehmenserfolges bzw. des Integrationserfolges zuträglich. Folglich wäre dysfunktionales Mitarbeiterverhalten der Erreichung der Erwartungshaltung der Organisation bezüglich des Integrationserfolgs eher abträglich. Dieser Zusammenhang wird in der nachfolgenden Abbildung 15 grafisch illustriert.

[289] Vgl. Schein 1978, S. 48.

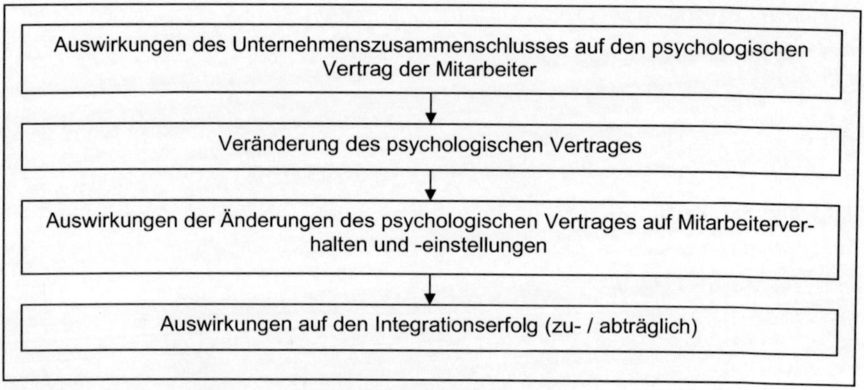

Abbildung 15: Darstellung der Wirkbeziehungen zwischen psychologischem Vertrag und Unternehmenszusammenschluss.[290]

2.3.2. Wandel und Inhalte des psychologischen Vertrages

Die Abgrenzung des juristischen (Arbeits-)Vertrages vom psychologischen Vertrag zeigt, dass Letzterer aus wechselseitigen Erwartungen zwischen Organisation und Individuum besteht. Diese Erwartungen bestimmen, was Arbeitnehmer und Organisation während ihres Arbeitsverhältnisses zu geben und nehmen bereit sind.[291] Demnach würde nicht nur die im Arbeitsvertrag verlangte Leistung zählen, sondern die, die Mitarbeiter und Organisation als angemessen empfinden. Die Empfindung, welche Leistung angemessen ist oder nicht, unterliegt einem Bestimmungsprozess, der von einer Vielzahl unterschiedlicher Einflüsse determiniert wird.

In den nachfolgenden Abschnitten sollen deshalb wissenschaftliche Ansätze vorgestellt werden, mit deren Hilfe Inhalte und Veränderungen des psychologischen Vertrages dargestellt werden können. Diese Darstellung soll mit dem Scientific Management Ansatz von Taylor beginnen, da seine Arbeiten zur Optimierung von Management, Arbeit und Unternehmen das Austauschverhältnis zwischen Unternehmen

[290] Eigene Darstellung.

[291] Vgl. Maguire, Heather (2002) Psychological contracts: Are they still relevant? Career Development International, 7. Jahrgang, Heft 3, S. 167-180; Sims, Ronald (1994) Human resource management's role in clarifying the new psychological contract, Human Resource Management, 33. Jahrgang, Heft 3, S. 373-382, S. 375 ff.

und Arbeitnehmer stark beeinflusst haben.[292] Außerdem wird aus Perspektive der Subjektivierung dargelegt, welche Leistung zwischen Arbeitnehmer und Organisation angemessen ist. Schließlich werden die möglichen Vertragsinhalte aus Perspektive der relationalen und transaktionalen Erwartungen vorgestellt.

Ausgangspunkt für die Überlegungen Taylors ist die Ressourcenknappheit, besonders aber der Mangel an qualifizierten Arbeitskräften. So wendet sich Taylor ausdrücklich gegen die „[...] tagtägliche Vergeudung menschlicher Arbeitskraft durch ungeschickte, unangebrachte oder unwirksame Maßnahmen [...]“.[293] Für ihn ist eine wissenschaftliche Analyse und Planung aller Arbeitsabläufe der Schlüssel zum Erfolg, denn die „[...] größte Prosperität ist das Resultat einer möglichst ökonomischen Ausnutzung des Arbeiters und der Maschinen, d. h. Arbeiter und Maschine müssen ihre höchste Ergiebigkeit, ihren höchsten Nutzeffekt erreicht haben“.[294] „Nur durch zwangmäßige Einführung einheitlicher Arbeitsmethoden, durch zwangmäßige Einführung der besten Arbeitsgeräte und Arbeitsbedingungen, durch zwangmäßiges Zusammenwirken von Leitung und Arbeitern kann ein schnelleres Arbeitstempo gesichert werden.“[295]

Grundlage des Taylorismus ist, dass sich der einzelne Arbeiter systemkonform zu verhalten habe und dass er die ihm zugedachte Rolle übernehmen müsse. Schließlich können die Leistungen aller nur dann ein harmonisches Ganzes bilden, wenn jeder den ihm zugedachten Part übernähme.[296] Die dem tayloristischen System zugrunde liegende rigide Arbeitsteilung bestimmte eine lange Zeit das Empfinden beider Parteien des Arbeitsverhältnisses, was zwischen Arbeitgeber und Arbeitnehmer angemessen ist. Der Arbeitnehmer hat die ihm zugedachten Tätigkeiten lediglich auszuführen. Darüber hinausgehende Leistungen, z.B. in Form von Denkleistungen, waren ausdrücklich nicht erwünscht. Es sei denn, sie würden zu einer direkten Produktivitätssteigerung beitragen. Die Einführung des Taylorismus hatte deshalb gra-

---

[292] Taylor, Frederick (1977) Die Grundsätze wissenschaftlicher Betriebsführung (The principles of scientific management), [deutsche autorisierte Übersetzung von Roesler, Rudolf], neu herausgegeben und eingeleitet von Volpert, Walter/Vahrenkamp, Richard. Weinheim, Basel: Beltz.

[293] Taylor 1977, S.2.

[294] Taylor 1977, S. 10 (im Original hervorgehoben).

[295] Taylor 1977, S. 86.

[296] Vgl. Taylor 1977, S. 87.

vierende Einflüsse auf die wechselseitigen Erwartungen zwischen Arbeitgeber und Arbeitnehmer.

Logik des Taylorismus	Taylorismus und daraus abgeleitete wechselseitige Erwartungen aus Sicht…	
	- des Unternehmens	- des Mitarbeiters
- Leistungssteuerung durch zentrale Vorgaben	Durch die stringente Ablauforganisation und Aufgabenteilung ist es der Unternehmensführung möglich, die Kosten und Gewinnbeiträge für jeden einzelnen Arbeitsschritt genau zu kalkulieren. => Dadurch kann bei der Unternehmensführung die Erwartung geweckt werden, dass sie durch Erhöhung der Ausbringungsmenge pro Zeit den Unternehmensgewinn direkt steigern kann.	Die Standardisierung der Tätigkeiten ermöglicht eine Kopplung des Arbeitsentgelts an die Ausbringungsmenge. => Im Falle der Akkordentlohnung kann der Taylorismus die Erwartung bei den Mitarbeitern wecken, dass sie durch Veränderung ihrer Arbeitsleistung Einfluss auf die Höhe ihres Entgelts nehmen können.
- Scheidung von Arbeitskraft und Person	Die auszuführenden Tätigkeiten sind einfach und schnell erlernbar. => Dies kann die Erwartung des Unternehmens begründen, dass es durch den hohen Grad der Arbeitsteilung auf den einzelnen Mitarbeiter in geringerem Umfang angewiesen ist.	Die einfache Erlernbarkeit der auszuführenden Tätigkeiten erleichtert es den Mitarbeitern, ihren Arbeitsplatz und Arbeitgeber zu wechseln. => Hierdurch kann bei den Mitarbeitern die Erwartung entstehen, dass sie aufgrund alternativer Möglichkeiten auf ihren bisherigen Arbeitgeber weniger angewiesen sind.
- Ziele des Taylorismus bzw. gemeinsam geteilte Erwartungen zwischen Unternehmen und Arbeitnehmer[297]	z. B. Fungibilität, Berechenbarkeit	

Abbildung 16: Taylorismus und daraus abgeleitete möglichen Inhalte eines psychologischen Vertrages.[298]

„Ganz allgemein gesprochen kann man als das beste der üblichen Betriebssysteme dasjenige bezeichnen, bei dem die Arbeiter ihr Bestes hergeben und als Entgelt dafür eine besondere Belohnung von ihren Arbeitgebern erhalten.“[299] Auch wenn sich

[297] Vgl. Moldaschl 2002, S. 252.

[298] Eigene Darstellung nach Moldaschl, Manfred (2002) Das Subjekt als Objekt der Begierde – Die Perspektive der „Subjektivierung von Arbeit", in Schreyögg, Georg/Conrad, Peter (Hrsg.) Theorien des Managements, Managementforschung, Bd. 12, Wiesbaden: Gabler, S. 245-280, S. 252

[299] Taylor 1977, S. 36.

Taylor bei diesem Zitat nicht nur auf materielle Anreize beschränkt, so verdeutlicht er an anderer Stelle die wechselseitigen Verpflichtungen wie folgt: „[...] es muss möglich sein, gleichzeitig dem Arbeiter seinen höchsten Wunsch -nach höherem Lohne- und dem Arbeitgeber sein Verlangen -nach geringeren Herstellungskosten seiner Waren- zu erfüllen.“[300] Ein so rigide festgelegtes Austauschverhältnis zwischen Unternehmen und Mitarbeiter determiniert die Verhaltensweisen der beiden Parteien des Arbeitsvertrages nachhaltig. Übertragen auf den Inhalt des psychologischen Vertrages bedeutet dies, dass der Betrieb zusätzliche Leistungen seiner Beschäftigten nur dann als solche anerkennt und vergütet, wenn sie die Produktivität des Unternehmens erhöhen. Wollen die Mitarbeiter eine höhere Vergütung erhalten, sollte sich ihr Verhalten an den Produktivitätsvorgaben orientieren.

Abbildung 16 fasst die Logik des Taylorismus im Hinblick auf den psychologischen Vertrag zusammen. Dort werden mögliche Inhalte des psychologischen Vertrages aus Perspektive des Unternehmens sowie aus Sicht des Mitarbeiters dargestellt, die aus der Logik des Taylorismus abgeleitet werden können.

Seit den achtziger Jahren ist eine immer stärker werdende Abkehr von der tayloristisch-strukturierten Arbeitsweise zu konstatieren.[301] Die Entwicklung weg von hoch arbeitsteiligen und kontrolllastigen Arbeitsformen findet in der betrieblichen Praxis zunehmende Verbreitung.[302] Häufig wird dieser Prozess mit dem Stichwort „Ende der Massenproduktion“, mit der Notwendigkeit einer „flexiblen Spezialisierung“ oder mit der Forderung zu einer höheren Qualität begründet. Der wachsende Konkurrenzdruck, der vor allem durch den erweiterten internationalen Wettbewerb zu erklären ist, erfordert nicht nur eine Senkung der entstehenden betrieblichen Kosten

---

[300] Taylor 1977, S. 8.

[301] So sind in den Dienstleistungsbereichen strikt tayloristische Modelle in der Minderheit, aber auch ein wesentlicher Teil der Erwerbsarbeit folgt nicht mehr diesen Prinzipien. Vgl. Kern, Horst/Schumann, Michael (1990) Das Ende der Arbeitsteilung?: Rationalisierung in der industriellen Produktion; Bestandsaufnahme, Trendbestimmung, 4. um ein Nachwort erweiterte Auflage, München: Beck, S. 40 ff.; Baethge, Martin (1999) Subjektivität als Ideologie. Von der Entfremdung in der Arbeit zur Entfremdung auf dem (Arbeits-)Markt?, in Schmidt, Gert (Hrsg.) Kein Ende der Arbeitsgesellschaft. Arbeit, Gesellschaft und Subjekt im Globalisierungsprozeß. Berlin: Edition Sigma, 1999, S. 29-44; Brose, Hanns-Georg (2000) Einleitung: Die Reorganisation der Arbeitsgesellschaft, in Brose, Hanns-Georg (Hrsg.) Die Reorganisation der Arbeitsgesellschaft, Frankfurt a.M [u.a.]: Campus Verlag, S. 9-30.

[302] Vgl. Kleemann, Frank/Matuschek, Ingo/Voß, Günter (2003) Subjektivierung von Arbeit. Ein Überblick zum Stand der Diskussion, in: Moldaschl, Manfred/Voß, Günter (Hrsg.) Subjektivierung von Arbeit, 2. Auflage, München/Mering: Hampp, S. 57-114, S. 69 f.

und Reaktionszeiten, sondern gleichzeitig auch eine Steigerung der Produktivität. Somit wird es für Unternehmen immer wichtiger, das Innovations-, Flexibilitäts-, und Qualitätspotenzial ihrer Mitarbeiter zu nutzen.[303]

Aus diesem Grund versuchen die betroffenen Unternehmen, die Verantwortlichkeiten und Handlungsspielräume ihrer Angestellten zu erhöhen. Die Deregulierung der Arbeit in zeitlicher, räumlicher, sachlicher und sozialer Hinsicht erfordert es von den Mitarbeitern, eine neue Stufe der „Selbstorganisation" zu erklimmen.[304] Hierbei geht es nicht mehr darum, den quantitativen Leistungsumfang nach den Ideen Taylors zu erhöhen, sondern vielmehr darum, das Engagement der Mitarbeiter zu steigern. Dies kann zum einen dadurch erfolgen, dass Mitarbeiter neuen Verantwortlichkeiten und Anforderungen gerecht werden müssen. Hierzu gehört, dass sich die Beschäftigten in Situationen bewähren sollen, in denen formale Strukturvorgaben für ihr Arbeitshandeln weniger genau festgelegt sind und Mitarbeiter damit „entgrenzt" sind.[305] Zum anderen erwarten Unternehmen von ihren Mitarbeitern, dass sie neben ihrer Arbeitskraft ihre volle Innovationsfähigkeit, Kreativität, Leistungsbereitschaft und Loyalität dem Unternehmen zur Verfügung stellen. Dieses Phänomen wird auch als „Subjektivierung von Arbeit"[306] bezeichnet und verbirgt sich oftmals hinter den Konzepten von lean management[307], intrapreneuring[308] und learning organisation[309].

Unter Subjektivierung von Arbeit soll eine infolge betrieblicher Veränderungen tendenziell zunehmende Bedeutung von „subjektiven" Potenzialen und Leistungen im

---

[303] Vgl. Oechsler, 2006, S. 106; Müller-Jentsch, Walter/Stahlmann, Michael (1988) Management und Politik im Prozeß fortschreitender Kompetenzen, in Österreichische Zeitschrift für Soziologie (ÖZfS), 13. Jahrgang, Heft 2, S. 5-31.

[304] Vgl. Moldaschl, Manfred (2003) Subjektivierung – Eine neue Stufe in der Entwicklung der Arbeitswissenschaften? in Moldaschl, Manfred/Voß, Günter (Hrsg.) Subjektivierung von Arbeit, 2. Auflage, München, Mering: Hampp, S. 25-56, S. 26.

[305] Vgl. Kleemann/Matuschek/Voß 2003, S. 71.

[306] Vgl. Moldaschl, Manfred/Voß, Günter (Hrsg.) Subjektivierung von Arbeit, 2. Auflage, München, Mering: Hampp.

[307] Vgl. Womack, James/Jones, Daniel (1997) Lean thinking: Auf dem Weg zum perfekten Unternehmen (Lean thinking), [deutsche Übersetzung von Meyer, Hans-Peter], Frankfurt a.M. [u.a.]: Campus Verlag.

[308] Vgl. Pinchot, Gifford (1988) Intrapreneuring: Mitarbeiter als Unternehmer, aus dem englischen übersetzt von Hyland, Ingrid, Wiesbaden: Gabler.

[309] Vgl. Senge, Peter (1996) Die fünfte Disziplin: Kunst und Praxis der lernenden Organisation (The fifth discipline), 2. Auflage, (aus dem Englischen übersetzt von Klostermann, Maren), Stuttgart: Klett-Cotta.

Arbeitsprozess verstanden werden, welches sich auch im psychologischen Vertrag zwischen Unternehmen und Mitarbeiter widerspiegeln kann.

Logik der Subjektivierung	Subjektivierung und daraus abgeleitete wechselseitige Erwartungen aus Sicht…	
	- des Unternehmens	- des Mitarbeiters
- Entbürokratisierung und Entstandardisierung	Durch die Verringerung formaler Strukturvorgaben für das Arbeitshandeln sollen die Mitarbeiter flexibel auf neue betriebliche Anforderungen reagieren können, um stärker zum Unternehmenserfolg beizutragen. => So kann das Unternehmen erwarten, dass eine Verringerung dieser Vorgaben die Motivation der Belegschaft erhöht und gleichzeitig die aufwendigen Kontrollsysteme einspart.	Die Gewährung neuer Spielräume kann für die Mitarbeiter mit zusätzlichen Anreizen und Freiheiten verbunden sein, z.B. durch die Einführung von Vertrauensarbeitszeit oder Telearbeit. => Mitarbeiter könnten erwarten, dass berufliche und private Aspekte nun besser miteinander vereinbar sind und ihnen mehr Zeit für private Interessen bleibt.
- Nutzung und Anerkennung der Arbeitskraft als Person	Um den Anforderungen der Kunden nach flexibler Spezialisierung gerecht zu werden, ist es für das Unternehmen immer wichtiger, dass Mitarbeiter ihre Innovationsfähigkeit, Kreativität, Leistungsbereitschaft und Flexibilität zur Verfügung stellen. => Bei der Unternehmensführung kann die Erwartung geweckt werden, dass die unter Bürokratie und Arbeitsteilung verschütteten Potenziale der Mitarbeiter freigesetzt werden und diese verstärkt zum Unternehmenserfolg beitragen.	Die Möglichkeit, berufliche Anforderungen mit privaten Aspekten zu kombinieren, erlaubt es den Mitarbeitern, sich auch in ihrer Freizeit umfassender mit betrieblichen Herausforderungen zu beschäftigen. => Bei den Mitarbeitern kann dies die Erwartung begründen, dass die Übernahme zusätzlicher Aufgaben der Karriere im Unternehmen dienlich sein kann.
- Ziele der Subjektivierung bzw. gemeinsam geteilte Erwartungen zwischen Unternehmen und Arbeitnehmer[310]	z. B. High Involvement	

Abbildung 17: Subjektivierung und daraus abgeleitete mögliche Inhalte eines psychologischen Vertrages.[311]

Abbildung 17 verdeutlicht die Logik der Subjektivierung im Hinblick auf den psychologischen Vertrag zwischen Unternehmen und Mitarbeiter. In dieser Abbildung wer-

310 Vgl. Moldaschl 2002, S. 252.

311 Eigene Darstellung nach Moldaschl 2002, S. 252.

den mögliche Inhalte des psychologischen Vertrages aus Sicht des Unternehmens sowie aus Sicht des Mitarbeiters vorgestellt.

Der Wandel vom Taylorismus zur Subjektivierung hat Einfluss auf die Frage, welches Verhalten zwischen Arbeitgeber und Arbeitnehmer angemessenen ist. So kann die Subjektivierung von Arbeit als Chance, aber auch als Zwang empfunden werden, bei dem Mitarbeiter die eigene Arbeit viel mehr als bisher aktiv strukturieren und verwerten müssen. Unternehmen verfolgen mit der Subjektivierung von Arbeit das Ziel, die häufig unter der Bürokratie und Arbeitsteilung verschütteten Potenziale der Mitarbeiter freizulegen.[312] So kann sich der Betrieb erhoffen, das Engagement und die Begeisterung bei der Belegschaft zu erhöhen und gleichzeitig die teuren Kontrollsysteme durch die kostenlose und effektivere Selbstkontrolle der Mitarbeiter einzusparen.[313]

Diese Entwicklung führt dazu, dass viele Unternehmen ihren Beschäftigten zum Teil überraschende Freiräume gewähren. Dass es sich hierbei jedoch nicht um unbedingte Freiheiten handelt, dürfte nicht verwundern. Vielmehr gewährt das Unternehmen den Mitarbeitern zusätzliche Freiheiten, die von den Betroffenen „subjektiv" genutzt werden können, aber auch genutzt werden müssen, um den steigenden Anforderungen am Arbeitsplatz überhaupt gerecht werden zu können.[314]

Für die Mitarbeiter erweist sich die Entgrenzung ihrer Aufgaben und Verpflichtungen zugleich als „Entsicherung". Für sie wird ihr persönlicher Arbeitseinsatz immer unkalkulierbarer. So ist beispielsweise die Einkommenshöhe bei Ergebniskopplung nicht mehr gleich bleibend gesichert. Die im Rahmen der Subjektivierung von Arbeit gewährte zusätzliche Freiheit (z. B. durch Vertrauensarbeitszeit, Telearbeit) impliziert gleichzeitig einen noch intensiveren, rückhaltloseren, tendenziell alle Grenzen von Arbeit und Nichtarbeit sprengenden Einsatz für die übernommenen Aufgaben, einschließlich der eigenen Weiterbildung.[315] Der Begriff der Freiheit bekommt dabei eine

---

[312] Vgl. Moldaschl 2003, S. 31.

[313] Moldaschl 2003, S. 31.

[314] Vgl. Moldaschl, Manfred/Voß, Günter (2003) Zur Einführung, in: Moldaschl, Manfred/Voß, Günter (Hrsg.) Subjektivierung von Arbeit, 2. Auflage, München/Mering: Hampp, S. 15-23, S. 15.

[315] Vgl. Moldaschl 2003, S. 35.

bis daher nicht da gewesene Doppeldeutigkeit. Denn die Grenzen zwischen den neuen Zwängen, die durch die zunehmende Autonomie hervorgerufen werden, wie z. B. durch freiwillige Selbstunterwerfung, verschieben sich ebenso wie die Grenze zwischen Privatem und Beruflichem. So kann die unter dem tayloristischen System verhasste Stempeluhr nun als Garant begrenzter Arbeitszeit gelten.[316]

Die Ansätze des Taylorismus und der Subjektivierung von Arbeit zeigen die Veränderungen der wechselseitigen Erwartungen in den Beziehungen zwischen Arbeitnehmern und Organisation auf. Ausgehend von der industriellen Revolution, die die Verbreitung der Arbeitsteilung begünstigte, konnten mithilfe des Taylorismus nicht nur die damals vorherrschenden Wertvorstellungen erklärt werden. Vielmehr wurden auch die jeweiligen wechselseitigen Erwartungen zwischen Unternehmen und Mitarbeiter in einem industriellen Kontext dargelegt. Die daran anschließende Darstellung der Subjektivierung von Arbeit zeigt, dass der Wandel seit der industriellen Massenproduktion auch zu Veränderungen der wechselseitigen Erwartungen zwischen Mitarbeiter und Unternehmen geführt hat.

Auch wenn der Zeitgeist einen Einfluss auf den psychologischen Vertrag hat, so zeigen die Ausführungen auch, dass durch den Taylorismus und die Subjektivierung von Arbeit Inhalte und Veränderungen des psychologischen Vertrages möglicherweise auf einer höheren Aggregationsebene erklärt werden können. Auf diese Art unterstützen diese Ansätze die in dem vorangehenden Abschnitt dargestellte Sichtweise, dass der psychologische Vertrag zwischen Organisation und Mitarbeiter geschlossen wird. Auch wenn diese Ansätze die Inhalte eines psychologischen Vertrages beschreiben, so erscheint der Erkenntnisbeitrag im Hinblick auf die Zusammenschlussproblematik und den damit erwarteten Integrationserfolg eher begrenzt.

In den nachfolgenden Abschnitten sollen nun die Inhalte eines psychologischen Vertrages im Hinblick auf das Erkenntnisinteresse dieser Arbeit fokussiert vorgestellt werden. Da der psychologische Vertrag zwischen Mitarbeiter und Organisation geschlossen wird, soll hierbei auch jeweils auf mögliche Inhalte seitens des Unternehmens sowie seitens des Mitarbeiters eingegangen werden.

---

316 Vgl. Moldaschl 2003, S. 36.

Aus Perspektive des Unternehmens wurde in den vorangehenden Abschnitten festgehalten, dass jedes Unternehmen ein Unternehmensziel verfolgt und darüber hinaus Gewinne erzielen und Verluste vermeiden möchte.[317] Folglich müssten sich Erwartungen als Inhalte des psychologischen Vertrages aus Unternehmenssicht aus diesem Unternehmensziel ableiten. Demnach enthielte ein psychologischer Vertrag aus Perspektive der Organisation die Erwartungshaltung, dass die von ihr beschäftigten Mitarbeiter (1) zur Gewinnerzielung / Umsatzerhöhung beitragen, (2) sparsam mit den finanziellen Mitteln des Unternehmens umgehen, (3) die Zahlungsfähigkeit des Unternehmens gewährleisten und (4) durch Diversifikation den Erfolg des Unternehmens am Markt sicherstellen.[318] Diese grundsätzliche Erwartungshaltung der Organisation lässt sich auch in den gerade dargestellten Ansätzen zum Taylorismus bzw. zur Subjektivierung erkennen.

Im Hinblick auf den Zusammenschlusskontext erscheint die Annahme plausibel, dass das Unternehmen von seinen Mitarbeitern erwartet, dass sie zum Integrationserfolg beitragen. Für die Erreichung des Unternehmensziels ist es von erheblicher Relevanz, dass sich die Mitarbeiter durch entsprechendes funktionales Handeln für eine erfolgreiche Integration einsetzen und dazu beitragen, den Erfolg und die weitere Existenz des Unternehmens zu sichern. Beispiele für funktionales Handeln, d. h. dem Unternehmenserfolg zuträgliches Mitarbeiterverhalten, sind Loyalität oder Flexibilität. Dysfunktionales, d. h. dem Unternehmenserfolg abträgliches Verhalten kann durch Absentismus, Fluktuation oder einen geringeren Arbeitseinsatz zum Ausdruck kommen.

Aus Perspektive des Mitarbeiters können die Inhalte des psychologischen Vertrages jedoch vergleichsweise umfangreicher aufgezeigt werden. Dies ist damit zu begründen, dass der Mitarbeiter seinem Arbeitgeber als Individuum mit einer Vielzahl von Erwartungen gegenübertritt. Die neuere Forschung zum psychologischen Vertrag fokussiert[319] überwiegend auf die Kernbestandteile der Vertragsbeziehung. Hierzu zählen Anreize, die das Unternehmen gewährt, wie z. B. in Form von Entgelt, Karrie-

---

[317] Vgl. Hardes, Uhly, 2007, S. 85.

[318] In Anlehnung an Hardes, Uhly, 2007, S. 85.

[319] Vgl. Rousseau 1989, S. 123; Rousseau 1995, S. 9; Robinson 1996, S. 576 f.; Herriot/Pemberton 1997, S. 45; Wolfe-Morrison/Robinson 1997, S. 229.

remöglichkeiten, Personalentwicklungs- bzw. Weiterbildungsmaßnahmen. Als besonders vielversprechend erscheint es hierbei, die möglichen Inhalte eines psychologischen Vertrages mithilfe der Attribute relational und transaktional zu beschreiben.

Ein Beispiel für relationale Inhalte eines psychologischen Vertrages ist in einem unbefristeten Arbeitsverhältnis zu sehen, das durch großes Engagement von Unternehmen und Mitarbeiter gekennzeichnet ist. Hier haben beide Seiten ein hohes Interesse am Fortbestand des Arbeitsverhältnisses, welches auch in beiderseitigen Investitionen zum Ausdruck kommt. Investitionen können aus Perspektive der Mitarbeiter zum Beispiel der Erwerb von tätigkeitsrelevanten Kenntnissen und Fähigkeiten sein. Investitionen wie Fortbildungsmaßnahmen, längerfristige Karriereplanung oder gar konkrete Aufstiegsmöglichkeiten können das Interesse des Unternehmens an der Fortsetzung des Arbeitsverhältnisses im Hinblick auf den Beitrag des Mitarbeiters zum Unternehmenserfolg verdeutlichen.[320]

Mit der Redewendung „A fair day's work for a fair day's pay" bzw. dem deutschen Pendant „Gutes Geld für gute Arbeit" lassen sich die transaktionalen Inhalte eines psychologischen Vertrages beschreiben. Sie fokussieren hauptsächlich auf monetäre und kurzfristig erzielbare Aspekte des Austauschverhältnisses. Ein solches Austauschverhältnis kann am Beispiel von Zeitarbeitsfirmen gut veranschaulicht werden. Zentrale Aspekte wie etwa Aufgabenumfang, Beschäftigungsdauer oder Entgelt sind in den Verträgen zumeist klar festgelegt. Die Fixierung führt dazu, dass darüber hinausgehendes Engagement der Mitarbeiter selten vom Betrieb erwartet und honoriert wird. Diese Beschränkung auf transaktionale Aspekte des Arbeitsverhältnisses kann die Vermutung wecken, dass sich die Mitarbeiter ihrem Unternehmen weniger verbunden fühlen.[321]

Für den Fortgang dieser Arbeit sollen die wichtigsten Inhalte des psychologischen Vertrages zwischen Unternehmen und Mitarbeiter in der nachstehenden Abbildung 18 zusammengefasst werden.

---

320 Vgl. Festinger, Marion/Lasalle, Julius (2006) Determinanten des psychologischen Vertrags –eine empirische Untersuchung am Beispiel der Alumni der ESCP-EAP Europäische Wirtschaftshochschule Berlin, Berlin: ESCP-EAP, Europäische Wirtschaftshochschule Berlin.

321 Vgl. Festinger/Lassalle 2006, S. 9

Mögliche Inhalte eines psychologischen Vertrages…	Mögliche Inhalte eines psychologischen Vertrages…
aus Sicht des Unternehmens - Das Unternehmen wird von seinen Mitarbeitern erwarten, dass sie sich für die Erreichung der Unternehmensziele einsetzen. - Im Hinblick auf die Thematik dieser Arbeit steht für das Unternehmen der Integrationserfolg bzw. der damit verbundene erfolgreiche Integrationsprozess im Vordergrund.	aus Sicht des Mitarbeiters - Transaktionale Erwartungen wie etwa o Arbeitsplatzsicherheit oder Beibehaltung der Wochenarbeitszeit im Zusammenschlusskontext - Relationale Erwartungen wie etwa o Karriereplanung, Aufstiegsmöglichkeiten o Personalentwicklungsmaßnahmen, Fortbildungsmaßnahmen

Abbildung 18: Zusammenfassende Darstellung möglicher Inhalte eines psychologischen Vertrages aus Perspektive des Unternehmens und des Mitarbeiters.

2.4. Synthese der Begriffe und Vorstellung eines Modells zur Analyse der Wechselwirkungen zwischen Unternehmenszusammenschluss und psychologischem Vertrag

Im Hinblick auf das Ziel dieser Arbeit zunächst die Wechselwirkungen zwischen Unternehmenszusammenschluss und psychologischem Vertrag zu analysieren, um darauf aufbauend ein Konzept zur Berücksichtigung des psychologischen Vertrages im Integrationsprozess zu erstellen, wurden in den vorangehenden Abschnitten zunächst die Hauptthemenfelder dieser Arbeit getrennt voneinander betrachtet. In Abschnitt 2.1 wurden die Begriffe Unternehmenszusammenschluss, Zusammenschlussprozess und Integrationsprozess thematisiert. Es konnte festgehalten werden, dass ein Unternehmenszusammenschluss im Sinne dieser Arbeit entweder durch eine Akquisition oder Fusion vollzogen wird, welches in der Literatur auch als Unternehmensverknüpfung bezeichnet wird. Diese Zusammenschlussform wurde gewählt, da im Gegensatz zu einer Unternehmenskooperation eine Integration der beiden vormals selbstständigen Unternehmensteile erforderlich ist. Es wurde auch begründet, dass der Unternehmensverknüpfung ein Über- bzw. Unterordnungsverhältnis immanent ist, welches besondere Ansprüche an das Integrationsconsulting und die Integration der beiden Mitarbeitergruppen im Hinblick auf den psychologischen Vertrag stellen kann.

Im Fortgang wurde der Unternehmenszusammenschlussprozess in einen Planungs- und Transaktionsprozess sowie in einen Integrationsprozess unterteilt. Für einen erfolgreichen Integrationsprozess spielt eine umfangreiche Planung des Prozesses eine wichtige Rolle, weshalb damit bereits während des Planungs- und Transaktionsprozesses begonnen werden sollte. Der Gesamtprozess eines Unternehmenszusammenschlusses wird in dieser Arbeit deshalb als zwei sich partiell explizit überlappende Hauptphasen dargestellt. Diese Unterteilung erfolgte auch im Hinblick auf das Erkenntnisinteresse dieser Arbeit, denn für die Erstellung eines Konzeptes zur Berücksichtigung des psychologischen Vertrages im Integrationsprozess ist besonders die soziokulturelle Integration der Beschäftigtengruppen von Bedeutung. Der für diese Arbeit wichtige Integrationsprozess setzt sich aus der Integrationskonzeption, Integrationsdurchführung und dem Integrationscontrolling zusammen.

Zur Annäherung an den Begriff des Integrationsconsultings in Kapitel 2.2 wurden mögliche Betätigungsfelder im Unternehmenszusammenschlussprozess vorgestellt. Da eine Integration zwar häufig durch interne oder externe Unternehmensberater begleitet wird, diese aber auch in anderen Phasen des Zusammenschlusses tätig werden, wurde in dieser Arbeit der Begriff des Integrationsconsultings präferiert. Dieser Begriff ist in der Literatur noch nicht besetzt und spiegelt das Ziel dieser Arbeit wider, eine Beratungskonzeption für eine erfolgreiche Integration unter Berücksichtigung des psychologischen Vertrages zu entwickeln.

In Abschnitt 2.3 wurde der Begriff des psychologischen Vertrages eingeführt. Hierbei wurde gezeigt, dass der juristische Arbeitsvertrag gewissermaßen als ‚Geschäftsgrundlage' eine auf allgemeiner Ebene verbleibende Beschreibung der wechselseitigen Rechte und Pflichten enthält. Eine exakte Spezifizierung aller Anforderungen und Arbeitsvorgänge, die auf einen Arbeitnehmer zukommen, enthält er jedoch nicht. Nach der Darstellung bekannter Definitionsansätze wurde zwischen ‚klassischen' und ‚modernen' Definitionen des psychologischen Vertrages unterschieden sowie auf die begleitende Debatte zum psychologischen Vertag zwischen Guest und Rousseau hingewiesen. Bei ‚modernen' Definitionen liegt der psychologische Vertrag ausschließlich in den Erwartungen des Individuums, während bei ‚klassischen' Definitionen der psychologische Vertrag von wechselseitigen Erwartungen zwischen Mitarbeiter und Organisation gekennzeichnet ist. Unter Berücksichtigung sprachlicher, juristischer und volkswirtschaftlicher Aspekte wurde festgelegt, dass der psychologische Vertrag aus wechselseitigen Erwartungen zwischen Mitarbeiter und Organisation besteht.

Aus Perspektive der Organisation enthält der psychologische Vertrag die Erwartungshaltung, dass die von ihr beschäftigten Mitarbeiter zum Unternehmenserfolg beitragen. Besonders im Hinblick auf die Zusammenschlussproblematik ist es für das Unternehmen von zentraler Bedeutung, dass die von ihm beschäftigten Mitarbeiter zum Integrationserfolg beitragen und damit den Fortbestand des Unternehmens sichern. Anschließend wurden die Inhalte eines psychologischen Vertrages anhand der Ansätze des Taylorismus bzw. der Subjektivierung vorgestellt. Hierbei wurde gleichermaßen auf die Erwartungen der Mitarbeiter sowie jene der Organisation eingegangen. Aus Perspektive des Mitarbeiters konnten die Inhalte eines psychologischen Vertrages mithilfe eines Spektrums von eher quantifizierbaren transaktionalen Aspekten einerseits und eher qualitativen relationalen Aspekten andererseits aufgezeigt werden.

In diesem Abschnitt sollen die gerade genannten Begriffe im Hinblick auf den Fortgang dieser Arbeit in einem Modell zusammengeführt werden. Dies soll die Grundlage für die weitere Analyse bilden, die sich in den nachfolgenden Abschnitten anschließt. Vor diesem Hintergrund wird auch der Begriff des Integrationserfolgs eingeführt. Schließlich ist es erforderlich, dass bei dieser Begriffsbestimmung Aspekte des Unternehmenszusammenschlusses und des psychologischen Vertrages gleichsam berücksichtigt werden. Eine Annäherung an den Begriff des Integrationserfolgs geschieht auf folgende Weise: Zunächst werden mögliche Probleme bei der Erfolgsermittlung vorgestellt, bevor anschließend auf mögliche Methoden bei der Erfolgsermittlung eingegangen wird.

Eine Definition des Begriffs Erfolg als „die Erreichung eines gesteckten Zieles mit definiertem Ressourceneinsatz innerhalb einer festgelegten Zeit“[322] erscheint zwar prinzipiell zielführend, dennoch ist die Messung des Integrationserfolges problembehaftet.[323] Bereits bei der Erläuterung des Begriffs des Unternehmenszusammenschlusses wurden auch die damit verbundenen Ziele vorgestellt. Hierzu zählen u.a. Synergieeffekte, Kosteneinsparungen oder die Sicherung des Zugangs zu Absatz- bzw. Beschaffungsmärkten. Obwohl es noch weitere potenzielle Zusammenschlussziele gibt, ist allen gemein, dass sie im Rahmen eines Zusammenschlusses nur durch gemeinsame Anstrengungen und konstruktive Zusammenarbeit aller Mitarbeiter erreicht werden können.

Für eine Arbeit mit dem Ziel, ein Konzept zur Berücksichtigung des psychologischen Vertrages im Integrationsprozess zu entwickeln, würde eine bloße Gegenüberstellung von antizipierten Zusammenschlusszielen und dem tatsächlich Erreichten zu kurz greifen, da hier etwaige Fehler im Nachhinein kaum zu korrigieren wären. Dies gilt besonders, wenn sämtliche Aspekte der Integration berücksichtigt werden sollen. Aufgrund der zeitlichen Differenz zwischen Integrationsplanung, -durchführung und -kontrolle ließen sich etwaige Versäumnisse kaum mehr berichtigen. Deshalb sollte neben der sogenannten „Realisationskontrolle“ auch eine „Vorwarnkontrolle“ bezüglich des bisher erreichten Integrationserfolges durchgeführt werden.[324]

Eine weitere Schwierigkeit bei der Ermittlung des Integrationserfolgs liegt in der Auswahl geeigneter Indikatoren. Es kann zwischen qualitativen und quantitativen unterschieden werden. Qualitative Indikatoren eignen sich besonders zur Untersuchung subjektiver Empfindungen, wie Mitarbeiterzufriedenheit oder Motivation. Durch eine offene Art der Fragestellung ist es dem Befragten möglich, seine Empfindungen vergleichsweise frei zu kommunizieren. Die zu erwartende Vielfalt an Aussagen er-

[322] Vgl. Scheiter, Dietmar (1989) Die Integration akquirierter Unternehmen, St. Gallen: Forschungsstelle für Internationales Management, S. 55.

[323] Vgl. Mathea, Michael (2008) Prüfung der Post-Merger- Integration auf Basis internationaler Prüfungsnormen, Düsseldorf: IDW Verlag, S. 84 f.; Baetge, Jörg (1997) Akquisitionscontrolling: Wie ist der Erfolg einer Akquisition zu ermitteln?, in Claussen, Carsten/Hahn, Oswald/Kraus, Willy (Hrsg.) Umbruch und Wandel: Herausforderungen zur Jahrtausendwende, Festschrift für Prof. Dr. Carl Zimmerer zum 70 Geburtstag, München [u.a.]: Oldenbourg, S. 448-468.

[324] Vgl. Mathea, 2008, S. 85; Lucks, Kai/Meckl, Reinard (2002) Internationale Mergers & Acquisitions: der prozessorienierte Ansatz, Berlin [u.a.]: Springer, S. 210.

fordert Zeit und Aufwand bei der Auswertung der gewonnenen Daten. Demgegenüber sind quantitative Indikatoren wie Fluktuations- oder Absentismusquoten relativ zeitsparend und vergleichsweise kostengünstig zu erheben.[325]

Aufgrund der angestellten Überlegungen erscheint es notwendig, den Integrationserfolg so zu fassen, dass eine ex-ante „Vorwarnkontrolle" während des gesamten Integrationsprozesses möglich ist. Diese Vorgehensweise ermöglicht es im Rahmen des Integrationsconsultings bei entsprechenden Veränderungen des Indikators, früh bzw. rechtzeitig entsprechende Maßnahmen einzuleiten.

Als mögliche Indikatoren, die Rückschlüsse auf den psychologischen Vertrag zulassen, können Commitment (bzw. Selbstverpflichtung der Mitarbeiter), Fluktuation oder Absentismus herangezogen werden. Veränderungen des Commitments der Mitarbeiter lassen sich z. B. durch halbjährliche Umfragen mittels standardisierter Fragebögen erheben. Eine Erhebung der Absentismus- bzw. Fluktuationsrate kann entweder monatlich oder zum Ende eines Quartals erfolgen. Die kontinuierliche Erhebung dieser Daten ermöglicht es der beteiligten Unternehmensführung und dem Integrationsconsulting, sich mit vergleichsweise geringem Aufwand schnell und zeitnah über die Mitarbeiter im Integrationsprozess zu informieren. Ein weiterer Vorteil dieser Vorgehensweise liegt darin, dass die gewonnenen Daten auch mit dem Ablauf der Implementierung der geplanten Integrationsmaßnahmen verglichen werden können. Dieser Abgleich der durchgeführten Integrationsmaßnahmen mit den tatsächlichen Mitarbeiterreaktionen ermöglicht den Integrationsverantwortlichen, mögliche Probleme und Widerstände, die sich aus einem geschwächten psychologischen Vertrag ergeben können, zeitnah zu erkennen, um gegebenenfalls mittels geeigneter Maßnahmen wieder stärker auf den psychologischen Vertrag zu fokussieren. Gleichsam kann die Unternehmensführung durch die erhobenen Daten auch feststellen, welche Vorgehensweisen bei der Integrationsdurchführung bei den Mitarbeitern Zustimmung fand und in einer Stärkung des psychologischen Vertrages resultierte. Diese Erkenntnisse können insbesondere bei der Planung zukünftiger Zusammenschlussvorhaben von Interesse sein.

---

[325] Vgl. Saunders, Mark/Lewis, Philip/Thornhill, Adrian (2000) Research Methods for Business Students, 2. Auflage, Harlow [u.a.]: Pearson, S. 218 ff.

Die Umsetzung eines Integrationsvorhabens kann dann als Erfolg gewertet werden, wenn sich die Indikatoren im Verlauf des Integrationsprozesses zumindest nicht verschlechtern. So sollte es ein Kriterium für den Integrationserfolg sein, dass sich das Commitment der Mitarbeiter nicht verringert und dass ferner Absentismus- und Fluktuationsrate nicht über jene Werte in der Pre-Merger Phase, sprich Planungsphase, ansteigen. Als eine weitere Bezugsgröße könnten branchenübliche Vergleichswerte herangezogen werden. Diese Daten können direkt vom Integrationsconsultant oder von externen Auskunfteien bezogen werden

Die bereits gesammelten Erkenntnisse sollen in einem Schaubild zusammengefasst werden. Auf der rechten wie auf der linken Seite werden die Ablaufphasen eines Unternehmenszusammenschlusses (Planung und Transaktion) sowie jene des Integrationsprozesses (Planung, Durchführung und Kontrolle) dargestellt. Im Rahmen dieser Prozesse erfolgen die Veränderungen des psychologischen Vertrages und deren Auswirkungen. Es wird deutlich, dass die juristische Zusammenführung beider Unternehmen im Rahmen der Transaktionsphase und deren anschließende Bekanntgabe zusammen mit dem Einläuten der Integration bereits in diesem Stadium Auswirkungen auf den psychologischen Vertrag haben können. Diese Auswirkungen werden mithilfe des vierstufigen Modells[326] beschrieben, welches in Abschnitt 2.3.1 bereits die Wirkbeziehungen zwischen psychologischem Vertrag und Unternehmenszusammenschluss illustrierte.

[326] Vgl. Abbildung 15.

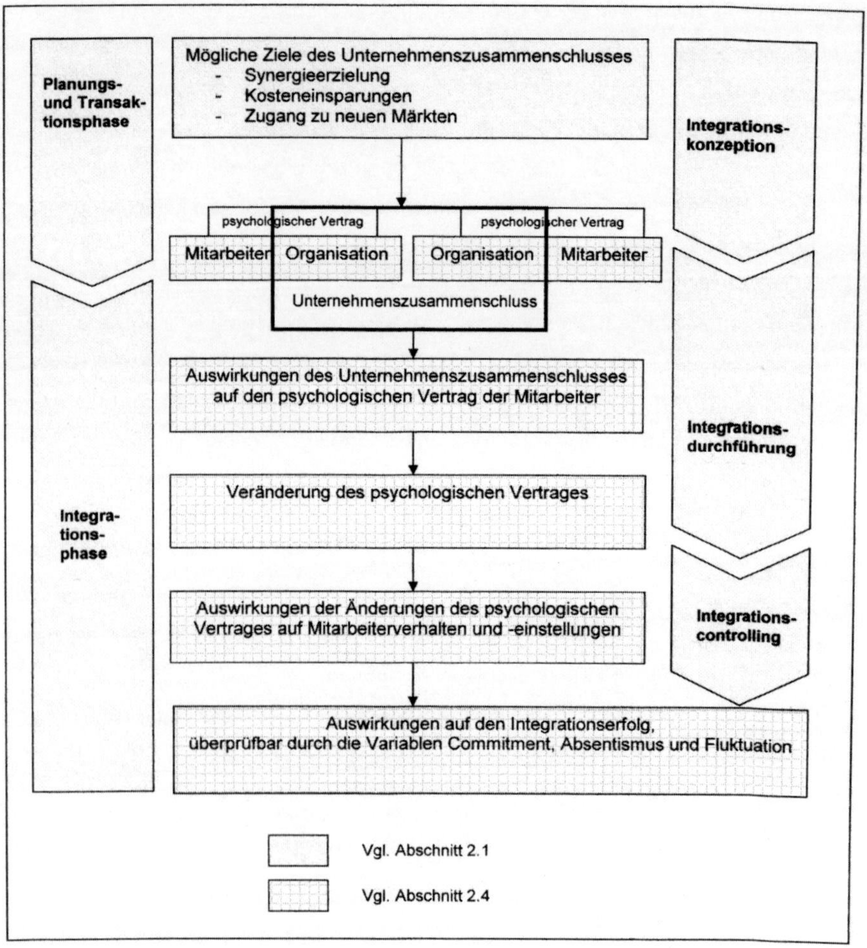

Abbildung 19: Wissenschaftliche Analyse der Wechselwirkungen zwischen Unternehmenszusammenschluss und psychologischem Vertrag.[327]

[327] Eigene Darstellung.

3. Wissenschaftliche Analyse der Wechselwirkungen zwischen Unternehmenszusammenschluss und psychologischem Vertrag

3.1. Darstellung und wissenschaftliche Diskussion der Basistheorien im Forschungsfeld

In Anbetracht der praxisnahen Ausrichtung der behandelten Thematik erscheint eine wissenschaftstheoretische Fundierung zwingend notwendig. Zum einen haben wissenschaftstheoretische Grundlagen strukturierende Funktion, da sie Zielsetzung, Gegenstand und methodisches Vorgehen bei der Problemlösung spezifizieren. Zum anderen fließen bei jeder wissenschaftstheoretischen Arbeit Vorverständnisse mit ein, die den Wert und die Ergebnisse im hohen Maße determinieren. Das theoretische Wissenschaftsziel ist die Gewinnung von Erfahrungserkenntnissen und deren Bündelungen zu Theorien, die eine Erfassung, Beschreibung und Erklärung der Sachverhalte des Erkenntnisgegenstandes zulassen. Demgegenüber steht das pragmatische Wissenschaftsziel, welches nach Erkenntnissen strebt, die unmittelbar zur Lösung praktischer Probleme verwendbar sind.[328]

Bevor die unterschiedlichen Ansätze der Betriebswirtschaftslehre vorgestellt werden, soll auf die beiden divergierenden Forschungsprogramme hingewiesen werden. Innerhalb der Betriebswirtschaftslehre finden sich zwei unterschiedliche Forschungsprogramme: das ökonomische und das sozialwissenschaftliche Basiskonzept.[329] Während in der Ökonomie die Betriebswirtschaftslehre als eigenständige Wirtschaftswissenschaft betrachtet wird, liegt dem sozialwissenschaftlichen Basiskonzept die Überzeugung zugrunde, dass die Betriebswirtschaftslehre eine spezielle, interdisziplinär geöffnete Sozialwissenschaft ist.[330] Ausgangspunkt der Ökonomie ist das Menschenbild des ‚*homo oeconomicus*'.[331] Dieses bezeichnet einen ausschließlich

---

328 Vgl. Kosiol, Erich (1964) Betriebswirtschaftslehre und Unternehmensforschung, Zeitschrift für Betriebswirtschaft, 34. Jahrgang, Heft 12, S. 743-762, S. 745.

329 Vgl. Balderjahn, Ingo/Specht, Günter (2005) Einführung in die Betriebswirtschaftslehre, 5. überarbeitete Auflage, Stuttgart: Schäffer-Poeschel, S. 20 f.

330 Vgl. Raffée, Hans (1993) Gegenstand, Methoden und Konzepte der Betriebswirtschaftslehre, in Bitz, Michael et al. (Hrsg.) Vahlens Kompendium der Betriebswirtschaftslehre, 3. überarbeitete und erweiterte Auflage, München: Vahlen, S. 1-46, S. 26 ff.

331 Vgl. Schanz, Günther (1990) Die Betriebswirtschaft als Gegenstand kritisch-konstruktiver Betrachtungen: Kommentare und Anregungen, Stuttgart: Poeschel, S. 163 ff.

nutzenmaximierenden Menschen, der bei vollkommener Voraussicht seine Ziele mit minimalem Mittel- oder Handlungseinsatz erreicht. Der Ansatzpunkt des sozialwissenschaftlichen Konzeptes ist dagegen ein anderer. Im Vordergrund steht hierbei die Motivation menschlichen Handelns durch das Streben nach Bedürfnisbefriedigung.[332]

Für die Untersuchung dieses Forschungsfeldes können unterschiedliche betriebswirtschaftliche Erklärungsmodelle herangezogen werden. In den nachfolgenden Absätzen werden einige dieser Modelle vorgestellt. Anschließend wird überprüft, ob sie Hilfestellung für das Integrationsconsulting bei Unternehmenszusammenschlüssen im Hinblick auf den psychologischen Vertrag geben können.

Werden die Auswirkungen eines Unternehmenszusammenschlusses auf die betroffenen Mitarbeiter als Effekte einer spezifischen Institution auf das menschliche Verhalten aufgefasst, dann könnte die institutionenökonomische Betrachtungsweise für die Untersuchung herangezogen werden.[333] Wesentlicher Kritikpunkt der Institutionenökonomik ist das ihr zugrunde liegende Menschenbild, das auf dem *‚homo oeconomicus'* basiert. Dieses zweckrationale Wesen ist ausschließlich an der maximalen Befriedigung seiner eigenen Bedürfnisse interessiert.[334] Nach der Opportunismusannahme würde es für seine Nutzenmaximierung auch zu unlauteren Mitteln wie List, Täuschung oder Betrug greifen.

Der systemorientierte Ansatz bietet einen weiteren möglichen Ausgangspunkt zur Erklärung der Effekte von Unternehmenszusammenschlüssen auf den psychologischen Vertrag der Mitarbeiter. Er basiert auf einem systemtheoretisch-kybernetischen Komplex, der Organisationen sowohl unter statisch-struktureller als auch unter dynamisch-funktionaler Perspektive zu erfassen und zu gestalten versucht.[335] Das Unternehmen ist demnach ein System, welches sich selbst erzeugt und zu erhalten versucht. Dieser Prozess verläuft zirkulär und selbstreferentiell, d. h. er

[332] Vgl. Schanz, Günther (2000) Personalwirtschaftslehre: Lebendige Arbeit in verhaltenswissenschaftlicher Perspektive, 3. neu bearbeitete und erweiterte Auflage, München: Vahlen, S. 534 ff.

[333] Vgl. Ebers, Mark/Gotsch, Wilfried (2006) Institutionenökonomische Theorien der Organisation, in Kieser, Alfred/Ebers, Mark (Hrsg.) Organisationstheorien, 6. erweiterte Auflage, Stuttgart: Kohlhammer, S.247-306.

[334] Vgl. Schanz, Günther (1978) Verhalten in Wirtschaftsorganisationen, Personalwirtschaftliche und organisationstheoretische Probleme, München: Vahlen, S. 23.

[335] Vgl. Rafée 1993, S. 33.

vollzieht sich ausschließlich innerhalb systemeigener, miteinander verknüpfter Elemente.[336]

Eine letzte vorzustellende Herangehensweise ist der verhaltenstheoretische Ansatz. Dieser ist als systematisch angelegter Versuch zu begreifen, Betriebswirtschaftslehre als Erfahrungswissenschaft zu konzipieren.[337] Die Verhaltenstheorie ist als integrativer Bestandteil der Sozialwissenschaften zu verstehen. Mittelpunkt des verhaltenstheoretischen Ansatzes ist das individuelle Verhalten von Personen in Organisationen. Da das Verhalten von Organisationen als Spezialfall individuellen Verhaltens im sozialen Kontext gesehen werden kann, trägt dieser Ansatz der Wechselseitigkeit des psychologischen Vertrages Rechnung. Ferner erlaubt dieser Ansatz die Analyse möglicher Verhaltensänderungen des Individuums im Hinblick auf veränderte organisationale Rahmenbedingungen.

Von diesen drei unterschiedlichen Ansätzen erscheint prinzipiell nur der verhaltenstheoretische Ansatz geeignet, Handlungsoptionen zum Umgang mit dem psychologischen Vertrag bei Unternehmenszusammenschlüssen für ein erfolgreiches Integrationsconsulting aufzuzeigen. So groß die Bedeutung der von der Ökonomik betonten monetären Faktoren auch sein mag, das Verhältnis zwischen Unternehmen und Individuum ist bedeutend vielschichtiger. Hierbei soll auch auf die bereits erwähnte Unterscheidung zwischen Materialisten und Post-Materialisten hingewiesen werden. Wenngleich der institutionenökonomische Ansatz bei Materialisten noch anwendbar sein könnte, kann er bei Post-Materialisten nicht mehr angewandt werden, da sie immaterielle Aspekte wie z.B. Selbstverwirklichung und Lebensqualität noch mehr wertschätzen.[338] Ausgangspunkt des psychologischen Vertrages ist die Vorstellung, dass der einzelne Mitarbeiter als ganzheitliches und komplexes Wesen von seinem Arbeitgeber wahrgenommen werden möchte. Eine ausschließliche Beschränkung der Analyse auf Lohn-Leistungs-Aspekte scheint daher unangemessen und wird der Vielschichtigkeit des psychologischen Vertrages und der damit verbundenen Erwar-

---

[336] Vgl. Schildknecht, Carsten (1998) Management ganzheitlicher organisationaler Veränderung, Wiesbaden: Deutscher Universitätsverlag, S. 61.

[337] Vgl. Schanz, Günther (1988) Erkennen und Gestalten: Betriebswirtschaftslehre in kritisch-rationaler Absicht, Stuttgart: Poeschel, S. 50.

[338] Vgl. Inglehart 1998, S. 56.

tungen nicht gerecht. Deshalb soll der Fortgang dieser Arbeit auf verhaltenstheoretischen Grundlagen basieren.

3.1.1. Wechselwirkungen von Unternehmenszusammenschlüssen und psychologischem Vertrag aus Sicht der Theorie der sozialen Identität

Aus Perspektive einer wissenschaftlichen Betrachtung können die Wechselwirkungen zwischen Unternehmenszusammenschluss und psychologischem Vertrag aus dem Blickwinkel der Theorie der sozialen Identität betrachtet werden. In diesem Abschnitt soll die Theorie der sozialen Identität vorgestellt werden. Sie stellt die Bedeutung der Zugehörigkeit zu bestimmten Gruppen für die Identität des Menschen in den Vordergrund. Die Zugehörigkeit zur übernommenen bzw. zur übernehmenden Beschäftigtengruppe im Rahmen des Zusammenschlusses beeinflusst die Erwartungen der Gruppenmitglieder und prägt damit ihren psychologischen Vertrag.

In experimentellen Untersuchungen wurde nachgewiesen, dass bereits der Prozess der willkürlichen Gruppenbildung einen Einfluss auf das menschliche Verhalten hat. Am Verhalten der Studienteilnehmer zeigte sich, dass diese die eigene Gruppe (Ingroup) bei der Verteilung von Ressourcen gegenüber der anderen Gruppe (Outgroup) bevorzugten. Aus diesen Erkenntnissen leiteten Tajfel und Turner die Theorie der sozialen Identität ab.[339] Hierbei handelt es sich um eine allgemeine sozialpsychologische Theorie, die sich mit Gruppenprozessen und Intergruppenbeziehungen auseinandersetzt. Während Interaktionen zwischen Individuen hauptsächlich durch Merkmale auf der interpersonalen Ebene gekennzeichnet sind, wird die Interaktion auf der Gruppenebene auch durch die Mitgliedschaft zu bestimmten Gruppen beeinflusst.[340]

---

[339] Vgl. Tajfel, Henri (1978) Intergroup Behaviour: Individualistic Perspectives, in: Tajfel, Henri/Fraser, Colin (Hrsg.) Introducing Social Psychology, Hammondsworth: Penguin Books, S. 401-422; Tajfel, Henri/Turner, John (2004) An integrative theory of intergroup conflict, in: Hatch, Mary (Hrsg.) Organizsational identity, Oxford [u.a.]: Oxford University Press, S. 56-66.

[340] Vgl. Mayrhofer, Wolfgang/Strunk, Guido/Meyer, Michael (2003) Gruppenidentität, in: Martin, Albert (Hrsg.) Organizational Behaviour - Verhalten in Organisationen, Stuttgart: Kohlhammer, S. 197-210, S. 204.

Eine zentrale Annahme dieser Theorie ist, dass Individuen einer Gruppe angehören wollen, die sich positiv von anderen unterscheidet. Deshalb ist es für sie wichtig, Mitglied einer statushöheren Gruppe zu sein, da sie durch ihre Mitgliedschaft ihren Selbstwert erhöhen können.[341] Die Mitgliedschaft in statusniederen Gruppen führt bei den Mitgliedern zu keiner positiven sozialen Identität. Demnach müssen sie nach anderen Möglichkeiten suchen, eine positive soziale Identität zu erlangen. Die Steigerung der Gruppenidentität wäre hierfür eine Option. Die Mitglieder einer statushohen Gruppe werden im Gegensatz versuchen, ihre Mitgliedschaft und die Existenz dieser Kategorie aufrecht zu erhalten, um daraus eine positive soziale Identität abzuleiten.[342]

Tajfel und Turner zeigen unterschiedliche Strategien auf, mit denen das Individuum oder die Gruppe eine positive soziale Identität erreichen kann.[343] Von Bedeutung ist hier die Wahrnehmung sozio-struktureller Variablen der Intergruppenbeziehung, wie Stabilität und Legitimität der Statusbeziehungen sowie Durchlässigkeit der Gruppengrenzen.[344] Wie in Abbildung 20 gezeigt wird, beeinflussen diese Variablen die Wahl der möglichen Strategie zur Erreichung einer positiven sozialen Identität.

Ein Unternehmenszusammenschluss führt nach der Theorie der sozialen Identität dazu, dass die Mitarbeiter eines Unternehmens versuchen, beim Vergleich mit dem Partnerunternehmen positiv abzuschneiden.[345] Die Belegschaft greift auf wertbehaftete Vergleichsdimensionen zurück, die es ihr ermöglichen, eine positive Distinguiertheit der eigenen Gruppe herzustellen.[346]

---

[341] Vgl. Werpers, Katja (1998) Konflikte in Organisationen: Eine Feldstudie zur Analyse interpersonaler und intergruppaler Konfliktsituationen, Münster [u.a.]: Waxmann.

[342] Vgl. Giessner, Steffen (2003) Eine Intergruppenperspektive auf Unternehmensfusionen, in Strähle, Jochen (Hrsg.) Interkulturelle Mergers & Acquisitions. Eine interdisziplinäre Perspektive, Sternenfels: Verlag Wissenschaft & Praxis, S. 168-194, S. 172.

[343] Vgl. Tajfel, Henri/Turner, John (1986) The social identity theory of intergroup behaviour, in Worchel, Stephen/Austin, William (Hrsg.) The social psychology of intergroup relations, 2. Auflage, Chicago: Nelson-Hall Publishers, S. 7-24.

[344] Vgl. Giessner 2003, S. 173.

[345] Vgl. Ashforth, Blake/Mael, Fred (1989) Social Identity Theory and the Organization, Academy of Management Review, 14. Jahrgang, Heft 1, S. 20-39, S. 24 f.

[346] Vgl. Turner, John (1999) Some current issues in research on social identity and self categorization theories, in: Ellemers, Naomi/Spears, Russell/Doosje, Bertjan (Hrsg.) Social identity: context, commitment, content, Oxford [u.a.]: Blackwell, S. 6-34; Ashforth/Mael 1989, S. 24 f.

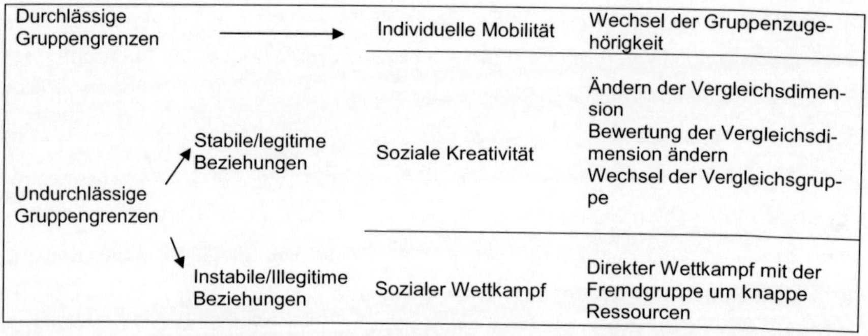

Abbildung 20: Möglichkeiten des Individuums oder der Gruppe zur Herstellung einer positiven sozialen Identität.[347]

Bereits bei der Bekanntgabe eines Akquisitionsvorhabens kommt es häufig vor, dass ein Unternehmensteil den anderen dominiert.[348] Als Gründe für diese Dominanz sind beispielsweise ein Technologievorsprung oder finanzielle Aspekte zu nennen. Schon die Überlegenheit des einen Partners führt zu einer deutlichen Abgrenzung der beiden Beschäftigtengruppen, wobei die einen zu den „Übernommenen“ und die anderen zu den „Übernehmenden“ gehören. Die Zugehörigkeit zu einer dieser Gruppen reicht aus, das Verhalten der einzelnen Gruppenmitglieder zu lenken, welches das Konfliktpotenzial zwischen den antagonistischen Gruppen schüren kann.[349]

Nach der Theorie der sozialen Identität führt eine unterschiedliche Machtverteilung dazu, dass sich die beiden Mitarbeitergruppen stärker voneinander abgrenzen. Dieses Abgrenzungsverhalten vermindert die Durchlässigkeit der Gruppengrenzen und fördert nach den Vorstellungen von Tajfel/Turner die soziale Kreativität, bei der die unterlegene Gruppe versuchen wird, durch Veränderung der Vergleichsdimension ihren Status zu erhöhen.[350] Die langfristigen Effekte eines Unternehmenszusammen-

[347] in Anlehnung an: Giessner 2003, S. 174; Tajfel/Turner 1986.

[348] Vgl. Appelbaum, Steven/Gandell,Joy/Yortis, Harry/Proper, Shay/Jobin, Francois (2000) Anatomy of a merger: behavior of organizational factors and processes throughout the pre- during- and post-stages, Management Decision, 38. Jahrgang, Heft 9, S. 649-661, S. 652; Lubatkin, Michael/Lane, Peter (1996) Psst... The merger mavens still have it wrong, Academy of Management Review, 10. Jahrgang, Heft 1, S. 21-37, S. 28 ff.

[349] Vgl. Grewe 2005, S. 59 ff.

[350] Siehe auch Abbildung 20.

schlusses zwischen unterschiedlich dominanten Mitarbeitergruppen auf den psychologischen Vertrag treten deshalb häufig erst in der Integrationsphase auf.

Eine gestärkte soziale Identität würde demnach nicht nur die Mitarbeiterzufriedenheit steigern; sie hätte auch positive Effekte auf die Identifikation der Mitarbeiter mit ihrem Unternehmen. Bei durchlässigen Gruppengrenzen und geringen Statusunterschieden zwischen den beiden Mitarbeitergruppen könnte der Unternehmenszusammenschluss auch durch zusätzliche Karriere- oder Gestaltungsoptionen positive Auswirkungen auf den psychologischen Vertrag haben und schließlich die Mitarbeiter motivieren zum Erfolg des Zusammenschlusses beizutragen.

Andererseits könnte eine geschwächte soziale Identität negative Effekte auf den psychologischen Vertrag der Mitarbeiter haben. Statusunterschiede bzw. die Zugehörigkeit zur statusniederen Gruppe würden die Unzufriedenheit der Mitarbeiter erhöhen. Einhergehend mit der Zugehörigkeit zur übernommenen Belegschaftsgruppe könnten die Mitarbeiter, wie in Abbildung 20 dargestellt, durch Abgrenzung und Wettkampf den Erfolg des Zusammenschlussvorhabens behindern oder gefährden. Deshalb ist es für den langfristigen Erfolg des Zusammenschlussvorhabens wichtig, dass eine kooperative Grundhaltung aller Beschäftigten vorhanden ist. Außerdem müssen beide Mitarbeitergruppen nach erfolgtem Zusammenschluss gemeinsam ihren Beitrag für den ökonomischen Erfolg des gesamten Unternehmens leisten. In der Praxis ist diese Einstellung jedoch oft nicht anzutreffen. Vorherrschend ist vielmehr eine Erobererhaltung, die aufgrund einseitig dominierenden Verhaltens die Abgrenzung der beiden Belegschaftsgruppen voneinander fördert und die Erreichung der antizipierten Integrationsziele erschwert.[351]

3.1.2. Wechselwirkungen von Unternehmenszusammenschlüssen und psychologischem Vertrag aus Sicht der Anreiz-Beitrags-Theorie

Die Wechselwirkungen von Unternehmenszusammenschlüssen und psychologischem Vertrag können auch aus Perspektive der Anreiz-Beitrags-Theorie betrachtet

[351] Vgl. Coffey, John/Garrow, Valerie/Holbeche, Linda (2002) Reaping the benefits of mergers & acquisitions: in search of the golden fleece, Oxford [u.a.]: Butterworth-Heinemann, S. 173 f.

werden.[352] Sowohl Anreize (z. B. Entgelt, angenehmer Arbeitsplatz, Macht, Status) als auch Beiträge (z. B. Arbeitsleistung, rollenkonformes Verhalten innerhalb des Unternehmens und in der Öffentlichkeit) werden subjektiv und vor dem Hintergrund individueller Erwartungen und Informationsstände (z. B. über alternative Einsatzmöglichkeiten, Anreize und Beiträge anderer Individuen im eigenen und/oder anderen Unternehmen) bewertet.

Die Anreiz-Beitrags-Theorie von March und Simon beschäftigt sich mit der Fragestellung, was den einzelnen Mitarbeiter überhaupt dazu veranlasst, Leistungen für seine Organisation zu erbringen.[353] Als Anreize werden hierbei sämtliche ‚Leistungen' verstanden, die dem Organisationsmitglied zur Bedürfnisbefriedigung von der Organisation gewährt werden.[354] Hierbei kann es sich um materielle wie immaterielle Anreize handeln.[355] Maßgeblich dafür, ob Anreize von dem Organisationsmitglied als solche gesehen und bewertet werden, ist der subjektive Nutzen, den das Mitglied durch ihn erfährt. Ob Anreize als solche bewertet werden, hängt auch von der Höhe des Beitrags ab, den das Individuum für seine Erzielung erbracht hat.[356] Bei der subjektiven Bewertung der Anreize und Beiträge greift das Individuum auf die jeweiligen Werte und Normen seines sozialen Umfelds zurück.[357]

Damit die Organisationsmitglieder ihren Beitrag zur Erreichung des Unternehmensziels leisten, ist es nach der Anreiz-Beitrags-Theorie notwendig, den Mitarbeitern Anreize zu gewähren. Mittels finanzieller Anreize kann die Organisation durch Beloh-

[352] Vgl. Staehle, Wolfgang (1999) Management: Eine verhaltenswissenschaftliche Perspektive, 8. überarbeitete Auflage, überarbeitet von Conrad, Peter/Sydow, Jörg, München: Vahlen.

[353] Vgl. March, James/Simon, Herbert (1958) Organizations, 2. Auflage, New York [u.a]: Wiley.

[354] Vgl. Nick, Franz (1975) Anreiz-Beitrags-Theorie, in Gaugler, Eduard (Hrsg.) Handwörterbuch des Personalwesens, Stuttgart: Poeschel, S. 38-48, S. 40.

[355] Vgl. Kappler, Ekkehard (1976) Anreiz-Beitrags-Theorie als personalwirtschaftlicher Bezugsrahmen, Bierfelder, Wilhelm (Hrsg.) Handwörterbuch des öffentlichen Dienstes, Berlin: Schmidt, Sp. 83-96, Sp. 85.

[356] Vgl. Hüfner, Katja (2003) Anreizsysteme für Führungskräfte in multinationalen Unternehmen: Eine Konzeptualisierung unter Berücksichtigung multinational-relevanter Einflussfaktoren, Lohmar: Eul, S. 33.

[357] Siehe hierzu auch das System der Verhaltenshypothesen von March und Simon. Sie unterscheiden in ihrem Modell zwischen drei Entscheidungen: jene über Ein- bzw. Austritt in bzw. aus einer Organisation sowie die Entscheidung zu rollenkonformen Verhalten. Vgl. March, James/Simon, Herbert (1976) Organisation und Individuum: Menschliches Verhalten in Organisationen, (aus dem Englischen übersetzt von Krczal, Albin), Wiesbaden: Gabler, S. 86 ff.

nung und Bestrafung das Verhalten der Mitarbeiter beeinflussen.[358] Finanzielle Anreize ermöglichen es dem Individuum, in den Besitz von Gratifikationen zu gelangen, mit deren Hilfe dann die individuellen Bedürfnisse befriedigt werden können. Organisationen erwarten deshalb, dass ein angemessenes Arbeitsentgelt zu einer höheren Arbeitsmotivation und damit zu einer Leistungssteigerung und zu einer höheren Produktivität der Belegschaft führt. Relevant für den psychologischen Vertrag der Organisation ist auch die Erwartung, dass das Arbeitsentgelt die Bindung des Mitarbeiters an die Organisation erhöht und somit Fluktuation und Absentismus verringert wird. In Abbildung 21 werden die unterschiedlichen Entgeltarten mit möglichen von der Organisation erwarteten Verhaltensweisen verknüpft.

Entgeltart		zu erwartende Verhaltensweisen
Basisaufwand fixer Bestandteil		Teilnahmeentscheidung, Zufriedenheit bei Erfüllung des Gleichbehandlungsgebots
variabler Bestandteil - Seniorität		- lange Betriebszugehörigkeit
- Erfolg - Leistung[359]	des Individuums	- höhere Qualität der Arbeit - höhere Quantität der Arbeit
	der Gruppe	höhere Kooperation, höhere Quantität und Qualität der Arbeit
Zusatzaufwand Sonderzahlungen Arbeitsfreie Tage Altersvorsorge etc.		Teilnahmeentscheidung, Zufriedenheit, gutes Organisationsklima

Abbildung 21: Organisationale Erwartungen in Abhängigkeit der Entgeltart.[360]

[358] Vgl. Kriegesmann, Bernd (1993) Innovationsorientierte Anreizsysteme: Ein empirisch fundierter Beitrag zur Gestaltung und Umsetzung typenspezifischer Anreizstrukturen für innovative Mitarbeiter, Bochum: Institut für Angewandte Innovationsforschung, S. 65.

[359] Die Erwartungen bezüglich der leistungsbezogenen Vergütung sind sehr stark kulturabhängig. Dieses ist besonders bei der Zusammenführung in der Post-Merger- Integrationsphase zu berücksichtigen. In individualistischen Ländern wird es als gerecht empfunden, wenn höhere Leistung mit einem höheren Entgelt belohnt wird. In kollektivistisch geprägten Kulturen führt eine leistungsabhängige Vergütung zu Rivalität und Problemen innerhalb der Arbeitsgruppe. Vgl. Rugman, Alan/Hodgetts, Richard (2003) International Business, 3. Auflage, Harlow: McGraw-Hill, S.134; Hofstede, Geert (2001) Lokales Denken, globales Handeln: Kulturen, Zusammenarbeit und Management, 2. durchgesehene Auflage, München: Deutscher Taschenbuchverlag, S. 153 ff.

[360] Quelle: in Anlehnung an Flippo, Edwin/Munsinger, Gary (1982) Management, 5. Auflage, Boston [u.a.]: Allyn and Bacon, S. 322; Staehle 1999, S. 821.

Der Beitrag eines Organisationsmitgliedes an seine Organisation ergibt sich hauptsächlich aus der von ihm erbrachten Arbeitsleistung. Weitere relevante Beiträge sind die Erfüllung der Rollenerwartungen sowie die Anpassung an die von der Unternehmenskultur vorgegebenen sozialen Werte und Normen. Von entscheidender Bedeutung ist hierbei nicht die absolute Größe der erbrachten Beiträge, sondern der Nutzen, der den einzelnen Beiträgen der Organisationsteilnehmer beigemessen werden kann.

Der Beitrag, den ein Arbeitnehmer für seine Organisation erbringt, setzt sich u.a. aus der Aufgabenschwierigkeit, der Belastung für den Arbeitnehmer, dem Ansehen und der zur Erbringung der Arbeitsleistung erforderlichen beruflichen Qualifikation zusammen.[361] Aus Perspektive der Organisation ist die Höhe des Beitrages eines Organisationsteilnehmers nicht immer eindeutig zu bestimmen. Je komplexer und anspruchsvoller die Aufgabe, desto schwieriger wird es, die erbrachte Leistung ‚von außen' zu beurteilen. Die Bearbeitung schlecht strukturierter und unpräziser Aufgaben erfordert Initiative, Ausdauer und Anpassungsbereitschaft der Mitarbeiter. Diese Beiträge der Mitarbeiter sind schwerlich zu quantifizieren.

Die Zusammenführung der Anreizsysteme beider Unternehmen im Integrationsprozess kann die Belohnung der bisherigen individuellen Verhaltensweisen in Frage stellen. Für die Mitarbeiter zeigen sich diese Veränderungen u. a. in der Einführung neuer Bewertungskriterien für eine leistungsorientierte Vergütung. Beispielsweise ist es vorstellbar, dass sich ein in finanzielle Schwierigkeiten gekommenes innovatives Unternehmen mit einem größeren finanzstärkeren Partner zusammenschließt. Bestrebungen, die Produktionskosten zu senken, können dazu führen, dass nicht mehr Forschungs- und Entwicklungsideen der Mitarbeiter belohnt werden, sondern Vorschläge zu Kosteneinsparungen.

Die Änderung bislang gewährter Anreize hat Konsequenzen für den psychologischen Vertrag. Der Wandel in der Gestaltung der betrieblichen Anreize kann für einen Teil der Mitarbeiter zu enttäuschten Erwartungen führen, da bisher vergütete Anstren-

[361] Vgl. Bartscher-Finzer, Susanne/Martin, Albert (1998) Die Erklärung der Personalpolitik mit Hilfe der Anreiz-Beitrags-Theorie, in Martin, Albert/Nienhüser, Werner (Hrsg.) Personalpolitik: Wissenschaftliche Erklärung der Personalpraxis, München [u.a.]: Hampp, S. 113-145, S. 131 ff.

gungen nun nicht mehr gewünscht und belohnt werden. [362] Von den Mitarbeitern werden Veränderungen des Verhältnisses von Anreizen zu Beiträgen häufig als Veränderungen zugunsten der Organisation wahrgenommen. Die von den Mitarbeitern subjektiv wahrgenommene Verringerung der organisationalen Anreize kann sie dazu verleiten, weniger Beiträge für die Organisation zu erbringen. Diese Beitragsverringerung kann die Erreichung der Integrationsziele erschweren und womöglich zum Scheitern des Vorhabens führen.

Im Hinblick auf die Zusammenschlussproblematik müsste es das Ziel der Personalpolitik eines Unternehmens sein, die zur Erreichung der Integrationsziele erforderlichen Beitragsleistungen entsprechend zu vergüten. Nach erfolgter Zusammenführung ist die Beibehaltung der Motivation der Mitarbeiter für das Unternehmen entscheidend. Dabei ergänzen sich Aspekte der Anreiz-Beitrags-Theorie und des psychologischen Vertrages. Ein respektvoller Umgang mit den Erwartungen der Mitarbeiter ist ein bedeutender Anreiz, den die Organisation ihren Mitarbeitern bieten muss, um sie an das zusammengeführte Unternehmen nach einem Zusammenschluss zu binden.[363] Die von der Organisation gewährten Anreize müssen auf den jeweiligen psychologischen Vertrag des Mitarbeiters abgestimmt sein, um von den Mitarbeitern auch als solche erkannt zu werden.[364]

Abschließend kann festgehalten werden, dass aus Perspektive der Anreiz-Beitrags-Theorie drei Szenarien denkbar wären. Diese werden in der nachfolgenden Abbildung 22 dargestellt. Für den Erfolg des Zusammenschlussvorhabens wäre es demnach wichtig, dass die vom Mitarbeiter geleisteten Beiträge nicht die vom Unternehmen gewährten Anreize übersteigen. Ansonsten könnte das zu erwartende Mitarbeiterverhalten möglicherweise dysfunktionale Konsequenzen für das Zusammenschlussvorhaben zur Folge haben.

---

[362] Vgl. Kriegesmann 1993, S. 67.

[363] Vgl. Reber, Gerhard (1976) Implikationen der Anreiz-Beitrags-Theorie. Gibt es nur Verhalten in Organisationen oder auch ein Verhalten von Organisationen, Zeitschrift für Betriebswirtschaftslehre, 46. Jahrgang, S. 357-368, S. 358 ff.

[364] Vgl. Schneider, Dietram (2004) Grundlagen der Betriebswirtschaftslehre: kompaktes Basiswissen, Norderstedt: Books on Demand, S. 75.

Verhältnis von Anreizen zu Beiträgen	zu erwartendes Mitarbeiterverhalten
Anreize > Beiträge	gesteigerte Motivation, höherer Arbeitseinsatz, höhere Produktivität, wahrscheinlich dem Integrationserfolg zuträglich
Anreize = Beiträge	gleich bleibender Einsatz der Mitarbeiter für ihr Unternehmen, wahrscheinlich kein Einfluss auf den Integrationserfolg
Anreize < Beiträge	verringerte Motivation, geringerer Arbeitseinsatz, verringerte Produktivität, wahrscheinlich dem Integrationserfolg abträglich

Abbildung 22: Das Verhältnis von Anreizen zu Beiträgen und das zu erwartende Mitarbeiterverhalten.

3.1.3. Wechselwirkungen von Unternehmenszusammenschlüssen und psychologischem Vertrag aus Sicht der Equity-Theorie

Als ein weiteres theoretisches Konstrukt soll die Equity-Theorie im Sinne von Adams vorgestellt werden.[365] Diese wird auch als Theorie zum Gleichheitsprinzip der Gerechtigkeit bezeichnet. Nach der Equity-Theorie soll jeder Organisationsteilnehmer das bekommen, was er verdient oder was ihm gerechterweise zusteht.[366] Deutlich abzugrenzen hiervon ist der Equality Ansatz und das „need" Prinzip. Ersterer besagt, dass jeder das Gleiche erhalten soll. Letzterer sieht vor, dass der Verdienst den Bedürfnissen des Einzelnen entsprechen sollte.[367]

Nach den Gedanken der Equity-Theorie vollzieht sich die Erwartungsbildung von Individuen bezüglich der Gerechtigkeit von Austauschverhältnissen in drei aufeinander aufbauenden Schritten. Ähnlich den Überlegungen zur Anreiz-Beitrags-Theorie erbringen Individuen in der Arbeitgeber-Arbeitnehmer Austauschbeziehung gewisse Eingangsleistungen bzw. Aufwendungen, die von Adams als Input bezeichnet wer-

[365] Vgl. Adams, John (1963) Towards An Understanding of Inequality, Journal of Abnormal and Normal Social Psychology, 67. Jahrgang, Heft 5, S. 422-436; Adams, John (1965) Inequity in social exchange, in Berkowitz, Leonard (Hrsg) Advances in Experimental Psychology, New York [u.a.], S. 267-299.

[366] Vgl. Webernsdorfer, Andreas (2005) Sanktionsbeurteilung von Laien und Rechtsbewusstsein, Norderstedt: Grin Verlag, S. 67.

[367] Vgl. Jungermann, Helmut/Pfister, Hans-Rüdiger/Fischer, Katrin (2005) Die Psychologie der Entscheidung, 2. Auflage, Heidelberg [u.a.]: Elsevier, Spektrum Akademie-Verlag, S. 47 ff.

den. Als Vergütung für ihre Arbeit und Mühen erhalten die Mitarbeiter Leistungen, welche Output genannt werden.[368]

Im ersten Schritt bildet der Mitarbeiter ein gedankliches Verhältnis zwischen der Summe des eigenen Outcomes (O_e) und des eigenen Inputs (I_e).

$$\frac{O_e}{I_e}$$

Im zweiten Schritt wird ein solches Verhältnis für eine relevante Bezugsgruppe, wie Arbeitskollegen oder eine vergleichbare Arbeitsgruppe, gebildet. Hierbei wird ebenfalls das subjektiv wahrgenommene Verhältnis zwischen den Outcomes der Gruppe (O_g) und ihren Inputs (I_g) ermittelt.

$$\frac{O_g}{I_g}$$

Im dritten und letzten Schritt können die Organisationsteilnehmer durch den Vergleich der beiden Input-Output Verhältnisse bestimmen, wie sie im Vergleich zur Referenzperson/-gruppe abschneiden. Gerechtigkeit empfinden Mitarbeiter die Relation ihrer Outputs zu den Inputs stets dann, wenn gilt:[369]

$$\frac{\text{Summe des erhaltenen eigenen Outcomes } (O_e)}{\text{Summe eigener, als relevant empfundener Inputs } (I_e)} \approx \frac{\text{Summe der Outcomes, die der relevanten Bezugsgruppe zugestanden wurde } (O_g)}{\text{Summe der Inputs, die von der relevant empfundenen Bezugsgruppe geleistet wurde. } (I_g)}$$

Weicht das Verhältnis zwischen den eigenen Inputs und eigenen Outcomes voneinander ab, so wird die Person eine Ungerechtigkeit wahrnehmen. Diese wird sowohl bei Benachteiligung als auch bei Begünstigung im Austauschverhältnis wahrgenommen.[370] Bei den betroffenen Mitarbeitern werden möglicherweise Schuldgefühle im

368 Vgl. Paul, Robert/Niehoff, Brian/Turnley, William (2000) Empowerment, expectations, and the psychological contract-managing the dilemmas and gaining the advantages, Journal of Socio-Economics, 29. Jahrgang, Heft 5, S. 471-485, S. 475; Coyle-Shapiro, Jacqueline/Neuman, Joel (2004) The psychological contract and individual differences: the role of exchange and creditor ideologies, Journal of Vocational Behavior, 64. Jahrgang, Heft 1, S. 150-171.

369 Vgl. Homans, Caspar (1969) Theorie der sozialen Gruppe, 4. Auflage, Köln [u.a.]: Westdeutscher Verlag.

370 Vgl. Stock-Homburg, Ruth (2008) Personalmanagement, Wiesbaden: Gabler, S. 59.

Falle einer Überprivilegierung oder Wut im Falle einer Unterprivilegierung hervorgerufen.[371]

Im Falle einer Personalreduktion oder größeren Umstrukturierungsmaßnahme ermitteln die Mitarbeiter gedanklich ihr Verhältnis zwischen Input und Outcome und vergleichen es mit dem Ergebnis der Kollegen innerhalb der Arbeitsgruppe.[372] Sollte nun bekannt werden, dass Kollegen entlassen werden, so wird hierdurch das Verhältnis zwischen der eigenen wahrgenommenen Relation zu jenem der Kollegen gestört. Der verbleibende Mitarbeiter nimmt eine Überprivilegierung wahr, da er seinen Arbeitsplatz behalten darf, wohingegen sein möglicherweise langjähriger Kollege seinen Arbeitsplatz verliert. Für ihn ergeben sich demnach die folgenden Möglichkeiten, um die entstandene Überprivilegierung zu kompensieren. Diese sind unter anderen:[373]

- Forderung nach Erhöhung des Outcomes für die relevante Bezugsgruppe. Dies kann etwa durch die Forderung zur Aufnahme der gekündigten Mitarbeiter in eine Auffanggesellschaft geschehen, die diese dann an andere Arbeitgeber weiter vermitteln soll.

- Zustimmung zur möglichen Ermäßigung des eigenen Outcomes. Diese Option wird oft zur Bewältigung betrieblicher Krisensituationen gewählt. Hierbei handeln Unternehmensführung und Betriebsrat z. B. einen geringeren Arbeitslohn aus, um einen weiteren Stellenabbau zu vermeiden.

- Übernahme weiterer Aufgaben. Sollte der Mitarbeiter aufgrund seiner persönlichen Erfahrungen zu der Überzeugung kommen, dass sich durch den Stellenabbau seine persönliche Situation im Unternehmen verbessert, so kann die Übernahme weiterer Aufgaben eine geeignete Verhaltensweise sein, um ein Gleichgewicht zwischen Input und Outcome herzustellen. Zusätzlich wächst durch dieses Verhalten

---

371 Vgl. Adams, 1965, S. 281 ff.; Walster, Elaine/Walster, William/Berscheid, Ellen (1978) Equity: Theory and Research, Boston [u.a.]: Allyn & Bacon; Weberndorfer 2005, S. 67 f.

372 Vgl. Turnley, Bolino, Lester, Bloodgood, 2003, S. 187 ff.

373. Vgl. Brockner, Davy, Carter, 1985, Brockner, Joel/Davy, Jeanette/Carter Carolyn (1985) Layoffs, self-esteem, and survivor guilt: Motivational, affective, and attitudinal consequences, Organizational Behavior and Human Decision Processes, 36. Jahrgang, Heft 3, S. 229-244, S. 230 ff.; Berner, Samuel (1999) Reaktionen der Verbleibenden auf einen Personalabbau, St. Gallen: Universität, S. 62 f.

auch der Stellenwert und die Bedeutung dieses Mitarbeiters innerhalb seines Unternehmens.

- Aufgabe des bestehenden Arbeitsplatzes, z. B. durch Versetzung in eine andere Bezugsgruppe oder durch Beendigung des bestehenden Arbeitsverhältnisses.

3.1.4. Fazit

In den vorangegangenen Abschnitten sollte mithilfe der Theorie der sozialen Identität, der Anreiz-Beitrags-Theorie und der Equity Theorie überprüft werden, inwieweit sich diese Ansätze dazu eignen, die Auswirkungen eines Unternehmenszusammenschlusses auf den psychologischen Vertrag zu eruieren. Auch sollte gezeigt werden, ob diese Ansätze mögliche zusammenschlussbedingte Veränderungen des Mitarbeiterverhaltens erklären können. Schließlich erscheint es ratsam, dass das Konzept zur Berücksichtigung des psychologischen Vertrages, welches in Abschnitt 5 vorgestellt wird, auch auf diese Erkenntnisse berücksichtigt.

- Bei der Darstellung der Theorien wurde deutlich, dass sich die Theorie der sozialen Identität als Erklärungsansatz für die hier zu untersuchende Problematik eignet. Dieser Ansatz ermöglicht es, die häufig beobachtbaren, psychologischen und soziologischen Intergruppen-Probleme, die bei Unternehmenszusammenschlüssen auftreten, zu berücksichtigen.[374] Basierend auf den unterschiedlichen Machtverhältnissen der Mitarbeitergruppen untereinander kann nicht nur der Gruppenstatus antizipiert werden. Hinzukommend deutet die Theorie auf mögliche Reaktionen der jeweiligen Mitarbeitergruppen bereits im Vorfeld des Zusammenschlusses hin. Eine zentrale Schwachstelle dieser Theorie wird jedoch erst im Vergleich mit der Anreiz-Beitrags-Theorie deutlich. So bleiben monetäre und nichtmonetäre Aspekte des Austauschverhältnisses zwischen Unternehmen und Mitarbeiter unberücksichtigt.

- Ziel der Anreiz-Beitrags-Theorie ist es, das Arbeitsverhältnis als einen Tausch von körperlicher und geistiger Arbeit (Beitrag) zu finanziellen und immateriellen Anrei-

[374] Vgl. Condor, Susan/Brown, Rupert (1988) Psychological processes in intergroup conflict, in Stroebe, Wolfgang/Kruglanski, Arie/Daniel, Bar-Tal/Hewstone, Miles (Hrsg.) The Social psychology of intergroup conflict, Berlin [u.a.]: Springer, S. 3-26.

zen zu betrachten. Diese rationell ökonomische Betrachtungsweise ermöglicht es, eine Vielzahl von weiteren Aspekten des Arbeitsverhältnisses zu berücksichtigen, die von einem Unternehmenszusammenschluss tangiert werden können. Die Vorzüge der Anreiz-Beitrags-Theorie liegen darin, dass sie die Auswirkungen veränderter organisationaler Anreize auf das Mitarbeiterverhalten bzw. die damit verbundenen Beiträge der Mitarbeiter miteinander verknüpft. Somit können nicht nur Rückschlüsse auf die wechselseitigen Erwartungen gezogen werden, sondern auch auf das Mitarbeiterverhalten. Aufgrund ihrer Anlehnung an das ausschließlich rationell handelnde Menschenbild des homo oeconomicus ähneln die möglichen Unzulänglichkeiten der Anreiz-Beitrags-Theorie denen der Institutionenökonomik. Hierzu zählt, dass das Individuum äußerst selten vollständige Kenntnis sämtlicher Handlungsoptionen und der damit verbundenen möglichen Folgen hat. Auch wird kaum ein Individuum über eine festgelegte Präferenzordnung bezüglich der eigenen Bedürfnisse und der möglichen Entscheidungsalternativen verfügen. Diese Unzulänglichkeiten, die vor allem auf der Subjektivität der Bewertung von Anreizen und Beiträgen beruhen, können die Prognostizierbarkeit der Aussagen beeinträchtigen.

- Die Equity-Theorie eignet sich für die Untersuchung der Arbeitgeber-Arbeitnehmer Austauschbeziehung. Sie liefert Hinweise und Erkenntnisse für das Verständnis von empfundener Gerechtigkeit und deren Auswirkungen auf das Mitarbeiterverhalten. Die Vorzüge dieser Theorie liegen in der Verknüpfung sozialer Vergleichsprozesse auf Basis des ökonomischen Austauschverhältnisses von Input zu Outcome. Deshalb würde es dieser Ansatz erlauben, mithilfe eventueller Unterschiede zwischen dem materiellen Austauschverhältnis, Rückschlüsse auf das Gerechtigkeitsempfinden und damit auch auf die wechselseitigen Erwartungen sowie auf das daran anknüpfende Mitarbeiterverhalten zu ziehen. Ein wesentlicher Kritikpunkt der Equity-Theorie ergibt sich aus der mangelnden Präzisierung des Inputs und des Outcomes.[375] Zudem berücksichtigt diese Theorie situative Rahmenbedingungen nicht, die sich z. B. aus einem Unternehmenszusammenschluss ergeben können.

Zusammenfassend soll festgehalten werden, dass jeweils die Theorie der sozialen Identität, die Anreiz-Beitrags-Theorie und die Equity-Theorie wichtige Aspekte des

[375] Vgl. Stock-Homburg 2008, S. 61.

psychologischen Vertrages im Rahmen der Zusammenschlussproblematik erklären. Es zeigt sich jedoch, dass keine der drei Theorien allein geeignet scheint, umfassende Handlungsoptionen zum Umgang mit dem psychologischen Vertrag im Hinblick auf das Integrationsconsulting zu geben. Vielmehr wird deutlich, dass sich die Theorien komplementär zueinander verhalten. Ein umfassendes Lösungsmodell sollte demnach Aspekte aller Theorien enthalten. Denn alle drei Theorien liefern wertvolle Ansatzpunkte zur Erstellung eines Konzeptes zur Berücksichtigung des psychologischen Vertrages im Integrationsprozess.

Es ist davon auszugehen, dass eine gerechte und transparente Verteilung der Vor- und Nachteile des Zusammenschlusses zur Wahrung der sozialen Identität, zur Sicherung des Anreiz-Beitrags-Gleichgewichts und zur Stärkung des psychologischen Vertrages beiträgt. Außerdem wäre aus Sicht der Theorie der sozialen Identität die Förderung der Kommunikation und Interaktion zwischen den beiden Belegschaftsgruppen dem Integrationserfolg dienlich. Sie würden nicht nur mögliche Vorurteile abbauen, sondern auch helfen, die Durchlässigkeit der Gruppengrenzen zu erhöhen. Schließlich kann auch eine Gewährung von Partizipationsmöglichkeiten durch den Abbau von Gruppengrenzen zum Integrationserfolg beitragen.

Verknüpft man die Ergebnisse der Darstellung ausgewählter Theorien mit dem Konstrukt des psychologischen Vertrages, so können etwaige Veränderungen von relationalen Aspekten mithilfe der Theorie der sozialen Identität erklärt werden. Das erscheint gerechtfertigt, da diese Theorie auf schwerlich quantifizierbare Aspekte fokussiert, wie Gruppenstatus, Selbstwert oder Identität. Weiterhin ist eine Verknüpfung von transaktionalen Aspekten mit der Anreiz-Beitrags-Theorie ratsam. Dafür spricht, dass die Theorie zusammenschlussbedingte monetäre Veränderungen auf der Anreizseite mit möglichen Auswirkungen auf den psychologischen Vertrag und das Mitarbeiterverhalten plausibel miteinander in Beziehung setzt.

Da der gruppenvergleichende Gerechtigkeitsgedanke der Equity-Theorie dem der Theorie der sozialen Identität ähnelt und die aus einem Ungleichgewicht resultierenden wahrscheinlichen Verhaltensweisen stark an jene der Anreiz-Beitrags-Theorie erinnern, spielt sie in den nachfolgenden Abschnitten eine weniger bedeutsame Rolle. Jedoch soll hier festgehalten werden, dass der Aspekt der Gerechtigkeit, der dieser Theorie innewohnt, bei der Konzeption zur Berücksichtigung des psychologischen Vertrages im Integrationsprozess berücksichtigt wird.

3.2. Auswirkungen eines Unternehmenszusammenschlusses auf den psychologischen Vertrag der Mitarbeiter

Ein Unternehmenszusammenschluss hat vielfältige Auswirkungen auf den psychologischen Vertrag der Mitarbeiter. Für eine Analyse erscheint es deshalb notwendig, die unterschiedlichen Mitarbeitergruppen, die von einem Unternehmenszusammenschluss betroffenen sein können, getrennt voneinander zu betrachten. Hierbei erschien es hilfreich, zwischen der Gruppe der Zusammenschluss- bzw. Integrationsverantwortlichen und den passiven (betroffenen) Mitarbeitern zu unterscheiden. Diese Unterscheidung geschieht aus zweierlei Gründen. Zum einen haben die Zusammenschluss-/ Integrationsverantwortlichen einen Wissensvorsprung in Bezug auf den Unternehmenszusammenschlussprozess und seine Konsequenzen für die Mitarbeiter. Zum anderen ist zu vermuten, dass gerade die Veränderungen des psychologischen Vertrages der Zusammenschluss-/ Integrationsverantwortlichen sogar weitreichendere Konsequenzen für den Integrationserfolg haben können.

Eine weitere Differenzierung soll entsprechend der Zugehörigkeit zum „übernommenen" bzw. zum „übernehmenden" Unternehmen vorgenommen werden. Diese Unterscheidung erscheint gerade im Hinblick auf die unterschiedliche Machtposition der beiden Mitarbeitergruppen im zusammengeführten Unternehmen wichtig. Auch die Ausführungen zur Theorie der sozialen Identität deuten an, dass die Zugehörigkeit zu einer dieser beiden Mitarbeitergruppen möglicherweise Auswirkungen auf den psychologischen Vertrag haben kann.

Ziel der nachfolgenden Abschnitte ist es, die Veränderungen des psychologischen Vertrages mithilfe einer theoretischen Analyse und einer Zusammenstellung relevanter empirischer Untersuchungen zu erläutern. Die Untersuchung der Veränderungen in den einzelnen nachfolgenden Abschnitten geschieht unter Berücksichtigung der einzelnen Erwartungsgruppen. Zunächst werden jeweils die transaktionalen Erwartungen analysiert, bevor die relationalen Erwartungen vorgestellt werden.

Rolle des Mitarbeiters / Rolle des Unternehmens	Zusammenschluss-/ Integrationsverantwortliche	Passive (betroffene) Mitarbeiter
Auswirkungen auf die „übernehmenden“ Beschäftigten	3.2.1.1.	3.2.1.2.
Auswirkungen auf die „übernommenen“ Beschäftigten	3.2.2.1.	3.2.2.2.
	Fazit 3.2.3	

Abbildung 23: Übersicht über den Aufbau der nachfolgenden Abschnitte.

3.2.1. Auswirkungen eines Unternehmenszusammenschlusses auf den psychologischen Vertrag der übernehmenden Mitarbeiter

3.2.1.1. Auswirkungen eines Unternehmenszusammenschlusses auf den psychologischen Vertrag der Zusammenschluss-/ Integrationsverantwortlichen des übernehmenden Unternehmens

Zur theoretischen Untersuchung der Auswirkungen eines Unternehmenszusammenschlusses auf die transaktionalen Erwartungen der übernehmenden Zusammenschluss- und Integrationsverantwortlichen eignet sich besonders die bereits vorgestellte Anreiz-Beitrags-Theorie. Besonders die ökonomische Verknüpfung von betrieblichen Anreizen und Beiträgen des Individuums lässt Rückschlüsse auf den psychologischen Vertrag dieser Mitarbeitergruppe zu. Wie in Abbildung 22 gezeigt wurde, sind folgende drei Optionen denkbar: Liegen die Anreize der Organisation unter den Beiträgen des Individuums, so wird es sich nach alternativen Arbeitsverhältnissen umschauen. Entsprechen oder übersteigen die Anreize die Beiträge, so wird das Individuum das Arbeitsverhältnis fortsetzen. Übertragen auf die Situation dieser Beschäftigtengruppe ist anzunehmen, dass ihnen ein Unternehmenszusammenschluss zusätzliche materielle Anreize bietet.

Die Gehälter der hier untersuchten Mitarbeitergruppe sind häufig an quantifizierbare Indikatoren, wie Mitarbeiteranzahl, Umsatz oder Aktienkurs gekoppelt. Durch diese Relation profitiert diese Beschäftigtengruppe direkt von einem Anstieg des Vergleichswertes. Ein Unternehmenszusammenschluss, der zur Steigerung dieser Kennzahlen führt, hätte demnach positive Auswirkungen auf das Verhältnis von Anreizen zu Beiträgen und würde demnach auch zur Stärkung des psychologischen Vertrages beitragen.

Vorstandsvergütung in den Dax Unternehmen im Geschäftsjahr 2005		
Unternehmen	Fixe Vergütung des Vorstands	Variable Vergütung des Vorstands
Adidas-Salomon	3 Mio.Euro	8,43 Mio.Euro
Allianz	6,6 Mio.Euro	10,16 Mio.Euro
Altana	1,49 Mio.Euro	3,65 Mio.Euro
BASF	5 Mio.Euro	10,3 Mio.Euro
BMW	2 Mio.Euro	10,2 Mio.Euro
Bayer	1,99 Mio.Euro	5,07 Mio.Euro
Commerzbank	3,92 Mio.Euro	11,28 Mio.Euro
Continental	2,92 Mio.Euro	5,34 Mio.Euro
DaimlerChrysler	9,3 Mio.Euro	25,6 Mio.Euro
Deutsche Bank	3,55 Mio.Euro	24,56 Mio.Euro
Deutsche Börse	2,93 Mio.Euro	6,35 Mio.Euro
Deutsche Post	7,14 Mio.Euro	7,03 Mio.Euro
Deutsche Telekom	5,06 Mio.Euro	5,23 Mio.Euro
E.on	4,65 Mio.Euro	17,82 Mio.Euro
FMC	5,21 Mio.Euro	7,82 Mio.Euro
Henkel	3,37 Mio.Euro	10,78 Mio.Euro
Hypo Real Estate	2,41 Mio.Euro	5,78 Mio.Euro
Infineon	5,2 Mio.Euro	0,7 Mio.Euro
Linde	2,66 Mio.Euro	7,03 Mio.Euro
Lufthansa	1,6 Mio.Euro	1,54 Mio.Euro
MAN	3,49 Mio.Euro	6,84 Mio.Euro
Metro	3,2 Mio.Euro	5,3 Mio.Euro
Münchener Rückversicherung	6,2 Mio.Euro	18,2 Mio.Euro
RWE	4,03 Mio.Euro	6,61 Mio.Euro
SAP	3,09 Mio.Euro	26,6 Mio.Euro
Schering	3,96 Mio.Euro	15,1 Mio.Euro
Siemens	8,37 Mio.Euro	19,6 Mio.Euro
ThyssenKrupp	3,79 Mio.Euro	8,57 Mio.Euro
TUI	2,69 Mio.Euro	6,19 Mio.Euro
Volkswagen	5,04 Mio.Euro	6,23 Mio.Euro

Abbildung 24: Bezüge der Vorstandsvorsitzenden großer deutscher börsennotierter Unternehmen.[376]

[376] Quelle: Kohnert, Nicole (2006) Bezüge der Top-Manager steigen kräftig, Financial Times Deutschland, in der Ausgabe vom 31.03.2006, http://www.ftd.de/unternehmen/61185.html (Stand: 5. Dezember 2008)

Abbildung 24 zeigt die Höhe der variablen und der fixen Vergütungsbestandteile bei ausgewählten börsennotierten Großunternehmen in Deutschland. Dabei wird ersichtlich, dass alle Dax-30 Unternehmen ihre Vorstandsmitglieder variabel vergüten.[377] Damit wird die grundlegende Annahme der vorhergehenden wissenschaftlich-theoretischen Überlegungen im Hinblick auf die Anreiz-Beitrags-Theorie erfüllt.

Grinstein und Hribar führten eine Studie zu Unternehmenszusammenschlüssen und variabler Vorstandsentlohnung durch. Diese Untersuchung basiert auf einem Sample von 327 Unternehmenszusammenschlüssen. Im Fokus der Untersuchung stand auch der Zusammenhang zwischen einer variablen Vorstandsvergütung und der Anzahl und Größe des Zusammenschlusses, dem die Entscheider zustimmten. Diese Untersuchung zeigt, dass je größer die gewährte leistungsbezogene Vorstandsvergütung war, desto deutlicher präferierten die untersuchten Vorstände einen Zusammenschluss mit einem vergleichsweise größeren Partnerunternehmen.[378]

Der Zusammenhang von Zusammenschlussneigung und Vorstandsvergütung lässt sich auch am Beispiel des Zusammenschlusses von Daimler und Chrysler zeigen. So konnte der Vorstand von Daimler-Benz sein, im Vergleich zum Zusammenschlusspartner Chrysler, geringes Vorstandssalär nach dem Zusammenschluss deutlich erhöhen. Dies manifestierte sich in der Verdoppelung der Vorstandsbezüge der Daimler-Chrysler AG in den Jahren 2001 auf 2002.[379]

Für die übernehmenden Zusammenschluss- und Integrationsverantwortlichen besteht aus Perspektive der Theorie der sozialen Identität ein breites Spektrum an möglichen relationalen Auswirkungen auf ihren psychologischen Vertrag. Als Übernehmende können sie nach Unterzeichnung des Zusammenschlussvertrages auf unterschiedliche Weise zu einer positiven sozialen Identität gelangen. Mit Blick auf

[377] Vgl. Clausen, Dirk Uwe (2007) Bewertung von Aktienoptionen als ein mögliches Instrument der Top-Management-Vergütung, http://www.zhbflensburg.de/dissert/clausen/Dissertation%20-Dirk%20Uwe%20Clausen%201.0%20Uni%20Flensburg.pdf (Stand 19.01.2009), Fallgatter, Michael/Breitsohl, Heiko (2006) Zur Diskussion um ausufernde Managervergütungen - Hintergrund, empirischer Zugang, Einordnung, Arbeitspapier 207, Wuppertal: Bergische Universität Wuppertal: Lehrstuhl für Betriebswirtschaftslehre, insb. Personalmanagement und Organisation.

[378] Vgl. Grinstein, Yaniv/Hribar, Paul (2003) CEO compensation and incentives: evidence from M&A bonuses, Journal of Financial Economics, 73. Jahrgang, Heft 1, S. 119-143.

[379] Vgl. Clausen 2007, S. 183.

Abbildung 20 stehen ihnen besonders die folgenden beiden Möglichkeiten zur Verfügung: Konkurrieren die Teilnehmer zweier Gruppen um knappe Mittel (sozialer Wettkampf) befinden sich gerade die übernehmenden Zusammenschluss- und Integrationsverantwortlichen in einer besonders günstigen Ausgangslage. Da sie bereits durch die Übernahme den sozialen Wettkampf faktisch gewonnen haben, fällt es ihnen besonders leicht, ihre positive soziale Identität zu stärken.

Darüber hinaus können die Verantwortlichen der überlegenen Mitarbeitergruppe durch zusätzliche zusammenschlussbedingte Karriereoptionen im Partnerunternehmen eine positive soziale Identität ableiten. Bereits die wirtschaftliche Überlegenheit der übernehmenden Mitarbeitergruppe eröffnet ihnen zusätzliche Karriereperspektiven, wenn bei Vakanzen im übernommenen Partnerunternehmen Mitarbeiter des übernehmenden Unternehmens bevorzugt werden. Diese Darstellung lässt den Schluss zu, dass der Integrationsprozess den psychologischen Vertrag der untersuchten Mitarbeitergruppe stärkt. Diese Vermutung soll im Folgenden mithilfe empirischer Untersuchungen verifiziert werden.

Doosje, Spears und Ellemers führten eine empirische Studie durch, bei der die relationalen Erwartungen im Hinblick auf die Intergruppenproblematik analysiert wurden.[380] Anhand eines Untersuchungssamples von 58 Personen wurde die Veränderung der sozialen Identität betrachtet. Zunächst wurde die soziale Identität in Bezug auf die ex ante antizipierten Veränderungen analysiert. Anschließend wurden die unterschiedlichen Reaktionen der Studienteilnehmer auf die tatsächlichen Veränderungen dargestellt. Diese Studie zeigt, dass Personen, die aus ihrer Gruppenzugehörigkeit eine positive soziale Identität herleiten, sich ihrer Gruppe besonders verbunden fühlen.

Die gleichen Autoren führten im Jahr 2004 eine weitere ergänzende Studie durch.[381] Aus dieser ist für die hier dargestellte Thematik nur das erste der insgesamt drei Ex-

[380] Vgl. Doosje, Bertjan/Spears, Russel/Ellemers, Naomi (2002) Social identity as both cause and effect: The development of group indentification in response to anticipates and actual changes in the intergroup, British Journal of Social Psychology, 41. Jahrgang, Heft 1, S. 57-76.

[381] Vgl. Ellemers, Naomi/Doosje, Bertjan/Spears, Russel (2004) Sources of respect: the effects of being liked by ingroups and outgroups, European Journal of Social Psychology, 34. Jahrgang, Heft 4, S. 155-172.

perimente von Bedeutung. Es basiert auf einem Untersuchungssample von 294 Teilnehmern. Mittels der Auswertung einer Testsituation durch einen Fragebogen konnte nachgewiesen werden, dass führende Gruppenmitglieder, denen die eigene oder die Fremdgruppe Respekt zollt, daraus eine positive soziale Identität ableiten.

Insgesamt kann damit festgehalten werden, dass die Zugehörigkeit zur statushöheren Gruppe die positive Identität stärkt. Dieser Zusammenhang deutet darauf hin, dass ein Unternehmenszusammenschluss für die Zusammenschluss- und Integrationsverantwortlichen zur Stärkung ihres psychologischen Vertrages beiträgt.

Durch die höhere Vergütung, die durch einen Zusammenschluss realisiert wird, steigen die transaktionalen Erwartungen, die einen psychologischen Vertrag kennzeichnen. Von der Zugehörigkeit zur überlegenden Gruppe können die Verantwortlichen eine positive soziale Identität ableiten. Dadurch werden die relationalen Aspekte eines psychologischen Vertrages gestärkt. Eine Stärkung der transaktionalen und relationalen Erwartungen führt zu einem gestärkten psychologischen Vertrag der Zusammenschluss- und Integrationsverantwortlichen.

Resümierend kann festgehalten werden, dass transaktionale Aspekte des psychologischen Vertrages der Zusammenschlussverantwortlichen aus Perspektive der Anreiz-Beitrags-Theorie gestärkt werden. Ähnliches zeigt die Betrachtung der relationalen Aspekte. Aus Sicht der Theorie der sozialen Identität führt der Zusammenschluss zu einer Stärkung. Diese Vermutungen werden auch durch die aufgeführten empirischen Untersuchungen bestätigt. Zusammenfassend soll deshalb vermerkt werden, dass ein Unternehmenszusammenschluss den psychologischen Vertrag dieser Mitarbeitergruppe stärkt.

3.2.1.2. Auswirkungen eines Unternehmenszusammenschlusses auf den psychologischen Vertrag der nicht beteiligten aber betroffen Mitarbeiter des übernehmenden Unternehmens

Analog zu dem vorangehenden Abschnitt wird in diesem Abschnitt zunächst auf mögliche Konsequenzen auf die transaktionalen Erwartungen eingegangen, die sich aus Überlegungen anhand der Anreiz-Beitrags-Theorie ergeben. Im Hinblick auf die hier betrachtete Beschäftigtengruppe der „übernehmenden“ nicht beteiligten und betroffenen Mitarbeiter wäre zu vermuten, dass ein Unternehmenszusammenschluss wahrscheinlich nur geringfügige Auswirkungen auf die betriebliche Anreizstruktur hat. Eine Veränderung des Grundentgelts dürfte in der unternehmerischen Praxis schon aus arbeitsrechtlichen Gründen kaum vorkommen. Wahrscheinlicher ist jedoch die Gewährung einer einmaligen Aufwandsentschädigung.

Aus theoretischer Perspektive wäre denkbar, dass für die hier untersuchte Beschäftigtengruppe ein Unternehmenszusammenschluss mit zusätzlichen Anreizen verbunden sein kann. Er bietet dieser Mitarbeitergruppe zusätzliche Karriereperspektiven, da sie sich nun auch auf freiwerdende Stellen im Partnerunternehmen bewerben können. Diese Option wäre besonders für ambitionierte Mitarbeiter ein zusätzlicher Anreiz. Hinzukommend kann ein ökonomisch begründbarer Unternehmenszusammenschluss den Fortbestand des eigenen Arbeitsplatzes sichern. Aus Perspektive der Anreiz-Beitrags-Theorie hätten all diese Veränderungen positive Auswirkungen auf ihre transaktionalen Erwartungen, die einen psychologischen Vertrag kennzeichnen.

Der vielschichtige Wandel, der mit einem Unternehmenszusammenschluss verbunden ist, kann für die Mitarbeiter aber auch einen zusätzlichen Beitrag bedeuten. Durch den Unternehmenszusammenschluss müssen sich die Mitarbeiter zusätzlichen Aufgaben widmen. Das Verhältnis von Anreizen zu Beiträgen kann besonders durch zusammenschlussbedingte Umstrukturierungsmaßnahmen wie Personalverschiebungen und Stellenneubesetzungen verändert werden.[382] Gerade Maßnahmen, bei denen Abteilungen zusammengelegt werden bzw. Personal umgesetzt wird, nehmen die Mitarbeiter nach der Anreiz-Beitrags Theorie häufig als zusätzlichen Beitrag wahr.

---

[382] Vgl. Chatterjee, Sayan (1986)Type of synergy and economic value: The impact of acquisition on merging and rival firms, Strategic Management Journal, 7. Jahrgang, Heft 2, S. 119-139; Singh, Harbir/Montgomery, Cynthia (1987) Corporate acquisition strategies and economic performance, Strategic Management Journal, 8. Jahrgang, Heft 4, S. 377-386; Larsson, Rikard/Finkelstein, Sydney (1999) Integrating strategic, organizational, and human resource perspectives on mergers and acquisition: A case survey of synergy realisation, Organization Science, 10. Jahrgang, Heft 1,S. 1-26, S. 6 f.

Diesen theoretischen Überlegungen können nun empirische Forschungsergebnisse gegenübergestellt werden. Currie, Farsi und Macleod untersuchten die zusammenschlussbedingten Veränderungen bezüglich der Parameter Entgelt und Arbeitsaufwand anhand von Krankenhausvereinigungen in Kaliforniern (USA).[383] Zu Beginn ihrer Untersuchungen gingen die Autoren davon aus, dass eine Unternehmenskonzentration durch einen Unternehmenszusammenschluss zu einem Nachfragemonopol führen müsste, welches nach volkswirtschaftlichen Überlegungen für die Mitarbeiter zu niedrigeren Löhnen und höheren Arbeitsbelastungen führen würde.

Diese Untersuchung, die auf Basis der California's Hospital Disclosure Data (CAAD) durchgeführt wurde, berücksichtigt die tatsächlich geleistete Arbeitszeit, die gewährten Urlaubstage und die krankheitsbedingten Fehlzeiten der Mitarbeiter. Außerdem wurden für diese Studie auch die Stundenlöhne der betroffenen Mitarbeiterschaft erfasst. Hierzu zählen das Untersuchungs- und Behandlungspersonal, das Pflegepersonal, die Krankenhausverwaltung, soziale Dienste sowie Ver- und Entsorgungsabteilungen. Die Studie kam zu dem Ergebnis, dass sich das Entgelt der Krankenpfleger nur in Ausnahmefällen nach einer Übernahme verringerte. Vielmehr konnte durch die Untersuchung belegt werden, dass die Anzahl der Patienten pro Pfleger, ein Indikator der Arbeitsleistung, anstieg.

Ein Unternehmenszusammenschluss kann neben der Beeinflussung der transaktionalen Erwartungen auch die relationalen Erwartungen der nicht beteiligten und betroffenen Mitarbeiter des übernehmenden Unternehmens verändern. Diese Mitarbeitergruppe kann besonders durch die folgenden beiden Möglichkeiten zu einer positiven sozialen Identität gelangen. Zum einen können sie sich um vakante Positionen im neuen Partnerunterunternehmen bewerben. Durch den Aufstieg in eine höhere Position wäre es ihnen möglich zu einer gesteigerten positiven sozialen Identität zu gelangen. Zum anderen bietet bereits die Zugehörigkeit zur „überlegenen" Gruppe dieser Mitarbeitergruppe die Möglichkeit, für sich eine positive soziale Identität abzuleiten.

---

[383] Vgl. Currie, Janet/Farsi, Mehdi/Macleod, Bentley (2005) Cut to the bone? Hospital takeovers and nurse employment contracts, Industrial and Labor Review, 58. Jahrgang, Heft 3, S. 471-493.

Eine empirische Studie von Fischer, Greitemeyer, Omay und Frey untersucht im Hinblick auf die Zusammenschlussproblematik die Auswirkungen von Gruppenzusammenschlüssen.[384] In einem Experiment, an dem 82 Testpersonen teilnahmen, wurde der Zusammenhang zwischen Gruppenstatus und einzelnen Variablen wie Identifikation und Zufriedenheit mit dem Zusammenschluss, der wahrgenommenen Kontrolle und dem Gruppenzusammenhalt ermittelt. Sie zeigt deutlich, dass die Zugehörigkeit zu einer statushöheren Gruppe die Identifikation und Zufriedenheit mit dem Zusammenschluss und den Zusammenhalt der Gruppe stärkt. Jedoch zeigt die Studie auch, dass der Status der Gruppe nicht positiv mit der Gruppenleistung korreliert.

Resümierend kann festgehalten werden, dass ein Unternehmenszusammenschluss auf die übernehmenden nicht beteiligten und betroffenen Mitarbeiter unterschiedliche Auswirkungen auf deren psychologischen Vertrag hat. Aus Perspektive der Anreiz-Beitrags-Theorie könnte der Zusammenschluss sowohl zu positiven als auch negativen Veränderungen führen. In der hier vorgestellten empirischen Studie wird jedoch gezeigt, dass die Vergütung der Mitarbeiter zwar konstant bleibt, die zu erbringende Arbeitsleistung durch die Organisation jedoch erhöht wird. Diese Veränderung könnte zu leicht negativen Veränderungen bei den transaktionalen Aspekten des psychologischen Vertrages dieser Beschäftigtengruppe führen. Die Auswertung unter Zuhilfenahme der Theorie der Sozialen Identität ergibt, dass ein Unternehmenszusammenschluss durch die Zugehörigkeit zur überlegenen Gruppe zur Stärkung der sozialen Identität und damit zur Stärkung des psychologischen Vertrages beiträgt. Diese Vermutung wird auch in den aufgeführten empirischen Untersuchungen belegt.

---

[384] Vgl. Fischer, Peter/Greitemeyer, Tobias/Omay, Suat Ilkay/Frey, Dieter (2007) Mergers and Group Status: The Impact of High, Low and Equal Group Status on Identification and Satisfaction with a Company Merger, Experiences Controllability, Group Identity and Group Cohesion, Journal of Community & Applied Social Psychology, 17. Jahrgang, Heft 3, S. 203-217.

3.2.2. Auswirkungen eines Unternehmenszusammenschlusses auf den psychologischen Vertrag der übernommenen Mitarbeiter

3.2.2.1. Auswirkungen eines Unternehmenszusammenschlusses auf den psychologischen Vertrag der Zusammenschluss-/ Integrationsverantwortlichen des übernommenen Unternehmens

Aus Perspektive der Anreiz-Beitrags-Theorie können zunächst die Auswirkungen eines Unternehmenszusammenschlusses auf die transaktionalen Aspekte des psychologischen Vertrages der Zusammenschlussverantwortlichen des übernommenen Unternehmens näher untersucht werden. Auf Seiten der organisationalen Anreize ist zunächst keine Veränderung anzunehmen, da zumeist die bestehenden Arbeitsverhältnisse auf dem bestehenden Anreizniveau fortgeführt werden. Im Fortgang des Zusammenschlussprozesses könnte eine etwaige Senkung des Anreizniveaus erfolgen. Bei der Zusammenführung der einzelnen Abteilungen kann es dazu kommen, dass sich die „übernommenen" Führungskräfte den „übernehmenden" unterordnen müssen. Ein dadurch verminderter Kompetenzbereich würde vermutlich auch zu einem verringerten Entgelt führen. Gleichzeitig wäre mit einer Zunahme der zu erbringenden Beiträge zu rechnen. Sie ist auf die zusammenschlussbedingte Mehrarbeit, die der Integrationsprozess verursacht, zurückzuführen. Ein weiterer zusätzlicher Beitrag ergibt sich aus der erhöhten Arbeitsplatzunsicherheit. Insgesamt können die skizzierten Veränderungen für diese Beschäftigtengruppe eine Verschlechterung des Verhältnisses von Anreizen zu Beiträgen bedeuten und damit zu einem geschwächten psychologischen Vertrag führen.

Eine Studie von Agrawal und Walking beleuchtet die Auswirkungen von Unternehmenszusammenschlüssen auf Karriere und Entgelt der verantwortlichen Entscheider.[385] Diese Arbeit ist deshalb so erwähnenswert, weil sie den Zusammenhang zwischen gezahltem Entgelt und Zusammenschluss bzw. den damit verbundenen monetären Konsequenzen für die Verantwortlichen besonders umfassend aufzeigt. Die Autoren konnten nachweisen, dass sich das Entgelt der übernommenen Vorstände in einem Zeitraum von zwei Jahren vor der Übernahme bis ein Jahr nach der Über-

---

[385] Vgl. Agrawal, Anup/Walking, Ralph (1994) Executive Careers and Compensation Surrounding Takeover Bids, The Journal of Finance, 49. Jahrgang, Heft 3, S. 985-1014.

nahme zwar real erhöhte, diese Erhöhung aber nicht der allgemeinen Entgeltsteigerung vergleichbarer Unternehmensvorstände entsprach. In einer weiteren Analyse werteten die Autoren die Entgelthöhe von 80 „Forbes 800" Vorständen aus. Dabei stellten die Autoren fest, dass die Entgelthöhe der Vorstandsmitglieder nach der Übernahme negativ mit der Entgelthöhe vor der Übernahme korrelierte.[386] Das bedeutet, je mehr die Mitglieder des übernommen Vorstands vor dem Zusammenschluss verdienten, desto geringer fiel die Steigerung ihrer Vergütung nach dem Zusammenschluss aus.

Aus Perspektive der Theorie der sozialen Identität ergeben sich für die Gruppe der Integrations- und Zusammenschlussverantwortlichen des übernommenen Unternehmens weitere Auswirkungen auf die relationalen Aspekte des psychologischen Vertrages. Betrachtet man die Handlungsoptionen, die einer Mitarbeitergruppe zur Herleitung einer positiven sozialen Identität zu Verfügung stehen, so zeichnet sich für die Gruppe der übernommenen Integrations- und Handlungsverantwortlichen ein ziemlich eindeutiges Bild ab. Für diese Gruppe kommen soziale Kreativität und sozialer Wettkampf schon aus arbeitsrechtlichen Gründen nicht in Betracht. Aufgrund des besonderen Vertrauensverhältnisses zwischen Unternehmen und leitenden Angestellten kann nach § 5 Abs. 3 des Betriebsverfassungsgesetzes (BetrVG) der Arbeitgeber das bestehende Arbeitsverhältnis bei etwaigen Differenzen zeitnah auflösen.[387] Wollen sie bei der Organisation verbleiben, bleibt diesem Mitarbeiterkreis keine andere Option als sich unterzuordnen.

Die bereits zitierte empirische Studie von Fischer, Greitemeyer, Omay und Frey untersucht die Auswirkungen von Zusammenschlüssen in Abhängigkeit vom Gruppenstatus.[388] Sie zeigt, dass ein niedriger Gruppenstatus mit einer geringen Identifikation der Gruppenmitglieder einhergeht. Ferner zeigen die Untersuchungsergebnisse, dass ein niedriger Gruppenstatus zu einer verringerten Zufriedenheit mit dem Zusammenschluss führt. Es ist deshalb davon auszugehen, dass sich die Auswirkung auf den psychologischen Vertrag der Integrations- und Zusammenschlussverantwortlichen des übernommenen Unternehmens eher negativ äußern.

---

386 Vgl. Agrawal/Walking 1994, S. 985 ff.

387 Vgl. Oechsler 2006, S. 238 f.

388 Vgl. Fischer/Greitemeyer/Omay/Frey 2007, S. 203.

Eine weitere Untersuchung von Boen, Vanbeselaere, Brebels, Huybens und Millet ergab, dass der Gruppenstatus und die Identifikation der Gruppenmitglieder mit ihrer Organisation in der Pre-Merger Phase Auswirkungen auf die Akzeptanz der Gruppenidentifikation in der Post-Merger Phase hat.[389] Diese Studie fußt auf einem Untersuchungssample von 156 Teilnehmern. Zentrales Ergebnis dieser Forschungsarbeit ist die Erkenntnis, dass Gruppenmitglieder, die sich bereits vor dem Zusammenschluss, d.h. in der Pre-Merger Phase, stark mit ihrer Gruppe identifizieren, auch in der Post-Merger Phase dazu neigen. Voraussetzung ist die Einräumung ausreichender Repräsentationsmöglichkeiten.

Voci zeigte in seiner Studie, dass die Identifikation der Gruppenmitglieder mit ihrer Gruppe von drei unterschiedlichen Faktoren abhängt.[390] Dazu gehören (1) die wahrgenommene äußere Bedrohung, (2) das Vertrauen gegenüber den Mitgliedern der eigenen und der Fremdgruppe sowie (3) die perzipierte Gruppendistanz. Eine negative Veränderung dieser Parameter würde somit zu einer verringerten Identifikation der Gruppenmitglieder mit ihrer Gruppe und dementsprechend zur Veränderungen des psychologischen Vertrages führen.

Die oftmals negative Veränderung des psychologischen Vertrages der übernommenen Integrations- und Zusammenschlussverantwortlichen lässt sich auch darauf zurückführen, dass es dieser Mitarbeitergruppe nicht gelingt, die Eigenständigkeit des Unternehmens zu wahren. Dieser Malus dürfte auch eine Versetzung in eine vergleichbare Position des übernehmenden Partnerunternehmens vereiteln. Die negativen Auswirkungen des Zusammenschlusses auf den psychologischen Vertrag sind besonders gravierend, wenn sich die Verantwortlichen bereits im Vorfeld des Zusammenschlusses gegen das Vorhaben ausgesprochen haben. Kommt es dennoch zu einem Zusammenschluss, dann führen zusammenschlussabwehrende Äußerungen und Handlungen häufig zur Kündigung des Arbeitsverhältnisses.

[389] Vgl. Boen, Filip/Vanbeselaere, Norbert/Brebels, Lieven/Huybens,Wouter/Millet,Kobe (2007) Post-merger identification as a function of pre-merger identification, relative representation, and pre-merger status, European Journal of Social Psychology, 37. Jahrgang, Heft 2, S. 380-389.

[390] Vgl. Voci, Alberto (2006) The link between identification and in-group favourism: Effects of threat to social identity and trust related emotions. British Journal of Social Psychology, 45. Jahrgang, Heft 2, S. 265-284.

Bezogen auf die relationalen Erwartungen gab die Studie von Agrawal und Walking ebenfalls Aufschluss. [391] Eine ihrer Untersuchungen basierte auf einem Sample von 81 Vorstandsmitgliedern. Sie ergab, dass Vorstände, die ein Übernahmeangebot erfolgreich abwehren konnten, länger ihre Position behielten als Übernommene. Innerhalb der folgenden drei Jahre schaffte es keines der geschassten übernommenen Vorstandsmitglieder eine ähnliche Führungsposition zu erlangen. Eine Auswertung der Autoren der relevanten Artikel des Wall Street Journal ergab, dass die Vorstände des übernommenen Unternehmens in nur 4 von 68 Fällen eine Position beim übernehmenden Unternehmen einnehmen konnten.

Es kann festgehalten werden, dass aufgrund Anreiz-Beitrags-theoretischer Überlegungen ein Unternehmenszusammenschluss wahrscheinlich zu einer negativen Veränderung der transaktionalen Erwartungen der übernommenen Zusammenschluss- und Integrationsverantwortlichen führt. Diese Vermutung wurde auch durch die aufgeführten empirischen Untersuchungen bestätigt. Mithilfe der zweiten theoretischen Analyse wurde gezeigt, dass der Zusammenschluss voraussichtlich negative Auswirkungen auf die relationalen Erwartungen hervorruft. Die Gesamtheit der empirischen Untersuchungen zeigt, dass von einer Schwächung der relationalen Aspekte des psychologischen Vertrages auszugehen ist. Zu welch gravierenden negativen Veränderungen ein Zusammenschluss führen kann, wird besonders in der Studie von Agrawal und Walking verdeutlicht.

3.2.2.2. Auswirkungen eines Unternehmenszusammenschlusses auf den psychologischen Vertrag der nicht beteiligten aber betroffenen Mitarbeiter des übernommenen Unternehmens

Aus Perspektive der Anreiz-Beitrags-Theorie ergeben sich für die nicht beteiligten jedoch betroffenen Mitarbeiter des übernommenen Unternehmens vielfältige Auswirkungen auf die transaktionalen Aspekte ihres psychologischen Vertrages.

[391] Vgl. Agrawal/Walking 1994, S. 985 ff.

Bereits die Kunde eines Unternehmenszusammenschlusses kann bei der nicht beteiligten und betroffenen Mitarbeitergruppe zunächst das Gefühl der Angst auslösen. Es stellt einen zusätzlichen Beitrag dar, die der einzelnen Mitarbeiter für die Organisation zu erbringen hat. Viele Mitglieder werden nämlich schon im Vorfeld der Zusammenführungsaktivitäten die möglichen Konsequenzen der Fusion auf ihren Arbeitsplatz und ihre Karriereerwartungen antizipieren.[392] So ist zu vermuten, dass nach Bekanntgabe des Zusammenschlusses die Angst um den eigenen Arbeitsplatz steigt.[393] Die Angst um den Arbeitsplatz wird durch die Diskrepanz von empfundener und erwünschter Sicherheit über den Fortbestand der einzelnen Aspekte des Arbeitsverhältnisses ausgelöst.[394]

Die empfundene Arbeitsplatzunsicherheit bestimmt sich nach Brockner et al. aus der wahrgenommenen Bedrohung und aus den Möglichkeiten der persönlichen Einflussnahme.[395] Demnach entsteht eine geringe Arbeitsplatzunsicherheit, wenn die betroffenen Mitarbeitergruppen die Wahrscheinlichkeit eines Arbeitsplatzabbaus aufgrund der fehlenden Synergiepotenziale, wie sie bei konglomeraten Unternehmenszusammenschlüssen vorkommen, als gering wahrnehmen. Eine mittlere Arbeitsplatzunsicherheit ist dann gegeben, wenn zwar ein Stellenabbau erwartet wird, dieser aber z. B. aufgrund der altersbedingten Personalfluktuation des Unternehmens mit wenigen oder keinen Kündigungen erreicht werden kann. Eine hohe Arbeitsplatzunsicherheit zeichnet sich dadurch aus, dass die Mehrheit der Beschäftigten fest an einen erheblichen Personalabbau glaubt und zudem ihre Einflussmöglichkeiten als gering erachtet. Dieses löst besonders bei der unterlegenen Mitarbeitergruppe ein Gefühl der Hilflosigkeit aus, welches für diese Mitarbeitergruppe als zusätzlicher Beitrag zu werten wäre.

---

[392] Vgl. Rentsch, Joan/Schneider, Benjamin (1991) Expectations for postcombination organizational life: A study of responses to a merger and acquisition scenarios, Journal of Applied Social Psychology, 21. Jahrgang, Heft 3, S. 233-252.

[393] Vgl. Greenberg, Jerald (1990) Organisational Justice: yesterday, today, and tomorrow, Journal of Management, 16. Jahrgang, Heft 2, S. 399-432, S. 405; Greenhalgh, Leonard (1983) Managing the job insecurity crisis, Human Resource Management, 22. Jahrgang, Heft 4, S. 431-444, S. 432.

[394] Vgl. Berner 1999, S. 56.

[395] Vgl. Brockner, Joel/Grover, Steven/Reed, Thomas/Dewitt, Rocki (1992) Layoffs, job insecurity, and survivors' work effort: evidence from an inverted u-relationship, Academy of Management Journal, 35. Jahrgang, Heft 2, S. 413-425.

Die Auswirkungen eines Unternehmenszusammenschlusses auf den psychologischen Vertrag hängen für den hier untersuchten Mitarbeiterkreis stark vom wirtschaftlichen Verhältnis des übernommenen Unternehmens ab. Ein feindlicher Unternehmenszusammenschluss kann durch die beschriebenen Gefühle der Angst negative Auswirkungen auf den psychologischen Vertrag der Mitarbeiter haben. Stand das übernommene Unternehmen jedoch kurz vor der Insolvenz, kann ein Unternehmenszusammenschluss mit einem solventen Partner durchaus zur Stärkung des psychologischen Vertrages dieser Mitarbeitergruppe beitragen. Mögliche Anreize, die ein Unternehmenszusammenschluss dieser Mitarbeitergruppe in diesem Fall bieten kann, bestünden zum einen in der kurzfristigen Sicherung der bestehenden Arbeitsplätze, nachdem das Unternehmen in eine wirtschaftliche Notlage geraten war. Zum anderen wäre die langfristige Sicherung des Arbeitsplatzes durch die Eingliederung des übernommenen Unternehmens in einen größeren Produktionsverbund ein entscheidender Anreiz, der zur Stärkung des psychologischen Vertrages führen müsste.

Eine Studie, die die Auswirkungen von Übernahmen auf die transaktionalen Aspekte des psychologischen Vertrages, insbesondere auf die monetären Konsequenzen untersucht, wurde 2004 von Beckmann und Forbes veröffentlicht.[396] Ihre Studie basiert auf einem Untersuchungssample von 62 Unternehmensübernahmen in Großbritannien über einen Zeitraum von acht Jahren. Sie kommen zu dem Ergebnis, dass sich die Gesamtsumme aller Entgeltzahlungen auch nach der Unternehmensübernahme nicht verringert. Zwar lässt diese Erkenntnis keine Rückschlüsse auf die Entgeltverteilung auf die jeweilige Mitarbeitergruppe bzw. auf mögliche Umverteilungen nach der Übernahme zu. Dennoch könnte mithilfe dieser Studie vermutet werden, dass eine Unternehmensübernahme im Allgemeinen keinen Einfluss auf die Lohnhöhe hat.

Anhand der Theorie der sozialen Identität können auch die relationalen Aspekte des psychologischen Vertrages erläutert werden. Die Konsequenzen dieser Betrachtung leiten sich hauptsächlich aus den Statusunterschieden der beiden Mitarbeitergruppen zueinander ab. Hierbei dürfte es besonders den übernommenen nicht beteiligten

[396] Vgl. Beckmann, Til/Forbes, William (2004) An Examination of Takeovers, Job Loss and Wage Decline within UK Industry, European Financial Management, 10. Jahrgang, Heft 1, S. 141-165.

aber betroffenen Mitarbeitern besonders schwer fallen, eine positive soziale Identität aus der Unternehmensübernahme abzuleiten.

Bei permeablen Gruppengrenzen können die Angehörigen dieses Beschäftigtenkreises für sich eine positive soziale Identität herleiten, indem sie ihre alte Gruppe verlassen und sich der übernehmenden Gruppe anschließen. Dieses setzt aber zumeist regionale Mobilität der Beschäftigten voraus. Bei undurchlässigen Gruppengrenzen stehen den Mitarbeitern die Möglichkeiten des sozialen Wettkampfs und der sozialen Kreativität zur Verfügung, um eine positive soziale Identität abzuleiten, Bei diesen Optionen stärken zwar die Mitarbeiter ihre soziale Identität durch die Abgrenzung von der übernehmenden Gruppe, an ihrer faktischen Unterlegenheit ändert sie hierdurch aber nichts.

Eine Studie, die die soziale Identität im Rahmen einer wahrgenommenen Verfahrensgerechtigkeit im Integrationskontext untersucht, wurde im Jahr 2004 von Lipponen, Olkkonen und Moilanen durchgeführt.[397] Hierbei wurden 189 Beschäftigte von zwei fusionierten finnischen Dienstleistungsunternehmen befragt. Da beide Unternehmen in der gleichen Branche tätig sind, diente der Zusammenschluss dem Ziel der Wettbewerbsreduktion. Die Unternehmen waren in etwa gleich groß und hatten eine ähnlich starke Machtposition. Außerdem firmierte das fusionierte Unternehmen unter einem Namen, der sich aus der Kombination beider Firmennamen ergabt. Ziel der Studie war es zu untersuchen, ob die von Mitarbeitern beider Unternehmensgruppen wahrgenommene Verfahrensgerechtigkeit positiv mit ihrer Post-Merger-Identifikation verbunden ist. Die Untersuchungsergebnisse zeigen, dass eine hohe wahrgenommene Verfahrensgerechtigkeit die soziale Identität stärkt. Nehmen die Mitarbeiter wahr, dass der Integrationsprozess für beide Gruppen fair umgesetzt wurde, fördert er den mentalen Zusammenführungsprozess. Der Grund hierfür ist die Bildung einer an die neuen Gegebenheiten angepassten sozialen Identität, in der sich die Beschäftigten beider Unternehmen wiederfinden.[398]

---

[397] Vgl. Lipponen, Jukka/Olkkonen, Maria-Elena/Moilanen, Minna (2004) Perceived procedural justice and employee responses to an organizational merger. European Journal of Work and Organizational Psychology, 13. Jahrgang, Heft 3, S. 391-413.

[398] Vgl. Lipponen/Olkkonen/Moilanen 2004, S. 407.

Darüber hinaus kann ein Unternehmenszusammenschluss auf die relationalen Erwartungen der „übernommenen" Mitarbeiter negative wie positive Auswirkungen haben. Zum einen wäre es denkbar, dass sich durch das Vorhaben den Mitarbeitern neue Selbstverwirklichungsoptionen erschließen. So könnte das Integrationsteam etwaige Mitarbeitervorschläge bei der Zusammenlegung der Produktionsabläufe berücksichtigen. Die Möglichkeit, dass die Mitarbeiter ihre Ideen und Wünsche positiv in den Zusammenführungsprozess mit einbringen können, würde ihren psychologischen Vertrag stärken.

Festgehalten werden kann, dass die Auswirkungen eines Zusammenschlusses auf die transaktionalen Erwartungen aus Perspektive der Anreiz-Beitrags-Theorie recht ambivalent ausfallen. So kann der Zusammenschluss einerseits zur Stärkung des psychologischen Vertrages beitragen, indem der Fortbestand des übernommenen Unternehmens gesichert bleibt. Andererseits kann die Unsicherheit über den eigenen Arbeitsplatz auch zu einer Schwächung des psychologischen Vertrages führen. Keiner dieser beiden Standpunkte konnte von der relevanten Literatur bestätigt werden. Zumindest zeigte die aufgeführte Studie, dass ein Unternehmenszusammenschluss die Entgelthöhe dieser Beschäftigtengruppe nicht negativ beeinflussen muss. Aus Überlegungen mithilfe der Theorie der sozialen Identität wäre zu vermuten, dass ein Unternehmenszusammenschluss negative Auswirkungen auf die relationalen Erwartungen hat. Zwar wird diese Auffassung auch durch die vorangehenden Studien bestätigt, doch zeigt die hier aufgeführte Studie von Lipponen, Olkkonen und Moilanen[399], dass diese negativen Auswirkungen auch von der wahrgenommenen Verfahrensgerechtigkeit im Integrationsprozess abhängen. Deshalb soll für diese Beschäftigtengruppe an dieser Stelle keine Bewertung der Auswirkungen eines Zusammenschlusses auf den psychologischen Vertrag vorgenommen werden, da diese maßgeblich von den Handlungen der jeweiligen Integrationsakteure abhängen.

3.2.3. Fazit

Abschnitt 3.2. verfolgte zwei Ziele. Zum einen sollten mögliche zusammenschlussbedingte Veränderungen eines psychologischen Vertrages für jede Beschäftigten-

[399] Vgl. Lipponen/Olkkonen/Moilanen 2004, S. 407.

gruppe entsprechend der in Abbildung 23 verwendeten Systematik näher betrachtet werden. Zum anderen sollten mögliche Gründe für eine Veränderung des psychologischen Vertrages herausgearbeitet werden. Dabei erschien es zweckmäßig, relationale und transaktionale Aspekte eines psychologischen Vertrages getrennt voneinander zu untersuchen.

Die vorhergehenden Abschnitte zeigen, dass eine zusammenschlussinduzierte Veränderung des psychologischen Vertrages auf eine Vielzahl von unterschiedlichen Gründen zurückzuführen ist. Bezüglich der transaktionalen Bestandteile eines psychologischen Vertrages wurde festgestellt, dass ein Anstieg des Gehalts zu einer Stärkung des psychologischen Vertrages führen kann. Gleichsam konnte den aufgeführten Quellen entnommen werden, dass eine Verringerung des Gehalts sowie eine Verlängerung der Arbeitszeit zumeist mit einer Schwächung des psychologischen Vertrages einhergehen. Auch die mit einem Unternehmenszusammenschluss oftmals verbundenen Umstrukturierungsmaßnahmen und Stellenumbesetzungen können den psychologischen Vertrag negativ beeinflussen. Bei manchen Mitarbeitern können diese Veränderungen Ängste auslösen. Zu nennen ist hier insbesondere die Angst um den Fortbestand des Arbeitsplatzes, die wiederum zu einer Schwächung des psychologischen Vertrages führen kann.

Im Anschluss wurden die Auswirkungen eines Unternehmenszusammenschlusses auf die relationalen Aspekte eines psychologischen Vertrages verdeutlicht. So konnten zusätzliche Karriereoptionen oder die Steigerung der sozialen Identität infolge des Zusammenschlusses für die übernehmende Beschäftigtengruppe als mögliche Gründe für eine Stärkung des psychologischen Vertrages eruiert werden. Für die Mitarbeiter der übernommenen Beschäftigtengruppe wurde verdeutlicht, dass die zusammenschlussbedingte Schwächung der sozialen Identität eine mögliche Schwächung des psychologischen Vertrages begründen kann.

Bei der Betrachtung der einzelnen spezifischen Mitarbeitergruppen zeigten sich zumeist recht einheitliche zusammenschlussbedingte Veränderungen des psychologischen Vertrages. Diese sind der nachfolgenden Abbildung 25 zu entnehmen. Hierbei steht das „+“ Zeichen für eine Stärkung des psychologischen Vertrages, die „0“ für keine einheitliche Tendenz und das „-“ für eine Schwächung des psychologischen Vertrages.

Für die zusammenschlussbedingten Veränderungen des psychologischen Vertrages der „übernommenen“ passiven (betroffenen) Mitarbeiter konnte keine eindeutige Antwort abgeleitet werden. Die theoretische Analyse deutete auf eine Verletzung des psychologischen Vertrages hin. Dieser Verdacht konnte aber durch die vorliegenden empirischen Untersuchungen weder bestätigt noch widerlegt werden. Stattdessen wies die vorgestellte empirische Studie auf die Bedeutung der Integrationsbemühungen hin. Auch wenn dies nicht zur eindeutigen Klärung der Auswirkungen des Zusammenschlusses auf die „übernommenen“ passiven Beschäftigten ausreicht, so unterstreicht diese Erkenntnis doch die zentrale Bedeutung dieser Forschungsarbeit.

Rolle des Mitarbeiters / Rolle des Unternehmens	Zusammenschluss-/ Integrationsverantwortliche	Passive (betroffene) Mitarbeiter
Auswirkungen auf die „übernehmenden“ Beschäftigten	+	+
Auswirkungen auf die „übernommenen“ Beschäftigten	-	0

Abbildung 25: Schematische Darstellung der Auswirkungen eines Unternehmenszusammenschlusses auf den psychologischen Vertrag der einzelnen Mitarbeitergruppen.

3.3. Auswirkungen der Änderung des psychologischen Vertrages auf den Integrationserfolg

Gegenstand dieses Abschnitts ist es, die Auswirkungen eines geänderten psychologischen Vertrages auf den Integrationserfolg zu untersuchen. Deshalb erscheint es bei der nachfolgenden Betrachtung ratsam, zwischen Mitarbeitern mit einem gestärkten psychologischem Vertrag und solchen mit einem geschwächten psychologischen Vertrag zu differenzieren. Die Ausprägung der psychologischen Verträge lässt unterschiedliche Verhaltensweisen im Integrationsprozess erwarten. Es ist zu vermuten, dass aufgrund des unterschiedlichen Einflussbereichs der Mitarbeiter die Handlungen der Integrations-/Zusammenschluss-verantwortlichen den Integrationserfolg in einem höheren Maße beeinflussen als Handlungen der restlichen Belegschaft. Deshalb wird in der nachfolgenden Matrix zwischen den Integrations- und Zusammenschlussverantwortlichen sowie der restlichen Belegschaft unterschieden.

Rolle des Mitarbeiters nach dem Zusammenschluss / Ausprägung des psychologischen Vertrages	Zusammenschluss-/ Integrationsverantwortliche	Nicht beteiligte aber betroffene Mitarbeiter
geschwächter psychologischer Vertrag	3.3.1.2.	3.3.1.1.
gestärkter psychologischer Vertrag	3.3.2.2.	3.3.2.1.

Fazit: 3.3.3.

Abbildung 26: Übersicht über den Aufbau der nachfolgenden Abschnitte.

Der Zusammenhang zwischen psychologischem Vertrag und Mitarbeiterverhalten ergibt sich einerseits aus den Erwartungen des Individuums und andererseits aus seinem Streben nach Bedürfnisbefriedigung als Grundlage seines Arbeitsverhaltens. Der Integrationsprozess kann nur dann erfolgreich verlaufen, wenn alle Beteiligten ähnliche Ziele verfolgen und gemeinsam handeln, weshalb sich das Unternehmen auch an den Bedürfnissen der Mitarbeiter orientieren sollte.

Diese Überlegungen führen zum so genannten Weg-Ziel-Ansatz von Georgopoulos, Mahoney, und Jones.[400] Danach werden Individuen in einer konkreten Situation jenen Weg einschlagen, von dem sie annehmen, dass er sie zu einem persönlich gesteckten Ziel führt.[401] Motiviertes Verhalten ergibt sich demnach aus den Wechselwirkungen von Bedürfnissen und Motiven (Ziel) und situationsspezifischen Erwartungen (Wert).[402] Durch die Wert-Ziel Kombination wird zum Ausdruck gebracht, „dass bei der Wahl zwischen mehreren Handlungsalternativen jene bevorzugt wird, bei der das Produkt von erzielbarem Wert (Anreiz) mit der Wahrscheinlichkeit, ihn zu erzielen (Erwartung), maximal ist. Anders ausgedrückt: Unter Berücksichtigung seiner Er-

---

[400] Vgl. Georgopoulos, Basil/Mahoney, Gerald/Jones, Nyle (1957) A Path-Goal Approach to Productivity, Journal of Applied Psychology, 41. Jahrgang, Heft 6, S. 345-353.

[401] Vgl. Schanz, Günther (2004) Das individualisierte Unternehmen: neurobiologische und motivationstheoretische Grundlagen, konzeptionelle Merkmale, Gestaltungs- und Handlungsfelder, München [u.a.]: Hampp, S. 29.

[402] Vgl. Schanz 2000, S. 118.

reichbarkeit wird ein Zielzustand angestrebt, der einen möglichst hohen Anreizwert hat".[403]

Vor dem Hintergrund, dass ein Unternehmenszusammenschluss nur dann erfolgreich verlaufen kann, wenn Mitarbeiter konstruktiv auf neue Aufgaben und Veränderungen reagieren, gewinnt der psychologische Vertrag und seine verhaltensbestimmende Dimension an Bedeutung. Ein Mitarbeiter mit einem gestärkten psychologischen Vertrag und den damit verbundenen positiven Erfahrungen würde nach der Erwartungs-Wert Theorie und der Anreiz-Beitrags-Theorie eher dazu bereit sein, sein Verhalten an den neuen Vorgaben der Organisation zu orientieren als ein Mitarbeiter mit einem geschwächten psychologischen Vertrag.

Dieser Zusammenhang ist auch bei Unternehmenszusammenschlüssen zu erkennen. Ist der Unternehmenszusammenschluss für den Mitarbeiter mit positiven Erwartungen verbunden, wird er eher dazu bereit sein, sich für die Belange und Interessen des Unternehmens einzusetzen. Erweckt der Zusammenschluss bei den Mitarbeitern Ressentiments, so ist es aus Sicht der Anreiz-Beitrags-Theorie wahrscheinlich, dass sie den Zusammenschluss ablehnen und die von ihnen erwartete Mitarbeit nicht in vollem Umfang erbringen. Aufgrund dieser Überlegungen werden die Auswirkungen eines gestärkten bzw. geschwächten psychologischen Vertrages auf den Integrationserfolg in den nachfolgenden Abschnitten getrennt voneinander betrachtet.

3.3.1. Auswirkungen eines geschwächten psychologischen Vertrages auf den Integrationserfolg

In der relevanten Literatur wird oftmals davon ausgegangen, dass ein geschwächter psychologischer Vertrag ernste Auswirkungen auf das Mitarbeiterverhalten und damit auf den Unternehmenserfolg hat. Eine Vielzahl von Studien untersuchen die Auswirkungen eines geschwächten psychologischen Vertrages. Er führt demnach zu negativen Arbeitseinstellungen wie verringertem Commitment, Arbeitsunzufriedenheit, geringerem Arbeitseinsatz und einer sinkenden Loyalität zum Unternehmen. Auch

[403] Vgl. Heckhausen, Heinz (1989) Motivation und Handeln, 2. völlig überarbeitete und ergänzte Auflage, Berlin [u.a.]: Springer, S. 174.

wenn diese Aufzählung nicht vollständig ist, so verdeutlicht sie doch den dahinterliegenden Zusammenhang. Führen die zusammenschlussbedingten Veränderungen zu einem geschwächten psychologischem Vertrag, werden sich die Mitarbeiter für organisationale Belange weniger einsetzen. Dieser Zusammenhang soll in der nachfolgenden Abbildung 27 verdeutlicht werden, welche den Zusammenhang von Empfindungen, Gedanken und nachfolgenden Handlungen bei einem geschwächten psychologischen Vertrag aufgreift.

Empfindungen,	Gedanken,	Handlungen,
die durch einen geschwächten psychologischen Vertrag hervorgerufen werden können		
Unruhe Unzufriedenheit Wut Trauer	„Kann ich dieser Organisation noch vertrauen?" „Wie können sie mich so behandeln?" „Warum sollte ich mich noch für die Organisation einsetzten, wenn sie sich so verhalten?"	geringerer Arbeitseinsatz Ablehnung Vergeltung

Abbildung 27: Mögliche Konsequenzen eines geschwächten psychologischen Vertrages auf Empfindungen, Gedanken und Handlungen der Mitarbeiter.

Zunächst einmal wäre zu klären, wie ein geschwächter psychologischer Vertrag den Integrationsprozess beeinflussen kann. In der Literatur sind hierfür unterschiedliche Erklärungsansätze zu finden. Die Auswirkungen eines geschwächten psychologischen Vertrages werden in der Literatur mit unterschiedlichen Konsequenzen für das Unternehmen verknüpft:[404]

- Vermindertes Vertrauen in das Unternehmen (z.B. Robinson, 1996[405])
- Misstrauen gegenüber der Organisation (z.B. Johnson und O'Leary-Kelly, 2003[406])
- Erwägen und tatsächliches Verlassen der Organisation (Robinson, Rousseau,1994[407]; Turnley, Feldmann, 1999[408]; Tekleab, Taylor, 2003[409])

[404] Vgl. Conway, Neil/Briner, Rob (2005) Understanding psychological contracts at work. A critical evaluation of theory and research, Oxford [u.a.]: Oxford University Press, S. 72.

[405] Vgl. Robinson, Sandra (1996) Trust and Breach of the psychological contract, Administrative Science Quarterly, 41 Jahrgang, Heft 4, S. 574-599.

[406] Vgl. Johnson, Jonathan/O'Leary-Kelly, Anne (2003) The effects of psychological contract breach and organizational cynicism: not all social exchange violations are created equal, Journal of Organizational Behavior, 24. Jahrgang, Heft 5, S. 627-647.

[407] Vgl. Robinson, Sandra/Rousseau, Denise (1994) Violating the psychological contract: not the exception but the norm, Journal of Organizational Behavior, 15. Jahrgang, Heft 3, S. 245 ff.

[408] Vgl. Turnley, William/Feldmann, Daniel (1999) A discrepancy model of psychological contract violations, Human Resource Management Review, 9. Jahrgang, Heft 3, S. 367-386.

- Verringertes psychisches Wohlempfinden (Conway, Briner, 2002[410])
- Arbeitsunzufriedenheit[411]
- Reduziertes Commitment (Lester et al., 2002[412])
- Verringerung der Beiträge der Mitarbeiter (Coyle-Shapiro, Kessler, 2002[413])
- Verringerte subjektive Arbeitsleistung (Robinson, 1996; Turnley, Feldmann, 2000[414])
- Verringerte objektive (d.h. nach Vorgesetzten-Meinung) Arbeitsleistung (Lester et al., 2002[415])

In Abbildung 28 werden die Resultate diverser Studien in systematischer Form und vergleichbarer Darstellung zusammengefasst. So können eventuelle Zusammenhänge zwischen einem geschwächten psychologischen Vertrag und dem Integrationsprozess verdeutlicht werden. Vor der Interpretation der Ergebnisse in der nachfolgenden Abbildung sollte Erwähnung finden, dass dort Korrelationskoeffizienten angegeben sind. Sie sind ein statistisches Instrument, welches ausdrückt, ob zwischen zwei Elementen eine Beziehung besteht. Es kann einen Wert zwischen -1 und +1 annehmen. Ein negativer Wert (z. B. -1) drückt aus, dass zwischen den untersuchten Elementen ein eindeutig negatives Verhältnis besteht. Ein neutraler Wert 0 zeigt, dass zwischen den untersuchten Elementen kein Zusammenhang besteht. Ein positiver Wert (z. B. +1) verdeutlicht, dass die untersuchten Elemente miteinander verbunden sind.

---

409 Vgl. Tekleab, Amanuel/Taylor, Susan (2003) Aren't there two parties in an employment relationship? Antecedents and consequences of organization-employee agreement on contract obligations and violations, Journal of Organizational Behavior, 24. Jahrgang, Heft 5, S. 585-608.

410 Vgl. Conway, Neil/Briner, Rob (2002a) A Daily Diary Study of Affective Responses to Psychological Contract Breach and Exceeded Promises, Journal of Organizational Behavior, 23. Jahrgang, Heft 3, S. 287-302.

411 Vgl. Tekleab/Taylor 2003, S 585 ff.

412 Vgl. Lester, Scott/Turnley, William/Bloodgood, James/Bolino, Mark (2002) Not seeing eye to eye: differences in supervisor and subordinate perceptions of and attributions for psychological contract breach, Journal of Organizational Behavior, 23. Jahrgang, Heft 1, S. 39-56.

413 Vgl. Coyle-Shapiro, Jacqueline/Kessler, Ian (2002) Exploring reciprocity through the lens of the psychological contract: Employee and employer perspectives, European Journal of Work & Organizational Psychology, 11. Jahrgang, Heft 1, S. 69-86.

414 Vgl. Turnley, William/Feldmann, Daniel (2000) Re-Examining the Effects of Psychological Contract Violations: Unmet Expectations and Job Dissatisfaction as Mediators, Journal of Organizational Behavior, 21. Jahrgang, Heft 1, S. 25-42.

415 Vgl. Lester/Turnley/Bloodgood/Bolino 2002, S. 39 ff.

Der Abbildung 28 kann entnommen werden, dass ein geschwächter psychologischer Vertrag negative Auswirkungen auf die Arbeitseinstellung der jeweiligen Mitarbeiter hat. Dieser Zusammenhang ist im Hinblick auf die Arbeitszufriedenheit vergleichsweise stark (Durchschnittliche Korrelation = -0,42). Zwischen den Variablen geschwächter psychologischer Vertrag und Commitment (Durchschnittliche Korrelation = -0,34) und der Neigung, das Beschäftigungsverhältnis zu beenden (Durchschnittliche Korrelation = 0,31) besteht eine geringere Korrelation.

Resümierend ist festzuhalten, dass in der aktuellen relevanten Literatur die Auswirkungen eines geschwächten psychologischen Vertrages auf das Mitarbeiterverhalten glaubhaft nachgewiesen werden. Die in Abbildung 28 gezeigten Konsequenzen eines geschwächten psychologischen Vertrages auf Arbeitszufriedenheit, Commitment und Fluktuationsneigung der Mitarbeiter können den Integrationsprozess negativ beeinflussen und das Erreichen der antizipierten Integrationsziele durchaus erschweren. Die Folgen eines geschwächten psychologischen Vertrages sollen nun im Hinblick auf die beiden Mitarbeitergruppen, den betroffenen Mitarbeitern einerseits und den Integrations- und Zusammenschlussverantwortlichen andererseits, näher vorgestellt werden.

Autor(en)	Jahr	Fallzahl	Korrelation zwischen einem geschwächten psychologischen Vertrag und		
			Arbeitszufriedenheit	Commitment	Fluktuationsneigung
Tekleab, Takeuchi, Taylor[416]	2005	200	-0,37		0,14
Sutton, Griffin[417]	2004	235	-0,57		0,32
Raja, Johns, Ntalianis[418]	2004	197	-0,3	-0,49	0,48
Johnson, O'Leary-Kelly[419]	2003	103	-0,59	-0,52	
Tekleab, Taylor[420]	2003	130	-0,34		0,23
Conway, Briner[421]	2002	1608	-0,57	-0,41	0,42
Conway, Briner[421]	2002	366	-0,57	-0,39	0,41
Kickul, Lester, Finkl[422]	2002	246	-0,36[423]		0,16[423]
			-0,56[424]		0,38[424]
Bunderson[425]	2001	283	0,04[426]	0,17[426]	0,02[426]
			-0,36[427]	-0,5[427]	0,34[427]
Flood, Turner, Ramamoorthy, Pearson[428]	2001	402		-0,42	0,47
Coyle-Shapiro, Kessler[429]	2000	6953	-0,38[430]	-0,3[430]	
			-0,46[431]	-0,27[431]	
			-0,46[432]	-0,23[432]	
Durchschnittliche Korrelation			-0,42	-0,34	0,31

Abbildung 28: Auswirkungen eines geschwächten psychologischen Vertrages auf Arbeitszufriedenheit, Commitment und Fluktuationsneigung.[433]

[416] Vgl. Tekleab, Amanuel/Takeuchi, Riki/Taylor, Susan (2005) Extending the Chain of Relationships among Organizational Justice, Social Exchange, and Employee Reactions: The Role of Contract Violations, Academy of Management Journal, 48. Jahrgang, Heft 1, S. 146-157.

[417] Vgl. Sutton, Gigi/Griffin, Mark (2004) Integrating expectations, experiences, and psychological contract violations: A longitudinal study of new professionals, Journal of Occupational & Organizational Psychology, 77. Jahrgang, Heft 4, S. 493-514.

[418] Vgl. Raja, Usma/Johns, Gary/Ntalianis, Filotheos (2004) The impact of personality on psychological contracts, Academy of Management Journal, 47. Jahrgang, Heft 3, S. 350-367.

[419] Vgl. Johnson/O'Leary-Kelly 2003, S. 627 ff.

[420] Vgl. Tekleabl/Taylor 2003, S. 585 ff.

[421] Die hier zitierte Studie enthält zwei unterschiedliche Datensätze. Deshalb werden die Ergebnisse in zwei aufeinanderfolgenden Zeilen aufgeführt. Vgl. Conway, Neil/Briner, Rob (2002b) Full-Time versus Part-Time Employees: Understanding the Links between Work Status, the Psychological Contract, and Attitudes, Journal of Vocational Behavior, 61. Jahrgang, Heft 2, S. 279-301.

[422] Vgl. Kickul, Jill/Lester, Scott/Finkl, Jonathon (2002) Promise Breaking During Radical Organizational Change: Do Justice Interventions Make a Difference?, Journal of Organizational Behavior, 23. Jahrgang, Heft 4, S. 469-488.

[423] Die Autoren differenzierten zwischen extrinsischen und intrinsischen Aspekten eines psychologischen Vertrages. In dieser Zeile ist die Korrelation zwischen geschwächten extrinsischen Aspekten eines psychologischen Vertrages auf die Arbeitszufriedenheit und die Fluktuationsneigung dargestellt.

[424] Diese Zeile stellt die Korrelation zwischen den intrinsischen Aspekten eines psychologischen Vertrages und der Arbeitszufriedenheit/Fluktuationsneigung dar.

[425] Vgl. Bunderson, Stuart (2001) How work ideologies shape the psychological contracts of professional employees: doctors' responses to perceived breach, Journal of Organizational Behavior, 22. Jahrgang, Heft 7, S. 717-741.

[426] Der Autor differenziert zwischen Verwaltungsangestellten und gewerblichen Mitarbeitern. Diese Zeile zeigt die Korrelation zwischen geschwächtem psychologischen Vertrag der in der Administration tätigen Mitarbeiter und der Arbeitszufriedenheit, des Commitments und der Fluktuationsneigung.

[427] Diese Zeile zeigt die Korrelationen zwischen geschwächtem psychologischen Vertrag der gewerblichen Mitarbeiter und der Arbeitszufriedenheit, dem Commitment und der Fluktuationsneigung.

[428] Vgl. Flood, Patrick/Turner, Thomas/Ramamoorthy, Nagarajan/Pearson, Jill (2001) Causes and consequences of psychological contracts among knowledge workers in the high technology and financial services industries, International Journal of Human Resource Management, 12. Jahrgang, Heft 7, S. 1152-1165.

[429] Vgl. Coyle-Shapiro, Jackqueline/Kessler, Ian (2000) Consequences of the psychological contract for the employment relationship: A large scale survey, Journal of Management Studies, 37. Jahrgang, Heft 7, S. 903-930.

[430] Die Autoren unterscheiden zwischen geschwächten transaktionalen, fortbildungsbezogenen und relationalen Aspekten eines psychologischen Vertrages. Diese Zeile zeigt die Auswirkungen geschwächter transaktionalen Aspekte eines psychologischen Vertrages auf Arbeitszufriedenheit und Commitment.

[431] Diese Zeile stellt die Korrelationen zwischen geschwächten Aspekten eines psychologischen Vertrages und der Arbeitszufriedenheit und des Commitments dar.

[432] Darstellung der Korrelationen zwischen geschwächten relationalen Aspekten eines psychologischen Vertrages und Arbeitszufriedenheit und Commitment.

[433] In Anlehnung an: Conway/Briner 2005, S. 73.

3.3.1.1. Auswirkungen eines geschwächten psychologischen Vertrages der nicht beteiligten aber betroffenen Mitarbeiter auf den Integrationserfolg

Führt der Unternehmenszusammenschluss zu einer Schwächung des psychologischen Vertrages, so stehen nach den Überlegungen der Anreiz-Beitrag-Theorie den Mitarbeitern zwei Optionen zur Verfügung, das vormalige Gleichgewicht wieder herzustellen. Zum einen können sie durch Absentismus ihre Beitragsleistung verringern und so das von ihnen als gerecht empfundene Gleichgewicht wiederherstellen. Zum anderen bietet sich den Mitarbeitern die Möglichkeit, das Unternehmen zu verlassen und sich einen anderen Arbeitgeber zu suchen, dessen Anreize ihre individuellen Bedürfnisse besser befriedigen. Die Reaktionen Absentismus oder Fluktuation auf Vertragsänderungen werden im Folgenden für die betroffenen passiven Mitarbeiter erläutert und ihre negativen Konsequenzen für den Integrationserfolg dargestellt.

Eine Unterscheidung zwischen Absentismus und Fluktuation ergibt sich hauptsächlich aus den unterschiedlichen Konsequenzen für die Organisation.[434] Absentismus und Fluktuation sind demnach als zwei alternative Formen des Rückzugsverhaltens zu begreifen. Es ist davon auszugehen, dass

- die negativen Konsequenzen der zeitweiligen Abwesenheit des Individuums meist als weniger groß empfunden werden als die des endgültigen Ausscheidens aus der Organisation.
- der Absentismus gegenüber der Fluktuation eine vergleichsweise spontane und ‚leichte' Entscheidung darstellt und
- die zeitweise Abwesenheit gelegentlich als Ersatz für das völlige Ausscheiden anzusehen ist, und zwar insbesondere dann, wenn das Individuum keine alternativen Beschäftigungsmöglichkeiten wahrnimmt.[435]

Besonders vor dem Hintergrund der Integrationsproblematik ist es für das Unternehmen wichtig, dass sich die Mitarbeiter zusätzlich zu ihren regulären Aufgaben auch den integrationsbedingten Problemkreisen widmen. Es ist deshalb während des Integrationsprozesses die volle Einsatzbereitschaft der Mitarbeiter gefragt. Ein Anstieg

---

[434] Vgl. March/Simon 1976, S. 89.

[435] Vgl. Schanz 2000, S. 336 ff.

der Fehlzeiten bei den Mitarbeitern könnte somit den Integrationserfolg gefährden. Fehlzeiten bezeichnen die Zeiträume, in denen der Mitarbeiter seine Arbeitskraft dem Unternehmen nicht zur Verfügung stellt, auf die das Unternehmen aber einen Anspruch hat.[436] Absentismus ist in den meisten Fällen von der subjektiven Wahrnehmung der Arbeitssituation und den Veränderungen abhängig, die der Zusammenschluss herbeiführt. Mögliche Gründe für Absentismus sind demnach ein veränderter Arbeitsinhalt, Anpassung an einen neuen Führungsstil oder Konflikte, die sich beim Integrationsprozess möglicherweise ergeben.

In der betrieblichen Praxis zeigt sich oft eine Differenz zwischen dem tatsächlichen Grund für das Fernbleiben vom Arbeitsplatz und der ärztlich attestierten Krankheit. Beim Absentismus erstellt der Arzt ein Attest, welches aufgrund des Krankheitsbildes mehr auf der persönlichen Krankheitsschilderung des Mitarbeiters basiert als auf der Grundlage objektiver medizinischer Befunde. Nach Mall, Sehling vermuten etwa 44 Prozent der befragten Unternehmen hinter dem Krankenstand auch Absentismus.[437] Von den Unternehmen, die Anhaltspunkte für einen Missbrauch haben, geht wiederum ein Drittel davon aus, dass der Umfang des Missbrauchs groß bzw. sehr groß ist. Maßnahmen zur Minderung dieser krankheitsbedingten Fehltage haben 78 Prozent der untersuchten Unternehmen ergriffen. Darüber hinaus nutzen 50 Prozent dieser Unternehmen die gesetzliche Möglichkeit, bereits ab dem ersten Krankheitstag die Vorlage einer ärztlichen Arbeitsunfähigkeitsbescheinigung zu verlangen. Durch Einführung dieser Maßnahme haben etwa 87 Prozent der jeweiligen Unternehmen den Krankenstand mindern können.[438]

Neben Absentismus kann auch Fluktuation dem Integrationserfolg abträglich sein. Eine Studie von Cartwright, Cooper ergab, dass die Fluktuation aller Arbeitnehmer eines Betriebes innerhalb der ersten beiden Jahre nach dem Zusammenschluss auf etwa 30 Prozent anstieg. Es gab aber auch einzelne fusionierte Unternehmen, bei denen sich die Fluktuationsrate selbst bei guten wirtschaftlichen Bedingungen sogar

---

[436] Vgl. Brandenburg, Uwe/Nieder, Peter (2003) Betriebliches Fehlzeiten Management: Anwesenheit der Mitarbeiter erhöhen; Instrumente und Fallbeispiele, Wiesbaden: Gabler, S. 15.

[437] Vgl. Mall, Georg/Sehling, Michael (1998) Das Fehlzeiten-Informations-Management. Ein Konzept zur Verbesserung der betrieblichen Prozesse, Renningen-Malmsheim: Expert- Verlag, S. 15.

[438] Vgl. Schnabel, Claus (1997) Betriebliche Fehlzeiten. Ausmaß, Bestimmungsgründe und Reduzierungsmöglichkeiten, Köln: Deutscher Instituts Verlag.

auf über 60 Prozent erhöhte.[439] Diese extrem hohe Fluktuationsrate konnten die Autoren bei einem Unternehmenszusammenschluss zwischen zwei Automobildienstleistern mit jeweils 290 und 88 Mitarbeitern nach einem Zeitraum von etwa einem Jahr feststellen. Bemerkenswert ist bei dieser Untersuchung, dass die Fluktuationsrate bei den übernehmenden 290 Mitarbeitern „nur" bei ungefähr 35% lag, während diese mit etwa 61% bei den 88 übernommenen Mitarbeitern deutlich höher war.[440]

Eine Studie, die auf ein Problem bei der Erfassung der dysfunktionalen Auswirkungen eines geschwächten psychologischen Vertrages hindeutet, wurde 1981 von Graves vorgestellt.[441] Er untersuchte die Auswirkungen eines Zusammenschlusses zwischen zwei kleineren Dienstleistungsunternehmen mit jeweils 93 und 37 Mitarbeitern. Bei einem Vergleich der Mitarbeiterlisten stellte er fest, dass jeweils 33 und 11 Mitarbeiter ihr Arbeitsverhältnis nach ungefähr 2 Jahren bei dem zusammengeführten Unternehmen beendeten. Die Studie belegte damit nicht nur eine unternehmensweite Fluktuationsrate von etwa 33 Prozent. Sie belegte vielmehr, dass die negativen Effekte erst mit einer deutlichen zeitlichen Verzögerung, in diesem Fall von zwei Jahren, eintreten.[442]

Der Integrationserfolg wird besonders dann gefährdet, wenn Leistungs- und Wissensträger das Unternehmen verlassen. Mitarbeiter, die schon seit längerem mit dem Gedanken spielen, ihren Arbeitgeber zu wechseln, können in dem Integrationsprozess einen willkommenen Grund sehen, ihr Vorhaben in die Tat umzusetzen.[443] Picot äußert diese Gefahrenquelle pointiert mit den Worten: „Exit of the best and merger of the rest".[444] Bei den verbleibenden Mitarbeitern führen die integrationsbedingten Änderungen oft zu Resignation. Diese Teilnahmslosigkeit kann das Erreichen der von

---

[439] Vgl. Cartwright, Sue/Cooper, Cary (1995) Organizational marriage: "hard" versus "soft" issues?. Personnel Review, 24. Jahrgang, Heft 3, S. 32-42, S. 36; Cartwright, Sue/Cooper, Cary (1992) Mergers and acquisitions: the human factor, Oxford [u.a.]: Butterworth-Heinemann, S. 171 f.

[440] Vgl. Cartwright/Cooper 1992, S. 171.

[441] Vgl. Graves, Desmond (1981) Individual Reactions to a merger of two small firms of brokers in the re-insurance industry: a total population survey, Journal of Management Studies, 18. Jahrgang, Heft 1, S. 89-113.

[442] Vgl. Graves 1981, S. 89 ff.

[443] Vgl. Jansen 2003, S. 240.

[444] Picot, Gerhard (2008) Personelle und kulturelle Integration, in Picot, Gerhard/Bäzner, Bernd (Hrsg.) Mergers & Acquisitions: Planung, Durchführung, Integration, 4. grundlegend überarbeitete und aktualisierte Auflage, Stuttgart: Schäffer-Poeschel, S. 496-533.

der Unternehmensführung postulierten Zusammenschlussziele, wie die Erzielung von Kostensynergien, Wissenstransfer oder die Dominanz auf den Absatzmärkten, in Frage stellen und somit den Erfolg des Vorhabens gefährden.

Die Folgen dieses Mitarbeiterverlustes für den Erfolg der Integration sind zumeist gravierend, da die abwandernden Mitarbeiter möglicherweise über besonderes Wissen und Erfahrung verfügen, welche sie nun einem Konkurrenzunternehmen zur Verfügung stellen. Mitarbeiter mit besonderen fachlichen Kompetenzen haben meist weniger Schwierigkeiten, bei Konkurrenzunternehmen einen alternativen Arbeitsplatz zu finden.[445] Diese Tatsache begünstigt gerade für diesen Personenkreis die wahrgenommene Einfachheit des Ausscheidens aus dem Unternehmen. Speziell bei Unternehmenszusammenschlüssen, deren Gelingen an einen Wissenstransfer geknüpft ist, führt die Abwanderung dazu, dass die von der Unternehmensführung antizipierten Zusammenschlussziele verfehlt werden können. Demnach kann die Abwanderung einer geringen Anzahl von Schlüsselpersonen bei einem Zusammenschluss von zwei kleineren wissensintensiven Unternehmen das Scheitern des gesamten Integrationsvorhabens einläuten.[446]

Schließlich kann festgehalten werden, dass die Auswirkungen eines geschwächten psychologischen Vertrages auf den Integrationserfolg vielfältig sind. Der Ausfall an Arbeitszeit, der z. B. durch Krankheit, Absentismus oder sogar plötzliche Kündigung seitens der Mitarbeiter verursacht wird, stellt ein erhebliches Problem für die Unternehmen dar. Dieser Ausfall kann Arbeitsabläufe, Produktivität und Betriebsklima innerhalb der Belegschaft negativ beeinflussen. Dysfunktionale Auswirkungen auf das Unternehmen dürften sich besonders dann ergeben, wenn die verbleibenden Mitarbeiter für ihre nicht erschienen Kollegen „einspringen“ müssen. Die Konsequenzen dieser Mehrfachbelastung sind zahlreich: verringerte Motivation bei den verbleibenden Mitarbeitern, qualitativ schlechtere Arbeitsleistung, mögliche Produktionsausfälle

[445] Vgl. Krug, Jeffrey/Hegarty, Harvey (2001) Predicting who stays and leaves after an acquisition: A study of top managers in multinational firms, Strategic Management Journal, 22. Jahrgang, Heft 2, S. 185-196.

[446] Vgl. DiGeorgio, Richard (2002) Making mergers and acquisitions work: what we know and don't know – part 1, Journal of Change Management, 3. Jahrgang, Heft 2, S. 134-148.

oder Mehrkosten durch das Einstellen und Einarbeiten neuer Arbeitskräfte.[447] Diese Gegebenheiten sind dem Integrationserfolg in hohem Maße abträglich.

3.3.1.2. Auswirkungen eines geschwächten psychologischen Vertrages der Zusammenschluss-/ Integrationsverantwortlichen auf den Integrationserfolg

Wie schon in Abschnitt 3.1. gezeigt wurde, ist davon auszugehen, dass ein geschwächter psychologischer Vertrag dysfunktionales Verhalten im Unternehmen fördert und in den verschiedensten Formen auftritt. Zentrale Gemeinsamkeiten aller möglichen kontraproduktiven Verhaltensweisen sind, dass sie erstens die legitimen Interessen einer Organisation verletzen und zweitens deren Mitglieder und die Organisation als Ganzes schädigen.[448] In den nachfolgenden Abschnitten soll besonders auf die Auswirkungen dysfunktionaler Verhaltensweisen, wie z. B. Absentismus oder Fluktuation der Integrations- und Zusammenschlussverantwortlichen eingegangen werden.

Ein geschwächter psychologischer Vertrag der Zusammenschluss- und Integrationsverantwortlichen kann ein vertretbares Motiv für die Reduktion der individuellen Arbeitsleistung sein. In den vorangehenden Abschnitten wurde bei der Abgrenzung der Begriffe Absentismus und Fluktuation erwähnt, dass Absentismus im Hinblick auf mögliche Konsequenzen eine vergleichsweise einfache Entscheidung ist. Obwohl diese Aussage auf den vorhergehenden Mitarbeiterkreis der betroffenen passiven Mitarbeiter zutrifft, muss sie für den Mitarbeiterkreis der Integrations- und Zusammenschlussverantwortlichen überprüft werden.

Reagiert ein Integrations- und Zusammenschlussverantwortlicher auf den geschwächten psychologischen Vertrag durch Absentismus, so wird dieses dysfunktionale Verhalten seinen Kollegen wohl kaum entgehen. In diesem vergleichsweise kleinen Kreis der Verantwortlichen fiele Absentismus einzelner Kollegen schneller

[447] Vgl. Keul, Siegfried (2007) Fehlen aus Gewohnheit: Strategien zur Absenkung des Absentismus, Saarbrücken: Verlag Dr. Müller, S. 19.

[448] Vgl. Nerdinger, Friedemann (2008) Unternehmensschädigendes Verhalten erkennen und verhindern, Göttingen [u.a.]: Hogrefe, S. 1.

auf. Absentismus kann u. a. bei diesem Mitarbeiterkreis mit drastischen finanziellen Einbußen einhergehen, da häufig leistungsorientiert vergütet wird. Außerdem gelten für diesen Mitarbeiterkreis aufgrund der besonderen Vertrauensstellung gesonderte Regelungen, d. h. es bestehen vereinfachte Kündigungsmöglichkeiten.[449] Absentismus stellt damit für den Mitarbeiterkreis der Integrations- und Zusammenschlussverantwortlichen keine veritable Möglichkeit dar, um auf einen geschwächten psychologischen Vertrag zu reagieren.

Studien belegen stattdessen, dass von den Verantwortlichen die Möglichkeit der Fluktuation in Erwägung gezogen wird. Sehr aktuell ist die empirische Untersuchung von Si, Wei und Li von 2008.[450] Diese Untersuchung fokussiert zwar auf den chinesischen Kulturkreis, ist aber dennoch aufschlussreich. Für diese Untersuchung diente ein Sample von 524 Verantwortlichen. Die Ergebnisse dieser Studie zeigen, dass ein geschwächter psychologischer Vertrag der Verantwortlichen zum einen negative Auswirkungen auf die Loyalität der Befragten zum Unternehmen hat; zum anderen konnte aufgezeigt werden, dass ein geschwächter psychologischer Vertrag die Bereitschaft der Befragten zur Beendigung des Arbeitsverhältnisses positiv beeinflusst.

Dass die Möglichkeit der Fluktuation nicht nur in Erwägung gezogen wird, sondern auch tatsächlich genutzt wird, belegt die Studie von Walsh.[451] Er untersuchte 55 Unternehmenszusammenschlüsse und fand heraus, dass etwa ein Viertel der Zusammenschluss- und Integrationsverantwortlichen das zusammengeschlossene Unternehmen innerhalb eines Jahres verließen.

Diese hohe Fluktuationsrate wird auch von aktuelleren empirischen Untersuchungen bestätigt. Buchholtz, Ribbens und Houle befragten 181 Vorstandsmitglieder zu ihrem Verbleib im Unternehmen über einen Zeitraum von vier Jahren nach dem Zusammenschluss.[452] Die Auswertung legte dar, dass 44 Verantwortliche das Unternehmen

---

449 Vgl. Oechsler 2006, S. 239.

450 Vgl. Si, Teven/Wie, Feng/Li, Yi (2008) The effect of organizational psychological contract violation on managers' exit, voice, loyalty and neglect in the Chinese context, The International Journal of Human Resource Management, 19. Jahrgang, Heft 5, S. 932-944.

451 Vgl. Walsh, James (1988) Top Management turnover following mergers and acquisitions, Strategic Management Journal, 9. Jahrgang, Heft 2, S. 173-183.

452 Vgl. Buchholtz, Ann/Ribbens, Barbara/Houle, Irene (2003) The role of human capital of CEO departure, Academy of Management Journal, 46. Jahrgang, Heft 4, S. 506-514.

bereits im ersten Jahr verließen. 37 Mitglieder verließen das Unternehmen im zweiten Jahr und 39 im dritten Jahr. Im vierten Jahr nach dem Zusammenschluss verließen 41 ihren Arbeitgeber. Lediglich zwanzig Verantwortliche verblieben im Unternehmen. Eine solch hohe Fluktuationsrate für diese Beschäftigtengruppe wurde auch in einer weiteren Untersuchung bestätigt.[453]

Die aufgeführten Studien deuten auf die mit der Abwanderung verbundenen Konsequenzen für den Integrationserfolg hin. Bergh hat die Auswirkung der Fluktuation der Integrations- und Zusammenschlussverantwortlichen auf den Zusammenschlusserfolg untersucht.[454] In seiner Erhebung, an der 104 Organisationen teilnahmen, konnte der Autor nachweisen, dass die Abwanderung übernommener Zusammenschlussverantwortlicher negativ mit dem Zusammenschlusserfolg korreliert.

Diese Erkenntnis ist ein Indikator dafür, dass Wissen und Fähigkeiten der übernommenen Zusammenschlussverantwortlichen für den Erfolg des Vorhabens von großer Bedeutung sind.[455] Wissen ermöglicht dem neu gebildeten Unternehmen, sich dauerhafte Wettbewerbsvorteile auf den Märkten zu sichern.[456] Wird ein Unternehmenszusammenschluss mit dem Ziel des gegenseitigen Wissenstransfers begründet, bieten sich dem Unternehmen Wettbewerbsvorteile durch mögliche Innovationen und Kosteneinsparungen. Verliert das Unternehmen jedoch Wissensträger durch zunehmende Fluktuation, kann das verloren gegangene implizite Wissen nur schwerlich ersetzt werden.[457] Der durch die Fluktuation verursachte Wissensverlust kann den Integrationserfolg deshalb besonders gefährden.

Wie bedeutsam dieser Wissensverlust für den Erfolg eines Integrationsprozesses sein kann, ist dem Beispiel des Zusammenschlusses der *Deutschen Bank AG* mit

---

[453] Vgl. Hambrick, Donald/Cannella, Albert (1993) Relative Standing: A Framework for understanding departures of acquired executives, Academy of Management Journal, 38. Jahrgang, Heft 4, S. 733-762.

[454] Vgl. Bergh, Donald (2001) Executive retention and acquisition outcomes: A test of opposing views on the influence of organisational outcomes. Journal of Management, 27. Jahrgang, Heft 5, S. 603-622.

[455] Vgl. Bergh 2001, S. 615 ff.

[456] Vgl. Lubit, Roy (2001) Tacit knowledge and knowledge management: the keys to sustainable competitive advantage, Organizational Dynamics, 29. Jahrgang, Heft 4, S. 164-178.

[457] Vgl. Seufert, Andreas/von Krogh, Georg/Bach, Andrea (1999) Towards knowledge networking, Journal of Knowledge Mangement, 3. Jahrgang, Heft 3, S. 180-190.

der amerikanischen *Bankers Trust Corp.* zu entnehmen. Bei der Zusammenführung der beiden Unternehmen kam es zu einer Abwanderung hochrangiger Fondsmanager. Der Wechsel dieser Schlüsselpersonen zum Konkurrenten *Merrill Lynch & Co.* führte dazu, dass die *Deutsche Bank* viele Kunden verlor und die antizipierten Ziele nicht wie geplant erreichen konnte.[458] Durch den Zusammenschluss wollte die *Deutsche Bank* ihre Geschäftsaktivitäten auf dem nordamerikanischen Markt ausbauen. Die Abwanderung dieser Fondsmanager bedeutete für die *Deutsche Bank* nicht nur den Verlust von implizitem Wissen, sie gefährdete auch die langfristige Erreichung der Zusammenschlussziele. Das Beispiel zeigt, dass eine Unternehmenskombination für die beteiligten Unternehmen auch immer das Risiko beinhaltet, dass die flexibelsten und innovativsten Mitarbeiter in Anbetracht ihrer guten Chancen auf dem Arbeitsmarkt das Unternehmen zuerst verlassen.[459]

Resümierend ist festzuhalten, dass ein geschwächter psychologischer Vertrag die Fluktuationsneigung der Integrations- und Zusammenschlussverantwortlichen beeinflusst und damit der Erfolg des Integrationsvorhabens gefährdet wird. Mithilfe von empirischen Studien und Fallbeispielen konnten einige erfolgsgefährdende Faktoren vorgestellt werden. Das quantifizierbare Ausmaß eines geschwächten psychologischen Vertrages auf den Integrationserfolg kann zwar nicht eindeutig bestimmt werden, jedoch konnte die Wirkbeziehung klar belegt werden.

3.3.2. Auswirkungen eines gestärkten psychologischen Vertrages auf den Integrationserfolg

Die Auswirkungen eines gestärkten psychologischen Vertrages auf den Integrationserfolg können mithilfe des Commitments analysiert und beschrieben werden. Commitment bezeichnet die Selbstverpflichtung des Mitarbeiters gegenüber seinem Unternehmen. Eine Auseinandersetzung mit dieser Thematik erscheint notwendig, weil die Ziele des Individuums nicht zwangsläufig mit denen der Organisation kon-

---

[458] Vgl. Grewe 2005, S. 109 f.; Knaese, Birgit/Probst, Gilbert (2001) Wissensorientiertes Management der Mitarbeiterfluktuation, Zeitschrift für Führung + Organisation (ZfO), 70. Jahrgang, Heft 1, S. 35-41.

[459] Vgl. Winfield, Peter/Bishop, Ray/Porter, Keith (2000) Core management for HR students and HR practitioners, Boston: Butterworth Heinemann, S. 40.

gruent sind.[460] Deshalb kann eine mangelnde Selbstverpflichtung der Beschäftigten den Integrationsprozess erschweren.

Folgt man der Argumentation der Anreiz-Beitrags-Theorie, die auf die Arbeiten von March und Simon im Jahr 1958 zurückgeht, dann können vor allem zwei Arten von Beiträgen der Mitarbeiter zum Unternehmenserfolg dem Commitment zugeordnet werden. Dies sind Leistungs- und Teilnahmeentscheidungen.[461] Mitarbeiter mit einem hohen Commitment sollten sich demnach u.a. durch hohe Leistungsbereitschaft, geringe Fehlzeiten und eine niedrige Fluktuationsbereitschaft auszeichnen.[462]

Das Verhalten der Mitarbeiter wird von ihren Erwartungen und ihrem Commitment bestimmt. Demnach sind Menschen motiviert, bestimmte Verhaltensweisen zu zeigen, wenn sie ein für sie positives Ergebnis erwarten (Weg-Ziel Ansatz).[463] Andersherum werden Mitarbeiter Verhaltensweisen meiden, von denen sie vermuten, dass diese für sie mit negativen Auswirkungen verbunden sein werden. Demnach wäre also anzunehmen, dass Mitarbeiter sich ihrer Organisation verbunden fühlen und hart arbeiten werden, wenn sie auf Belohnungen wie z. B. Gehaltserhöhungen oder Beförderungen hoffen. Ein gestärkter psychologischer Vertrag müsste somit durch ein gesteigertes Commitment dem Integrationserfolg zuträglich sein.

Untersuchungen zeigen, dass ein hohes Commitment mit der Mitarbeiter-Arbeitsleistung und positiven Einstellungen korreliert.[464] Nachgewiesen werden konnte auch, dass Mitarbeiter, die sich ihrer Organisation verbunden fühlten, weniger häufig fehlen (verringerter Absentismus), seltener das Unternehmen wechseln (verringerte Fluktuation), produktiver sind und sich stärker für ihr Unternehmen engagieren.

---

[460] Vgl. Etzioni, Amitai (1973) Soziologie der Organisationen (aus dem Amerikanischen übersetzt von Baetge, Jörg unter Mitarbeit von Lepenies, Rolf/Nolte,Helmut), 4. Auflage, München: Juventa-Verlag.

[461] Vgl. March/Simon 1976.

[462] Vgl. Weller, Ingo (2003) Commitment, in Martin, Albert (Hrsg.) Organizational Behaviour- Verhalten in Organisationen, Stuttgart: Kohlhammer, S. 77-94, S. 77.

[463] Vgl. Davy, Jeanette/Kinicki, Angelo/Kilroy, John/Scheck, Christine (1988) After the merger: Dealing with people's uncertainty, Training & Development Journal, 42. Jahrgang, Heft 11, S. 57-61.

[464] Vgl. Mathieu, John/Zajac, Dennis (1990) A Review and Meta-Analysis of the Antecedents, Correlates, and Consequences of Organizational Commitment, Psychological Bulletin, 108. Jahrgang, Heft 2, S. 171-194; Meyer, John/Allen, Natalie (1997) Commitment in the workplace: Theory, research and application, Thousand Oaks: Sage.

In einer Studie, in der Mitarbeiter ihre eigenen Leistungen und Anstrengungen einschätzen sollten, wurde festgestellt, dass sich Mitarbeiter mit einem hohen Commitment mehr anstrengen als ihre Kollegen mit einer geringeren Selbstverpflichtung.[465] Dieser Zusammenhang wurde durch Untersuchungen bestätigt, bei denen die Anstrengungen mithilfe von Vorgesetztenbeurteilungen erfasst wurden.[466] In weiteren Analysen wurde gezeigt, dass ein höheres Commitment auch auf Gruppen und Unternehmensebene mit einer höheren Produktivität verbunden ist. Das bedeutet, dass Unternehmen, deren Mitarbeiter über ein vergleichsweise höheres Commitment verfügen, auch produktiver sind als Unternehmen mit einem geringeren Commitment der Mitarbeiter.[467]

Nachdem nun der Zusammenhang zwischen einem gesteigerten Commitment aller Beschäftigtengruppen und dem Unternehmenserfolg belegt wurde, sollen in den nachfolgenden Abschnitten zwei Fragen geklärt werden. Zum einen ist zu prüfen, ob ein gestärkter psychologischer Vertrag der jeweiligen Mitarbeitergruppe zu einem gesteigerten Commitment führt. Zum anderen bleibt zu klären, ob ein gestärkter psychologischer Vertrag zum Erfolg des Integrationsvorhabens beiträgt.

3.3.2.1. Auswirkungen eines gestärkten psychologischen Vertrages der nicht beteiligten aber betroffenen Mitarbeiter auf den Integrationserfolg

In einer Meta-Analyse basierend auf der Auswertung von 31 Studien mit insgesamt 17.241 Befragten untersuchten Wanous et al. die Auswirkungen erfüllter Erwartungen auf zentrale Variablen des Arbeitsverhältnisses.[468] In dieser Untersuchung konnte er nachweisen, dass ein gestärkter psychologischer Vertrag positiv mit der Ar-

---

[465] Vgl. Meyer, John/Allen, Natalie/Smith, Catherine (1993) Commitment to Organizations and Occupations: Extension and Test of a Three-Component Conceptualization, Journal of Applied Psychology, 78. Jahrgang, Heft 4, S. 538-551.

[466] Nouri, Hossein/Parker, Robert (1998) The relationship between budget participation and job performance: The roles of budget adequacy and organizational commitment, Accounting, Organizations and Society, 23. Jahrgang, Heft 5-6, S. 467-483.

[467] Vgl. Ostroff, Cheri (1992) The Relationship Between Satisfaction, Attitudes, and Performance: An Organizational Level Analysis, Journal of Applied Psychology, 77. Jahrgang, Heft 6, S. 963-974.

[468] Vgl. Wanous, John/Poland, Timothy/Premack, Stephen/Davis, Shannon (1992) The Effects of Met Expectations on Newcomer Attitudes and Behaviors: A Review and Meta-Analysis, Journal of Applied Psychology, 77. Jahrgang, Heft 3, S. 288-297.

beitszufriedenheit, der Bereitschaft das Arbeitsverhältnis fortzusetzen und der Arbeitsleistung verknüpft ist. Dieses Untersuchungsergebnis legt folglich den Schluss nahe, dass ein gestärkter psychologischer Vertrag der Erreichung der Integrationsziele zuträglich ist.

Für den Fortbestand des Arbeitsverhältnisses ist jedoch nicht nur der gestärkte psychologische Vertrag zwischen Mitarbeiter und Organisation von Bedeutung. Relevant ist auch die Übereinstimmung der wechselseitigen Erwartungen zwischen Mitarbeiter und direktem Vorgesetzten. Eine aktuellere Studie von Dabos und Rousseau untersucht die Gegenseitigkeit und das Austauschverhältnis in psychologischen Verträgen zwischen Führungskräften und Mitarbeitern.[469] Diese Untersuchung verdeutlicht den Einfluss erfüllter wechselseitiger Erwartungen auf objektive Indikatoren des Arbeitsverhältnisses wie Produktivität und berufliche Entwicklung. Erfüllte wechselseitige Erwartungen sind nach dieser Studie dann gegeben, wenn eine hohe Übereinstimmung der wechselseitigen Rechte und Pflichten nachweisbar war. Für die Untersuchung wurden 40 Arbeitgeber-/-nehmer Dyaden, also insgesamt 80 Personen, bezüglich ihrer wechselseitigen Erwartungen und den damit verbundenen Auswirkungen befragt. Die Untersuchung kommt zu dem Ergebnis, dass erfüllte wechselseitige psychologische Verträge positiv mit dem Wunsch der Weiterbeschäftigung, den Karriereperspektiven und der Produktivität korrelieren.

In einer empirischen Untersuchung zeigen Sturges, Conway, Guest und Liefooghe mithilfe zweier Hypothesen, dass wenn sich Mitarbeiter aktiv um ihre Karriere kümmern, ein gestärkter psychologischer Vertrag eine wahrscheinliche Konsequenz ist.[470] In einem zweiten Schritt zeigen die Autoren, dass ein gestärkter psychologischer Vertrag zu einem gesteigerten Commitment führt. Dieses kann sich nach den Autoren positiv auf den Unternehmenserfolg auswirken, indem es eine Verringerung von Absentismus und Fluktuation induziert und gleichsam die Arbeitsleistung erhöht. Im Gegensatz zu vielen anderen Studien wurde hierbei die Arbeitsleistung nicht

---

[469] Vgl. Dabos, Guillermo/Rousseau, Denise (2004) Mutuality and Reciprocity in the Psychological Contracts of Employees and Employers, Journal of Applied Psychology, 89. Jahrgang, Heft 1, S. 52-72.

[470] Vgl. Sturges, Jane/Conway, Neil/Guest, David/Liefooghe, Andreas (2005) Managing the career deal: The psychological contract as a framework for understanding career management, organizational commitment and work behavior, Journal of Organizational Behavior, 26. Jahrgang, Heft 7, S. 821-838.

durch eine möglicherweise verfälschte Selbsteinschätzung erhoben. Vielmehr gelang es den Autoren, die Auswirkungen des gesteigerten Commitments auf die Arbeitsleistung der Mitarbeiter zu objektivieren, indem Einsicht in die Personalakte genommen wurde.

Zusammenfassend kann festgehalten werden, dass ein gestärkter psychologischer Vertrag dem Integrationserfolg zuträglich ist, da Leistungsbereitschaft und Arbeitsleistung erhöht werden. Dies sind die zentralen Variablen, mit denen die Beschäftigtengruppe der passiven und betroffenen Mitarbeiter zum Erfolg des Integrationsvorhabens beitragen kann.

3.3.2.2. Auswirkungen eines gestärkten psychologischen Vertrages der Zusammenschluss-/ Integrationsverantwortlichen auf den Integrationserfolg

Ein gestärkter psychologischer Vertrag kann auf unterschiedliche Weise zum Integrationserfolg beitragen. Wie schon im vorhergehenden Kapitel erwähnt wurde, soll hier nochmals kurz auf den Zusammenhang des Weg-Ziel Ansatzes hingewiesen werden. Demnach werden Mitarbeiter jenes Verhalten zeigen, von dem sie glauben, dass es am ehesten der Erreichung ihrer Ziele dienlich ist. Demnach wäre zu vermuten, dass ein gestärkter psychologischer Vertrag der Integrations- und Zusammenschlussverantwortlichen diese Mitarbeitergruppe motiviert, zum Erfolg des Vorhabens beizutragen.

Eine empirische Studie von Krug und Hegarty verdeutlicht, dass die Ausprägung des psychologischen Vertrages der Verantwortlichen ihre Fluktuationsneigung beeinflusst.[471] Die Erhebung basiert auf einer Umfrage von Unternehmen, die in der Forbes 500 Liste aufgeführt waren und in einem Zusammenschluss involviert waren. Von etwa 660 verschickten Fragebögen erhielten sie für ihre Studie etwa 273 Fragebögen zur Auswertung zurück. Ihre Studienergebnisse deuten darauf hin, dass eine positive Wahrnehmung des Zusammenschlussvorhabens die Intention der Verantwortlichen bestärkt, weiterhin für das Unternehmen tätig zu bleiben.

---

[471] Vgl. Krug/Hegarty 2001, S. 185 ff.

In diesem Zusammenhang soll auch noch einmal auf die bereits vorgestellte Studie von Dabos und Rousseau verwiesen werden.[472] Demnach führt ein gestärkter psychologischer Vertrag, der sich aus einer erfüllten Erwartungshaltung ergibt, zu einem gesteigerten Wunsch der Beschäftigten, weiterhin für das Unternehmen tätig zu sein. Es ist davon auszugehen, dass dieses Ergebnis auch auf den Beschäftigtenkreis der Integrations- und Zusammenschlussverantwortlichen übertragbar ist. Ähnliches gilt für die Meta-Analyse von Wanous et al.[473] In dieser Untersuchung konnte gezeigt werden, dass ein erfüllter psychologischer Vertrag die Arbeitszufriedenheit und die Bereitschaft der Beschäftigten erhöht, das Arbeitsverhältnis fortzusetzen.

Ob ein gestärkter psychologischer Vertrag der Verantwortlichen auch zum Erfolg des Integrationsvorhabens beiträgt, wurde in einer empirischen Studie von Kidder und Buchholtz untersucht.[474] Ihre Studie basiert auf der Prämisse, dass positives Mitarbeiterverhalten auch durch organisationale Maßnahmen unterstützt werden sollte, denn die hieraus erzielten Erfolge kämen wiederum der Organisation zugute. Diese Grundannahme übertrugen sie auch auf den Kreis der Unternehmensverantwortlichen. Sie stellen ein Modell vor, in dem der psychologische Vertrag dieser Mitarbeitergruppe durch die Arbeitsbedingungen, das organisationale Umfeld und die Vergütung beeinflusst wird. Der hiervon beeinflusste psychologische Vertrag korreliert nach ihren Ergebnissen mit dem Einsatz dieser Verantwortlichen für das Unternehmen und damit mit dem Unternehmenserfolg.

Dass ein gestärkter psychologischer Vertrag die Fluktuationsrate senkt, wurde bereits in den vorangegangen Abschnitten erwähnt. Überträgt man diese Erkenntnis auf den Mitarbeiterkreis der Zusammenschluss- und Integrationsverantwortlichen, so wäre zu vermuten, dass eine geringe Fluktuationsrate dieser Beschäftigtengruppe zum Integrationserfolg beiträgt. Diese Annahme wird durch die Ergebnisse einer Untersuchung von Clayton, Hartzell und Rosenberg gestützt.[475] In dieser Untersuchung

---

[472] Vgl. Dabos/Rousseau 2004, S. 52 ff.

[473] Vgl. Wanous/Poland/Premack/Davis 1992, S. 288 ff.

[474] Vgl Kidder, Deborah/Buchholtz, Ann (2002) Can excess bring success? CEO compensation and the psychological contract, Human Resource Management Review, 12. Jahrgang, Heft 4, S. 599-617.

[475] Vgl. Clayton, Matthew/Hartzell, Jay/Rosenberg, Joshua (2005) The Impact of CEO Turnover on Equity Volatility, Journal of Business, 78. Jahrgang, Heft 5, S. 1779-1806.

haben die Autoren die Auswirkungen des Ausscheidens von Führungskräften auf den Unternehmenswert in 872 Fällen ausgewertet. Ihre Ergebnisse zeigen, dass Veränderungen innerhalb der Unternehmensführung zu einer zunehmenden Volatilität des Unternehmenswertes führen. Ein gestärkter psychologischer Vertrag, der diese Mitarbeitergruppe dazu bewegt, weiterhin im Unternehmen zu verbleiben, trägt nach diesen Erkenntnissen zur Stabilität des Unternehmenswertes bei. Die finanzielle Stabilität des Unternehmenswertes auf den Märkten oder Börsen drückt zum einen das Vertrauen der Anleger in das Zusammenschlussvorhaben aus. Zum anderen ermöglicht eine hohe Stabilität des Unternehmenswertes den beteiligten Integrations- und Zusammenschlussverantwortlichen sich primär auf die Integration der beiden Unternehmensteile zu konzentrieren.

Abschließend soll festgehalten werden, dass ein gestärkter psychologischer Vertrag der Integrations- und Zusammenschlussverantwortlichen positive Effekte hat, indem er zu einer Verringerung der Fluktuation dieses Beschäftigtenkreises beiträgt. Auch konnte gezeigt werden, dass ein gestärkter psychologischer Vertrag dieser Mitarbeitergruppe positive Auswirkungen auf das Arbeitsverhalten hat, welches sich wiederum positiv auf den Integrationsprozess auswirken dürfte. Abschließend wurde verdeutlicht, dass ein dauerhaftes Beschäftigungsverhältnis der Zusammenschluss- und Integrationsverantwortlichen positive Auswirkungen auf den Unternehmenswert hat und damit eine tragfähige Basis zur Durchführung der nachfolgenden Integrationsmaßnahmen bilden kann.

3.3.3. Fazit

Basierend auf der in Abbildung 26 dargestellten Systematik wurden diese Auswirkungen anhand der Mitarbeitergruppen der Zusammenschluss-/ Integrationsverantwortlichen und der passiven Mitarbeiter untersucht. Durch Verweis auf den Weg-Ziel-Ansatz und die Anreiz-Beitrags-Theorie wurde gezeigt, dass Mitarbeiter sich besonders dann für den Integrationserfolg einsetzen, wenn sie damit ihre eigenen Ziele erreichen respektive ihre eigenen Bedürfnisse befriedigen können. So würde sich folglich ein Mitarbeiter mit einem gestärkten psychologischen Vertrag eher für die

Erreichung der Integrationsziele einsetzen, da seine eigenen Erwartungen eine größere Kongruenz mit denen des Unternehmens aufweisen.

Auch bei der Auswertung der Literatur wurde deutlich, dass die Auswirkungen eines geschwächten psychologischen Vertrages auf den Integrationserfolg umfassender und tief greifender erforscht wurden als die Auswirkungen eines gestärkten psychologischen Vertrages. Wie in Abschnitt 2.4. begründet wurde, wird der Begriff des Integrationserfolges in dieser Arbeit anhand der Indikatoren Commitment, Absentismus und Fluktuation ermittelt. Die vorangegangene Analyse lässt den Schluss zu, dass ein geschwächter psychologischer Vertrag beider Mitarbeitergruppen dysfunktionale Auswirkungen auf gerade diese Indikatoren und damit auf den Integrationserfolg hat. Ferner deutet die Literatur darauf hin, dass ein gestärkter psychologischer Vertrag sämtlicher Mitarbeitergruppen der Erreichung der Integrationsziele förderlich ist.

3.4. Abschließende Betrachtung der wissenschaftlichen Analyse

In diesem Abschnitt sollen zentrale Aspekte, die sich aus der wissenschaftlichen Analyse in Abschnitt 3.1 bis 3.3 ergaben, in Hinblick auf ein Konzept zur Berücksichtigung des psychologischen Vertrages im Integrationsprozess, zusammengefasst werden:

- Aus Sichtweise der Theorie der sozialen Identität konnte festgestellt werden, dass ein Unternehmenszusammenschluss den psychologischen Vertrag bereits durch die Zugehörigkeit des Mitarbeiters zur übernommenen oder übernehmenden Beschäftigtengruppe beeinflussen kann. Zur Überbrückung dieser Gruppenunterschiede spielen Kommunikation, Partizipationsmöglichkeiten sowie die Berücksichtigung von Statusunterschieden in der neuen Organisationsstruktur eine entscheidende Rolle, um den psychologischen Vertrag im Integrationsprozess positiv zu beeinflussen. Das Element der Kommunikation sollte vom Integrationsconsulting genutzt werden, da es hilft, die subjektiv wahrgenommenen Gruppenunterschiede und die sich daraus möglicherweise ergebenden Gruppenabgrenzungstendenzen zu vermindern. Ähnliches gilt auch für das Element der Partizipation. In den Ausführungen zur Theorie der sozialen Identität wird deutlich, dass durchlässige Gruppengrenzen den Wechsel der Gruppenzugehörigkeit ermöglichen. Dadurch kann jeder Mitarbeiter, unabhängig der Zugehörigkeit zur übernommenen oder übernehmenden Mitarbeitergruppe, eine positive soziale Identität herleiten und damit eine Stärkung seines psychologischen Vertrages erfahren.[476]

- Eine Betrachtung mithilfe der Anreiz-Beitrags-Theorie ergab weiterhin, dass ein Unternehmenszusammenschluss häufig zu Veränderungen des Anreiz-Beitrags-Verhältnisses, welches sich vor dem Zusammenschluss etabliert hatte, führt. Der ökonomische Ansatz dieser Theorie weist einerseits auf die Bedeutung der Beiträge im Zusammenschlussprozess hin. Andererseits gibt diese Theorie Hinweise für die Anreizgestaltung, mit der das Unternehmen die Anstrengungen der Mitarbeiter vergüten kann. Bleiben diese Anreize aus, können die Mitarbeiter durch dysfunktionale Verhaltensänderungen, die einem mangelnden Commitment folgen, wie etwa Absentismus oder Fluktuation das durch den Integrationsprozess entstandene Anreiz-Beitrags-Ungleichgewicht wieder ausgleichen. Aus diesem Grund eignen sich diese drei Indikatoren, den Erfolg der Integrationsmaßnahmen zu überprüfen und die Berücksichtigung des psychologischen Vertrages im Integrationsprozess kontinuierlich zu verfolgen. [477]

- Es konnte ferner dargestellt werden, dass aus Sicht der Equity-Theorie, das Input-Outcome-Verhältnis der beiden Beschäftigtengruppen einen Einfluss auf die wechselseitigen Erwartungen zwischen Unternehmen und Mitarbeiter haben kann. Diese Theorie verknüpft Aspekte des Gruppenstatus mit ökonomischen Aspekten der Arbeitgeber-Arbeitnehmer Beziehung. Durch diese Verknüpfung weist die Theorie auf die Bedeutung der wahrgenommenen Gerechtigkeit für die betroffenen Mitarbeiter im Hinblick auf die Zusammenschlussproblematik hin. [478]

Nach der Betrachtung dieser Basistheorien im Forschungsfeld folgte die Untersuchung der Auswirkungen eines Unternehmenszusammenschlusses auf den psychologischen Vertrag der Mitarbeiter:

---

[476] Vgl. Abschnitt 3.1.1.

[477] Vgl. Abschnitt 3.1.2.

[478] Vgl. Abschnitt 3.1.3.

- Es konnte festgestellt werden, dass ein Unternehmenszusammenschluss auf die Beschäftigten des übernehmenden Unternehmens eher positive Auswirkungen hat als auf die Beschäftigten des übernommenen Unternehmens. Bei letzterer Beschäftigtengruppe waren die negativen Auswirkungen auf den psychologischen Vertrag der Zusammenschluss- und Integrationsverantwortlichen besonders ausgeprägt. Die in Abschnitt 3.2. aufgeführten empirischen Studien weisen auch darauf hin, dass ein Unternehmenszusammenschluss häufig zu Veränderungen auf der organisationalen Anreizseite bzw. der damit verbundenen Vergütungssysteme führt. Ebenfalls konnte gezeigt werden, dass ein Unternehmenszusammenschluss häufig mit Veränderungen von Arbeitsaufgaben und Arbeitsumfang für die Mitarbeiter verbunden ist. Schließlich wurde auch verdeutlicht, dass eine hohe wahrgenommene Gerechtigkeit bei den Mitarbeitern zu einer positiven Veränderung des psychologischen Vertrages führen kann.

- In Abschnitt 3.3. wurde anhand empirischer Untersuchungen gezeigt, dass eine Veränderung des psychologischen Vertrages der einzelnen Mitarbeitergruppen unterschiedliche Auswirkungen auf den Integrationserfolg haben kann. Es wurde einerseits verdeutlicht, dass ein gestärkter psychologischer Vertrag einen für den Zusammenschluss positiven Einfluss auf Commitment, Absentismus und Fluktuation der beschäftigten Mitarbeiter nimmt. Andererseits dokumentieren die Ergebnisse aber auch, dass eine Schwächung des psychologischen Vertrages zumeist zu einer negativen Veränderung der gerade genannten Indikatoren aus Unternehmenssicht führt.

Die nachfolgende Abbildung 29 fasst die in diesem Abschnitt dargestellten Aspekte zusammen. Entsprechend der wissenschaftlichen Analyse der Wechselwirkungen zwischen Unternehmenszusammenschluss und psychologischem Vertrag sollte ein Konzept diese Aspekte beinhalten, um den psychologischen Vertrag im Integrationsprozess zu berücksichtigen. Sie werden deshalb tragend für das folgende Kapitel sein.

- Gerechtigkeit
- Partizipation
- Kommunikation
- Vergütungssysteme
- Organisationsstruktur
- Commitment
- Absentismus
- Fluktuation

Abbildung 29: Aspekte, die das Integrationsconsulting im Hinblick auf den psychologischen Vertrag berücksichtigen sollte.[479]

[479] Eigene Darstellung.

4. Empirische Untersuchung der Wechselwirkungen zwischen Unternehmenszusammenschluss und psychologischem Vertrag

Während in Kapitel 3 die Wechselwirkungen zwischen Unternehmenszusammenschluss und psychologischem Vertrag mithilfe verhaltenswissenschaftlicher Basistheorien und relevanter Literatur erfasst und dargestellt wurden, sollen in diesem Abschnitt die Ergebnisse der theoretischen Analyse anhand einer explorativen empirischen Untersuchung mit der Integrationspraxis abgeglichen werden. Im ersten Abschnitt wird die verwendete Untersuchungsform erläutert und deren Datenerhebungsmethode erklärt (Abschnitt 4.1.). Danach wird der Aufbau des Interviews und das Untersuchungssample vorgestellt (Abschnitt 4.2.). Anschließend werden die Ergebnisse der empirischen Untersuchung wiedergegeben und ausgewertet (Abschnitt 4.3.). Sie beruhen auf Recherchen, die im Monat Juni und Juli 2009 durchgeführt wurden.

4.1. Untersuchungsform und Datenerhebungsmethode

Welcher empirische Erhebungsansatz bei der Erforschung von weitgehend unbekannten realen Phänomenen sinnvoll und anwendbar ist, wirft im Rahmen der Personalforschung eine entscheidende Frage auf.[480] In den Sozialwissenschaften, zu denen auch die Betriebswirtschaftslehre gezählt werden kann, haben sich zwei verschiedene Strömungen herausgebildet.[481] Während die quantitative Richtung im Vorhinein festgelegte Hypothesen mittels statistischer Analysen untersucht und damit auf Theoriebegründung und Modellüberprüfung abzielt, fokussiert die qualitative Richtung auf die innere Struktur der empirisch entdeckten Zusammenhänge aus Sicht der Betroffenen.[482]

[480] Vgl. Becker, Fred (1993) Explorative Forschung mittels Bezugsrahmen - ein Beitrag zur Methodologie des Entdeckungszusammenhangs, in Becker, Fred/Martin, Albert (Hrsg.) Empirische Sozialforschung - Methoden und Beispiele, München [u.a.]: Hampp, S. 111-128, S. 112.

[481] Vgl. Schanz, Günther (1979) Betriebswirtschaftslehre als Sozialwissenschaft: Eine Einführung. Stuttgart [u.a.]: Kohlhammer.

[482] Vgl. Becker 1993, S. 112.

Typischerweise werden bei einem quantitativen Ansatz mittels standardisierter Erhebungstechniken isolierte Merkmale erfasst und mithilfe mathematisch-statistischer Verfahren ausgewertet. Hierfür werden in der Regel vergleichsweise große Stichproben erhoben, um eine hohe Generalisierbarkeit der Resultate zu erreichen.[483] Bei einem qualitativen Ansatz werden die Informationen eher unstandardisiert erhoben. Der Schwerpunkt dieser Erhebungsmethode liegt nicht in der Messung, sondern vielmehr auf dem Erkennen, Beschreiben und Verstehen der zu untersuchenden Fragestellung.[484] Aufgrund der detaillierteren und vielschichtigeren Erfassung werden hier eher Einzelfälle oder kleinere Stichproben betrachtet. Folglich ist die Generalisierbarkeit der so gewonnenen Erkenntnisse geringer einzustufen als beim quantitativen Forschungsansatz.[485] Die vergleichsweise hohe Flexibilität und Offenheit des qualitativen Forschungsansatzes prädestinieren ihn vielmehr für die Betrachtung von komplexen und weitgehend unerforschten Forschungsfragen.[486]

Um zum Erkenntnisinteresse dieser Arbeit beizutragen, besteht das Ziel der empirischen Untersuchung in der umfangreichen Erfassung der sich aus der wissenschaftlichen Analyse ergebenden Wechselwirkungen zwischen Unternehmenszusammenschluss und psychologischem Vertrag. Auf Basis der theoretischen und empirischen Befunde folgt die Erstellung eines Konzeptes für das Integrationsconsulting zur Berücksichtigung des psychologischen Vertrages im Integrationsprozess. Eine Hypothesenprüfung, wie sie beim quantitativen Ansatz verfolgt wird, würde dieser Vielschichtigkeit und dem explorativen Potenzial, das dem Forschungsziel dieser Arbeit innewohnt, eher nicht gerecht werden.

Nach der Entscheidung für die Wahl einer qualitativen Erhebungsmethode schließt sich die Frage nach einem geeigneten Datenerhebungsverfahren an. Hierbei kann zunächst grob zwischen Beobachtung, Inhaltsanalyse und Befragung differenziert

---

[483] Vgl. Bortz, Jürgen/Döring, Nicola (2003) Forschungsmethoden und Evaluation für Human und Sozialwissenschaftler, 3. überarbeitete Auflage, Berlin [u.a.]: Springer, S. 137 ff.

[484] Vgl. Becker 1993, S. 113.

[485] Vgl. Bortz/Döring 2003, S. 295 ff.

[486] Vgl. Hopf, Christel (1979) Soziologie und qualitative Sozialforschung, in Hopf, Christel/ Weingarten, Elmar (Hrsg.) Qualitative Sozialforschung Stuttgart: Klett-Cotta, S. 11-37.

werden.[487] Die Beobachtung kann als die „ursprünglichste“ Form der Datenerhebung betrachtet werden.[488] Der Schritt von der alltäglichen „naiven“ Beobachtung, die sich aus Interessen oder Notwendigkeiten ableitet, zur wissenschaftlichen Beobachtung ist hauptsächlich durch die Kontrolle und Systematik des Verfahrens zu begründen. In diesem Sinne ist die wissenschaftliche Komponente gegeben, wenn (1) die Beobachtung einem bestimmten Forschungszweck dient, (2) sie systematisch aufgezeichnet ist und auf allgemeinere Urteile bezogen wird und (3) sie wiederholten Prüfungen und Kontrollen hinsichtlich ihrer Gültigkeit, Zuverlässigkeit und Genauigkeit unterworfen wird.[489] Dieses Datenerhebungsverfahren ist jedoch auch mit Einschränkungen verbunden. Ein Problem ist, dass nur laufende Prozesse mit geringer räumlicher und personeller Verteilung beobachtbar sind.[490] Im Hinblick auf das Ziel dieser empirischen Untersuchung, welches in der Überprüfung der Wechselwirkungen zwischen Unternehmenszusammenschluss und psychologischem Vertrag besteht, ist die Beobachtung als Erhebungsmethode eher ungeeignet, da die relevanten Erwartungen, die einen psychologischen Vertrag kennzeichnen, durch die Beobachtung des Verhaltens kaum erfasst werden können.

Bei der Inhaltsanalyse werden themenrelevante Objekte, wie Texte, Rundfunk- oder Fernsehsendungen, einer Analyse unterzogen.[491] Kennzeichnend für diese Methode ist, dass die für die Analyse erforderlichen Daten bereits existieren und nicht erst erstellt werden müssen. Somit verringert dieses Datenerhebungsverfahren subjektive Einflüsse des Forschers, da dieser nur das für die Untersuchung notwendige Material, nicht aber seinen Inhalt variieren kann. Der Einsatz dieses Verfahrens wird dann besonders erschwert, wenn das Forschungsziel in der Klärung sensibler Sachverhalte besteht, für die Dokumente mit vertraulichen Informationen notwendig sind, die in ihrer Verfügbarkeit und Zugänglichkeit eingeschränkt sind.[492] Auch im Hinblick auf

---

[487] Vgl. Schnell, Rainer/Hill, Paul/Esser, Elke (2005) Methoden der empirischen Sozialforschung, 7. völlig überarbeitete und erweiterte Auflage, München [u.a.]: Oldenbourg, S.319 ff.

[488] Vgl. Schnell, Hill, Esser 2005, S. 390 ff.

[489] Vgl. Jahoda, Marie/Deutsch, Morton/Cook, Stuart (1965) Beobachtungsverfahren, in König, René (Hrsg.) Beobachtung und Experiment in der Sozialforschung, 3. Auflage, Köln [u.a.]: Kiepenheuer&Witsch, S. 77-96.

[490] Vgl. Nienhüser, Werner (1993) Die Leistungsfähigkeit unterschiedlicher Methoden zur Erforschung von Entscheidungsprozessen, in Becker, Fred/Martin, Albert (Hrsg.) Empirische Personalforschung, Methoden und Beispiele, München [u.a.]: Hampp, S. 69-92, S. 88.

[491] Vgl. Schnell, Hill, Esser 2005, S. 407 ff.

[492] Vgl. Nienhüser 1993, S. 87 f.

die Klärung bisher noch nicht erforschter Zusammenhänge, wie sie in dieser empirischen Untersuchung vorgenommen werden soll, ist von einer Inhaltsanalyse mangels vorhandener Dokumente abzuraten.

Neben Beobachtung und Inhaltsanalyse zählt die Befragung zu den Datenerhebungsverfahren in der qualitativen Sozialforschung. Hier gilt sie als Standardinstrument zur Ermittlung von Fakten, Wissen, Meinungen und Einstellungen.[493] Die ‚mündliche Befragung' bzw. das qualitative Interview zeichnet sich durch eine vergleichsweise große Offenheit bei der Frage- und Antwortformulierung aus.[494] Zielt das Gespräch auf eine zuvor festgelegte Fragestellung, die der Forscher bereits im Vorfeld der Befragung hinsichtlich schon existierende theoretischer und empirischer Analysen untersucht hat, wird von einem problemzentrierten Interview gesprochen.[495] Da die anschließende empirische Untersuchung auf der in Kapitel 3 vorgenommenen theoretischen Analyse aufbaut, erscheint das problemzentrierte Interview als geeignetes Erhebungsinstrument. Dieses Datenerhebungsverfahren ermöglicht es, die Vielschichtigkeit der Wechselwirkungen zwischen Unternehmenszusammenschluss und psychologischem Vertrag umfangreich zu erfassen. Das problemzentrierte Interview ist durch eine offene halbstrukturierte Befragung gekennzeichnet. Der Vorteil eines halbstrukturierten Interviews liegt in seiner Flexibilität, da ad hoc je nach Gesprächssituation Fragen aufgegriffen werden können, die der zentralen Fragestellung der Arbeit dienlich sind.[496]

Aufbauend auf den theoretischen Erkenntnissen der Arbeit soll ein Interviewleitfaden erstellt werden, der dem Interviewer während der Befragung als Orientierungshilfe dient. In diesem Leitfaden soll die zu untersuchende Problematik in entsprechende Teilbereiche zerlegt und schließlich in entsprechenden Fragen formuliert werden. Der

[493] Vgl. Kaase, Max/Ott, Werner/Scheuch, Erwin (1983) Empirische Sozialforschung in der modernen Gesellschaft, in Kaase, Max/Ott, Werner/Scheuch, Erwin (Hrsg.) Empirische Sozialforschung in der modernen Gesellschaft, Beiträge und Referate, Frankfurt [u.a.]: Campus Verlag, S. 9-26, S.17; Phillips, Derek (1971) Knowledge from what: Theories and methods in social research, Chicago: Rand McNally, S. 3.

[494] Vgl. Schnell, Hill, Esser 2005, S. 321.

[495] Vgl. Lamnek, Siegfried (2005) Qualitative Sozialforschung, Lehrbuch, 4. vollständig überarbeitete Auflage, Weinheim [u.a.]: Beltz, S. 363 ff.; Modrow-Thiel, Brita (1993) Qualitative Interviews-Vorgehen und Probleme, in Becker, Fred/Martin, Albert (Hrsg.) Empirische Sozialforschung, Methoden und Beispiele, München [u.a.]: Hampp, S. 129-149, S 133.

[496] Vgl. Modrow-Thiel 1993, S. 133 f.

Leitfaden soll dem Interviewer helfen, alle Themengebiete in der vorher festgelegten Form zu berücksichtigen und es gleichsam dem Forscher ermöglichen, je nach Gesprächssituation flexibel zu reagieren.[497]

Für die Auswertung der durch dieses Erhebungsverfahren gewonnenen Daten kann die qualitative Inhaltsanalyse nach Mayring angewandt werden.[498] Mit dieser Methode können sowohl Texte als auch verbalisiertes Material kontrolliert und nachvollziehbar aufbereitet und untersucht werden. Bezüglich der Auswertung bieten sich demnach drei aufeinanderfolgende Schritte an:

- Die zusammenfassende Inhaltsanalyse: Hier wird der Ausgangstext auf eine überschaubare Kurzfassung reduziert, in der nur noch die wesentlichen Informationen enthalten sind.[499] Es werden zunächst die relevanten Textpassagen in eine knappe, auf den Inhalt beschränkte Form gebracht (Paraphrasierung). Danach werden diese Paraphrasen verallgemeinert (Generalisierung), inhaltsgleiche Aussagen entfernt und sich aufeinander beziehende Aussagen gebündelt und zu Kategorien verdichtet (Reduktion). Schließlich sollte überprüft werden, ob das durch die Analyse entstandene Kategoriensystem noch dem Ausgangsmaterial entspricht und alle Paraphrasen auch in den Kategorien enthalten sind.
- Explizierende Inhaltsanalyse: Es werden einzelne unklare oder erklärungsbedürftige Textbestandteile durch Hinzunahme zusätzlichen Materials verständlich gemacht. Diese ergänzenden Informationen können z.B. anderen Interviewpassagen oder Informationen über den Befragten entnommen werden.
- Strukturierende Inhaltsanalyse: Die zusammenfassende Kurzversion wird nun entsprechend des Kategoriensystems und des möglicherweise bereits gewonnenen theoretischen Vorverständnisses geordnet. Im Anschluss wird das Material erneut durchsucht und die den Dimensionen entsprechenden Textpassagen gekennzeichnet und aufgearbeitet.

---

[497] Vgl. Modrow-Thiel 1993, S. 133 f.

[498] Vgl. Mayring, Phillipp (2008) Qualitative Inhaltsanalyse, Grundlagen und Techniken, 10. Auflage, Weinheim [u.a.]: Beltz, S. 56 ff.

[499] Vgl. Bortz, Döring 2003, S. 332.

4.2. Interviewcontent und Untersuchungssample

Mithilfe des Datenerhebungsverfahrens soll in einem ersten Schritt überprüft werden, ob, in welcher Weise und in welchem Ausmaß der Unternehmenszusammenschluss den psychologischen Vertrag der Mitarbeiter beeinflusst. In diesem Zusammenhang sollen die unterschiedlichen Beschäftigtengruppen analog der bereits vorgestellten theoretischen Analyse getrennt voneinander betrachtet werden.[500] In einem weiteren Schritt werden die Auswirkungen eines veränderten psychologischen Vertrages auf den Integrationserfolg untersucht. In einem letzten Schritt sollen die betroffenen Mitarbeiter gefragt werden, welche Aspekte im Hinblick auf den psychologischen Vertrag im Integrationsprozess stärker zu berücksichtigen sind.

Inhalt und Ablauf dieser Interviews werden hauptsächlich durch den Interviewleitfaden bestimmt. Bei der Gestaltung des Interviewleitfadens wurde darauf geachtet, dass der Begriff des psychologischen Vertrages in den einzelnen Fragen möglichst vermieden wird. Diese Entscheidung wird damit begründet, dass vermutlich für die Mehrheit der befragten Personen das Konstrukt unbekannt sein dürfte. Auch kann so umgangen werden, dass Interviewer und Interviewter zwar beide den gleichen Begriff benutzen, ihn jedoch unterschiedlich definieren. Der Verzicht auf die Verwendung des Begriffs „psychologischer Vertrag" soll es den Gesprächspartnern erleichtern, dem Gedankengang des Leitfadens zu folgen.

Der Interviewleitfaden besteht aus fünf Abschnitten.[501] Im ersten Abschnitt stellt der Interviewer sein Forschungsvorhaben sowie die Thematik vor und skizziert den Ablauf des Interviews. Im zweiten Abschnitt wird der Gesprächspartner nach seiner Position und seinem Werdegang im Unternehmen befragt. Dies ermöglicht anschließend eine Zuordnung des Interviewten in eine der in der wissenschaftlichen Analyse in Kapitel 3.2. vorgestellten Beschäftigtenkategorien (Zusammenschluss-/Integrationsverantwortlicher; passiver, betroffener Mitarbeiter; „übernehmende" Mitarbeitergruppe; „übernommene" Mitarbeitergruppe). Der nachfolgende dritte Abschnitt des Interviewleitfadens basiert auf den Erkenntnissen von Kapitel 3. In Ab-

[500] Vgl. Abbildung 23 / Abschnitt 3.2.

[501] Vgl. Interviewleitfaden 1 in Abbildung 46 des Anhangs.

schnitt 3.1. des Leitfadens soll festgestellt werden, ob Wechselwirkungen zwischen Unternehmenszusammenschluss und psychologischem Vertrag bestehen. Entgegen der sonst üblichen qualitativen Vorgehensweise sind die anschließenden Merkmale als geschlossene Fragen ausformuliert. Bestätigt der Interviewte jedoch den befragten Zusammenhang, so sieht der Fragebogen eine entsprechende offene Nachfrage vor, bei der der Interviewte seine Erfahrungen/Sicht frei schildern kann. In Abschnitt 3.2. des Interviewleitfadens werden die Auswirkungen eines veränderten psychologischen Vertrages auf den Integrationserfolg thematisiert. Aus Gründen der Objektivität soll dieser Fragenblock bevorzugt auf die Interviewtengruppe der Zusammenschluss- / Integrationsverantwortlichen angewandt werden. Das Gespräch soll in Abschnitt 4 des Leitfadens ferner genutzt werden, um von den Betroffenen eines Zusammenschlusses zu erfahren, welche Aspekte im Integrationsprozess im Hinblick auf ihren psychologischen Vertrag eine stärkere Berücksichtigung finden sollten. Abschnitt 5 bildet den Abschluss des Interviewleitfadens

Bei der Auswahl des Untersuchungssamples ging es darum, Beschäftigte unterschiedlich großer Unternehmen, die in einem Zusammenschluss involviert waren, für die Erhebung zu gewinnen. Es wurden zunächst 20 börsennotierte Unternehmen angeschrieben, die in den letzten drei Jahren an einem Zusammenschluss beteiligt waren. Trotz intensiver Bemühungen war keines dieser Unternehmen bereit, entsprechende Mitarbeiter zu benennen, die an dieser empirischen Untersuchung teilnehmen würden. Die Gründe für die Ablehnung der Befragung waren mannigfaltig. Dem Autor wurden Argumente wie zeitliche Überlastung, Angst vor den Umfrageergebnissen oder eine generelle Umfragemüdigkeit genannt.

Es wurden schließlich Unternehmen aus dem Umfeld des Interviewers kontaktiert, die in einem Zusammenschluss involviert waren. Insgesamt erklärten sich fünf Unternehmen zur Teilnahme an dieser Studie bereit. Auch im Hinblick auf mögliche Reputationsverluste wurde den Unternehmen die Anonymisierung der gewonnenen Erkenntnisse zugesichert. Das sich ergebende Untersuchungssample setzt sich aus 26 Befragten zusammen, von denen 7 weiblichen und 19 männlichen Geschlechts waren. Von den Befragten zählten 12 Personen zur Gruppe der „übernehmenden“ und 14 zu den „übernommenen“ Beschäftigten. Da insgesamt 11 Interviewte Zusammenschluss- bzw. Integrationsverantwortung trugen, konnten tief greifende Einblicke nicht nur in die Wechselwirkungen zwischen Unternehmenszusammenschluss und psychologischem Vertrag gewonnen werden. Es wurden auch Hinweise erhalten, wie der psychologische Vertrag im Integrationsprozess eine stärkere Berücksichtigung finden kann. Ferner schilderten insgesamt 15 betroffene Mitarbeiter ihre Erlebnisse und Erfahrungen aus sehr unterschiedlichen Blickwinkeln und trugen somit ebenfalls zum Erkenntnisgewinn dieser Studie bei. Die nachfolgende Abbildung 30 stellt die Zugehörigkeit der interviewten Personen zu den jeweiligen Mitarbeitergruppen dar.[502] Nachfolgend sollen kurz die 5 Unternehmen vorgestellt werden, bei denen die befragten Mitarbeiter zum Zeitpunkt der Untersuchung beschäftigt waren.

	Zusammenschluss-/Integrationsverantwortliche	Passive (betroffene) Mitarbeiter
Auswirkungen auf die „übernehmenden" Beschäftigten	5	7
Auswirkungen auf die „übernommenen" Beschäftigten	6	8

Abbildung 30: Anzahl und Zugehörigkeit der einzelnen Befragten zu den jeweiligen Mitarbeitergruppen.[503]

Der erste Unternehmenszusammenschluss, welcher im Fortgang als U1 bezeichnet wird, betrifft einen großen international tätigen deutschen Industriekonzern. Das Unternehmen beschäftigt mehr als 40.000 Mitarbeiter. Die Hauptgeschäftsfelder dieser Aktiengesellschaft liegen im Bereich der Spezialchemie und der Energieerzeugung. Der Unternehmenszusammenschluss fand zwischen diesen beiden in etwa ähnlich großen Sparten statt. Bei diesem Zusammenschluss konnten nur Beschäftigte des „übernommenen" Unternehmensteils befragt werden.

Der zweite Zusammenschluss, welcher im Folgenden U2 genannt wird, erfolgte zwischen einem der fünf größten Stromerzeuger in Europa und einem lokalen Energielieferanten. Diese Aktiengesellschaft besitzt jetzt die gesamte Wertschöpfungskette von Energieerzeugung, Übertragung, Verteilung und Vertrieb. Das Unternehmen beschäftigt mehr als 30.000 Mitarbeiter. Der Unternehmenszusammenschluss fand hier

[502] Eine systematische Aufstellung der Interviewpartner ist in Abbildung 48 im Anhang einsehbar.
[503] Eigene Darstellung.

zwischen dem Hauptunternehmen und einem vergleichsweise kleinen lokalen Unternehmen statt.

Die dritte empirische Erhebung fand bei zwei Unternehmen statt, zu deren Aufgaben die Planung, Projektdurchführung und -betreuung komplexer technischer petrochemischer Großanlagen zählen. Nach dem Zusammenschluss beschäftigt die Aktiengesellschaft etwa 17.000 Beschäftigte und wird bei der Auswertung der Interviews als U3 betitelt. Aufgrund der großen räumlichen Distanz konnten bei diesem Unternehmen nur die Beschäftigten des „übernehmenden" Unternehmensteils befragt werden.

Der vierte Unternehmenszusammenschluss (U4) erfolgte zwischen einem der weltweit fünf größten Rückversicherungsunternehmen und einer großen national agierenden Versicherungsagentur. Zu den Hauptgeschäftsfeldern dieser Aktiengesellschaft zählen die globalen Rückversicherungsbeziehungen zu einer Vielzahl von Erstversicherern. Der Unternehmenszusammenschluss fand hier in einem internationalen Kontext statt, weshalb übernommene Mitarbeiter nur fernmündlich interviewt werden konnten. Dank der umfangreichen Unterstützung durch die Unternehmensführung und durch die betroffenen Mitarbeiter konnten hier sämtliche Beschäftigtengruppen befragt werden.

Der letzte Unternehmenszusammenschluss (U5), der in dieser Studie betrachtet wurde, unterscheidet sich deutlich von den anderen untersuchten Unternehmenszusammenschlüssen hinsichtlich Größe, Mitarbeiterstruktur und Eigentumsverhältnisse. Es ist ein mittelständisches Familienunternehmen im ländlichen Raum, welches Arzneimittel sowie Medizinprodukte vertreibt und ein Sanitätshaus führt. Das Unternehmen wird von fünf Teilhabern geführt. Es beschäftigt etwa 50 Mitarbeiter und verfolgt eine Expansionsstrategie, bei der Konkurrenzbetriebe aufgekauft bzw. übernommen werden. Da das Forschungsthema bei der Unternehmensführung auf großes Interesse stieß, konnten auch hier sämtliche Beschäftigtengruppen befragt werden.

Zur eindeutigen Zuordnung der im nachfolgenden Abschnitt verwendeten Zitate erschien eine Kennzeichnung erforderlich, die erstens Rückschlüsse auf die Unternehmenszugehörigkeit des Mitarbeiters zulässt (U1-U5) und zweitens die Zugehörigkeit entweder zur Gruppe der „übernehmenden“ (A) oder zur Gruppe der „übernommenen“ (B) Beschäftigten ausdrückt. Drittens sollte diese Kennzeichnung auch indizieren, ob der Mitarbeiter zur Gruppe der Zusammenschluss-/Integrationsverantwortlichen (V) oder zur Gruppe der betroffenen (passiven) Mitarbeiter (M) gehört.

Es erschien ratsam, diese Merkmale hintereinander anzuordnen, (z.B. in Form von U1/AV oder U4/BM) und dann zur eindeutigen Identifizierung des Zitierten eine laufende Mitarbeiternummer hinzuzufügen. Damit wird die Unterscheidung einzelner Mitarbeiterzitate ermöglicht, obwohl diese beim gleichen Unternehmen arbeiten und der gleichen Mitarbeitergruppe angehören. Folglich wird ein Befragter, der als U1/BV2 gekennzeichnet ist, von Unternehmen 1 beschäftigt. Dort gehört er zur Gruppe der „übernommenen“ Zusammenschluss-/Integrationsverantwortlichen und ist der zweite Befragte mit diesen Merkmalen.

4.3. Befragungsergebnisse und deren Auswertung

4.3.1. Auswirkungen des Unternehmenszusammenschlusses auf den psychologischen Vertrag

Die folgende Auswertung betrachtet die sich aus der wissenschaftlichen Analyse ergebenden Wechselwirkungen zwischen Unternehmenszusammenschluss und psychologischem Vertrag. Zunächst wurde erfragt, ob Unterschiede zwischen den beiden Mitarbeitergruppen bestehen. Anschließend wurde untersucht, ob der Zusammenschluss das bestehende Verhältnis von betrieblichen Anreizen und Beiträgen des Mitarbeiters beeinflusst hat.

4.3.1.1. Zusammenschlussbedingte Auswirkungen auf die wahrgenommenen Unterschiede zwischen den Beschäftigtengruppen

Nachdem von dem Interviewer zunächst allgemeine Daten über den Befragten in Erfahrung gebracht wurden, konzentrierte sich die Erhebung im ersten Teil des Interviews auf etwaige Unterschiede zwischen den vormals selbstständigen Unternehmen und deren Mitarbeitergruppen. Diese Thematik ist insofern von Bedeutung, als dass solche Differenzen im weiteren Verlauf des Integrationsprozesses zu Schwierigkeiten zwischen den einzelnen Mitarbeitergruppen führen können und folglich negative Auswirkungen auf den psychologischen Vertrag haben können.[504]

Die große Mehrheit der Befragten gab an, dass sie Unterschiede zwischen den beiden Belegschaftsgruppen wahrnimmt. Das Ausmaß dieser Unterschiede variierte jedoch beträchtlich. Einige Befragte bemerkten nur geringfügige Differenzen zwischen den Beschäftigtengruppen:

> *„Am Anfang fand ich besonders auffällig, dass die Mitarbeiter vom anderen Unternehmen deutlich direkter miteinander sprachen, als das bei uns früher der Fall war. Dort redete man Klartext miteinander. Bei uns wurden manche Probleme eher hinter verschlossenen Türen geregelt.*
>
> U1/BV1

> *„Da gab es schon Unterschiede. Beide Gruppen verfolgten unterschiedliche Vertriebsphilosophien. Aufgrund unserer langfristigen Rahmenlieferungsverträge stand bei uns eher die langfristige Kundenbindung im Vordergrund. Ich möchte nicht sagen, dass das bei dem anderen Unternehmen anders war, aber dort spielte der kurzfristige Profit eine größere Rolle als bei uns."*
>
> U1/BV2

Besonders Befragte von Unternehmen 5 nahmen deutliche Unterschiede zwischen den Beschäftigtengruppen wahr. Bei der Auswertung der Interviews fiel auch auf, dass die im nachfolgenden Zitat erwähnten negativen Attribute, wie eine veraltete Geschäftsausstattung oder ineffektive Abläufe, nicht nur von der Geschäftsführung, sondern auch von den „übernehmenden" passiven Mitarbeitern des Unternehmens 5 geäußert wurden.

---

[504] Siehe hierzu die Ausführungen zur Theorie der sozialen Identität in Abschnitt 3.1.1.

„Ja, es gab deutliche Unterschiede. Als wir uns das übernommene Unternehmen das erste Mal vor Ort genauer anschauten, fühlten wir uns regelrecht in die Vergangenheit zurückversetzt. Zum einen betraf das die veraltete Geschäftsausstattung und die damit verbundenen ineffektiven Abläufe. So merkten wir recht schnell, dass dort ein massiver Verbesserungsbedarf bestand. Zum anderen konstatierten wir einen deutlichen Personalüberhang. Der dortige Status quo war für uns absolut inakzeptabel."

U5/AV1

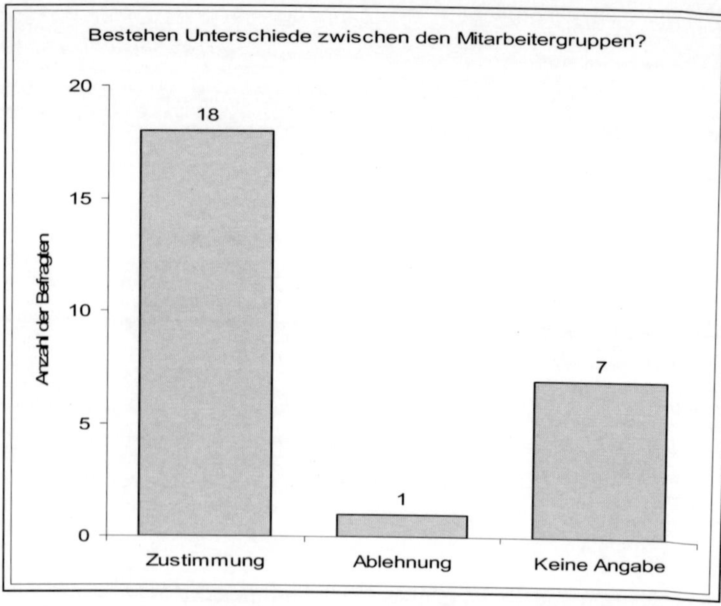

Abbildung 31: Anzahl der Befragten, die Unterschiede zwischen den Beschäftigtengruppen wahrnahmen.

Die Ergebnisse zeigen, dass sich die Mitarbeiter der beiden Beschäftigtengruppen miteinander vergleichen. Abbildung 31 gibt an, inwieweit die Befragten Unterschiede zwischen den Belegschaftsgruppen bejahen oder verneinen. Insgesamt beschreibt die Mehrheit der Interviewten die Unterschiede mittels moderater Attribute, wie etwa klare Kommunikation, kurzfristige Denkweisen oder Zeithorizonte. Ausschließlich die „übernehmenden" Befragten von Unternehmen U5 machen in diesem Zusammenhang relativ harsche Äußerungen. Erwähnenswert ist ihre Kritik auch deshalb, weil sie offen und ausdrücklich auf ihre Überlegenheit hinweisen. In Bezug auf die vorangegangene wissenschaftliche Analyse der Wechselwirkungen ist davon auszugehen, dass große subjektiv wahrgenommene Unterschiede zwischen den Beschäftigtengruppen vergleichsweise große Auswirkungen auf den psychologischen Vertrag haben.

Im Anschluss wurde erfragt, ob im Integrationsprozess einer Mitarbeitergruppe Möglichkeiten gewährt wurden, die der anderen verwehrt blieben. Schließlich wäre zu erwarten, dass eine solche Ungleichbehandlung zwar einerseits zu einer Stärkung des psychologischen Vertrages der bevorteilten Mitarbeitergruppe beiträgt, andererseits aber auch eine deutliche Schwächung des psychologischen Vertrages bei der benachteiligten Mitarbeitergruppe begründen kann. Diese Annahme wurde in den Interviews bestätigt. Besonders Befragte, die deutliche Unterschiede zwischen den Beschäftigtengruppen ausmachten, gaben an, dass der Integrationsprozess den Mitarbeitern einer Beschäftigtengruppe Möglichkeiten eröffnete, die den anderen vorenthalten blieben. Die nachfolgenden Zitate von U5/AM2 zeigen diesen Zusammenhang auf. Der Zusammenschluss ist für die Befragte als Zugehörige zur "übernehmenden" Belegschaftsgruppe durchaus mit handfesten Vorteilen verbunden.

> *„Ich gehörte zu dem Team, das beim Aufbau und der Inbetriebnahme des neuen Systems helfen sollte. Ein wesentlicher Unterschied war natürlich auch auf die Tatsache zurückzuführen, dass sich die anderen an unsere Vorgaben halten mussten. Wir haben dort unser System installiert und wollten, dass die dortigen Mitarbeiter damit zurechtkommen."*
>
> U5/AM2

Folglich konnte die Befragte nach der Übernahme nicht nur eine führende Position im übernommenen Unternehmensteil einnehmen, vielmehr konnte sie auch die neuen Prozessabläufe implementieren und wurde so auch gestaltend tätig. Diese Veränderungen deuten sehr stark auf eine Stärkung ihres psychologischen Vertrages hin. Andererseits zeigt dieses Zitat auch, dass die „übernommenen" Mitarbeiter die neuen Vorgaben akzeptieren müssen, auch ohne ihr Einverständnis. Dies beschreibt U5/AM2 im nachfolgenden Zitat wie folgt:

„Einige dieser Mitarbeiter sträubten sich vehement dagegen. Dann führte der Chef sehr eindeutige Gespräche, was dazu führte, dass viele Mitarbeiter kündigten und wir deshalb noch mehr arbeiten mussten.“

U5/AM2

Dass Unterschiede zwischen den Beschäftigtengruppen zur Schwächung des psychologischen Vertrages der Mitarbeiter der „übernommenen“ Beschäftigtengruppe führen, ist dem nachfolgenden Zitat von U2/BM1 zu entnehmen. Der Interviewpartner beschreibt darin die Konsequenzen, mit denen der Integrationsprozess für ihn verbunden ist:

„Wir fühlen uns hier nur noch als Befehlsempfänger der Anderen. Ein zentraler Aspekt ist der Arbeitsplatzabbau. Für uns ist der Zusammenschluss gleichbedeutend mit dem 1+1 =1 Effekt gewesen. Für jeden Arbeitsplatz, der vorher beim anderen Unternehmen bestand und der auch einen Äquivalenten bei uns hatte, wurde einer wegrationalisiert. Aufgrund der klaren Machtverhältnisse ist auch offenkundig, wo der wegfällt, nämlich bei uns. Das Arbeitsklima hat sich seit dem Zusammenschluss stark verändert. Denn jeder von uns fürchtet um seinen Arbeitsplatz.“

U2/BM1

Jedoch gab in einem Fall ein „übernommener“ Verantwortlicher U1/BV1 an, dass der Zusammenschlussprozess ihm weitere zusätzliche Aufstiegschancen eröffnete, die er sonst wahrscheinlich nicht erfahren hätte. Schließlich begründete die Unternehmensführung den Karriereaufstieg mit seinen Verdiensten im Integrationsprozess. Für ihn wird die Beförderung sicherlich zu einer Stärkung seines psychologischen Vertrages beitragen.

Die Auswertung der Interviews wird in dem nachfolgenden Zitat von U1/BM2 treffend zusammengefasst. Demnach ähnelten sich die Antworten der Befragten insofern, als dass der Integrationsprozess für die „übernommenen“ Beschäftigten mit diversen Einschränkungen besonders im Hinblick auf Aufstiegschancen verbunden ist, wohingegen er für die „übernehmenden“ Beschäftigten zumeist mit Vorteilen verknüpft ist.

„Also, da gab es schon Unterschiede. Schauen sie sich doch mal die Unternehmensführung hier am Standort an. Von den damaligen Chefs ist kaum noch einer geblieben. Kurz nach dem Zusammenschluss wurde hier Job Rotation eingeführt. Das hatte leider zur Konsequenz, dass viele von den ehemaligen Führungskräften an andere Standorte versetzt wurden. Mein ehemaliger Chef wurde versetzt, und das war sicherlich kein Aufstieg. Die frei gewordenen Positionen wurden zumindest mehrheitlich von Mitarbeitern des anderen Unternehmens besetzt. Besonders in der Anfangsphase führte das auch zu vielen Problemen. Die haben unsere internen Abläufe nicht verstanden, wollten uns ihr System überstülpen, und es endete in einem großen Chaos und einem Haufen unnötiger Mehrarbeit.“

U1/BM2

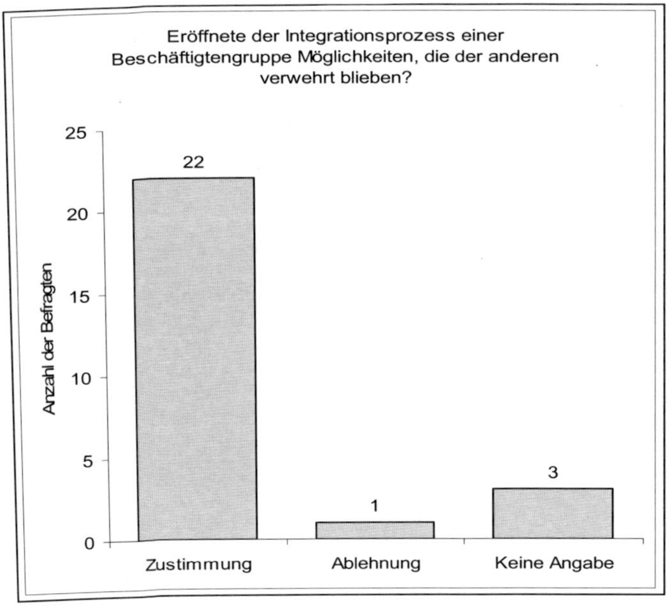

Abbildung 32: Einschätzung der Befragten, ob Beschäftigten einer Mitarbeitergruppe zusätzliche Möglichkeiten im Integrationsprozess gewährt wurden.

Die Ergebnisse dieser empirischen Untersuchung liefern insgesamt ein recht eindeutiges Bild. Abbildung 32 zeigt die breite Zustimmung der befragten Mitarbeiter zu der

Annahme, dass der Unternehmenszusammenschluss Beschäftigten einer Mitarbeitergruppe Möglichkeiten eröffnete, die der anderen vorenthalten blieben. Diese Studie bestätigt folglich, dass die Erwartungen der Mitarbeiter vom Unternehmenszusammenschluss beeinflusst und geprägt werden.

Um Unterschiede zwischen den Mitarbeitergruppen zu verringern und das besagte Abgrenzungsverhalten möglichst zu vermeiden, kann eine gelungene Partizipation zum Integrationserfolg beitragen. Das Zubilligen von Partizipationsmöglichkeiten könnte besonders den Mitarbeitern des übernommenen Unternehmens helfen, ihre Position im gemeinsamen Unternehmen zu finden. Eine hinreichende Partizipation würde es ihnen erleichtern, ihre eigenen Erwartungen und Bedürfnisse zu kommunizieren und gleichzeitig mehr über jene der anderen Beschäftigten zu erfahren. Deshalb wurde in dieser empirischen Untersuchung auch erfragt, ob Partizipationsmöglichkeiten eingeräumt wurden. Die Interviewpartner gaben jedoch mehrheitlich zu erkennen, dass ihnen Partizipationsmöglichkeiten im Integrationsprozess nur selten zugebilligt wurden und Verantwortliche diesen negativ gegenüberstanden. Die Ablehnung des befragten Geschäftsführers von Unternehmen U5 kommt im nachfolgenden Zitat zum Ausdruck:

> *„Nein, um Himmels willen, wir können doch den Mitarbeitern keine Mitbestimmungsmöglichkeiten einräumen. Wo soll das denn hinführen? Das Unternehmen ist sehr erfolgreich und das soll auch so bleiben. Da können wir keine Partizipation gebrauchen."*
>
> U5/AV1

Obwohl eine solch klare Ablehnung von Partizipationsmöglichkeiten von keinem anderen befragten Verantwortlichen geäußert wurde, ist dieses Zitat schon aufgrund seiner Prägnanz erwähnenswert. Schließlich drückt der „übernehmende" Verantwortliche damit auch die Geringschätzung seiner Mitarbeiter aus. Wie sich auch bei Unternehmen U5 gezeigt hat, führte die kompromisslose Haltung des „übernehmenden" Unternehmensteils zu einem Anstieg der Mitarbeiterfluktuation. Sie ist ein eindeutiger

Indikator für einen geschwächten psychologischen Vertrag der „übernommenen" Mitarbeiter.[505]

Die Mehrheit der Befragten „übernehmenden" Verantwortlichen gab in den Interviews an, dass sie besonders den „übernommenen" Beschäftigten eher ungern Partizipationsmöglichkeiten einräumte. Dies mag zum einen daran liegen, dass so mancher Befragte Vorbehalte gegenüber zusätzlichen Gestaltungsmöglichkeiten der Mitarbeiter hegt. Denkbar ist zum anderen jedoch auch, dass viele „übernehmende" Verantwortliche die Möglichkeit gar nicht erst in Erwägung ziehen, verborgenes implizites Wissen der „Übernommenen" durch das Instrument der Partizipation zu erfahren und zu nutzen. Die ablehnende Grundhaltung gegenüber der Zusicherung von Partizipationsmöglichkeiten wird auch im nachfolgenden Zitat von U4/AV1 deutlich.

> *„Nein. Der Zusammenschluss wurde mit strategischen und wirtschaftlichen Interessen begründet. Bei einer solchen Zielsetzung müssen sie den Mitarbeitern keine Partizipationsmöglichkeiten einräumen. Schließlich ist es doch nicht unser Ziel, das dortige Betriebsklima zu verbessern. Wir wollen doch, dass die dort beschäftigten Mitarbeiter zur Erreichung unserer Ziele beitragen. Deshalb müssen wir Ihnen schon unsere Ziele kommunizieren und ihnen gleichzeitig sagen, was sie dafür tun müssen."*
>
> U4/AV1

Die Mehrheit der befragten Mitarbeiter bestätigte die Aussagen der Führungskräfte. Fast alle Befragten gaben bei Ihren Antworten an, dass ihnen während des Integrationsprozesses keine Partizipationsmöglichkeiten eingeräumt wurden. Dennoch bestätigt diese Untersuchung, dass Unterschiede bestehen zwischen den Mitarbeitern, die zur Gruppe der übernommenen und denen, die zur übernehmenden Beschäftigtengruppe zählen. Exemplarisch können sie am Zusammenschluss von U5 verdeutlicht werden. Dort fragte die „übernehmende" Geschäftsführung ausgewählte „übernehmende" Mitarbeiter, ob sie bei der Integration der übernommenen Filiale mithelfen könnten. Aufgrund dieser bevorzugten Stellung hatten U5/AM1 und U5/AM2 einen

505 Vgl. Abbildung 28.

gewissen Entscheidungsspielraum, der den dortigen „übernommenen“ Mitarbeitern nicht zustand.

Besonders im Hinblick auf die Auswirkungen eines Unternehmenszusammenschlusses auf den psychologischen Vertrag lässt sich festhalten, dass die Betroffenen U5/AM1 und U5/AM2 durch den Zusammenschluss ihre Führungsqualitäten erweitern konnten, da sie im Integrationsprozess etwa sechs Monate lang mit Führungsaufgaben betraut wurden. Schon durch diese Veränderung durften sie im „übernommenen“ Unternehmensteil im Rahmen ihrer Möglichkeiten gestaltend tätig werden. Interessant ist dabei, dass sie diese Auswirkungen nicht als Partizipationsmöglichkeiten begriffen, sondern als zusätzliche Anreize, die der Integrationsprozess ihnen als Chance für ihre berufliche Zukunft bot. Auf die Frage, ob ihnen Partizipationsmöglichkeiten gewährt wurden, antwortete die Befragte U5/AM1 wie folgt:

> *„Nein, beim Aufkauf des anderen Unternehmens waren wir nicht involviert, nur anschließend mussten wir die dadurch anfallende Mehrarbeit auf uns nehmen. Aber das war auch eine gute Erfahrung. Schließlich konnte ich so meine Führungsqualitäten etwas erweitern.“*
>
> U5/AM1

Die Auswertung der Interviews von den „übernommenen“ Befragten ähnelt dem Ergebnis der „übernehmenden“ Beschäftigten. Die Angehörigen der erstgenannten Gruppe hoben genauso häufig einen Mangel an Partizipationsmöglichkeiten hervor. Das nachfolgende Zitat von U1/BM2 fasst die Antworten der „übernommenen“ Befragten treffend zusammen.

> *„Nein, wir wurden lediglich vor vollendete Tatsachen gestellt. Für die Bekanntgabe des Zusammenschlusses gab es wieder mal eine dieser Betriebsversammlungen, auf denen uns erläutert wurde, welches Glück wir doch haben, dass wir uns mit so einem starken Partner verbinden dürfen. Dass uns dieser Zusammenschluss wesentlich härter treffen würde, hat uns natürlich niemand gesagt. Lediglich der Betriebsrat machte vage Andeutungen und appellierte an das Verantwortungsbewusstsein der Führungskräfte. Aber im Integrationsprozess waren wir nicht involviert. Das wurde alles von Oben entschieden. Auch*

als es bei der Integration nicht mehr so ganz glatt lief, fragte uns niemand nach unserer Meinung."

U1/BM2

Wie die nachfolgende Abbildung 33 zusammenfasst, ergab die Befragung, dass keiner der Befragten die Frage nach der Gewährung von Partizipationsmöglichkeiten bejahte. Auch die Interviewpartner U5/AM1 und U5/AM2 antworteten auf diese Frage, dass ihnen keine Partizipationsmöglichkeiten gewährt wurden.

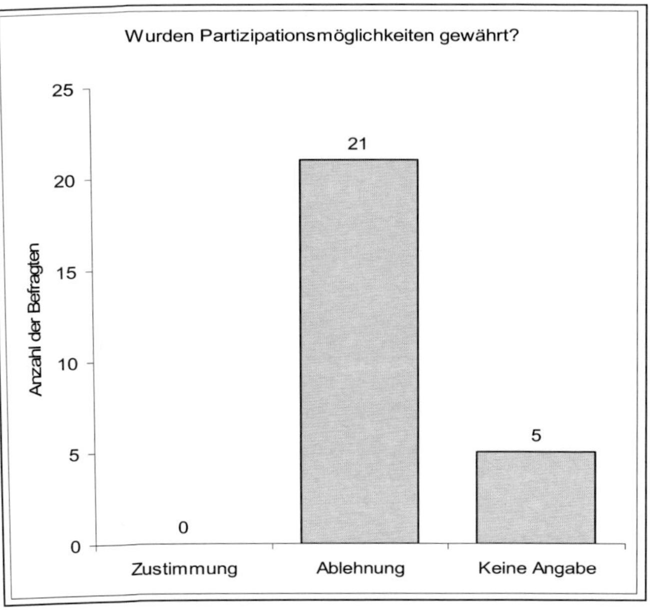

Abbildung 33: Darstellung der Antworten der Befragten zur Frage, ob ihnen Partizipationsmöglichkeiten gewährt wurden.

Die Ergebnisse dieser empirischen Studie zeigen, dass die Mehrheit der befragten Interviewpartner deutliche Unterschiede zwischen den Beschäftigtengruppen wahrnimmt. Da diese Unterschiede mehrheitlich so deutlich sind, gaben die Befragten an, dass im Integrationsprozess die Angehörigen einer bestimmten Mitarbeitergruppe gegenüber jenen einer anderen Beschäftigtengruppe bevorzugt wurden. Auswirkungen des Unternehmenszusammenschlusses auf den psychologischen Vertrag sind somit wahrscheinlich. Schließlich bedingt die Bevorzugung einer bestimmten Mitarbeitergruppe gleichsam die Benachteiligung einer anderen Beschäftigtengruppe. Die Stärkung oder Schwächung des psychologischen Vertrages hängt folglich von der Zugehörigkeit zur überlegenen bzw. unterlegenen Mitarbeitergruppe ab. Zur Überbrückung dieser Differenzen könnten Partizipationsmöglichkeiten beitragen. Dennoch zeigt die Untersuchung, dass den befragten Mitarbeitern keine wirklichen Partizipationsmöglichkeiten eingeräumt wurden. Die Verantwortlichen bestätigten, kein Interesse an einer Beteiligung ihrer Mitarbeiter zu haben. Die Schaffung von Partizipationsmöglichkeiten würde es einerseits dem Unternehmen ermöglichen, vom impliziten Wissen der Mitarbeiter zu profitieren. Andererseits könnte so das Unternehmen die Mitarbeitererwartungen wahrnehmen und erfassen. Zusammenfassend kann festgehalten werden, dass erhebliche Wechselwirkungen zwischen Unternehmenszusammenschluss und psychologischem Vertrag bestehen, diese jedoch nicht im positiven Sinne für den Erfolg der Integration genutzt werden.

4.3.1.2. Zusammenschlussbedingte Veränderungen des Verhältnisses von Anreizen zu Beiträgen

Die Überlegungen zur Anreiz-Beitrags-Theorie in Abschnitt 3.1.2. legen dar, dass eine Verschiebung des Gleichgewichts von Anreizen zu Beiträgen zu Ungunsten des Arbeitnehmers mit negativen Auswirkungen auf den psychologischen Vertrag verbunden sein kann.[506] Umgekehrt kann eine Verschiebung des bestehenden Gleichgewichts zugunsten des Mitarbeiters den psychologischen Vertrag stärken. Deshalb wurden die interviewten Personen gefragt, inwieweit es zu zusammenschlussbedingten Veränderungen von auszuführenden Tätigkeiten und Arbeitszeiten kam. Anschließend wurde gefragt, ob das Unternehmen den Beschäftigten zusätzliche materielle oder immaterielle Anreize anbot.

Die erste Frage zur anfallenden zusammenschlussbedingten Mehrarbeit wurde von fast allen Interviewpartnern bejaht. Auffallend ist, dass sowohl die „übernommenen“ als auch die „übernehmenden“ Mitarbeiter gleichsam während des Integrationspro-

[506] Siehe hierzu die Ausführungen zur Anreiz-Beitrags-Theorie in Abschnitt 3.1.2.

zesses deutlichen Mehraufwand bewältigen mussten. Wird dieser Mehraufwand von dem Unternehmen nicht zusätzlich vergütet, so verdeutlicht die vorangehende wissenschaftliche Analyse, dass eine Schwächung des psychologischen Vertrages eintreten kann. Unterschiede gab es lediglich im Umfang des zusätzlichen Aufwands. Die Antworten zur Mehrarbeit ähnelten sehr den nachfolgend wiedergegebenen.

> *„Ja, seit dem Zusammenschluss müssen wir deutlich mehr arbeiten. In der Zeit nach dem Zusammenschluss reduzierte sich die Mitarbeiteranzahl um mindestens 10 Prozent. Deren Arbeit wurde unter den Verbleibenden aufgeteilt."*
>
> U2/BM4

> *„Der Zusammenschluss hatte deutliche Auswirkungen auf unser Arbeitspensum. Zum einen mussten wir in der Marketingabteilung all unsere Kunden über den Zusammenschluss informieren. Zu allem Überfluss wurde auch noch ein neuer Name eingeführt, der keine Rückschlüsse weder auf das eine noch auf das andere Unternehmen zuließ. Schon der Namenswechsel verunsicherte viele Kunden und erhöhte unseren Arbeitsaufwand beträchtlich. Dazu kamen auch noch die internen Umstrukturierungen. Es sollten Vertriebsbereiche zusammengelegt werden. Da wurde um Aufträge, Kompetenzen, Verantwortlichkeiten geschachert. Besonders schlimm empfand ich die Verantwortungslosigkeit der Chefs der anderen Marketingabteilungen. Die wollten sich am liebsten unsere Bereiche unter den Nagel reißen. Das führte bei uns zu einer deutlichen Doppelbelastung. Zum einen kämpften wir extern darum, unsere Kunden zu halten. Zum anderen kämpften wir intern um den Erhalt unserer Abteilung."*
>
> U1/BM2

Auch die befragten Verantwortlichen gaben an, dass der Unternehmenszusammenschluss für sie zu einem zusätzlichen Arbeitsaufwand führte.

> *„Deutliche Mehrarbeit. Schließlich musste ich mich neben meinen bisherigen Tätigkeiten auch noch um die Übernahme des neuen Unternehmens kümmern. Das war eine stressige Zeit."* U5/AV1

„Selbstverständlich habe ich in der Zusammenschlussphase deutlich mehr gearbeitet als zuvor. Auch im Anschluss daran, bei der Reorganisation, bestand sehr viel Gesprächsbedarf mit dem Betriebsrat und den Mitarbeitern. Es gehört aber zu meiner Position dazu, dass, wenn die Firma mich braucht, ich auch zur Stelle bin.

U1/BV1

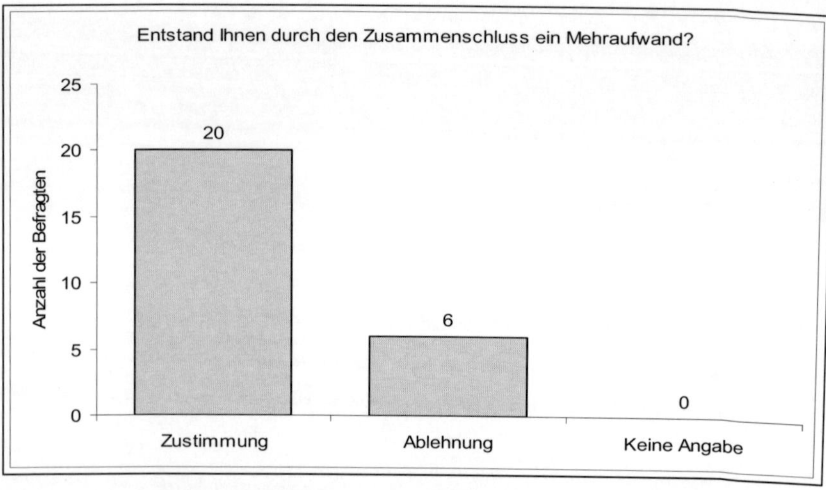

Abbildung 34: Angaben der Befragten zur Frage, ob ihnen durch den Zusammenschluss ein Mehraufwand entstanden ist.

Wie die Antworten dieser Beschäftigtengruppe zeigen, war bei der Auswertung auffallend, dass die befragten Integrationsverantwortlichen der zusammenschlussbedingten Mehrarbeit eher positiv gegenüberstanden. Wie der Befragte U1/BV1 angab, ist es für ihn selbstverständlich, im Falle eines Zusammenschlusses auch die notwendige Mehrarbeit für sein Unternehmen zu erbringen. Anzunehmen ist deshalb, dass der psychologische Vertrag der Führungskräfte bereits das Element der Mehrarbeit enthält. Das Unternehmen erwartet einen zusätzlichen Beitrag der Integrations-/Zusammenschlussverantwortlichen, die sich dieser Erwartungen auch bewusst sind. Das Verhältnis von Anreizen zu Beiträgen bleibt gewahrt, da mit dem gezahlten höheren Entgelt entsprechende Mehrarbeit bei dieser Beschäftigtengruppe zumeist abgegolten ist. Diese Erwartung wird schon mit Unterzeichnung des Arbeitsvertrages deutlich, da für sie die festen tariflichen Arbeitszeitregelungen keine Anwendung finden. Die Häufigkeit der genannten Antworten kann Abbildung 34 entnommen werden.

Neben der Mehrarbeit kann auch eine mögliche berufliche Veränderung der Befragten, wie sie im Rahmen einer Stellenumstrukturierung eintreten kann, den psychologischen Vertrag beeinflussen. Obwohl nahezu alle Befragten bejahten, dass sie nach dem Zusammenschluss mehr arbeiteten als zuvor, erwähnten nur verhältnismäßig Wenige, dass sich durch den Zusammenschluss ihre berufliche Position veränderte. Lediglich in einem Fall (U1/BV1) wurde eine Beförderung ausgesprochen. Ein Arbeitnehmer (U1/BM1) wurde im Verlauf der Umstrukturierungsmaßnahmen in eine fachfremde Abteilung versetzt. Zwei „übernehmende" Mitarbeiter von Unternehmen 5 konnten zwar während des Integrationsprozesses eine hierarchisch höhere Position (U5/AM1, U5/AM2) einnehmen, mussten diese jedoch nach erfolgreicher Integration wieder aufgeben und besetzten schließlich die Position, die sie schon von dem Zusammenschluss innehatten. Unter den Befragten erwähnte auch eine „übernommene" Führungskraft (U1/BV2), dass sie integrationsbedingt an einen anderen Standort versetzt werden soll und ihre Führungsposition verlieren wird. Entsprechend den Ergebnissen der wissenschaftlichen Analyse ist anzunehmen, dass eine Beförderung zu einer Stärkung des psychologischen Vertrages führt und eine Verschlechterung der beruflichen Position eine Schwächung des psychologischen Vertrages nach sich zieht.

Aufgrund der geringen Anzahl der nachhaltigen beruflichen zusammenschlussbedingten Veränderungen soll im Folgenden Augenmerk auf zusätzliche Anreize gelegt werden, welche das Unternehmen möglicherweise den Befragten gewährte, um zusätzliche integrationsbedingte Anstrengungen zu vergüten. In diesem Zusammenhang wurde auch erfragt, ob der Unternehmenszusammenschluss die Vergütung der Beschäftigten beeinflusst. Wie die nachfolgenden Zitate zeigen, ist in den meisten Fällen nicht davon auszugehen:

> *„Nein. Der Zusammenschluss hatte keine Auswirkungen auf mein Gehalt."*
>
> U4/AV1

„Nein. Außer, dass eine kleine Einmalzahlung etwa 10 Monate nach dem Zusammenschluss gewährt wurde. Ob die aber tatsächlich mit dem Zusammenschluss explizit verknüpft war, weiß ich nicht mehr genau. Aber wenn ich mich recht entsinne, waren das etwa € 50 netto."

U1/BM2

„Meine Vergütung veränderte sich nicht während des Zusammenschlusses. Erst durch die Beförderung rechne ich mit einer Steigerung."

U1/BV1

Die Auswertung der Interviews zeigte keine bzw. keine wesentliche Veränderung der Angestelltenvergütung. Im Falle von Unternehmenszusammenschluss U1 kann aber davon ausgegangen werden, dass sämtliche betroffene Mitarbeiter in den Genuss der Einmalzahlung gekommen sind. Sechs von sieben der dort beschäftigten Interviewten haben im Gespräch nicht erwähnt, dass sie eine Prämie erhalten haben. Auch im Hinblick auf den psychologischen Vertrag erscheint es plausibel, dass jene Mitarbeiter die vergleichsweise kleine Prämie im Verhältnis zu ihren Beiträgen als möglicherweise zu geringfügig abgetan und vergessen haben.

Bei den befragten Verantwortlichen zeichnete sich hingegen ein etwas anderes Bild ab. Einige der Interviewpartner gaben an, durchaus vom Zusammenschluss zu profitieren - entweder direkt (z. B. durch aufstiegsbedingte Gehaltssteigerungen) oder indirekt (z. B. durch Beteiligungsoptionen).

„Immerhin konnte ich durch meinen Einsatz meinen Vorgesetzten davon überzeugen, mich zu befördern."

U1/BV1

„Natürlich wurde der Zusammenschluss im Hinblick auf weitere Umsatzrenditen initiiert. Von diesen steht mir als Teilhaber der entsprechende Anteil zu."

U5/AV1

Wenn man annimmt, dass sich die Erwartung von U5/AV1 und U5/AV2 bezüglich einer höheren Umsatzrendite bestätigt hat, dann kann festgestellt werden, dass der

Unternehmenszusammenschluss bei den drei befragten Verantwortlichen (U1/BV1, U5/AV1, U5/AV2) zu einer Steigerung der gewährten Anreize führte. Die Erhöhung des Entgelts des Befragten U1/BV1 wurde aber nicht mit integrationsbedingter Mehrarbeit begründet, sondern erfolgt beförderungsbedingt. Auf diesen Zusammenhang soll deshalb hingewiesen werden, da ansonsten kein an der Studie teilnehmendes großes Unternehmen die Mehrarbeit der Beschäftigten zusätzlich signifikant entlohnte. Im Hinblick auf die hier zu untersuchenden Auswirkungen zwischen Unternehmenszusammenschluss und psychologischem Vertrag kann jedoch festgehalten werden, dass der Integrationsprozess für die Mehrheit der Beschäftigten zwar mit zusätzlichem Aufwand verbunden ist, dieser aber nur in seltenen Fällen -und dann auch nur geringfügig- zusätzlich entlohnt wird.

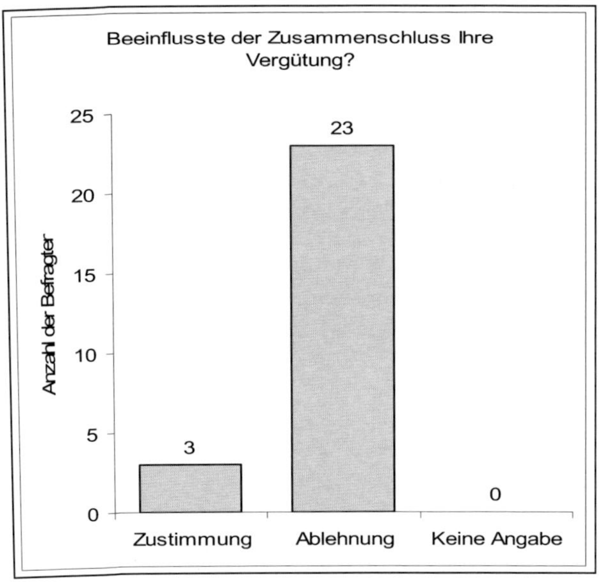

Abbildung 35: Antworten der Befragten bezüglich der Frage, ob der Zusammenschluss ihre Vergütung beeinflusste.

4.3.1.3. Fazit zu den Auswirkungen des Unternehmenszusammenschlusses auf den psychologischen Vertrag

Bei der wissenschaftlichen Analyse in Abschnitt 3.2. konnte gezeigt werden, dass ein Unternehmenszusammenschluss auf die einzelnen Beschäftigtengruppen unterschiedliche Effekte haben kann. Dass der Unternehmenszusammenschluss auf die Gruppe der „übernehmenden" Beschäftigten eher positive Auswirkungen auf den psychologischen Vertrag hat, während er für die „übernommenen" Beschäftigten mit tendenziell negativen Auswirkungen verbunden ist, verdeutlicht die dort abgebildete Matrix[507].

Die Auswertung der Interviews bekräftigt die Annahme, dass der Unternehmenszusammenschluss bei keinem befragten „übernehmenden" Führungs-/Integrationsverantwortlichen zur Beeinträchtigung seines psychologischen Vertrages führt. Besonders den Angehörigen dieser Mitarbeitergruppe die vom Unternehmenszusammenschluss U5 betroffen waren, bot sich einerseits die Möglichkeit, ihren Kompetenzbereich zu vergrößern und andererseits gleichzeitig gestaltend tätig zu werden.

Die Befragungsergebnisse der „übernehmenden" Mitarbeiter bestätigen auch die Aussagen der wissenschaftlichen Analyse. Obwohl der Zusammenschluss für diese Beschäftigten zwar mit Mehraufwand verbunden war, führte der damit verbundene Kompetenzzuwachs zu einer Stärkung ihres psychologischen Vertrages.

In der Beschäftigtengruppe der „übernommenen" Zusammenschluss- und Integrationsverantwortlichen ergab die Befragung ein ziemlich differenziertes Bild. Bei der Mehrheit der Befragten hatte der Unternehmenszusammenschluss eher negative als positive Auswirkungen. Das Spektrum der Antworten reichte von einem deutlichen Karriereabstieg bis hin zu einem Karrieresprung.

Bezüglich der Mitarbeitergruppe der „übernommenen" betroffenen Beschäftigten ergab diese empirische Erhebung ein eindeutigeres Bild, als es die wissenschaftliche

[507] Vgl. Abbildung 25.

Analyse skizziert hatte. Es existieren Studien, die eine Stärkung des psychologischen Vertrages nahelegen und solche, die auf eine Schwächung hindeuten. Bei dieser empirischen Untersuchung waren die Antworten der Interviewpartner jedoch eindeutig. Die erhaltenen Antworten lassen den Schluss zu, dass der Zusammenschlussprozess zu einer deutlichen Schwächung des psychologischen Vertrages führt.

Somit spiegeln die Angaben der Befragten recht genau die Aussagen der wissenschaftlichen Analyse in Kapitel 3.2 wider. Schließlich ergab die Auswertung der empirischen Studie in Abschnitt 4.3.1.1, dass der Zusammenschluss den Angehörigen der „übernehmenden" Mitarbeitergruppe zusätzliche Möglichkeiten bot, die der anderen Gruppe nicht zuteil wurden. Zudem belegen die Ergebnisse in Abschnitt 4.3.1.2 die Beeinträchtigung des bestehenden Verhältnisses von Anreizen zu Beiträgen durch den Unternehmenszusammenschluss. Folglich ergab dieser Teil der empirischen Studie, dass eindeutige Wechselwirkungen zwischen Unternehmenszusammenschluss und psychologischem Vertrag bestehen, diese aber im Integrationsprozess von den Verantwortlichen negiert bzw. nicht hinreichend erkannt und genutzt werden.

Zuletzt sollten die Interviewten in Fragenblock 3.1. des Interviewleitfadens Auskunft darüber geben, ob ihre Erwartungen im Zusammenschlussprozess erfüllt wurden. Bei dieser Frage waren die Befragten angehalten, entweder mit „Ja" oder mit „Nein" zu antworten. Eine positive Antwort wurde als Stärkung des psychologischen Vertrages gewertet, während eine negative Antwort eine Schwächung des psychologischen Vertrages nahelegt. Entsprechend den Kategorien der Beschäftigtengruppen werden die Angaben der Befragten in Abbildung 36 dargestellt.

Als logischer Schluss kann somit festgehalten werden: Der Unternehmenszusammenschluss führt zu einer Stärkung des psychologischen Vertrages bei den „übernehmenden" Mitarbeitern (AV und AM), während es bei der Gruppe der „übernommenen" Mitarbeiter (BV und BM) bis auf eine Ausnahme zu einer Schwächung des psychologischen Vertrages kam.

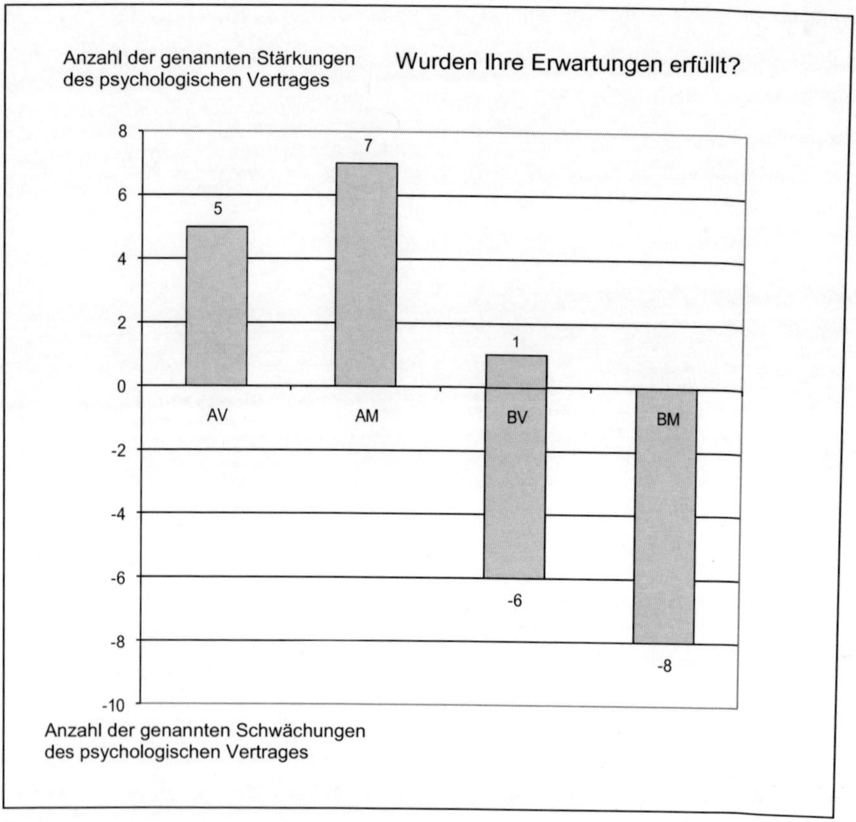

Abbildung 36: Angaben der Befragten, ob der Zusammenschluss für sie zu einer Schwächung oder Stärkung des psychologischen Vertrages führt.

4.3.2. Auswirkungen eines veränderten psychologischen Vertrages auf den Integrationserfolg

Die Untersuchungsergebnisse im vorangegangenen Abschnitt belegen die Wechselwirkungen zwischen Unternehmenszusammenschluss und psychologischem Vertrag. Es wurde deshalb geprüft, ob diese Veränderungen Auswirkungen auf den Integrationserfolg haben. Im Hinblick auf den psychologischen Vertrag wurde der Begriff des Integrationserfolges durch die Variablen Commitment, Absentismus und

Fluktuation operationalisiert.[508] Die in der wissenschaftlichen Analyse aufgeführten Studien deuten darauf hin, dass ein gestärkter psychologischer Vertrag dem Integrationserfolg zuträglich ist und ein geschwächter psychologischer Vertrag negative Auswirkungen auf die gerade genannten Variablen und damit auf den Integrationserfolg hat.[509]

Auf Basis der wissenschaftlichen Analyse in Abschnitt 3.2. wurden in den Interviews die Auswirkungen eines veränderten psychologischen Vertrages auf den Integrationserfolg thematisiert. In diesem Zusammenhang wurden die Gesprächspartner gefragt, ob sie in ihrem Umfeld Veränderungen von Commitment, Absentismus und Fluktuation durch eine Stärkung bzw. Schwächung des psychologischen Vertrages wahrgenommen haben. Entsprechend der Unternehmenszugehörigkeit werden die Aussagen der Beschäftigten in den nachfolgenden Abschnitten gruppiert und ausgewertet.

Die Auswertung der bei U1 geführten Interviews zeigte ebenfalls die Wechselwirkungen zwischen Unternehmenszusammenschluss und psychologischem Vertrag auf. Wie die nachfolgenden Zitate nahelegen, hatte der Unternehmenszusammenschluss mehrheitlich dysfunktionale Auswirkungen auf den psychologischen Vertrag.

> *„In meiner Abteilung verschlechterte sich das Commitment der Mitarbeiter deutlich. Das begann nicht unmittelbar nach dem Zusammenschluss, sondern mit einer Verzögerung von etwa 3 Monaten. Ich würde sagen, dass sogar in den ersten zwei Monaten das Commitment der Mitarbeiter stieg. Schließlich erzielten wir kurz nach Bekanntgabe des Zusammenschlusses extrem gute Quartalsergebnisse. Erst kurze Zeit später, als eine andere Abteilung begann uns die Aufträge wegzuschnappen, begann es kritisch zu werden und die Stimmung kippte."*
>
> U1/BV2

> *„Kurz nach dem Zusammenschluss wurde die Belegschaft reduziert. Dies erfolgte überwiegend durch Ausnutzung der natürlichen Fluktuation. Freigewor-*

[508] Vgl. Abschnitt 2.4.

[509] Vgl. Abschnitt 3.3.

dene Stellen wurden nicht wieder besetzt. Daraufhin wurden teilweise Versetzungen vorgenommen. In einem geringen Umfang mussten wir leider auch redundanzbedingte Kündigungen durchführen."

U1/BV1

Die Aussage des Personalleiters (U1/BV1) verdeutlicht den Willen des Unternehmens, bei der zusammenschlussbedingten Personalreduktion soweit wie möglich auf Kündigungen zu verzichten. Bezüglich der wenigen Kündigungen, die ausgesprochen wurden, erstellte die Unternehmensführung zusammen mit dem Betriebsrat einen Sozialplan, der die betroffenen Mitarbeiter festlegte. Welche Auswirkungen ein geschwächter psychologischer Vertrag auf den Integrationserfolg hat, konnte glaubhaft von dem befragten Personalleiter (U1/BV1) erfahren werden. Er gab an, dass es neben den Entlassungen auch mehrfach zu Kündigungen seitens der Arbeitnehmer im Integrationsprozess kam. In Austrittsgesprächen erfuhr er, dass einige Mitarbeiter aufgrund der anstehenden Veränderungen im Zusammenhang mit der Integration das Unternehmen freiwillig verließen. Neben dem Personalleiter erwähnte ein weiterer Befragter aus U1 die negativen Auswirkungen auf den Integrationserfolg. Er deutete auf die Kündigung eines Wissensträgers hin:

„Ein Grund für meine Versetzung in die IT-Abteilung war, dass einer unserer fähigsten Systemadministratoren das Unternehmen verlassen hatte. Ich glaube schon, dass er Angst hatte, seine gehobene Stellung im neuen Unternehmen zu verlieren. Mit seinem Wissen hat er sich dann lieber gleich bei einer anderen Firma beworben. Hier wurden ihm die ganzen Fortbildungen bezahlt und dort leitet er nun eine ganze Abteilung."

U1/BM1

Der Verlust eines Mitarbeiters mit tief greifenden Kenntnissen über die IT-Zusammenhänge und die damit verbundenen Nutzerrechte im Unternehmen dürfte für die Kollegen zu erheblicher Mehrarbeit führen und damit den Integrationserfolg gefährden. Zusammenfassend kann festgehalten werden, dass bei Unternehmen U1 die Wechselwirkungen zwischen Unternehmenszusammenschluss und psychologischem Vertrag negative Auswirkungen auf das Commitment und geringe negative

Auswirkung auf die Mitarbeiterfluktuation haben. Diese Veränderungen des psychologischen Vertrages sind dem Integrationserfolg abträglich.

Weiterhin verdeutlicht die Auswertung des geführten Interviews bei U2 eine Verringerung des Beitrages der Mitarbeiter zum Unternehmenserfolg. Abweichend von den anderen Unternehmen in dieser Studie befindet sich U2 in einer Region, in der es für die Beschäftigten nur wenige alternative Arbeitgeber gibt. Aufgrund einer möglichen Perspektivlosigkeit beenden nur Wenige das Beschäftigungsverhältnis freiwillig.

> *„Schon seit längerem ist das Klima bei uns sehr schlecht. In den beiden Restrukturierungsprozessen, die nach dem Zusammenschluss durchgeführt wurden, kam es immer wieder zu Entlassungen. Das hatte wirklich große Auswirkungen auf das Commitment der Mitarbeiter. Die Stimmung hier ist wirklich schlecht, aber alle Kollegen lassen sich zumindest äußerlich wenig anmerken. Es gibt hier in der Region einfach zu wenige Alternativen.“*
>
> U2/BM4

> *„Ja, die Fehlzeiten einiger Mitarbeiter erhöhten sich schon. Gerade die von älteren Mitarbeitern, die dem Druck nicht mehr gewachsen waren. Ich denke, da war auch viel Taktik im Spiel. Erfuhr das Management von den höheren Fehlzeiten, boten sie den Mitarbeitern Altersteilzeitverträge an.“*
>
> U2/BM4

Die Analyse ergab negative Auswirkungen des Zusammenschlusses auf das Commitment der Mitarbeiter und die Absentismusrate. Ferner wurde angegeben, dass ein starker Personalabbau nach dem Zusammenschluss stattfand. In den letzten drei Jahren verringerte sich die Beschäftigtenzahl um etwa 20 Prozent. Es kann insgesamt vermerkt werden, dass der Unternehmenszusammenschluss und die damit einhergehenden Wechselwirkungen auf den psychologischen Vertrag den Integrationserfolg negativ beeinflussen.

Im Fall von U3 skizziert die Auswertung jedoch ein anderes Bild. Die nachfolgenden Zitate deuten darauf hin, dass der Unternehmenszusammenschluss nur wenige dysfunktionale Auswirkungen auf den psychologischen Vertrag und damit auf den Integrationserfolg erkennen lässt.

> *„Der Unternehmenszusammenschluss hatte auf mich und bestimmt auch auf meine Kollegen nur einen geringen Einfluss. Wissen Sie, wir machen hier hauptsächlich Projektarbeit. Durch die Übernahme erschließen wir uns den Zugang zu weiteren großen Projekten und können damit unseren Arbeitsplatz sichern."*
>
> U3/AM1

> *„In meinem Umfeld hatte der Unternehmenszusammenschluss keinen Einfluss auf die Krankheitsanfälligkeit meiner Kollegen. Auch in meiner Abteilung konnte ich keine erhöhte Mitarbeiterfluktuation feststellen. Ich hatte eher den Eindruck, dass der Unternehmenszusammenschluss bei meinen Mitarbeitern positive Energien freisetzt."*
>
> U3/AV1

Wie die oben stehenden Zitate verdeutlichen, unterscheiden sich die Aussagen der Befragten von U3 in Bezug auf die Variablen Commitment, Absentismus und Fluktuation deutlich von jenen der Interviewpartner der übrigen Unternehmen. Die befragten „übernehmenden" Mitarbeiter von U3 tendierten eher zu positiven Aussagen bezüglich des Zusammenschlusses. Folglich wurden positive Auswirkungen auf das Commitment erkennbar und keine negativen Auswirkungen auf die Absentismus- und Fluktuationsneigung verzeichnet. Diese Ergebnisse knüpfen an die wissenschaftliche Analyse in Kapitel 3.3. an. Dort wurde festgestellt, dass bei der Gruppe der „übernehmenden" Beschäftigten im Vergleich zu den Angehörigen der „übernommenen" Beschäftigtengruppen funktionale Wechselwirkungen zwischen Unternehmenszusammenschluss und psychologischem Vertrag bestehen und damit der Integrationserfolg positiv beeinflusst wird.

Die Interviews, die mit Beschäftigten von Unternehmen U4 geführt wurden, waren sehr ergiebig. Dort konnten insgesamt 8 Mitarbeiter befragt werden. Jeweils zwei Gesprächspartner zählten zur Gruppe der „übernehmenden" Zusammenschluss-/Integrationsverantwortlichen sowie zur Gruppe der „übernehmenden" passiven Mitarbeiter. Ein Gesprächspartner gehörte zu den „übernommenen" Zusammenschluss-/Integrationsverantwortlichen. Die verbleibenden drei Mitarbeiter können der Gruppe der „übernommenen" Beschäftigten zugeordnet werden.

Die Auswertung der Interviews belegte nur geringe Auswirkungen auf die Variablen Commitment, Absentismus und Fluktuation bei den befragten „übernehmenden" Verantwortlichen.

> *„Durch den Unternehmenszusammenschluss veränderte sich hier bei uns nur sehr wenig. Bei mir und meinen Kollegen habe ich keine Veränderungen des Commitments festgestellt. Auch bei den von mir betreuten Mitarbeitern konnte ich keine Erhöhung der Fluktuationsrate feststellen. Auch habe ich keine Verhaltensweisen wahrgenommen, die Rückschlüsse auf Absentismus zulassen."*
>
> U4/AV2

Bei den befragten „übernommenen" Mitarbeitern zeichnet sich jedoch ein anderes Ergebnis ab. Die nachfolgenden Zitate verdeutlichen stärkere Wechselwirkungen zwischen Unternehmenszusammenschluss und psychologischem Vertrag, die auch zu dysfunktionalem Mitarbeiterverhalten führen können. Negative Auswirkungen auf den Integrationsprozess sind anzunehmen.

> *„Das Commitment der Mitarbeiter, die häufigen Kontakt zu den neuen Kollegen haben, hat sich schon deutlich verringert. Viele kommen mit den Veränderungen nicht klar und resignieren. Nach dem Zusammenschluss kamen sie zu uns herüber und erzählten uns, was wir angeblich alles falsch gemacht haben. Wir trauten uns am Ende kaum noch, irgendeinen Vertrag zu unterzeichnen."*
>
> U4/BM1

> *„Viele richtig gute Leute haben nach dem Zusammenschluss das Unternehmen verlassen. Sie arbeiten jetzt bei der Konkurrenz. Gerade noch gestern bot mir ein ehemaliger Kollege an, dass ich bei ihm im Unternehmen anfangen sollte, die würden wohl noch Mitarbeiter suchen und das Klima wäre dort auch besser."*
>
> U4/BV2

Zusammenfassend bestätigt der veränderte psychologische Vertrag bei Unternehmen U4 im Hinblick auf den Integrationserfolg recht präzise die Ausführungen der wissenschaftlichen Analyse in Abschnitt 3.3. Schließlich ergibt die Empirie, dass der Unternehmenszusammenschluss bei den „übernehmenden" Mitarbeitern zu keiner negativen Veränderung des Commitments sowie des Absentismus- und Fluktuationsverhaltens der Mitarbeiter führt. Die Auswertung der Interviews, die mit Beschäftigten der „übernommenen" Gruppe geführt wurden, lassen jedoch deutliche dysfunktionale Wechselwirkungen zwischen Unternehmenszusammenschluss und psychologischem Vertrag erkennen. Die Konsequenzen dieser Wechselwirkungen zeigen sich auch am abnehmenden Commitment der Beschäftigten sowie an einer steigenden Fluktuationsrate.

Die Auswertung der Interviews von Unternehmen U5 war sehr aufschlussreich. Das Untersuchungssample umfasste 7 Befragte. Hiervon gehören insgesamt vier zu den „übernehmenden" Befragten (zwei Integrations-/Zusammenschlussverantwortliche und zwei betroffene Mitarbeiter) und drei zu den „übernommenen" Gesprächspartnern (ein Verantwortlicher und zwei passiv Betroffene). Analog zu den vorangehenden Abschnitten war es das Ziel der Befragung festzustellen, inwieweit die Wechselwirkungen zwischen Unternehmenszusammenschluss und psychologischem Vertrag den Integrationserfolg beeinflussen können.

Die Auswertung der Interviews der beiden Teilhaber lässt den Schluss zu, dass sich durch den Zusammenschluss ihr Commitment in Bezug auf das Unternehmen erhöht hat. Absentismus und Fluktuation kommen für die Beiden nicht in Frage. Aufgrund der Stärkung ihres psychologischen Vertrages schließen sie auf eine ähnliche Veränderung des psychologischen Vertrages ihrer Mitarbeiter. Deshalb messen sie deren Belangen und Erwartungen eine untergeordnete Bedeutung bei.

> *„Um die Befindlichkeiten der Mitarbeiter haben wir uns nicht gekümmert. Im Zuge des Umbaus und der Wiedereröffnung waren wir so beschäftigt, dass wir dafür keine Zeit hatten. Mittlerweile trägt sich das Geschäft gerade wieder. Hoffentlich wird die Lage noch besser. [..., E.H.]. Einige unserer bisherigen Mitarbeiter mussten die neuen Kollegen in die Abläufe einarbeiten und ihnen das neue IT-System erklären."*
>
> U5/AV1

Ferner ergab die Auswertung, dass sich die Auswirkungen des Zusammenschlusses auf die „übernommenen“ und „übernehmenden“ Mitarbeiter voneinander unterscheiden. Für die „übernehmenden“ Mitarbeiter war der Zusammenschluss mit unterschiedlichen Vorteilen verknüpft, die zu einer Stärkung des psychologischen Vertrages führten. So profitierten die beiden Befragten einerseits von ihrer gehobenen Stellung im neuen Unternehmen und andererseits von den zusätzlich gewährten materiellen Anreizen in Form eines Dienstwagens. Ihr erhöhter Beitrag zum Unternehmenserfolg kommt in dem nachfolgenden Zitat zum Ausdruck.

> *„Ich bekam vom Chef einen Firmenwagen, damit ich flexibel bei beiden Zweigstellen vor Ort sein kann, wann immer es die Situation erfordert.“*
>
> U5/AM2

Für die Gruppe der „übernommenen“ Mitarbeiter waren die Auswirkungen jedoch ungleich größer. Kurz nach der Übernahme wurde die „übernommene“ Belegschaft (Mitarbeiter und Führungskräfte) um etwa 50 Prozent reduziert. Die Veränderungen hatten signifikante Auswirkungen auf den psychologischen Vertrag der betroffenen Mitarbeiter und manifestierten sich in dysfunktionalem Mitarbeiterverhalten. Die folgenden Zitate verdeutlichen diese negativen Effekte für den Integrationserfolg.

> *„Also, bei den übernommenen Mitarbeitern herrschte schon eine merkwürdige Stimmung. Wie ich erst später erfahren habe, wurde dort auch die Hälfte der Belegschaft entlassen. Die noch verbleibenden Mitarbeiter waren auch nur begrenzt willig, sich an die neuen Abläufe zu gewöhnen. Kaum hatte ich einen Mitarbeiter an das neue System gewöhnt und angelernt, verließ er das Unternehmen und ich musste den Nächsten anlernen.“*
>
> U5/AM1

Aufgrund der starken Expansion von U5 bieten sich den Mitarbeitern in der ländlichen Region wenige alternative Beschäftigungsmöglichkeiten in unmittelbarer Nähe. Die Tätigkeit bei einem anderen Arbeitgeber wäre in den meisten Fällen mit einem längeren Anfahrtsweg verbunden. Deshalb kann für die „übernommenen“ Mitarbeiter die regionale Vormachtstellung von U5 mitunter eine Austrittsbarriere darstellen.

„Wenn ich nicht aus privaten Gründen so dringend auf den Job angewiesen wäre, hätte ich hier schon längst gekündigt."

U5/BM1

Die Zitate von U5/AM1 und U5/BM1 verdeutlichen, welch starke Auswirkungen ein Unternehmenszusammenschluss auf die Erfolgsindikatoren Commitment und Fluktuation haben kann. Neben der betriebsbedingten Kündigung erschwerte auch das verringerte Commitment der verbliebenen Mitarbeiter und die sich daran anknüpfende Fluktuation eine erfolgreiche Integration. Denn, wie die Aussage von U5/AM1 erkennen lässt, nehmen die Mitarbeiter noch die Möglichkeit wahr, das neue System zu erlernen. Es besteht aus einem innovativen computergesteuertem System, welches sämtliche Aufgaben der Materialwirtschaft vom Einkauf, Lagerung und Verkauf durchführt. Zentraler Bestandteil ist ein vollautomatisches Warenlager. Die Bedienung erfordert gewisse Kenntnisse, die die „übernommenen" Mitarbeiter gerne erwerben, um sich anschließend mit erweitertem Know-How bei Konkurrenzunternehmen zu bewerben.

Während der Zusammenschluss bei den befragten „übernommenen" Beschäftigten das Commitment und die Fluktuation negativ beeinflusst, hat er für die Gruppe der „übernehmenden" Beschäftigten gar positive Auswirkungen bezüglich der hier zu untersuchenden Variablen. Trotz erhöhter Arbeitsbelastung engagierten sich die „übernehmenden" Mitarbeiter für das Unternehmen und eine erfolgreiche Integration. Ähnlich wie bei Unternehmen U4, bestätigt die Auswertung der geführten Interviews bei U5 die Ergebnisse der wissenschaftlichen Analyse in Abschnitt 3.3.

Die Interviews im vorliegenden Kapitel lassen erkennen, dass eine Stärkung des psychologischen Vertrages bei den „übernehmenden" Beschäftigten geringfügige Auswirkungen auf Commitment, Absentismus und Fluktuation hat. Diese Feststellung gilt sowohl für die Zusammenschluss-/Integrationsverantwortlichen als auch für die passiven betroffenen Mitarbeiter. Die Auswertung der Interviews bei den „übernommenen" Mitarbeitern ergab, dass der Zusammenschluss deutliche dysfunktionale Auswirkungen auf Commitment und Fluktuation der Mitarbeiter hat.

Zusammenfassend kann deshalb festgestellt werden, dass Wechselwirkungen zwischen Unternehmenszusammenschluss und psychologischem Vertrag bestehen, wobei sich ein gestärkter psychologischer Vertrag positiv auf den Integrationserfolg auswirkt und ein geschwächter psychologischer Vertrag den Integrationserfolg negativ beeinflusst. Damit bestätigt diese empirische Studie die Aussagen der wissenschaftlichen Analyse in Abschnitt 3.3. Ergänzend zeigt die Auswertung der Interviews, dass eine Stärkung des psychologischen Vertrages zwar positive Effekte auf Commitment, Absentismus und Fluktuation hat. Umgekehrt führt eine Schwächung des psychologischen Vertrages jedoch zu wesentlich nachhaltigeren Auswirkungen auf den Integrationserfolg. Das bedeutet, dass eine Schwächung des psychologischen Vertrages den Integrationserfolg in deutlich stärkerem Maße gefährdet, als eine Stärkung zur Erreichung des Integrationserfolges beiträgt. Folglich geht das Ergebnis der Studie über die Erkenntnisse der wissenschaftlichen Analyse hinaus.

4.3.3. Erstellung eines Konzeptes im Rahmen des Integrationsconsultings zur Berücksichtigung des psychologischen Vertrages

Nachdem die Wechselwirkungen zwischen Unternehmenszusammenschluss und psychologischem Vertrag und deren Auswirkungen auf den Integrationserfolg aufgezeigt wurden, soll für das Integrationsconsulting ein Konzept zur Berücksichtigung des psychologischen Vertrages im Integrationsprozess entwickelt werden. Dieses Konzept soll das subjektive Erleben und die Erfahrungen der befragten Beschäftigten berücksichtigen. Deshalb wurden die Betroffenen unter Punkt 3.3. des Interviewleitfadens gefragt, welche Elemente ein solches Konzept enthalten sollte.

Zunächst sollte geklärt werden, welche Aspekte die Integrationsverantwortlichen bei der Planung des Integrationsprozesses stärker berücksichtigen sollten. Bei der Mehrheit der Interviews wurden Gerechtigkeit und Partizipation als zu berücksichtigende Elemente im Integrationsconsulting besonders oft genannt. Auffallend ist, dass diese Punkte von den befragten Integrations- und Zusammenschlussverantwortlichen seltener geäußert wurden als von den befragten Mitarbeitern und somit für letztere von besonderer Bedeutung sind.

In den nachfolgenden Zitaten sollen die am häufigsten genannten Vorschläge wiedergegeben werden.

> *„Die Unternehmensführung hätte ihre Integrationsziele besser kommunizieren müssen. Schließlich wissen wir noch gar nicht, warum die uns überhaupt akquiriert haben. Finanzielle Gründe kann dieser Vorgang eigentlich nicht haben. Wenn sie uns einen wirklich plausiblen Grund nennen würden, wäre das schon viel Wert, und wir wüssten, worauf wir uns einstellen müssten."*
>
> U4/BV2

> *„Der Aspekt der Gerechtigkeit erscheint mir bei der Planung schon von großer Bedeutung. Wenn man ein Unternehmen übernimmt, die eine Hälfte der Belegschaft entlässt und der anderen Hälfte erzählt, dass sie bisher vieles nicht richtig gemacht hat, dann ist es doch nicht überraschend, dass die Verbleibenden kündigen und ihr Glück woanders suchen."*
>
> U5/AM2

Bezüglich der Frage, welche Aspekte die Integrationsverantwortlichen bei der Integrationsdurchführung stärker berücksichtigen sollten, stellte sich die gewählte Vorgehensweise als überraschend zielführend dar. Bei der Formulierung der Frage war vom Interviewer antizipiert worden, dass das Antwortspektrum durch die offene Fragestellung vermutlich so breit gefächert ausfällt, dass sich daraus keine eindeutig abgrenzbaren Faktoren ableiten lassen würden. Im Verlauf der Interviews stellte sich dieses Problem als unbegründet heraus. Zwar zielten einzelne Antworten eher auf die direkten Aufgaben und Tätigkeiten des Befragten ab und fanden folglich nicht Eingang in die Auswertung. Dennoch deutet die Mehrheit der Antworten auf präzise Faktoren hin, die die nachfolgenden Zitate widerspiegeln. Lediglich in 2 Fällen stützte der Interviewer die Antworten durch die im Fragebogen vorgeschlagenen Begriffe, weshalb die Antworten jener Befragten bei der Auswertung nicht zum Tragen kamen.

> *„Hauptmerkmal bei der Integration sollte auf der Gestaltung der neuen Organisationsstruktur liegen. Trotz der räumlichen Distanz machen wir uns schon intensive Gedanke darüber, wie wir das neue Unternehmen in unsere globalen*

Aktivitäten einbinden. Hinsichtlich der Vergütungssysteme sehe ich dort eher ein geringeres Überschneidungspotenzial. Ein ganz entscheidender Aspekt liegt auch in der unterschiedlichen Entgelthöhe. Speziell den Führungskräften müssen wir dort deutlich höhere Gehälter zahlen, als es bei uns der Fall ist. Deshalb haben wir schon externe Berater eingeschaltet, die uns diesbezüglich unterstützen."

U4/AV1

„Entscheidend [für den Erfolg des Unternehmenszusammenschlusses (E.H.)] ist die Festlegung der Organisationsstruktur und die Ausrichtung der Anreiz- und Vergütungssysteme."

U1/BV1

Diese Zitate deuten auf zwei wesentliche Faktoren im Integrationsconsulting hin. Zur Stärkung des psychologischen Vertrages im Integrationsprozess sollte nach Meinung der Integrations- und Zusammenschlussverantwortlichen besonders in der Durchführungsphase stärkeres Augenmerk auf die Umstrukturierung bzw. die neue Organisationsstruktur gelegt werden. Ferner sahen die Befragten die Angleichung der betrieblichen Anreizsysteme als entscheidenden Faktor für den Integrationserfolg an.

Resümierend soll festgehalten werden, dass diese Empirie die zentralen Aussagen der Abschnitte 3.1., 3.2. und 3.3 der wissenschaftlichen Analyse bestätigt. Das erste Ziel dieser Studie lag in der umfangreichen Erfassung der sich aus der theoretischen Betrachtung ergebenden Wechselwirkungen zwischen Unternehmenszusammenschluss und psychologischem Vertrag. In problemzentrierten Interviews wurden die Auswirkungen eines Unternehmenszusammenschlusses auf 26 Befragte untersucht. Ergebnis ist, dass der psychologische Vertrag im Integrationsprozess durch die Zugehörigkeit zu einer bestimmten Beschäftigtengruppe beeinflusst sowie durch eine Veränderung des Verhältnisses von Anreizen zu Beiträgen tangiert wird. Anschließend wurde anhand der Variablen Commitment, Absentismus und Fluktuation geklärt, ob diese Veränderungen Auswirkungen auf den Integrationserfolg haben. Dabei stellte sich heraus, dass eine Stärkung des psychologischen Vertrages entsprechend den Ergebnissen der wissenschaftlichen Analyse in einem gewissen Umfang zum Erfolg beiträgt. Wie in der Analyse jedoch ebenfalls vermutet, gefährdet eine

Schwächung des psychologischen Vertrages den Integrationserfolg in besonderem Maße.

Ein weiteres Ziel dieser empirischen Untersuchung war es zu erfahren, welche Aspekte im Integrationsconsulting aufgegriffen werden sollten. Es wurde deutlich, dass Gerechtigkeit und Partizipation stärker in den Fokus der Integrationsplanung rücken müssten. Um den psychologischen Vertrag auch bei der Integrationsdurchführung zu beachten, sehen die Befragten die Organisationsstruktur und das Anreizsystem als entscheidend an. Eine hinreichende Kommunikation steht im gesamten Integrationsprozess für die Befragten im Vordergrund. Da sich diese Aspekte zumindest in ähnlicher Form auch in der wissenschaftlichen Analyse wiederfinden lassen, soll das in dem nachfolgenden Abschnitt vorgestellte Konzept zur Berücksichtigung des psychologischen Vertrages im Integrationsprozess auf diesen Erkenntnissen aufbauen.

5. Erstellung eines Konzeptes im Rahmen des Integrationsconsultings zur Berücksichtigung des psychologischen Vertrages im Integrationsprozess

In diesem Abschnitt soll basierend auf den Erkenntnissen, die in Kapitel 3 und 4 gewonnen wurden, ein Konzept zur Berücksichtigung des psychologischen Vertrages im Integrationsprozess vorgestellt werden. Grundsätzlich sollte dieses Konzept einerseits den Gegebenheiten und Anforderungen in der Unternehmens- und Consultingpraxis entsprechen und andererseits die bereits gewonnenen Erkenntnisse aufgreifen, um zur Erreichung des antizipierten Integrationserfolgs beizutragen.

Bereits bei der Erläuterung des Begriffs „Integrationserfolg" in Abschnitt 2.4 wurde erwähnt, dass eine bloße Gegenüberstellung von antizipierten Zusammenschlusszielen und dem tatsächlich erreichten Zustand unvorteilhaft wäre, da mögliche Fehler im Nachhinein nur noch schwerlich zu korrigieren wären. Deshalb sollte ein solches Konzept neben der sogenannten „Realisationskontrolle" (=ex-post Kontrolle) auch eine „Vorwarnkontrolle" (=ex-ante Kontrolle) bezüglich des bisher erreichten Integrationserfolges beinhalten.[510]

Da es sich bei der Integration von Unternehmen um einen äußerst komplexen und vielschichtigen Prozess handelt[511], müsste ein solches Konzept flexibel genug aufgestellt sein, veränderten wirtschaftlichen Anforderungen oder unvorhersehbaren Problemen gerecht zu werden. Diese Überlegungen deuten darauf hin, dass diesem Konzept ein ständiges bzw. inkrementales Verbesserungspotenzial innewohnen sollte, um den Integrationserfolg zu erreichen.

Obwohl bereits bei der Konzeption der Integration so viele Aspekte wie möglich berücksichtigt werden sollten, erscheint eine schrittweise erfolgende Annäherung des Integrationszustandes an die Zielvorgaben als ein praktisch umsetzbarer Weg, den

---

510 Vgl. Mathea, Michael (2008) Prüfung der Post-Merger-Integration auf Basis internationaler Prüfungsnormen, Düsseldorf: IDW Verlag, S. 85; Lucks, Kai/Meckl, Reinhard (2002) Internationale Mergers & Acquisitions: der prozessorientierte Ansatz, Berlin [u.a.]: Springer. S. 210.

511 Vgl. Schäfer, Thorsten (2008) Stakeholderorientiertes Integrationsmanagement bei Fusionen und Akquisitionen, Wiesbaden: Gabler, S. 46.

die Unternehmensführung im Hinblick auf den psychologischen Vertrag beschreiten sollte. Ein solch kontinuierlicher Verbesserungsprozess, bestehend aus den Phasen der Integrationskonzeption, -durchführung und -kontrolle, ähnelt den Grundprinzipien des Qualitätsmanagement sowie der ISO 9001 Norm.[512]

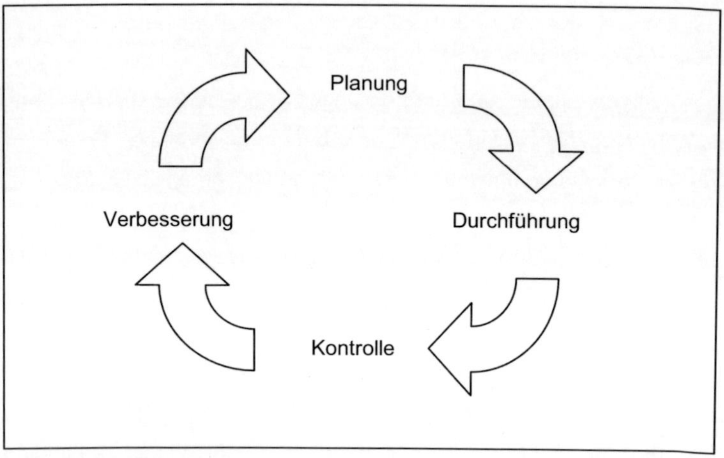

Abbildung 37: Darstellung eines Kreislaufs zur kontinuierlichen Verbesserung.[513]

Übertragen auf das Integrationsconsulting zeigt sich demnach, dass schon bei der Integrationskonzeption Aspekte des psychologischen Vertrages von Bedeutung sind, da diese bereits bei der anschließenden Durchführung berücksichtigt werden müssen. Bereits in Abschnitt 2.1 wurde dargestellt, dass mit der Integrationsplanung bereits in der Planungs- und Transaktionsphase des Unternehmenszusammenschlusses zu beginnen ist. Die anschließende Phase der Integrationsdurchführung beinhaltet die Umsetzung der in der Konzeptionsphase erdachten Integrationsmaßnahmen und soll zu einer konkreten Stärkung des psychologischen Vertrages führen.[514]

---

[512] Vgl. Kostka, Claudia/Kostka, Sebastian (2006) Der kontinuierliche Verbesserungsprozess: Methoden des KVP, 3. völlig neubearbeitete Auflage, München [u.a.]: Hanser; Witt, Jürgen/Witt, Thomas (2006) Der kontinuierliche Verbesserungsprozess (KVP) : Konzept - System – Maßnahmen, 2. durchgesehene Auflage, Frankfurt a. M: Verlag Recht und Wirtschaft; Masing, Walter/Pfeifer, Tilo (Hrsg.) (2007) Handbuch Qualitätsmanagement. 5. vollständig neu bearbeitete Auflage, München [u.a.]: Hanser; Brunner, Franz/Wagner, Karl (2008) Taschenbuch Qualitätsmanagement - Leitfaden für Studium und Praxis, München [u.a.]: Hanser.

[513] In Anlehnung an: Kostka/Kostka 2006; Witt/Witt 2006.

[514] Vgl. Schäfer 2008, S. 47.

Nachfolgend soll in der Phase des Integrationscontrollings die Umsetzung und Wirksamkeit der Vorgaben und Maßnahmen überprüft werden. Diese Phase ermöglicht eine Beurteilung, inwieweit die Bemühungen des Integrationsconsultings als erfolgreich anzusehen sind.[515] Ergibt diese Überprüfung, dass der Integrationserfolg im Hinblick auf den psychologischen Vertrag noch nicht erreicht ist, so muss der Verbesserungsbedarf bestimmt und im Anschluss bei der Integrationsdurchführung berücksichtigt werden. Stellt sich bei der Überprüfung heraus, dass sich der Integrationserfolg eingestellt hat, so können die bis dahin geleisteten Anstrengungen während der Integrationskonzeption und -durchführung als erfolgreich betrachtet werden. Die nachfolgende Abbildung fasst diese Überlegungen grafisch zusammen und bildet ferner die Grundlage für die nachfolgende Konzeptualisierung zur Berücksichtigung des psychologischen Vertrages im Integrationsprozess.

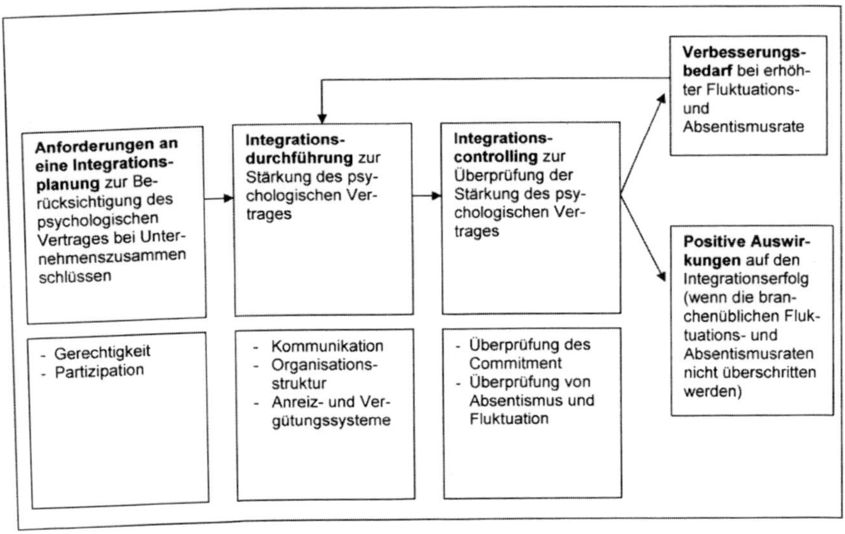

Abbildung 38: Konzept im Rahmen des Integrationsconsultings zur Berücksichtigung des psychologischen Vertrages im Integrationsprozess.

[515] Vgl. Schäfer 2008, S. 47.

5.1. Anforderungen an eine Integrationsplanung

Damit der gesamte Integrationsprozess erfolgreich und effizient verläuft, kommt der gedanklichen Antizipation zukünftigen Handelns im Anschluss an die Unternehmensübernahme eine entscheidende Bedeutung für den Erfolg des Integrationsprozesses zu.[516] Als besonders erfolgskritisch für den gesamten Zusammenschlussprozess gilt deshalb die Phase der Integrationsplanung. Zumeist ist schon nach den ersten hundert Tagen nach der Transaktion erkennbar, ob ein Zusammenschlussvorhaben erfolgreich beendet werden kann oder nicht. In der unternehmerischen Zusammenschlusspraxis wird der Phase der Integrationsplanung zumeist nur eine untergeordnete Rolle zugebilligt, da die beteiligte Unternehmensführung während dieser Zeit noch mit dem Abschluss der Transaktion beschäftigt ist oder direkt mit der Umsetzung einzelner Maßnahmen begonnen wird.[517] Ein Integrationsconsulting sollte sich jedoch der Bedeutung einer systematischen Integrationsplanung bewusst sein. Der Erfolg von Planungen, Handlungen und Konzeptionen wird vielfach daran gemessen, zu welchem Grade diese zur Erreichung der vorgegebenen Zusammenschlussziele beitragen. Bei der Konzeption eines Zusammenschlussprozesses ist die Erreichung der mit dem Zusammenschluss verbundenen Ziele von zentraler Bedeutung.[518]

Aufgabe der Integrationsplanung ist es, die während der Integration möglicherweise auftretenden Probleme und Schwierigkeiten im Zusammenhang mit den Wechselwirkungen von Unternehmenszusammenschluss und psychologischem Vertrag bereits im Vorfeld zu vermeiden oder zumindest abzumildern.[519] Deshalb sollten fallspezifische Merkmale auch im Hinblick auf den psychologischen Vertrag herausgearbeitet und als Richtschnur für die nachfolgende Durchführungsphase vorgegeben werden.[520] Bei Erstellung eines Integrationsplans sollte das Integrationsconsulting besonderes Augenmerk auf Aspekte der Gerechtigkeit und Partizipation legen, da durch deren Nichtbeachtung der psychologische Vertrag beeinträchtigt werden kann.

---

[516] Vgl. Mathea 2008, S. 31.

[517] Vgl. Bartels, Eric/Cosack, Sabine (2008) Integrationsmanagement, in Picot, Gerhard, et.al. (Hrsg.) Handbuch Mergers & Acquisitions, Planung, Durchführung, Integration, Stuttgart: Schäffer-Poeschel, S. 450-470, S. 452.

[518] Vgl. Staehle 1999, S. 444 f.

[519] Vgl. Wirtz 2003, S. 111.

[520] Vgl. Schäfer 2008, S. 50 ff.

Die Erfüllung dieser Kriterien kann als notwendige Voraussetzung einer erfolgreichen Integrationsplanung angesehen werden, wobei keine Gleichrangigkeit und Zielharmonie angenommen wird. Je nach gewähltem Integrationsplan werden die Anforderungen besser oder schlechter zu erfüllen sein.

5.1.1. Gerechtigkeit

Dass Gerechtigkeit ein wesentlicher Aspekt ist, der bei der Konzeption eines Zusammenschlussprozesses zu berücksichtigen ist, wurde schon in dem Abschnitt 3.1.3 zur Equity-Theorie im Rahmen der wissenschaftlichen Analyse deutlich. Die Ausführungen zeigten, dass nicht nur das Verhältnis von Input zu Outcome den psychologischen Vertrag beeinflusst. Ebenfalls von Bedeutung ist ferner die subjektiv wahrgenommene Gerechtigkeit, die sich aus dem Vergleich des eigenen Input-Outcome Verhältnisses zu dem der Referenzgruppe ergibt. Eine gerechte Gestaltung des Integrationsprozesses führt nicht nur zu einer Wahrung des psychologischen Vertrages, es fördert auch das Vertrauen der Belegschaft in die Unternehmensführung und damit den Erfolg des Integrationsvorhabens.

Prinzipiell kann Gerechtigkeit in zwei Ausprägungen unterschieden werden. Hierzu zählen die Verfahrensgerechtigkeit und die Verteilungsgerechtigkeit:

- Die Verteilungsgerechtigkeit oder die distributive Gerechtigkeit beschäftigt sich mit der Verteilung von Gütern und Lasten. In Abhängigkeit des Verteilungsergebnisses und der Perspektive gibt es Gewinner und Verlierer.[521] Es ist anzunehmen, dass eine wahrgenommenen Verteilungsungerechtigkeit die Abgrenzung der beiden Belegschaftsgruppen fördert, den psychologischen Vertrag eher schwächt und damit einem zügigen Integrationserfolg eher hinderlich ist.[522] Der Schluss liegt nahe, dass Gewinner eine Stärkung des psychologischen Vertrages erfahren und Verlierer eine Schwächung des psychologischen Vertrages wahrnehmen.[523]

[521] Vgl. Walkner, Veit (2001) Gerechtigkeit und Fairness als Konzept zur Ueberwindung der Widerstandsproblematik bei Beratungsprojekten, Bamberg: Difo-Druck, S. 79 ff.

[522] Vgl. Walkner 2001, S. 90 f.

[523] Vgl. Abschnitt 3.1.3.

- Die Verfahrensgerechtigkeit fokussiert im Gegensatz zu der Verteilungsgerechtigkeit nicht auf die Ergebnisse des Verteilungsprozesses.[524] Vielmehr geht es hierbei um die subjektiv empfundene Gerechtigkeit, die der Integrationsprozess bei den betroffenen Beschäftigten auslöst. Für den Erfolg der Integration ist eine hohe Verfahrensgerechtigkeit „(...) crucial because one of the major aims of the legal process is to resolve conflict in such a way as to bind up the social fabric and encourage the continuation of productive exchange between individuals."[525]

Der Aspekt der Gerechtigkeit ist auch im Hinblick auf die Auswahl des anzuwendenden Integrationskonzepts von Bedeutung. Bereits in Abschnitt 2.1.2 wurden die vier Modelle der Integrationskonzeption nach Müller-Stevens vorgestellt.[526] Nach seiner Auffassung kann zwischen den Integrationskonzepten „Kolonialherr", „best-of-breed", dem „paritätischen" Modell und dem „visionären" Konzept unterschieden werden. Bei der Entscheidung für die Anwendung eines dieser Konzepte sollte auch der Aspekt der Gerechtigkeit eine Rolle spielen.

Da beim Integrationskonzept „Kolonialherr" die übernehmende Mitarbeitergruppe die übernommene dominiert, erscheint es zur Berücksichtigung des psychologischen Vertrages ungeeignet. Das Konzept des „best-of-breed" ist in der Hinsicht gerechter, dass nach einem Vergleich der Effizienz und Leistungsfähigkeit jene Organisationsstruktur übernommen wird, die nach analytischen Kriterien der anderen überlegen ist. In der Praxis wäre jedoch zu vermuten, dass diese Analyse die Überlegenheit der Strukturen des übernehmenden Unternehmens konstatiert und diese deshalb übernommen werden.

Das „visionäre" Integrationskonzept greift diesen Einwand auf. In einem ersten Schritt soll von beiden Unternehmensführungen eine gemeinsame Vorstellung des zukünftigen Unternehmens entwickelt werden. Basierend auf dieser gemeinsamen Vision wird entschieden, welche Aufgaben vom neuen Unternehmen zu bewältigen sind und welche Organisationsstruktur angemessen ist. In einem zweiten Schritt wird

---

524 Vgl. Walkner 2001, S. 99 ff.

525 Thibaut, John/Walker, Laurens (1975) Procedural justice: a psychological analysis, Hillsdale:Lawrence Erlbaum, S. 67.

526 Vgl. Müller-Stewens 2006, S. 785 ff.

schließlich entschieden, wie Positionen im gemeinsamen Unternehmen zu besetzten sind. Dieses Konzept beinhaltet den Gerechtigkeitsgedanken insofern, dass beide Unternehmensführungen ihre Interessen bei der Entwicklung einer gemeinsamen Vision gleichberechtigt einbringen können.

Das „paritätische" Integrationskonzept berücksichtigt den Aspekt der Gerechtigkeit am stärksten, da es prinzipiell Anstrengungen von beiden Unternehmensgruppen verlangt, damit der Integrationsprozess erfolgreich verläuft. Dieser Aspekt ist besonders beim Aufbau und Einsatz eines Integrationsteams von Bedeutung.[527] Es ist zur Planung, Steuerung und Kontrolle der Integrationsumsetzung einzusetzen. Durch seine paritätische Besetzung kann dem Gedanken der Gerechtigkeit Rechnung getragen werden und mögliche Abgrenzungsreaktionen der Beschäftigtengruppen vermieden werden. Eine paritätische Besetzung des Integrationsteams kann ein „Wir-versus-Ihr Denken" unterbinden.[528] Eine Zusammenschlussaussage, die z. B. der Slogan „Win together" ausdrückt, schädigt dann die Glaubwürdigkeit des Unternehmens, wenn das Integrationsteam ausschließlich mit Vertretern eines Unternehmensteils besetzt ist.[529]

Die sorgfältige Auswahl der Integrationsverantwortlichen für den Zusammenführungsprozess kann die Erfolgswahrscheinlichkeit des Integrationsvorhabens erhöhen.[530] Aus diesem Grund sind bei der Aufstellung des Zusammenführungsteams nicht nur Ausgewogenheit, hierarchische Stellung und persönliche Kompetenzen zu berücksichtigen. Ferner ist sicherzustellen, dass alle wesentlichen Unternehmens- und Funktionsbereiche durch die Teammitglieder abgedeckt sind, damit ausreichend Fachwissen bei der Integrationsplanung zur Verfügung steht und sich die Beschäftigten beider Mitarbeitergruppen gerecht vertreten und repräsentiert fühlen.[531]

---

527 Vgl. Wirtz 2003, S. 111; Möller, Wolf-Peter (1983) Der Erfolg von Unternehmenszusammenschlüssen. Eine empirische Untersuchung, München: Minerva, S. 272 ff.; Shrivastava, Paul (1986) Postmerger Integration, Journal of Business Strategy, 7. Jahrgang, Heft 1, S. 65-76, S. 74 f.

528 Vgl. Wirtz 2003, S. 293.

529 Vgl. Bartels/Cosack 2008, S. 454.

530 Vgl. Rohloff, Susanne (1994) Die Unternehmungskultur im Rahmen von Unternehmenszusammenschlüssen, Köln [u.a.]: Eul, S. 58 ff.

531 Vgl. Schäfer, 2008, S. 68 f.; Clever, Holger (1993) Post-Merger-Management, Stuttgart, [u.a.]: Kohlhammer, S. 135.

Die Bedeutung des Aspekts der Gerechtigkeit in der Planungs- und Durchführungsphase der Integration soll nun am Beispiel des Zusammenschlusses von Daimler-Benz und Chrysler verdeutlicht werden. Der Zusammenschluss von Daimler-Benz und Chrysler firmierte zwar offiziell als Fusion unter gleichberechtigten Partnern. Jedoch schon das Eigentumsverhältnis von 43% der ehemaligen Chrysler- Aktionäre zu 57% der damaligen Daimler-Benz- Inhaber an der neugegründeten Daimler-Chrysler AG ließ Rückschlüsse auf das Machtverhältnis zwischen den Partnern zu. Konnten sich die Fusionspartner anfänglich noch auf die in Abbildung 39 dargestellte paritätisch besetzte Organisationsstruktur einigen, so verschob sich das Machtverhältnis später doch zu Ungunsten der „übernommenen" Chrysler Mitarbeiter.[532] So verließen Robert Eaton, Thomas Stallkamp und James Holden nach und nach den Chrysler Vorstand. Ihre Positionen wurden entweder durch ehemalige Daimler-Benz Mitarbeiter ersetzt oder ersatzlos gestrichen.[533] Die Verschiebung des Machtverhältnisses zu Ungunsten der „übernommenen" Chrysler Mitarbeiter wurde noch deutlicher, als der Vorstand von vormals 18 Mitgliedern auf 12 verkleinert wurde. Diese Verschiebung des Machtverhältnisses wird aus dem Vergleich der ehemaligen Chrysler Vorstandsmitglieder von Abbildung 39 zu Abbildung 40 deutlich.

Diese Verschiebung des Machtverhältnisses deutet auf eine Ungleichbehandlung der ehemaligen Chrysler Belegschaft hin. Möglicherweise ist das Scheitern des Zusammenschlusses von Daimler und Chrysler auch ein Indiz dafür, dass es im Integrationsprozess nicht ausreicht, nur in der Planungsphase auf eine gerechte Machtverteilung zwischen den Unternehmen zu achten. Schließlich ist auch bei der anschließenden Integrationsdurchführung zu berücksichtigen, dass beide Zusammenschlusspartner sich etwa gleichberechtigt in das neue Unternehmen einordnen können.

[532] Vgl. Morosoni, Piero/Radler, George (1999) DaimlerChrysler: Organizing the Post-Merger Integration, http://harvardbusinessonline.hbsp.harvard.edu/b02/en/common/item_detail.jhtml?id=IMD122 (Stand 09.10.2008)

[533] Vgl. St. Jean, Dianne/Cohen, Allan/Madden, Edward (2000) DaimlerChrysler Merger: The quest to create „one company", http://miha.ef.uni-lj.si/_dokumenti3plus2/192278/ZdruzitevDaimlerjainChryslerja.pdf (Stand. 09.10.2008)

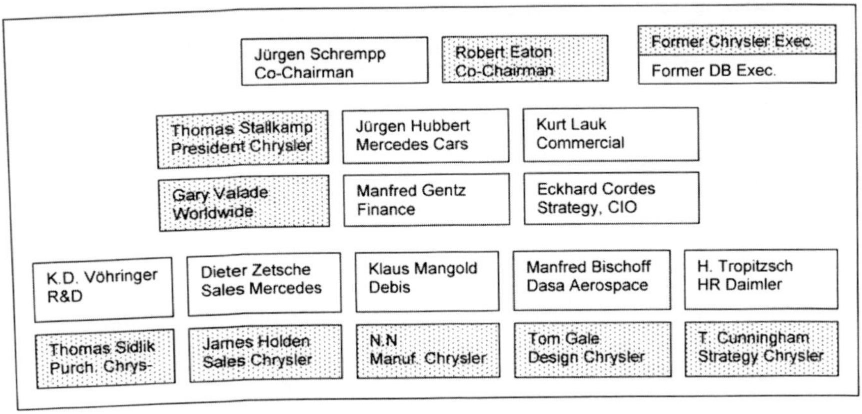

Abbildung 39: Ursprüngliche Organisationsstruktur der neugegründeten DaimlerChrysler AG.[534]

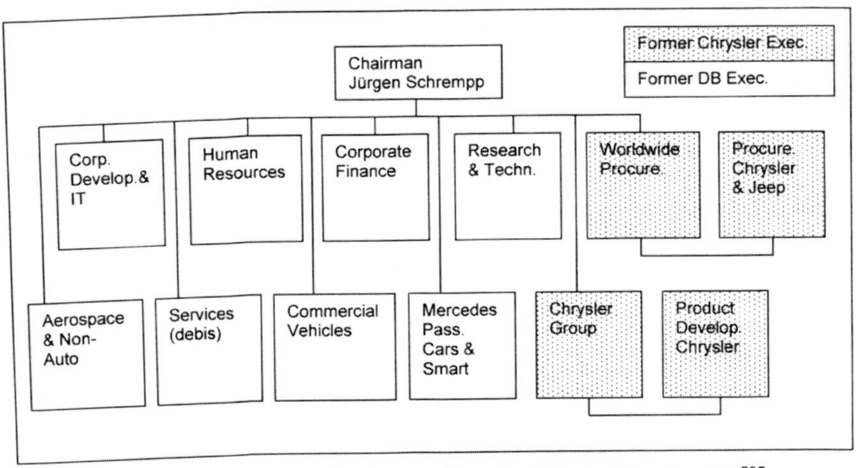

Abbildung 40: Veränderte Organisationsstruktur der DaimlerChrysler AG.[535]

---

534 In Anlehnung an: Morosoni/Radler 1999, S. 6 f.

535 In Anlehnung an: O.A. (2008) DaimlerChrysler"Company at a Glance – Board of Management", in http://www. Coursemba. com/members/cases/DaimlerChrysler%20A%20Union%20with%-20Caveats!.pdf (Stand. 12. 10. 2008).

5.1.2. Partizipation

Schon während der Phase der Integrationsplanung sollte ein Integrationsconsulting Aspekte der Mitarbeiterbeteiligung beinhalten. Hierbei gilt, je mehr Personen betroffen und je größer die zusammenschlussbedingten Veränderungen für die Mitarbeiter sind, desto wichtiger ist es, Energie und Zeit in die Schaffung von Partizipationsmöglichkeiten zu investieren.[536] Bei einer hohen Anzahl von betroffenen Mitarbeitern und einem hohen Ausmaß an zusammenschlussbedingten Veränderungen steht weniger die Frage im Vordergrund, ob eine Beteiligung ermöglicht werden soll. Vielmehr steht die Frage im Mittelpunkt, in welcher Form und in welchem Umfang die betroffenen Mitarbeiter und Führungskräfte ihre Vorschläge konstruktiv in den Integrationsprozess mit einbringen können.

Bereits bei der Integrationsplanung gilt es zu entscheiden, bis zu welchem Zeitpunkt im Prozess eine zentrale, straffe Führung und Steuerung erforderlich ist und ab wann eine Mitarbeiterbeteiligung einsetzen kann bzw. muss. Aufgrund des hohen Erfolgsdruckes und der hohen Komplexität besteht die Gefahr, dass das Management eine zentrale Steuerung bevorzugt, wodurch die Mitarbeiter und vor allem auch das mittlere Management als Change Agents die Veränderungen nicht mittragen. Ebenfalls ist zu bedenken, dass die totale Einflussnahme durch die Mitarbeiter keine unbedingte Alternative zur zentralen Steuerung darstellt.[537] Schon aufgrund des unterschiedlichen Wissens- und Kompetenzhorizonts können zusätzliche Partizipationsmöglichkeiten für die Mitarbeiter eine sorgfältige Integrationsplanung durch die Zusammenschluss/Integrationsverantwortlichen nicht ersetzen, wohl aber im Hinblick auf den psychologischen Vertrag deutlich unterstützen.

Es ergibt sich hier die Möglichkeit, den Beteiligungsgrad nach Phasen differenziert zu gestalten. Mindestens zu Beginn der Integrationsdurchführung sollte eine Top-down-Steuerung vorgesehen werden, um sicherzustellen, dass sich verschiedene Teile der Organisation in die gleiche Richtung bewegen, so dass unterschiedliche Interessen, Philosophien und emotionale Aspekte den Prozess nicht blockieren oder behin-

---

[536] Vgl. Stolzenberg, Kerstin/Heberle, Krischan (2006) Change Management. Veränderungsprozesse erfolgreich gestalten- Mitarbeiter mobilisieren, Heidelberg: Springer Medizin Verlag, S. 112 ff.

[537] Vgl. Heini, Claude (2003) Besondere Herausforderungen beim Erwartungsmanagement von Fusionsintegrationen, S.524, in M&A, 12/2003, S. 522-526.

dern.[538] Ein gutes, straff geführtes und zentral gesteuertes Integrationsprojekt mit klaren Meilensteinen, klaren und hoch gesteckten Zielen kann sicherlich als entscheidender Erfolgsfaktor bezeichnet werden. Eine Beteiligung der Mitarbeiter kann durch eine gute und regelmäßige Information sowie durch Abfragen von Input und Meinungen sichergestellt werden. Ihre Erwartungen müssen jedoch ernst genommen werden, da sie die Glaubwürdigkeit des Managements gegenüber den Mitarbeitern deutlich erhöhen.[539]

In den nachfolgenden Abschnitten soll anhand des Zusammenschlusses von *Siemens* und *Nixdorf* veranschaulicht werden, wie das Unternehmen schon zu Beginn der Integrationsplanung den psychologischen Vertrag der Mitarbeiter durch die Schaffung von Partizipationsmöglichkeiten berücksichtigen kann. Dieser Zusammenschluss ist auch deshalb interessant, weil die Unternehmensführung nicht nur den beschäftigten Mitarbeitern Partizipationsmöglichkeiten einräumten, sondern auch den Lieferanten und Abnehmern.

Im Jahr 1990 ging die Firma *SiemensNixdorf* aus dem Zusammenschluss der Computersparte von *Siemens*, der *Siemens Information Systems*, und *Nixdorf Computer* hervor. In den anschließenden vier Jahren nach dem Zusammenschluss verlor das Unternehmen jährlich mehrere hundert Millionen Euro. Um die ansteigenden Verluste zu verringern und das Unternehmensbild des Verlierers abzulegen, beschloss die Unternehmensführung unter Gerhard Schulmeyer, die Situation durch das Einräumen von Partizipationsmöglichkeiten zu verbessern. Die einzuführenden Maßnahmen wurden auf vier Kongressen festgelegt, an denen jeweils 300 bis 400 Mitarbeiter teilnahmen. Diese vier Treffen wurden nach dem Tagungsort als Hannover 1-4 bezeichnet.[540]

Hannover I „die Stimme der Mitarbeiter“: Bei dieser Veranstaltung wurden die Teilnehmer in 59 Gruppen aufgeteilt, die sich Gedanken über die neuen Werte und Normen von *SiemensNixdorf* machten. Aufbauend auf ihren Vorschlägen wurden von den einzelnen Gruppen die notwendigen neuen Verhaltensweisen für die Belegschaft

[538] Vgl. Heini 2003, S. 522 ff.
[539] Vgl. Heini 2003, S. 524.
[540] Vgl. Mullins 2002, S. 833 ff.

entwickelt. Diese Vorschläge sollten dann von den einzelnen Gruppen selbstständig in ihren Abteilungen implementiert werden.

Hannover II „die Stimme der Kunden": Zu diesem Treffen wurden neben den 350 teilnehmenden Mitarbeitern noch 59 der wichtigsten Kunden eingeladen. Diese sollten darauf achten, dass bei den folgenden organisationalen Veränderungen die Kundenbedürfnisse im Vordergrund stehen. Die Kunden nahmen auch an den Gruppenveranstaltungen teil, bei denen konkrete Gestaltungsmaßnahmen besprochen wurden.

Hannover III „die Stimme der Zuliefer- und Partnerunternehmen": Ziel dieser Tagung war, die Meinung der Zulieferer- und Partnerunternehmen zu berücksichtigen. Durch die hier getroffenen Vereinbarungen konnte *SiemensNixdorf* durch Optimierung seiner Prozessabläufe den Aufwand für die Partnerunternehmen und die damit verbunden Kosten senken. Diese Maßnahmen sollten die Position von *Siemens* als bevorzugter Abnehmer und Partner stärken.

Hannover IV „Institutionalisierung der Wandlungsfähigkeit": Im Rahmen dieser Konferenz sollten die teilnehmenden 400 Mitarbeiter darauf vorbereitet werden, die Maßnahmen aus Hannover I-III umzusetzen und die übrige Belegschaft von den neu gewonnenen Fähigkeiten zu überzeugen.

Das Beispiel von *SiemensNixdorf* zeigt, wie das Integrationskonzept mithilfe von zusätzlichen Partizipationsmöglichkeiten ergänzt und implementiert werden kann. Die Miteinbeziehung der Kunden, Partner und Lieferanten scheint auch im weiteren Zusammenschlusskontext sinnvoll. Da sich die Mitarbeiter zusätzlich mit der Integrationsproblematik auseinandersetzen müssen, bestünde sonst die Gefahr, dass Kunden vernachlässigt werden und damit ungewollt die Konkurrenz gestärkt wird.

5.2. Integrationsdurchführung

In der Phase der Integrationsdurchführung gilt es, die bereits getätigten Planungen möglichst umfassend umzusetzen.[541] Wie sich aus der Analyse der Wechselwirkungen zwischen Unternehmenszusammenschluss und psychologischem Vertrag in Ab-

[541] Vgl. Bartels/Cosack 2008, S. 453.

schnitt 3 und 4 ergab, sind bei der Integrationsdurchführung auf strategischer Ebene die Aspekte Kommunikation, Organisationsstruktur sowie Anreiz- und Vergütungssysteme von besonderer Bedeutung. In den nachfolgenden Abschnitten wird die Bedeutung diese Aspekte bei der Integrationsdurchführung im Hinblick auf den psychologischen Vertrag vorgestellt. Auch werden „best practice" Beispiele aufgeführt, die für die Integrationsdurchführung herangezogen werden können.

5.2.1. Kommunikation

Eine offene und frühzeitige Kommunikation und Informationspolitik kann helfen, die Ungewissheit und Unsicherheit der betroffenen Mitarbeitergruppen zu verringern. Sie ist besonders im Beschäftigtenbereich des übernommenen Unternehmens von Bedeutung, da hier Doppelbesetzungen häufig mit Freisetzungen verbunden sein können.[542]

Mit Bekanntgabe des Zusammenschlusses müssen die langfristig gewachsenen Informations- und Kommunikationskulturen vereinheitlicht werden. Im Hinblick auf die in der Phase der Integrationsplanung geforderten Elemente der Gerechtigkeit und Transparenz ist kaum eine Informations- und Kommunikationsaufgabe für die Unternehmensführung so komplex und umfangreich, wie sie beim Zusammenschluss zweier Unternehmen erforderlich ist.[543] Eine Untersuchung zeigte, dass Aspekte der Information und Kommunikation in der Zusammenschlusspraxis häufig nicht in dem Maße umgesetzt werden, wie sie erwünscht und notwendig wären.[544] Defizite im Bereich der Kommunikation können den Integrationsprozess insofern gefährden, dass Informationslücken von den betroffenen Mitarbeitern durch Gerüchte geschlossen werden und schließlich von der beteiligten Unternehmensführung nicht mehr zu kontrollieren sind.[545]

---

[542] Vgl. Abschnitt 3.2.2.

[543] Vgl. Wirtz 2003, S. 345 f.

[544] Vgl. Strohmer, Michael (2001) Integration nach Merger and Acquisition: Erfolgskonzeption für das Post-Deal Management, Wiesbaden: Deutscher Universitäts Verlag, S. 85.

[545] Vgl. Wirtz 2003, S. 346.

Während des Integrationsprozesses kann zum einen die interne Kommunikation die betroffenen Mitarbeiter auf den bevorstehenden Wandel vorbereiten. Zum anderen können externe Kommunikationsmaßnahmen nicht nur das Ansehen des Unternehmens im Außenverhältnis, d. h. zu Kunden und Investoren positiv beeinflussen. Sie können im Hinblick auf die bestehenden Interdependenzen auch Einfluss auf das Zusammengehörigkeitsgefühl der Belegschaft haben.[546] Da jeder Mitarbeiter auch Mitglied der unternehmensexternen Gesellschaft ist, können seine Einstellungen und Erwartungen von der öffentlichen Wahrnehmung und den Medien beeinflusst werden. [547]

Durch die Unternehmenskommunikation nach innen sollen nicht nur die arbeitsplatzrelevanten, sondern auch die integrationsrelevanten Informationen an die Beschäftigten weitergegeben werden. Die interne Kommunikation hat die Aufgabe den Mitarbeitergruppen die mit dem Zusammenschluss verbundenen Ziele näher zu bringen und es den Beschäftigten zu ermöglichen, ihre individuelle Leistung an diesen Zielen auszurichten.[548] Im Rahmen der internen Kommunikation sind beide Mitarbeitergruppen davon zu überzeugen, dass ihnen der Zusammenschluss neue Perspektiven in einem wettbewerbsfähigen Umfeld liefert, professionelle Arbeitsbedingungen bietet und die langfristige Existenz des Arbeitsplatzes sichert. Begründet werden können diese Versprechen z. B. damit, dass das vergrößerte Unternehmen durch weitere Investitionen neue Märkte erschließen möchte und somit die bestehenden Arbeitsplätze auch in Zukunft gesichert seien.[549]

Die Unternehmenskommunikation nach außen zielt auf die Vermittlung der neuen Identität des Unternehmens nach dem juristischen Zusammenschluss ab. Sie soll bei den relevanten Empfängern Sympathien gegenüber dem zusammengeschlossenen Unternehmen wecken.[550] Zu diesem Zweck scheint es ratsam, den Nutzen des Zusammenschlusses deutlich herauszuarbeiten und zielgerichtet zu kommunizieren. Dabei sind die Erwartungen der jeweiligen Adressaten zu berücksichtigen. So könn-

[546] Vgl. Wiedmann/Meissner/Grotheer 2003, S. 35 ff.

[547] Vgl. Kepper 1990, S. 7.

[548] Vgl. Wiedmann/Meissner/Grotheer 2003, S. 35 ff.

[549] Vgl. Wiedmann/Meissner/Grotheer 2003, S. 32.

[550] Vgl. Wiedmann, Meissner, Grotheer 2003, S. 411 ff.

ten Aktionäre des akquirierenden Unternehmens eher mit zusammenschlussbedingten Synergien überzeugt werden. Für Kunden hingegen dürfte der umfassendere und professionellere Service, den das neue Unternehmen bietet, ein entscheidender Vorteil sein.[551]

Entscheidend für die Akzeptanz der zusammenschlussbedingten Veränderungen ist die Koordination und Zielrichtung der Kommunikationsaktivitäten. Schließlich möchte die Unternehmensführung mithilfe der Kommunikation die betroffenen Mitarbeiter informieren, überzeugen und zur Unterstützung des Vorhabens aufrufen. Dabei stehen ihr mehrere Kommunikationsarten zur Verfügung. Unter einer One-to-one Kommunikation wird die persönliche Direktkommunikation zwischen zwei Individuen verstanden. One-to-few bezeichnet die Kommunikation zwischen einem Sender und ausgewählten Empfängern. Schließlich wendet sich bei der One-to-many Kommunikation ein Sender an viele Empfänger.[552] Weiterführend ist auch zwischen einseitiger und zweiseitiger Kommunikation zu unterscheiden. Bei der einseitigen Kommunikation besteht für den Empfänger keine Möglichkeit, mit dem Sender direkt in Kontakt zu treten. Bei der zweiseitigen Kommunikation hingegen befinden sich Sender und Empfänger in einem interaktiven Dialog.[553]

Da bei Bekanntgabe des Zusammenschlusses nicht nur die Mitarbeiter, sondern auch sämtliche Stakeholder etwa zeitgleich über das Vorhaben informiert werden müssen, eignen sich hierfür besonders One-to-many Kommunikationsplattformen.[554] Es stehen dem Unternehmen z. B. Corporate TV oder Mitarbeiterzeitschriften als Medien zur Verfügung.[555] Unter der Bezeichnung Corporate TV ist ein Fernsehprogramm gemeint, dass im Rahmen der Unternehmenskommunikation Verbreitung findet.[556] So verfügen beispielsweise die Deutsche Bahn oder Mercedes-Benz über

---

551 Vgl. Alberti, Karl-Richard, Huber, Rudolf (1995) Corporate Identity im Fusionsprozeß. Ein Beratungsmodell, Stuttgart: Deutscher Sparkassen-Verlag, S. 32 f.

552 Vgl. Hoffmann, Donna/Novak, Thomas (1996) Marketing in Hypermedia Computer-Mediated Environments: Conceptual Foundations, Journal of Marketing, 60. Jahrgang, Heft 3, S. 50-68.

553 Vgl. Wirtz 2003, S. 348.

554 Vgl. Zimmermann, Rainer/Herres, Jürgen (2008) Interne und externe Kommunikation, in Picot, Gerhard (Hrsg.) Handbuch Mergers & Acquisitions, Planung, Durchführung, Integration, 4. grundlegend überarbeitet und aktualisierte Auflage, Stuttgart: Schäffer-Poeschel, S. 534-564.

555 Vgl. Zimmermann/Herres 2008, S. 559 f.

556 Vgl. Buse 2006, S. 112 ff.

eigene Sender. Eine Mitarbeiterzeitschrift kann ein weiteres geeignetes Medium sein, mit dessen Hilfe die Unternehmensführung ihre Erwartungen und Integrationsvorhaben den Mitarbeitern vermittelt.[557] Folgende Kommunikationsinhalte können durch die genannten Medien verbreitet werden:

- Gründe für den Zusammenschluss
- Charakteristika des Zusammenschlusspartners (Geschichte, Produktpalette, Stärken/ Schwächen etc.)
- Mögliche Veränderungen der Unternehmensvision /-ziele /-strategien.[558]

Da bei Bekanntgabe des Zusammenschlusses die damit verbundenen Veränderungen aufgrund fehlender Detailkenntnisse nur vage spezifiziert werden können, gibt es zu diesem Zeitpunkt nur wenige substanzielle Informationen, die kommuniziert werden können.[559] Dies führt häufig dazu, dass das Management den Erwartungen der Mitarbeiter im Hinblick auf Informationen über konkrete zusammenschlussbedingte Konsequenzen nur selten gerecht werden kann.[560] Durch idealistische oder befremdliche Angaben, die die innerbetriebliche Realität der Mitarbeiter nicht widerspiegeln, kann der psychologische Vertrag geschwächt werden.

Gewinnen mögliche Kommunikationsinhalte mit dem Fortschreiten des Integrationsprozesses an Präzision und Umfang, kann die Unternehmensführung von der one-to-many Kommunikation zur one-to-few bzw. one-to-one Kommunikationsform wechseln. Dadurch können die Erwartungen der Mitarbeiter stärker Berücksichtigung finden, wodurch ihr psychologischer Vertrag gestärkt werden kann.

Als mögliches Medium bieten sich virtuelle Kommunikationsplattformen an. Sie erlauben es den Mitarbeitern Fragen zu stellen, Sorgen und Kritik zu äußern, Hintergründe zu verstehen und letztlich auch eigene Problemlösungsvorschläge zu unterbreiten. Die wechselseitige Kommunikation, die solche Plattformen ermöglichen, kann positive Auswirkungen auf den psychologischen Vertrag zwischen Mitarbeiter

---

[557] Vgl. Buse 2006, S. 101 ff.

[558] Vgl. Gerpott, Torsten (1993) Integrationsgestaltung und Erfolg von Unternehmensakquisitionen, Stuttgart: Schäffer-Poeschel, S. 143.

[559] Vgl. Gerpott 1993, S. 148.

[560] Vgl. Buono/Bowditch 1989, S. 256 ff.

und Organisation haben, da die Unternehmensleitung sorgenvolle und kritische Äußerungen wahrnehmen und auf diese reagieren kann.

Als weitere Möglichkeit des Erwartungsabgleichs kann das Mitarbeitergespräch genutzt werden. Es ermöglicht dem Mitarbeiter, sich in regelmäßigen Abständen mit seinem Vorgesetzten über die an ihn gestellten Aufgaben, deren bisherige Umsetzung und die damit verknüpften zukünftigen Zielvorgaben zu unterhalten.[561] So könnte der Vorgesetzte aufgrund seines hierarchisch bedingten Wissensvorsprungs die Aufgaben des Mitarbeiters und ihre Bedeutung im übergeordneten Integrationszusammenhang erörtern.[562] Diese Erklärungen würden dem Mitarbeiter verdeutlichen, welchen Beitrag er für die Realisierung der Zusammenschlussziele erbringen kann. Durch dieses Gespräch können gleichermaßen die möglichen zusammenschlussbezogenen Ängste und Sorgen des Mitarbeiters verringert werden. Gleichzeitig ermöglicht es dem Vorgesetzten, die Bedürfnisse und Erwartungen des Mitarbeiters bei der Aufgabenverteilung zu erkennen und zu berücksichtigen.[563]

Im Hinblick auf den Integrationsprozess und den psychologischen Vertrag ist es wichtig, bei der Kommunikation möglichst wenig subjektiven Interpretationsspielraum zuzulassen. Dazu ist eine regelmäßige Erfassung und Kommunikation der wechselseitigen Erwartungen zwischen Unternehmen und Mitarbeiter nötig, bei der implizite Aspekte des psychologischen Vertrages deutlich werden. Dafür geeignete Kommunikationsmedien wurden in diesem Abschnitt vorgestellt.

5.2.2. Organisationsstruktur

Da Unternehmenszusammenschlüsse zumeist vor dem Hintergrund wirtschaftlicher Ziele initiiert werden, kommt der Gestaltung der neuen Organisationsstruktur im Rahmen der Integrationsdurchführung eine besondere Bedeutung zu. Wesentliche

---

[561] Vgl. Liebel, Hermann (1992) Personalentwicklung durch Verhaltens- und Leistungsbewertung, in Liebel, Hermann/Oechsler, Walter (Hrsg.) Personalbeurteilung: Neue Wege zur Bewertung von Leistung, Verhalten und Potential, Wiesbaden: Gabler, S. 103-188, S. 163 ff.

[562] Vgl. Oechsler, Walter (2000) Personal und Arbeit: Grundlagen des Human Resource Management und der Arbeitgeber-Arbeitnehmer-Beziehungen, 7. grundlegend überarbeitete und erweiterte Auflage, München [u.a.]: Oldenbourg, S. 431 f.

[563] Grundlage des Mitarbeitergesprächs ist § 82 Abs. 2 BetrVG.

Aufgabe der Unternehmensführung ist demnach die Integration der Aufbau- und Ablauforganisationen beider Unternehmen - eine Aufgabe, die sich in der Integrationspraxis häufig als sehr komplex darstellt. Dort zeigt sich, dass sich die Organisationsstrukturen nur selten ähneln, welches einerseits darauf zurückzuführen ist, dass solche Strukturen Ergebnis rationeller Planungen sind, andererseits aber auch betrieblichen Entwicklungen und Veränderungen unterworfen sind.[564]

Während die Aufbauorganisation die Struktur eines Unternehmens darstellt, beschreibt die Ablauforganisation, welche Prozesse und Arbeitsabläufe sich innerhalb dieser Struktur befinden.[565] Die Aufbauorganisation wird besonders durch die Abteilungsstruktur geprägt. In den nachfolgenden Abschnitten wird jeweils das Einlinien- und das Mehrliniensystem als mögliche Aufbauorganisation vorgestellt und deren Verknüpfung zum psychologischen Vertrag herausgearbeitet.

In einem Einliniensystem, unter dem funktionale und divisionale Organisationsstrukturen fallen, erhält jedes Organisationsmitglied seine Weisungen von einer übergeordneten Instanz. Hingegen sind beim Mehrliniensystem mehrere Einheiten gegenüber einer untergeordneten Organisationseinheit weisungsbefugt. Bei einer funktional aufgebauten Organisation bilden gleichartige oder ähnliche Verrichtungen die Basis für die Abteilungsbildung. Im Rahmen der funktionalen Organisationsstruktur ist es daher nur mit einem beträchtlichen Aufwand möglich, die Verantwortung für organisationsinterne Ineffizienz zu lokalisieren. Bei funktionaler Organisationsstruktur besteht die Gefahr, dass Konfliktsituationen hervorgerufen werden, wenn sich die beteiligten Personen zu stark auf das Geschehen innerhalb ihrer Abteilung konzentrieren.[566] Dieser Abteilungsegoismus kann dazu führen, dass bei den Beschäftigten der Integrationserfolg in den Hintergrund rückt.[567]

Das Wohl der quasi-autonomen Profit-Center steht bei der divisionalen Aufbauorganisation im Vordergrund. Bei dieser Organisationsstruktur können die Kosten und

---

[564] Vgl. Wirtz 2003, S. 298.

[565] Vgl. Hoffmann, Friedrich (1992) Führungsorganisation, in Frese, Erich (Hrsg.) Handwörterbuch der Organisation, 3. völlig neu gestaltete Auflage, Stuttgart: Poeschel, Sp. 208-221.

[566] Vgl. Gebert, Diether (1978) Organisation und Umwelt, Probleme der Gestaltung innovationsfähiger Organisationen, Stuttgart [u.a.]: Kohlhammer, S. 29 ff.

[567] Vgl. Marks/Mirvis 1998, S. 145 ff.

Erträge der einzelnen Divisionen, die sich aus den unterschiedlichen Sparten oder Geschäftsbereichen ermitteln lassen, eindeutig miteinander verglichen und ausgewertet werden. Dadurch ist bei einer divisionalen Organisation mit einer direkten Steuerung zu rechnen. Etwaige Fehler, die in einem Profit-Center geschehen, lassen sich nicht wie bei der funktionalen Organisation auf andere organisationale Subsysteme attribuieren.[568]

Ein Beispiel für ein Zweiliniensystem ist die Matrixorganisation. Bei ihr kommen mindestens zwei Gliederungsprinzipien gleichzeitig zur Anwendung. So könnte sich eine Matrixorganisation aus der Verknüpfung einer divisionalen mit einer funktionalen Organisationsstruktur ergeben. Diese Verbindung birgt ein vergleichsweise hohes Konfliktpotenzial. Der Matrixorganisation wohnt die Idee inne, Konflikte gezielt herbeizuführen und diese für die Erfüllung der Organisationsziele zu nutzen. Hierzu bedarf es eines unternehmenskulturellen Klimas, bei dem der Teamgedanke an die Stelle der hierarchisch geregelten Über- und Unterordnungsverhältnisse tritt. Das hohe Konfliktpotenzial sowie der Wegfall der Hierarchien kann für die Mitarbeiter zu einem hohen Stresspotenzial führen, da die Erwartungen beider Vorgesetzter in den seltensten Fällen kongruent sein dürften. Diese Inkongruenz kann bei den betroffenen Mitarbeitern zu Rollenkonflikten, Rollenambiguität und Rollenüberlastung führen.[569]

Die Erläuterungen zeigen, dass unterschiedliche Organisationsstrukturen mit unterschiedlichen wechselseitigen Erwartungen verbunden sind. Der Stärkung des psychologischen Vertrages ist es zuträglich, beim Integrationsprozess bestehende Strukturen möglichst beizubehalten. Etwa 81 % aller deutschen Unternehmen verwenden Einliniensysteme.[570] Bei einem Zusammenschluss zwischen zwei Unternehmen mit einem Einliniensystem sollte die Unternehmensführung, auch im Hinblick auf den psychologischen Vertrag, wieder auf ein Einliniensystem zurückgreifen. Bei einem Zusammenschluss zwischen zwei Unternehmen, die in einer Matrixstruktur organisiert waren, erscheint die erneute Verwendung eines Matrixsystems zweck-

---

[568] Vgl. Welge, Martin (1975) Profit-Center-Organisation: organisatorische Analyse von Strukturbewertungsproblemen in funktionalen und profitcenter-orientierten Organisationen, Wiesbaden: Gabler.

[569] Vgl. Schanz 1994, S. 123 f.

[570] Vgl. Wolf, Joachim (2000) Strategie und Struktur 1955-1995: ein Kapitel der Geschichte deutscher nationaler und internationaler Unternehmen, Wiesbaden: Gabler, S. 200.

mäßig, da es den Beschäftigten beider Unternehmensgruppen erlaubt, sich in der Struktur des neuen Unternehmens wiederzufinden. Treffen in einem Integrationsprozess zwei Unternehmen mit einem Mehrliniensystem und einem Einliniensystem aufeinander, erscheint es im Hinblick auf den Integrationserfolg und den psychologischen Vertrag zielführend, wenn sich das neue Unternehmen unter einem tendenziell konfliktärmeren Einliniensystem formiert.[571]

Während die Aufbauorganisation eher statischer Natur ist, betrachtet die Ablauforganisation die sich darin abspielenden Aktivitäten zur Leistungserstellung.[572] Im Rahmen der Integration der Ablauforganisationen und der damit verbundenen Aufgabenverteilung bieten sich dem zusammengeschlossenen Unternehmen unterschiedliche Möglichkeiten, den psychologischen Vertrag zu berücksichtigen. Die Erweiterung des Tätigkeitsspielraums könnte für das Unternehmen einen Beitrag zur Erreichung der Zusammenschlussziele leisten. Gleichzeitig führt das sog. Job Enrichment für die Mitarbeiter möglicherweise zu einer verringerten Monotonie der Abläufe und zu einem größeren Verantwortungsspektrum. Darüber hinaus kann durch so genanntes Job Rotation einseitige Belastung vermieden werden. Beim gruppeninternen Wechsel des Arbeitsplatzes verringert sich zugleich die Monotonie bei der Aufgabenbewältigung.[573]

5.2.3. Anreiz- und Vergütungssysteme

Im Rahmen der Integrationsdurchführung müssen die Anreizsysteme beider Unternehmen häufig einander angepasst werden. Erhält beispielsweise in einem Unternehmen eine Mitarbeitergruppe höhere Leistungsanreize, so ist zu erwarten, dass innerhalb der niedriger vergüteten Mitarbeitergruppe der Unmut steigt.[574] Bei der gegenseitigen Angleichung der Anreizsysteme scheint es ratsam, dass das Unterneh-

---

[571] Vgl. Oechsler 2006, S. 515 ff.; Kieser, Alfred/Walgenbach, Peter (2007) Organisation, 5. Auflage, Stuttgart: Schäffer-Poeschel, S. 298; Macharzina, Klaus/Wolf, Joachim (2005) Unternehmensführung: Das internationale Managementwissen, Konzepte-Methoden-Praxis, 5. grundlegend überarbeitete Auflage, Wiesbaden: Gabler, S. 489 ff.

[572] Wirtz 2003, S. 303 f.

[573] Vgl. Schanz 2000, S. 571.

[574] Vgl. Hase 1996, S. 139.

men seinen Mitarbeitern Anreize gewährt, die der Erreichung des Integrationserfolges dienlich sind. Hierfür kann das Individualisierungskonzept[575] tragfähige Gestaltungsoptionen liefern, mit deren Hilfe der psychologische Vertrag der Mitarbeiter in der Durchführungsphase der Integration gewahrt werden kann. Das Konzept der Individualisierung bietet eine Vielzahl von Möglichkeiten, die motivationale Unterschiedlichkeit der Mitarbeiter systematisch zu berücksichtigen und trägt damit zum Integrationserfolg bei. Ziel der Individualisierung ist es, der Mehrheit der Mitarbeiter alternative Anreiz-Arrangements anzubieten. Jeder Mitarbeiter soll sich das Arrangement auswählen können, welches seinen Bedürfnissen am besten entspricht.[576] Revisionsmöglichkeiten bei der Auswahl der getroffenen Entscheidung tragen nicht nur dem möglichen Lebenswandel des Individuums Rechnung (z. B. Heirat, Gründung einer Familie), sondern liegen auch im organisationalen Interesse, veränderten Marktanforderungen gerecht zu werden.

Entgeltsystem

Bei der Neugestaltung des betrieblichen Anreizsystems bietet sich dem Unternehmen die Möglichkeit, unter Berücksichtigung rechtlicher und tarifvertraglicher Aspekte[577] die Vergütungsgestaltung abhängig von der individuellen Leistungsfähigkeit und den betrieblichen Zielen festzulegen.[578]

Ein neues Entgeltsystem sollte unterschiedlichen Ansprüchen gerecht werden. So sollen die vom Unternehmen gewährten Anreize die Beschäftigten aktivieren und sie dadurch in einen Zustand der Leistungsbereitschaft versetzen.[579] Neben einem pauschalisiertem Grundgehalt ist die Gewährung von individuellen Leistungszulagen denkbar, die den individuellen Leistungsbeiträgen entsprechen. Die Leistung der Mit-

---

[575] Vgl. Schanz 2004; Schanz 2000, S. 415 ff.

[576] Vgl. Lawler, Edward (1973) Motivation in Work Organizations, Monterey: Brooks.

[577] Die im Tarifvertrag ausgehandelten Entgelthöhen sind insofern zwingend, als dass keine Betriebsvereinbarung abgeschlossen werden darf, die andere Entgelthöhen beinhaltet. Das gilt selbst dann, wenn die betrieblichen Vereinbarungen für den Beschäftigten vorteilhafter sind als die im Tarifvertrag angegebenen Entgelthöhen. Nach § 77 Abs. 3 BetrVG dürfen Arbeitsentgelte, die im Tarifvertrag geregelt sind, nicht Gegenstand einer Betriebsvereinbarung sein. Es sei denn, der Tarifvertrag enthält eine Öffnungsklausel und im Einzelarbeitsvertrag sind die Kriterien für die gezahlten übertariflichen Entgelte aufgeführt. Vgl. Oechsler 2000, S. 513 f.

[578] Vgl. Schanz 2004, S. 158 ff.

[579] Vgl. Becker, Fred (2001) Anreizsysteme als Instrumente der strukturellen Mitarbeiterführung, in Eyer, Eckhard/Andresen, Boy-Jürgen (Hrsg.) Praxishandbuch Entgeltsysteme. Durch differenzierte Vergütung die Wettbewerbsfähigkeit steigern, Düsseldorf: Symposium, S. 11-28, S. 18 ff.

arbeiter sollte im Lichte ihres Beitrages zu den Organisationszielen aufgefasst und bewertet werden. Bei der Leistungsbewertung erfolgt der Vergleich zwischen den zu Beginn des Beurteilungszeitraumes vereinbarten Sollvorgaben und des am Ende tatsächlich eingetretenen Ist-Zustandes.[580] In Hinblick auf den psychologischen Vertrag zwischen Unternehmen und Mitarbeiter muss der Prozess der Messung der individuellen Beiträge nachprüfbar und nachvollziehbar sein.[581]

Soll hingegen der Leistungsaspekt des psychologischen Vertrages zwischen Unternehmen und Mitarbeiter im Vordergrund stehen, ist eine leistungsabhängige Vergütung zu wählen. Attraktion, Selektion und Retention von Mitarbeitern sind zentrale Aspekte eines Entlohnungssystems, da die Mitarbeiter eine unabdingbare Ressource zur Erbringung der Unternehmensleistung darstellen.[582]

Personalentwicklungssystem

Zum Erreichen des Integrationserfolges vermag die Personalentwicklung unmittelbare wie mittelbare Beiträge leisten. Eine gezielte Anpassung, Verbesserung und Erweiterung der Mitarbeiterqualifikation kann sich positiv auf den Integrationsprozess auswirken. Die Personalentwicklung umfasst eine Reihe von möglichen Maßnahmen zur Vermittlung von Fach- und Handlungskompetenzen.[583] In Bezug auf die Integrationsproblematik fördern gruppenübergreifende Weiterbildungsveranstaltungen den Wissenstransfer zwischen den betroffenen Mitarbeitergruppen.[584] Diese Veranstaltungen bieten die Möglichkeit, dass sich zwischenmenschliche Beziehungen auf ei-

---

[580] Breisig, Thomas (2001) Entlohnen und Führen mit Zielvereinbarungen. Orientierungs- und Gestaltungshilfen für Betriebs- und Personalräte sowie für Personalverantwortliche, 2. überarbeitete und erweiterte Auflage, Frankfurt a.M.: Bund Verlag, S. 36 ff. Für das Konzept zur Führung durch Zielvereinbarungen (Management by Objectives) vgl. Drucker, Peter (1956) Die Praxis des Management: Ein Leitfaden für die Führungsaufgaben in der modernen Wirtschaft, Düsseldorf: Econ Verlag; Odiorne, Gerorge (1980) Management by objectives: Führungssysteme für die achtziger .Jahre [übersetzt von Maass, Wolfgang], München: Moderne Industrie.

[581] Ein mögliches Verfahren zur Ermittlung des individuellen Beitrags ist das Verfahren der kritischen Leistungsinhalte. Ausgangspunkt dieses Verfahrens ist die Analyse der kritischen Erfolgs- und Misserfolgsfaktoren einer Tätigkeit. Vgl. Oechsler, Walter (1992) Personalführung durch tätigkeitsbezogene Leistungsbewertung, in Liebel, Hermann/Oechsler, Walter (Hrsg.) Personalbeurteilung: Neue Wege zur Bewertung von Leistung, Verhalten und Potential, Wiesbaden: Gabler, S. 11-102, S. 11 ff.

[582] Vgl. Becker, Fred (1990) Anreizsysteme für Führungskräfte: Möglichkeiten zur strategisch-orientierten Steuerung des Managements, Stuttgart: Schäffer-Poeschel, S. 22 ff.

[583] Vgl. Oechsler 2006, S 493 ff.

[584] Vgl. Hase 1996, S. 145 ff.

ner fachlichen Ebene aufbauen, die zu einer einheitlichen Verständigungsbasis innerhalb des Unternehmens führen.

Personalentwicklungsmaßnahmen haben darüber hinaus einen positiven Effekt auf den psychologischen Vertrag der Mitarbeiter; denn durch diese Maßnahmen verstärkt sich die Bindung des Mitarbeiters an das Unternehmen. Sie können als betrieblicher Anreiz interpretiert werden, mit dem das Unternehmen seine Mitarbeiter längerfristig an sich binden möchte. Auch verstärken Personalentwicklungsmaßnahmen das Gefühl der Beachtung und können somit den Integrationsprozess positiv beeinflussen.[585]

Arbeitszeitgestaltung

Eine bewegliche Arbeitszeitgestaltung gibt dem Arbeitnehmer die Möglichkeit, sich seine Arbeitszeit nach individuellen Gesichtspunkten und Erfordernissen einzuteilen. Fällt im Rahmen des Integrationsprozesses die vorübergehende Arbeitszeit der Mitarbeiter höher aus, als es der Tarif- bzw. Arbeitsvertrag vorsieht, bietet sich die Einführung eines Arbeitszeitkontos an. Dadurch kann dem Mitarbeiter die mehr geleistete Arbeit in Form von zusätzlichen Urlaubstagen oder finanziellen Anreizen vergütet werden. Diese Wahlmöglichkeit kann den psychologischen Vertrag zwischen Unternehmen und Mitarbeiter stärken. So könnte sich das Unternehmen darauf verlassen, dass die Mitarbeiter die integrationsbedingte zusätzliche Arbeit gewissenhaft erledigen. Gleichermaßen werden auch die Bedürfnisse des Mitarbeiters berücksichtigt, denn diesem steht die Wahlmöglichkeit zwischen Geld oder ausgleichender Freizeit zu.

Die Individualisierung der täglichen Arbeitszeit ist eine Option, die den psychologischen Vertrag stärken könnte. Gleichzeitig bietet sich dem Unternehmen die Möglichkeit durch Einführung von Maßnahmen wie der gleitenden Arbeitszeit flexibel auf Auslastungsschwankungen reagieren zu können bei gleichzeitiger Einsparung von z. B. Überstundenzuschlägen.[586] Häufig ist dieses Modell mit der Einführung eines Arbeitszeitkontos verbunden, welches die erbrachte Arbeitszeit eines jeden Mitarbeiters

---

585 Vgl. Schanz 2000, S. 144.

586 Vgl. Wagner, Dieter/Grawert, Achim/Doyé, Thomas/Langemeyer, Heiner (2004) Flexibilisierung und Individualisierung von Entgeltbestandteilen, Potsdam: IMO Werkstattbericht, S. 29.

dokumentiert. Innerhalb einer festgelegten Ober- und Untergrenze kann der Mitarbeiter die Dauer und Lage seiner Arbeitszeit an seine Bedürfnisse anpassen.[587]

Auch bei der flexiblen Arbeitszeitgestaltung handelt es sich um einen organisationalen Anreiz, der für die Gewinnung neuer Mitarbeiter von Bedeutung ist. Andererseits darf davon ausgegangen werden, dass solche Systeme motivational bedingten Absentismus verringern und die Mitarbeiter dauerhaft an das Unternehmen binden.[588] Die flexible Arbeitszeitgestaltung kann als Motivator wirken, der die Bedürfnisse des Mitarbeiters nach Selbstständigkeit, Selbstentfaltung und Anerkennung aktiviert.[589] Dies würde folglich den Integrationserfolg wie dem psychologischen Vertrag zuträglich sein.

Anreizoptionen für Führungskräfte

Die vorgestellten Gestaltungsmöglichkeiten beziehen sich auf den Personenkreis der tariflich vergüteten Lohn- und Gehaltsempfänger. In Bezug auf das Anreizsystem für Führungskräfte ergeben sich zusätzliche Gestaltungsspielräume. Der sogenannte Cafeteria-Ansatz[590] bietet leitenden Angestellten die Möglichkeit, ihr in der Höhe feststehendes Entgelt aus verschiedenen Optionen zusammenzustellen. Es existiert daher –wie in einer Cafeteria– ein Auswahlangebot, aus dem die Arbeitnehmer periodisch wiederkehrend die Anreize auswählen können, die ihrer aktuellen Bedürfnis- und Finanzlage gerecht werden.[591]

Diese zur Auswahl angebotenen Leistungen, die als Cafeteria-Optionen bezeichnet werden, sind in Abbildung 41 dargestellt. In welchem Umfang diese Leistungen in Anspruch genommen werden können, richtet sich nach dem individuellen Cafeteria-

---

[587] Vgl. Oechsler 2006, S. 261 f.

[588] Vgl. Schanz 2000, S. 422 f.

[589] Vgl. Beyer, Horst-Thilo (1989) Der zeitflexible Beschäftigungsmix als strategischer Erfolgsfaktor, in Hax, Herbert/Kern, Werner/Schröder, Hans-Horst (Hrsg.) Zeitaspekte in betriebswirtschaftlicher Theorie und Praxis, Stuttgart: Poeschel, S. 299-313, S. 310.

[590] Vgl. Wagner, Dieter (1991) Anreizpotentiale und Gestaltungsmöglichkeiten von Caféteria-Systemen, in Schanz, Günther (Hrsg.) Handbuch Anreizsysteme in Wirtschaft und Verwaltung, Stuttgart: Poeschel, S. 91-110, S. 91 ff.

[591] Vgl. Oechsler, Walter (1996) Vom Lohnempfänger zum Vergütungsgestalter, Personal-Zeitschrift für Human Resource Management, 48. Jahrgang, Heft 3, S. 125-129, S. 128.

Budget, welches von der Unternehmensführung für jeden einzelnen leitenden Mitarbeiter festzulegen ist.[592]

Geldangebote	- Urlaubsgeld - Weihnachtsgeld - Arbeitgeberdarlehen - Höhere Altersversorgung
Zeitangebote	- Zusatzurlaub - Kürzere Wochenarbeitszeit - Kürzere Jahresarbeitszeit - Frühere Pensionierung
Sachleistungen	- Werkswohnungen - Dienstwagen
Bildungsangebote	- MBA- Programme - Bildungsurlaub - IT- Kurse - Sprachkurse
Versicherungsleistungen	- Lebensversicherung - Unfallversicherung - Berufsunfähigkeitsversicherung - Krankenzusatzversicherung

Abbildung 41: Übersicht über mögliche Auswahlkomponenten eines Cafeteria-Modells.[593]

Hauptvorteil von Cafeteria-Modellen ist, dass sich die Mitarbeiter die Optionen aussuchen können, die ihren Erwartungen und Bedürfnissen besonders entsprechen. Auch das Unternehmen profitiert von der Einführung eines solchen Systems. Betriebliche Zusatzleistungen, die das Unternehmen dem Mitarbeiter in Form von automatischen und undifferenzierten Anreizen überlässt, werden als selbstverständliche Bestandteile des psychologischen Vertrages hingenommen und verlieren dadurch ihre Motivationswirkung.[594] Eine positive Anreizwirkung entsteht jedoch, wenn sich die Führungskräfte die angebotene Leistung aus einem solchen Katalog auswählen können.[595]

592 Vgl. Wagner, Dieter/Grawert, Achim/Langemeyer, Heiner (1993) Cafeteria-Modelle. Möglichkeiten der Individualisierung und Flexibilisierung von Entgeltsystemen für Führungskräfte, Stuttgart: Schäffer-Poeschel, S. 9 ff.

593 Eigene Darstellung in Anlehnung an Wagner, Dieter (1993) Cafeteria-Modelle in der Unternehmenspraxis, Personalwirtschaft, 20. Jahrgang, Heft 3, 53-56, S. 53; Wagner 1991, S. 101.

594 Vgl. Schanz 2000, S. 610.

595 Vgl. Dycke, Axel/Schulte, Christof (1986) Cafeteria-Systeme. Ziele, Gestaltungsformen, Beispiele und Aspekte der Implementierung, Die Betriebswirtschaft, 46. Jahrgang, Heft 5, S.577-589, S. 577.

Die mit der Einführung eines Cafeteria-Modells verbundene Individualisierung der betrieblichen Anreize führt für den leitenden Mitarbeiter und das Unternehmen zu einer besseren Ressourcenallokation, da vom Unternehmen ausschließlich Leistungen bezahlt werden, die die tatsächlichen Bedürfnisse des Mitarbeiters befriedigen.[596] Hervorzuheben ist, dass diese Nutzensteigerung nicht auf einem erhöhten Gehalt basiert, da die Personalkosten in der Regel konstant bleiben. Cafeteria-Modelle gewähren dem Unternehmen sowie dem Mitarbeiter die notwendige Flexibilität, um zukünftigen Veränderungen gerecht zu werden.

Die Einführung eines Cafeteria-Modells kann sich folglich positiv auf den psychologischen Vertrag zwischen Unternehmen und Mitarbeiter auswirken, denn bei der Selektion der entsprechenden Anreizkomponenten haben beide Parteien Gelegenheit, ihre unterschiedlichen Bedürfnisse und Erwartungen miteinander zu besprechen. Mithilfe dieses Systems behandelt das Unternehmen seine Führungskräfte nicht nur als Lohnempfänger, sondern als Vergütungsgestalter. Bei der Bestimmung des individuellen Cafeteria-Budgets eines jeden Mitarbeiters sollte auf die Einschätzung des direkten Vorgesetzten zurückgegriffen werden. Dieser kann den Arbeitseinsatz und damit den Beitrag eines Mitarbeiters zur Unterstützung des Integrationsprozesses besser einschätzen als die Personalabteilung.

In diesem Abschnitt wurden betriebliche Möglichkeiten aufgezeigt, mit denen das Unternehmen die Erwartungen der Mitarbeiter an die durch die Integration hervorgerufenen veränderten Anforderungen anpassen kann. Durch die Einführung eines individualisierten Entgeltsystems, Personalentwicklungssystems und einer flexiblen Arbeitszeitgestaltung kann der psychologische Vertrag im Integrationsprozess berücksichtigt werden. Am Beispiel des Cafeteria-Modells wurde gezeigt, wie die wechselseitigen Erwartungen zwischen Führungskräften und Unternehmen an den neuen Anforderungen ausgerichtet werden können.

---

[596] Vgl. Moderegger, Hermann (1996) Personalentlohnung und monetäres Anreizsystem, Wiesbaden: Gabler, S. 42; Wagner 1991, S. 97.

5.3. Integrationscontrolling

In der Phase des Integrationscontrollings soll der Integrationserfolg im Hinblick auf den psychologischen Vertrag untersucht werden. Diese Erfolgskontrolle ist im Gegensatz zu den anderen Elementen des Integrationsprozesses eine im Prinzip vergangenheitsorientierte Überprüfung der Wirksamkeit und Effizienz der Integrationsplanung und Integrationsdurchführung. Bei dieser Kontrolle können unterschiedliche Erhebungsmethoden zum Einsatz kommen, mit deren Hilfe verschiedene Indikatoren den Integrationserfolg bestimmen.

Bereits in Abschnitt 2.4. wurden als Indikatoren zur Messung der Ausprägung des psychologischen Vertrages im Integrationsprozess die Begriffe Commitment, Absentismus und Fluktuation vorgestellt. Zur Überprüfung des Commitments bieten sich besonders Befragungs- und Beobachtungsmethoden an.[597] Eine Kontrolle der Absentismus- und Fluktuationsquoten kann im Rahmen des Benchmarking erfolgen. Die genannten Vorgehensweisen bzw. Methoden zur Datenerhebung und -auswertung sollen im Folgenden vorgestellt werden.

5.3.1. Überprüfung des Commitments

In Abschnitt 3.3 konnte gezeigt werden, dass das Commitment ein geeigneter Indikator ist, der Rückschlüsse auf die Ausprägung des psychologischen Vertrages und die damit verbundenen Auswirkungen auf den Integrationserfolg zulässt. Es wurde deutlich, dass ein hohes Commitment positiv mit einem gestärkten psychologischen Vertrag und dem damit verbundenen erhöhten Arbeitseinsatz der Mitarbeiter korreliert, was wiederum dem Integrationserfolg zuträglich ist. Um das Commitment der Mitarbeiter zu überprüfen ist ein geeignetes Datenerhebungsverfahren zu wählen.

[597] Vgl. Nienhüser, Werner/Krins, Christina (2005) Betriebliche Personalforschung: eine problemorientierte Einführung, München [u.a.]: Hampp, S. 86 f.

Bei einer Befragung werden ausschließlich verbale Informationen erfasst.[598] Folglich kann nur erhoben werden, was sprachlich kommuniziert wird.[599] Als besonders effektiv hat sich die schriftliche Erhebung von Informationen mittels standardisierter Fragebögen herausgestellt. Diese Methode bietet den Mitarbeitern die Möglichkeit, Fragebögen anonym auszufüllen, wohingegen Anonymität bei einer mündlichen Befragung selten zugesichert werden kann. Diese Vertraulichkeit führt dazu, dass die Akzeptanz von brisanten Fragen, die gerade bei den Integrationsaktivitäten auftreten können, meist höher ist als bei mündlichen Interviews.[600] Weitere Gründe, die aus Unternehmenssicht für eine schriftliche Befragung sprechen, sind der geringe Aufwand und die vergleichsweise geringen Kosten.

Bei mündlichen Befragungen kommt es zu einer Interaktion zwischen Befragtem und Interviewer. Stärker als bei einer anonymen Befragung kann hierbei der Effekt auftreten, dass die Befragten das antworten, von dem sie meinen, dass es der Frager erwartet.[601] Zu berücksichtigen ist auch, dass die Befragten gegenüber direkten Vorgesetzten andere Antworten und Formulierungen wählen als gegenüber neutralen Personen oder Kollegen. Andererseits bietet die mündliche Befragung auch zahlreiche Vorteile. So kann der Interviewer Kommunikationsproblemen vorbeugen, indem er die Fragen der Situation entsprechend modifiziert. Die hohe Flexibilität einer mündlichen Befragung erlaubt es, zusammenschlussbedingte Problembereiche aufzudecken, die der Unternehmensführung bis dato verborgen geblieben sind.

Da das Commitment von Mitarbeitern in der Unternehmenspraxis fast ausschließlich mithilfe von Fragebögen erhoben wird, kann die Vergleichbarkeit der Ergebnisse nur gewahrt werden, wenn die Kennzahl des Commitments ausschließlich mithilfe der gleichen Erhebungsmethodik über einen längeren Zeitraum ermittelt wird. Als mögliche Messinstrumente können auf den Organizational Commitment Questionnaire

[598] Vgl. Schnell, Rainer/Hill, Paul Bernhard/Esser, Elke (1999) Methoden der empirischen Sozialforschung, 6. völlig überarbeitete und erweiterte Auflage, München [u.a.]: Oldenbourg, S. 299 ff.

[599] Vgl. Bortz, Jürgen/Döring, Nicola (2003) Forschungsmethoden und Evaluation für Human- und Sozialwissenschaftler, 3. überarbeitete Auflage, Berlin [u.a.]: Springer, S. 244 ff.

[600] Vgl. Nienhüser/Krins 2005, S. 89 f.

[601] Vgl. Nienhüser/Krins 2005, S. 90 f.

(OCQ)[602] oder auf den Commitment Fragebogen von Meyer und Allen[603] zurückgegriffen werden.

Im Hinblick auf das Konzept zur Berücksichtigung des psychologischen Vertrages im Zusammenschlusskontext erscheint es im Rahmen des Integrationscontrollings ratsam, dass Commitment der Mitarbeiter etwa halbjährlich mithilfe eines Commitment Messinstrumentes zu bestimmen. Dies würde es ermöglichen, Veränderungen über einen längeren Zeitraum abzubilden. Die Unternehmensführung könnte auf Abwärtstrends mit einer Adaption der Integrationsdurchführung reagieren. Eine positive Entwicklung dieses Indikators würde bedeuten, dass die Maßnahmen bei der Integrationsdurchführung den psychologischen Vertrag stärken und somit zum Integrationserfolg beitragen.

Die Beobachtungsmethode ist ein weiterer Ansatz zur Erfassung des psychologischen Vertrages. Gegenstand einer solchen Untersuchung könnte das Mitarbeiter- bzw. Vorgesetztenverhalten sein, welches den psychologischen Vertrag prägt. Vor dem Hintergrund des Informationsbedarfs sind Selektionsentscheidungen zu treffen, da nicht jeder Aspekt des Verhaltens von Belang ist. Beobachtungen können auf unterschiedliche Weise erfolgen. Verdeckte Beobachtungen führen oftmals zu realistischeren Ergebnissen als offene Beobachtungen, da sie die Interaktion zwischen Erhebenden und Handelnden auf ein Mindestmaß beschränken und mögliche Beeinträchtigungen, die z. B. durch das Phänomen der sozialen Erwünschtheit erfolgen, verringert werden.[604] Im Hinblick auf die Integrationsproblematik bietet sich die verdeckte Beobachtungsmethode an, um die Erwartungen der Mitarbeiter zu erfassen.

---

602 Vgl. Mowday, Richard/Steers, Richard/Porter, Lyman (1979) The measurement of Organizational Commitment, Journal of Vocational Behaviour, 14. Jahrgang, Heft 2, S. 224-247; Benkhoff, Birgit (1997) Disentangeling Organizational Commitment. The dangers of the OCQ for research and policy, Personnel Review, 26. Jahrgang, Heft 1-2, S. 114-131.

603 Vgl. Allan, Natalie/Meyer, John (1990) The measurement and Antecedents of Affective, Continuance and Normative Commitment to the Organization, Journal of Occupational Psychology, 63. Jahrgang, Heft 1, S. 1-18; Schmidt, Klaus-Helmut/Hollmann, Sven/Sodenkamp, Daniel (1998) Psychometrische Eigenschaften und Validität einer deutschen Fassung des "Commitment"-Fragebogens von Allen und Meyer (1990) Zeitschrift für Differentielle und Diagnostische Psychologie, 19. Jahrgang, Heft 2, S. 93-106.

604 Vgl. Mayrhofer, Wolfgang (1993) Nonreaktive Methoden, in Becker, Fred/Martin, Albert (Hrsg.) Empirische Personalforschung: Methoden und Beispiele, München [u.a.]: Hampp, S. 11-32, S. 15 ff.

5.3.2. Überprüfung von Absentismus und Fluktuation

Mit Hilfe des Personalreportings können dokumentierte Leistungsdaten wie Mitarbeiterfluktuation oder Fehlzeiten abgerufen werden und im Hinblick auf die durchgeführten Zusammenführungsaktivitäten analysiert werden. Durch die Analyse langjährig dokumentierter Quoten kann überprüft werden, ob und wie stark der Unternehmenszusammenschluss den psychologischen Vertrag beeinflusst hat bzw. inwieweit er durch das Integrationsconsulting berücksichtigt oder gar gestärkt wurde.

Absentismus und Fluktuation wurden in Abschnitt 2.4 und 3.3 als weitere Indikatoren für eine Veränderung des psychologischen Vertrages und die damit verbundenen Auswirkungen auf den Integrationserfolg vorgestellt. Eine hohe Absentismus- / Fluktuationsrate deutet darauf hin, dass möglicherweise bei der Integrationsplanung und Integrationsdurchführung der psychologische Vertrag der Mitarbeiter nicht ausreichend Berücksichtigung fand. Eine Verringerung der Absentismus- / Fluktuationsraten kann darauf hindeuten, dass die Mitarbeiter eine Stärkung ihres psychologischen Vertrages erfahren haben.

Als ein Instrument zur Interpretation und Auswertung der gewonnenen Daten kann das Benchmarking angeführt werden.[605] In einem Benchmarking-Prozess werden Kennzeichen, Produkte oder betriebliche Abläufe über mehrere Unternehmens- oder Organisationseinheiten miteinander verglichen mit dem Ziel, die Wettbewerbsfähigkeit in sämtlichen Bereichen des Unternehmens zu erhöhen.[606] Das Instrument des Benchmarkings lässt sich sehr unterschiedlich einsetzen. Ein wesentlicher Aspekt ist hierbei die Frage, was „gebenchmarkt" werden soll. Je mehr man sich dabei von Produkten zu Prozessen als Benchmarking-Objekt bewegt, desto komplexer und abstrakter werden die Benchmarking Inhalte.[607] In der Literatur wird zwischen den folgenden Benchmarkingtypen unterschieden:

- Beim internen Benchmarking werden einzelne Abteilungen eines Unternehmens mit gleicher Funktionserfüllung einander gegenübergestellt. Vergleiche

[605] Vgl. Oechsler 2006, S. 186.

[606] Vgl. Hrovàth, Peter/Herter, Ronald (1992) Benchmarking: Vergleich mit den Besten der Besten, Controlling, 4. Jahrgang, Heft 1, S. 4-11.

[607] Weber, Jürgen/Schäffer, Utz (2006) Einführung in das Controlling, 11. vollständig überarbeitete Auflage, Stuttgart: Schäffer-Poeschel, S. 337 ff.

zwischen unterschiedlichen Standorten oder Abteilungen dienen zur Identifikation eines internen „best practice“ und damit schließlich zu einer Verbreitung in andere Teile des Unternehmens. Diese Art des Benchmarking verursacht den geringsten Aufwand bei der Datenerhebung.

- Das wettbewerbsorientierte (externe) Benchmarking zeichnet sich dadurch aus, dass produktionstechnische oder administrative Prozesse mit denen anderer Wettbewerber verglichen werden. Beispielsweise werden in der Automobilbranche seit einigen Jahren umfangreiche Benchmarkingprojekte zwischen den einzelnen Herstellern durchgeführt. Hierbei filtern zumeist unternehmensexterne Berater spezifische Kennzahlen heraus und ermitteln daraus branchenübliche Standards.[608]

Im Rahmen des Integrationscontrollings dient Benchmarking u. a. dem Vergleich der unternehmensinternen Fehlzeiten zur Zeit der Integration mit den Absentismusraten eines vergleichbaren Zeitraums. Abbildung 42 gibt ein Beispiel der Absentismusraten bei der Degussa wieder. Ergibt dieser Vergleich einen Anstieg der Fehlzeiten, so kann eine mangelnde Berücksichtigung des psychologischen Vertrages bei der Integrationsdurchführung die Ursache sein.

Fehltage in % der Soll-Arbeitstage bei der Degussa		
2002	2003	2004
3,8	3,4	3,3

Abbildung 42: Fehlzeiten wegen Krankheit, Kuren, Arbeits- und Wegeunfälle bei der Degussa Deutschland (Stand 2004).[609]

Darüber hinaus ergibt sich beim Benchmarking die Möglichkeit, den Krankenstand des eigenen Unternehmens mit der branchenüblichen Absentismusrate zu vergleichen, wodurch zusätzlicher Handlungsbedarf im Integrationsprozess erkennbar wird. Dieser Vergleich könnte auch ergeben, dass das eigene Unternehmen in Bezug auf diesen Indikator verhältnismäßig gut abschneidet. Ein solches Ergebnis könnte auf eine erfolgreiche Planung und Umsetzung des Integrationsprozesses im Hinblick auf

608 Vgl. Weber/Schäffer 2006, S. 338 f.

609 Vgl. o.A. (2004) Personalarbeit 2004http://www.degussa.de/degussa/MCMSbase/Pages/-ProvideResource.aspx?respath=/NR/rdonlyres/8DE96DE4-B7D5-43C6-920E-6A5D95786FE3/0/Personalbericht_2004_Degussa_AG.pdf

den psychologischen Vertrag hindeuten. Abbildung 43 gibt eine Übersicht über Fehlzeiten im Branchendurchschnitt wieder.

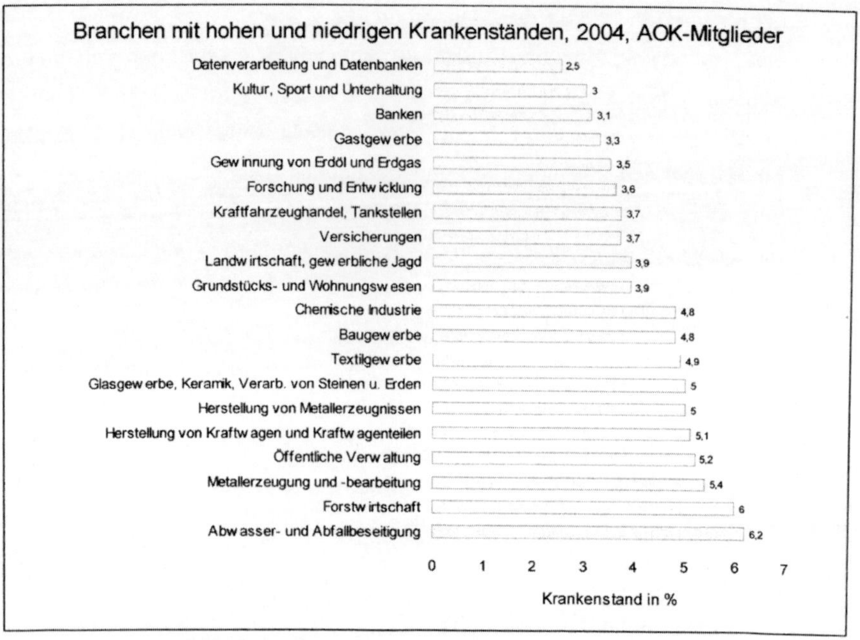

Abbildung 43: Erhebung der Krankenstände einzelner Branchen durch die AOK im Jahr 2004.[610]

Eine steigende Fluktuationsrate ist ein weiterer Indikator, der auf eine Nichtbeachtung des psychologischen Vertrages bei der Integrationsplanung und -durchführung hindeutet und Auswirkungen auf den Integrationserfolg nehmen kann. Personalabgänge können aus unterschiedlichen Gründen zu verzeichnen sein. So wird zwischen der „natürlichen“ Fluktuation, wie sie z. B. durch die Pensionierung erfolgt, dem Vertragsablauf, der Vertragsauflösung oder der Kündigung unterschieden. Aufschlussreich für das Integrationscontrolling kann jedoch nur der Indikator „freiwilliges Ausscheiden durch den Arbeitnehmer“ sein. Denn nur dieser erlaubt es, Rückschlüsse vom Mitarbeiterverhalten auf den psychologischen Vertrag zu ziehen. Ein Anstieg

[610] Vgl. Schellschmidt, Henner (2005) Fehlzeiten-Report, Ergebnisse aus der Auswertung von AU-Routinedaten der GKV, Wissenschaftliches Institut der AOK (WIdO), http://www.zes.uni-bremen.de/ccm/cms-service/stream/asset/?asset_id=1639409 (Stand 28.05.2009).

der Fluktuation, der aus Kündigungen durch die Arbeitnehmer resultiert, gibt Hinweise auf einen geschwächten psychologischen Vertrag. Im Integrationsprozess würde dieser Anstieg Anlass geben, die Integrationsdurchführung verstärkt auf den psychologischen Vertrag hin auszurichten. Andererseits kann angenommen werden, dass ein Rückgang der Kündigungen durch die Mitarbeiter auf einen gestärkten psychologischen Vertrag und damit auch auf eine erfolgreiche Integration hindeuten. Abbildung 44 gibt die Fluktuationsraten ausgewählter Branchen in Deutschland an.

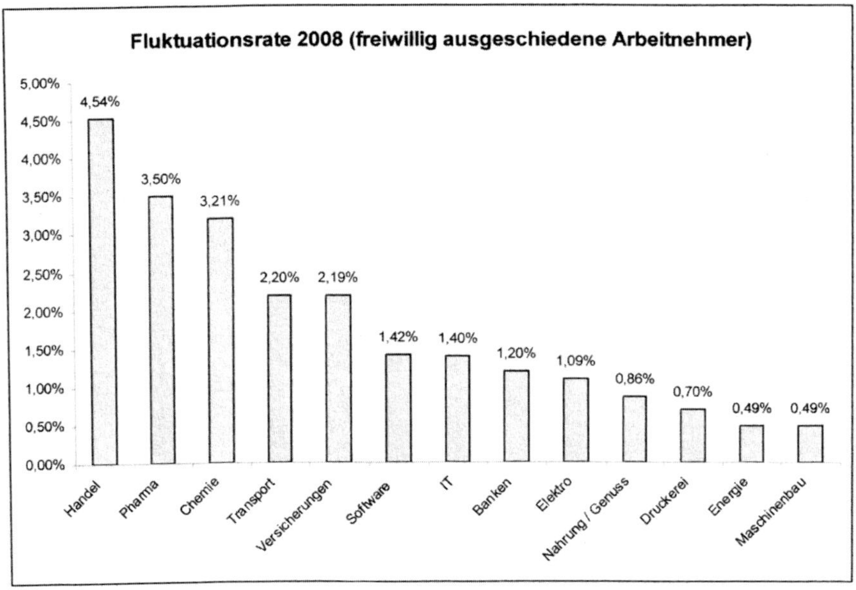

Abbildung 44: Fluktuationraten ausgewählter Branchen.[611]

Durch den Kennzahlenvergleich der Absentismus- und Fluktuationsraten mit den branchenüblichen Werten kann das Unternehmen die Veränderungen des psychologischen Vertrages überprüfen und deren Auswirkungen auf den Integrationserfolg antizipieren. Ergibt dieser Vergleich eine negative Entwicklung der Zahlen, sollten Verbesserungspotenziale von der Unternehmensführung im Integrationsprozess genutzt werden. Benchmarking im Rahmen des Integrationscontrollings kann der Nei-

[611] Sasse, Jörg (2009) HR-Benchmarking-Methode zur Kostensenkung und Effizienzsteigerung - Angebote der DGFPmbH, Deutsche Gesellschaft für Personalführung e.V, http://www.dgfp.de/perdoc/document.php?id=82210 (Stand 3.10.2009), S. 17.

gung von Selbstzufriedenheit bei innerbetrieblichen Abläufen entgegenwirken und helfen, ineffiziente und verkrustete Strukturen aufzubrechen und das Finden und Beschreiten bereits bestehender, besserer Lösungswege unterstützen.

6. Empirische Betrachtung und Ergänzung des Konzeptes zur Berücksichtigung des psychologischen Vertrages im Rahmen des Integrationsconsultings

In Kapitel 5 wurde ein Konzept zur Berücksichtigung des psychologischen Vertrages im Integrationsprozess vorgestellt. Dieses Konzept soll mit Hilfe einer explorativen empirischen Untersuchung überprüft und ergänzt werden. Festzustellen ist, wie die einzelnen Aspekte des Integrationsconsultings in der Praxis berücksichtigt und konkret umgesetzt werden können. Als Erhebungsmethode wurden leitfadengestützte Experteninterviews gewählt. Im ersten Abschnitt werden das Untersuchungsdesign, der Aufbau des Interviewleitfadens und die befragten Experten vorgestellt (Abschnitt 6.1). Die Ergebnisse dieser empirischen Befragung werden anschließend wiedergegeben (Abschnitt 6.2). Sie beruhen auf Recherchen, die in den Monaten September und Oktober 2009 durchgeführt wurden.

6.1. Untersuchungsdesign, Interviewcontent und –partner

Im Hinblick auf die explorative Fragestellung und die Ausführungen in Abschnitt 4.1 erscheint der qualitative Forschungsansatz hierfür als besonders geeignet. Als Erhebungsmethode wurde das Experteninterview gewählt. Hierbei wird versucht, das Wissen des befragten Experten über den zu untersuchenden Sachverhalt zu erschließen.[612] Bei dieser Erhebungsmethode ist der Experte lediglich das Medium, durch das der Forscher Wissen über den Forschungsgegenstand erlangen will. Anders als bei den qualitativen Interviews der vorangehenden Untersuchung ist der Experte nicht das „Objekt" der Untersuchung. Seine Gedanken, Erwartungen und Gefühle interessieren nur insofern, als dass sie seine Ausführungen beeinflussen. Im Vordergrund steht vielmehr das implizite Wissen über einen Sachverhalt, das dem Experten innewohnt.

[612] Vgl. Gläser, Jochen/Laudel, Grit (2006) Experteninterviews und qualitative Inhaltsanalyse als Instrumente rekonstruierender Untersuchungen, 2. durchgesehene Auflage, Wiesbaden, Verlag für Sozialwissenschaften, S. 10.

Es bietet sich an, das im vorhergehenden Abschnitt vorgestellte Konzept mit den Erfahrungen und dem Wissen von Integrationsconsultants abzugleichen und zu ergänzen. In dieser Arbeit gelten diese Berater als Experten, da sie über besonderes Wissen über das Integrationsconsulting bei Unternehmenszusammenschlüssen verfügen. Die Befragung interner Integrationsconsultants verspricht tiefe und detaillierte Einblicke in die Integrationspraxis bei einem Zusammenschluss, der ihr eigenes Unternehmen betrifft. Im Gegensatz dazu können externe Berater einen breiteren Überblick über vielzählige Zusammenschlüsse in verschiedenen Bereichen und Branchen geben. Deshalb soll die Expertise sowohl interner als auch externer Integrationsconsultants für diese Studie genutzt werden.

Für die Untersuchung erscheint eine halbstrukturierte Befragung zielführend, bei der dem befragten Experten alle Freiheitsgrade beim Antworten offenstehen, während die Freiheitsgrade des Interviewers durch das Erkenntnisinteresse vorgegeben sind.[613] Analog zu der Auswertung der Erhebungsergebnisse in der ersten empirischen Untersuchung soll auch hier die qualitative Inhaltsanalyse nach Mayring Anwendung finden.[614] Entsprechend dem Erkenntnisinteresse sollen die durch die Experteninterviews gewonnenen Aussagen aufbereitet und untersucht werden.

Bei der Erstellung des Konzeptes zur Berücksichtigung des psychologischen Vertrages im Integrationsprozess wurden die bereits gewonnenen theoretischen und empirischen Erkenntnisse berücksichtigt. Auf Basis des Konzeptes in Kapitel 5 wurde ein Leitfaden[615] für den Interviewer erstellt, der die einzelnen Themenbereiche strukturiert und deshalb als Orientierungsrahmen dient.[616] Der Interviewleitfaden soll es dem Interviewer erleichtern, dass Gespräch zu steuern und mit seinen Fragen dafür zu sorgen, dass der Interviewpartner die gewünschten Auskünfte gibt.[617] Auch bei diesem zweiten Interviewleitfaden wurde darauf geachtet, dass der Begriff des psychologischen Vertrages möglichst vermieden wird, um etwaigen Missverständnissen

---

[613] Vgl. Modrow-Thiel 1993, S. 133 f.

[614] Vgl. Mayring 2008, S. 56 ff.

[615] Vgl. Interviewleitfaden 2 in Abbildung 47 des Anhangs.

[616] Vgl. Modrow-Thiel 1993, S. 133 f.

[617] Vgl. Gläser/Laudel 2006, S. 108.

zwischen Interviewer und Interviewtem vorzubeugen.[618] So soll umgangen werden, dass Interviewer und Befragter zwar den Begriff des psychologischen Vertrages verwenden, diesen jedoch unterschiedlich definieren.

Der für diese Untersuchung herangezogene Interviewleitfaden gliedert sich in 4 Abschnitte.

- Im ersten Abschnitt werden das Forschungsvorhaben und der Ablauf des Interviews skizziert.
- Anschließend wird (im zweiten Abschnitt) der Interviewpartner gebeten, sich vorzustellen. Dabei wird erfragt, wie viele Unternehmenszusammenschlüsse der Befragte betreut hat und welche Rolle er bei der Integration eingenommen hat. Es soll so sichergestellt werden, dass ausschließlich Integrationsconsultants interviewt werden, die sich mit der hier zu untersuchenden Fragestellung befasst haben.
- Im dritten Teil der empirischen Untersuchung geht es um den Abgleich bzw. die Ergänzung des erstellten Konzeptes. Im ersten grundlegenden Fragenblock (Abschnitt 3.1 des Interviewleitfadens) werden die Integrationsconsultants befragt, ob sie bei ihrer Tätigkeit bereits mit integrationsbedingten Widerständen der Mitarbeiter konfrontiert wurden. Entsprechend den Phasen dieses Konzeptes beschäftigen sich die Fragenblöcke 3.2 - 3.4 jeweils nacheinander mit den Phasen der Integrationsplanung, Integrationsdurchführung und des Integrationscontrollings. In Themenblock 3.2 sollen die Berater berichten, wie in der Planungsphase des Integrationsprozesses Aspekte des psychologischen Vertrages berücksichtigt werden können. In Abschnitt 3.3 wird Augenmerk auf die Anforderungen an das Integrationsconsulting im Hinblick auf den psychologischen Vertrag in der Phase der Integrationsdurchführung gelegt. Unter Punkt 3.4 werden die Experten gefragt, mittels welcher Indikatoren in der Phase des Integrationscontrollings überprüft werden kann, ob die Berücksichtigung des psychologischen Vertrages dem Integrationserfolg zuträglich ist.
- Im vierten und letzten Abschnitt können die befragten Integrationsconsultants zusätzliche Anregungen geben und weitere Problemfelder ansprechen.

[618] Vgl. Gläser/Laudel 2006, S. 107 ff.

Um ein breites Spektrum von Erfahrungen aufzunehmen, wurden für diese Untersuchung gleichwohl externe als auch interne Integrationsconsultants kontaktiert. Es wurden 15 unabhängige große Unternehmensberatungen angeschrieben, die im externen Integrationsconsulting tätig sind. Davon erklärten sich zwei Beratungsunternehmen bereit, entsprechende Kontakte zu ihren Consultants herzustellen. Für die Befragung von internen Integrationsconsultants wurden ebenfalls 15 Unternehmen kontaktiert, die entweder über eine interne Unternehmensberatung oder äquivalente Abteilungen/Stellen verfügen. Drei Unternehmen unterstützten diese Untersuchung, indem sie entsprechende Berater benannten. Insgesamt setzt sich die Gruppe der befragten Experten aus 4 externen und 4 internen Integrationsconsultants zusammen, die bei fünf Unternehmen beschäftigt sind.

Für eine eindeutige Zuordnung der im nachfolgenden Abschnitt 6.2 angeführten Zitate erscheint eine Kennzeichnung erforderlich, die erstens Rückschlüsse auf den befragten Experten zulässt (E1-E8) und zweitens seine Zugehörigkeit entweder zur Gruppe der externen Integrationsconsultants (EC) oder zur Gruppe der internen Integrationsconsultants (IC) ausdrückt. Außerdem soll diese Kennzeichnung auch indizieren, bei welchem Unternehmen der Beschäftigte tätig ist (1-5). Wie bei der ersten empirischen Untersuchung werden auch hier die vorgestellten Merkmale nacheinander angeordnet. Dies erleichtert dem Leser, die einzelnen Zitate dem jeweiligen Integrationsconsultant zuzuordnen. Folglich ist ein befragter Experte, der als E1/EC1 bezeichnet wird, der erste Interviewpartner. Ferner ist er bei einer externen Unternehmensberatung tätig und wird von Unternehmen 1 beschäftigt.

Der erste befragte Integrationsconsultant (E1/EC1) ist bei einer der weltweit größten und renommiertesten Unternehmensberatungen tätig. Er betreute als externer Berater den Integrationsprozess von zwei Unternehmenszusammenschlüssen im multinationalen Kontext. Der erste von ihm begleitete Unternehmenszusammenschluss fand zwischen zwei Unternehmen in der chemischen Industrie statt. Der zweite Integrationsprozess betraf einen Zusammenschluss zwischen zwei Unternehmen, die im Energiesektor tätig sind.

Der zweite Interviewpartner (E2/EC1) ist bei der gleichen externen Unternehmensberatung beschäftigt wie E1/EC1. Aufgrund seiner langjährigen Tätigkeit in der Beratungsbranche verfügt er über profunde Kenntnisse in der Betreuung von Post-Merger Integrationsprozessen. In seiner Position als Projekt- und Gruppenleiter ist er nicht nur für die Integrationsberatung, sondern auch für die gesamte Koordination des Projektes zuständig.

Der dritte befragte Integrationsconsultant (E3/EC2) ist bei einer weiteren international agierenden Unternehmensberatung angestellt, die zu den fünf größten weltweit tätigen Managementberatungen zählt. Für seinen Arbeitgeber hat er bereits drei Integrationsprozesse betreut. Bei zwei dieser Zusammenschlüsse befanden sich die Partnerunternehmen in unterschiedlichen Ländern.

Der vierte Befragte (E4/EC2) ist für die gleiche Unternehmensberatung wie E3/EC2 tätig. Er begleitete bisher zwei Integrationsprozesse. Hauptschwerpunkt seiner Tätigkeit lag dabei in der Zusammenführung der Vergütungssysteme.

Die fünfte Expertin (E5/IC3), die an dieser Untersuchung teilnahm, ist als interner Integrationsconsultant bei einem großen Versicherungsunternehmen tätig. Der Zusammenschluss fand vor etwa einem Jahr statt. Der maßgeblich von ihr und einer Kollegin (E6/IC3) betreute Integrationsprozess mit einem anderen Versicherungsunternehmen verläuft, entsprechend ihrer Aussagen, erfolgreich.

Die sechste Befragte (E6/IC3) ist schon seit ungefähr 10 Jahren im oben genannten Versicherungsunternehmen tätig. Ihr Aufgabenspektrum umfasst nicht nur die praktische Umsetzung, sondern auch die konzeptionelle Planung des Integrationsprozesses.

Der siebente befragte Experte (E7/IC4) ist bei einem internationalen Softwareunternehmen angestellt, dass spezielle Softwarelösungen für die Finanzwirtschaft anbietet. Der Unternehmenszusammenschluss, den er begleitet, umfasst die Integration von drei unterschiedlich großen Softwareunternehmen. Hier ist er für die Koordination, Durchführung und Kontrolle des Integrationsprozesses zuständig.

Der achte Experte (E8/IC5) arbeitet für ein weiteres großes Versicherungsunternehmen. Der von ihm betreute Unternehmenszusammenschluss betraf die Integration des eigenen Unternehmens mit einem in etwa gleich großen Konkurrenzunternehmen. Sein Aufgabenfeld umfasste hauptsächlich die Unternehmenskommunikation im Integrationsprozess.

6.2. Befragungsergebnisse und deren Auswertung

Dieser Abschnitt befasst sich mit der Auswertung der zweiten empirischen Untersuchung. Ziel ist es, das in Kapitel 5 vorgestellte Konzept mit der Integrationspraxis abzugleichen. Es wurden deshalb im Rahmen der Experteninterviews sowohl interne als auch externe Integrationsconsultants danach befragt, wie das Integrationsconsulting genutzt werden kann, um zum Integrationserfolg beizutragen. Entsprechend des bereits vorgestellten Konzeptes zur Berücksichtigung des psychologischen Vertrages[619] wurden die Experten gebeten zu spezifizieren, ob und -wenn zutreffend- wie sie die dort aufgeführten Aspekte in den Phasen des Integrationsprozesses berücksichtigten. Analog der Aspekte bzw. Phasen des Integrationsconsultings (Gerechtigkeit, Partizipation, Kommunikation, Organisationsstruktur, Anreiz- und Vergütungssystem, Integrationscontrolling) werden die Ergebnisse dieser Experteninterviews wiedergegeben.

<u>Gerechtigkeit</u>
Sämtliche an dieser Studie teilnehmenden Integrationsconsultants gaben an, dass der Aspekt der Gerechtigkeit bereits bei der Integrationsplanung berücksichtigt werden sollte. Die befragten internen und externen Integrationsconsultants führten hierfür unterschiedliche Gründe an. Die Auswertung der geführten Interviews ergab, dass bei allen befragten externen Consultants der Aspekt der Gerechtigkeit ausschließlich mit der Freisetzung von Mitarbeitern in Verbindung gebracht wurde.

Wie im nachfolgenden Zitat deutlich wird, beschränken sich Empfehlungen dieser Befragtengruppe eher auf das in Deutschland gesetzlich vorgeschriebene Mindestvorgaben bzw. die Erstellung eines Sozialplanes.

---

[619] Vgl. Abbildung 38.

„Bei einer Integration ist die Erstellung eines Sozialplanes von besonderer Bedeutung, um Entlassungen gerecht vornehmen zu können. In einem Fall legten wir zwei Geschäftsfelder zusammen und hatten einen Personalüberhang von 200 Mitarbeitern. Die Betroffenen mussten wir durch einen Sozialplan gerecht freisetzen."

E2/EC1

Darüber hinaus definierten die befragten externen Integrationsconsultants den Begriff der Gerechtigkeit häufig im Hinblick auf die Mitarbeiterperformance.

„Gerechtigkeit spielt eine wichtige Rolle im Integrationsconsulting. Oberstes Ziel muss es sein, die besten Mitarbeiter zu halten. Egal ob sie dem Käuferunternehmen oder dem aufgekauften Unternehmen angehören."

E2/EC2

Die Antworten der befragten internen Integrationsconsultants waren deutlich facettenreicher. Sie sahen den Aspekt der Gerechtigkeit aus verschiedenen Blickwinkeln der Arbeitgeber-Arbeitnehmer Beziehung. Auffallend war, dass kein einziger Befragter den Aspekt der Gerechtigkeit mit einer Mitarbeiterreduktion in Verbindung brachte. Stattdessen erwähnten sie ihn bevorzugt im Hinblick auf etwaige Lohn- und Gehaltsunterschiede.

Als besonders vielversprechend erschien hier der Ansatz einer befragten Expertin, die davon berichtete, dass für den von ihr begleiteten Integrationsprozess ein sog. Integration-Handbook erstellt wurde.

„Der Aspekt der Gerechtigkeit war uns von Beginn an von großer Bedeutung. Deshalb haben wir eine Arbeitsgruppe gebildet, um ein Integration-Handbook zu erstellen, welches einen Orientierungsrahmen zur Mitarbeiterführung geben soll. Dieses Handbuch soll eine gerechte Verfahrensweise im Integrationsprozess sicherstellen, indem in vergleichbaren Fällen den Mitarbeitern eine einheitliche Vorgehensweise zugesichert wird."

E6/IC3

Dieser Leitfaden, der für alle Mitarbeiter einsehbar ist, enthält zunächst allgemeine Aussagen über die Motive und Ziele des Zusammenschlusses. Danach ist der Ablauf des Integrationsprozesses anhand eines datierten Zeitstrahls skizziert. Schließlich wurde in diesem Handbuch auch verbindlich festgelegt, nach welchen Kriterien Entscheidungen getroffen werden und welche Entscheider in einem Prozess involviert sind.

> *„Die Idee des Integration-Handbooks kam bei den Mitarbeitern und dem Betriebsrat sehr gut an. Ein deutliches Problem bei der Erstellung und Einführung waren jedoch die praktischen Anforderungen und die juristischen Hürden, denen dieses Handbuch gerecht werden muss. Dennoch bin ich mir sicher, dass es zum Erfolg beiträgt.“*
>
> E6/IC3

Die Erstellung eines Integration-Handbooks als Symbol einer gerechten Verschmelzung der beiden Mitarbeitergruppen kann den psychologischen Vertrag im Integrationsprozess positiv beeinflussen. Jedoch ist anzumerken, dass die Anfertigung mit erheblichem Planungs- und Arbeitsaufwand verbunden ist. Durch die stringente Umsetzung der dort festgelegten Verfahrensweisen gelang es dem internen Integrationsconsulting, den Mitarbeitern den Integrationsprozess und die damit verbundenen Veränderungen nachvollziehbar und gerecht zu vermitteln.

Partizipation

Die Auswertung der Interviews ergab, dass die externen Integrationsconsultants den betroffenen Mitarbeitern nur sehr selten Partizipationsmöglichkeiten einräumen. Wie das nachfolgende Zitat zusammenfasst, spielt die Partizipation für sie eher eine untergeordnete Rolle.

> *„Auf Partizipationsmöglichkeiten haben wir keinen Wert gelegt. Schließlich muss es das oberste Ziel der Geschäftsführung sein, möglichst schnell ein funktionierendes Schiff zu bekommen. Deshalb ist ein Zusammenschluss auch eine Top-Down Veranstaltung.“*
>
> E4/EC2

Die Antworten der befragten internen Consultants unterschieden sich deutlich von denen der externen Befragten. Bei den von internen Beratern betreuten Integrationsprozessen wurden den Mitarbeitern zumeist weitreichende Partizipationsmöglichkeiten eingeräumt. Als besonders hervorhebenswert erscheint das kaskadierende System der Partizipation, von dem E7/IC4 berichtete. Danach wurde von der Geschäftsführung das Middle Management um Mithilfe und Gestaltungsvorschläge gebeten. Das Middle Management seinerseits sollte wiederum die ihm unterstellten Mitarbeiter befragen, welche Aspekte von der Geschäftsführung im Integrationsprozess berücksichtigt werden sollten. Gleichzeitig sollte das Middle Management prüfen, ob diese Vorschläge umsetzbar, zielführend und für die Integration von Bedeutung sind. Sobald diese Bedingungen erfüllt sind, sollten die Mitarbeitervorschläge an die Geschäftsführung weitergegeben werden. Auf diese Weise wurden Partizipationsmöglichkeiten eingeräumt und gleichzeitig wurde verhindert, dass die Kapazität der Geschäftsführung über Gebühr beansprucht wird.

Wie die externen Integrationsconsultants betonen, muss es das Ziel sein, den Integrationsprozess zügig voranzutreiben. Dabei erscheint es sinnvoll, durch die Einführung eines gesteuerten partizipativen Systems, wie vom internen Consultant (E7/IC4) vorgeschlagen, vom impliziten Wissen der Mitarbeiter zu profitieren und gleichzeitig zu einer Stärkung des psychologischen Vertrages beizutragen. Somit können durch eine effiziente Mitarbeiterpartizipation bereits bei der Planung des Integrationsprozesses die Erwartungen der Organisation nach einem erfolgreichen Zusammenschluss mit jenen der Mitarbeiter nach Mitbestimmung vereint werden.

Kommunikation

Nachdem die Experten die Elemente Gerechtigkeit und Partizipation als Anforderungen an eine Integrationsplanung bestätigt und mit Beispielen illustriert hatten, gaben sie Auskünfte über ihre Erfahrungen bei der Integrationsdurchführung. In Bezug auf die Kommunikation galt es zu klären, wie die Integrationsconsultants den Zusammenschluss und die damit verbundenen Ziele den einzelnen Stakeholdergruppen vermittelten. Außerdem wurden die Experten befragt, wie sie die Mitarbeiter über die integrationsbedingten Veränderungen informierten.

Die befragten Experten gaben recht übereinstimmende Antworten bezüglich der Frage, ob sich die Kommunikation zwischen den externen und internen Stakeholdern unterscheiden sollte; so differenzierten sie bezüglich der Kommunikationszeitpunkte und -inhalte zwischen den beiden Stakeholdergruppen. Präsentation und Prognose der Unternehmenskennzahlen stehen bei der Kommunikation mit externen Stakeholdern (wie Aktionären, Analysten und Kunden) im Vordergrund. Dies wird anhand des nachfolgenden Zitates deutlich.

> *„Die Kommunikation muss sich deutlich hinsichtlich der externen und der internen Stakeholder unterscheiden. Die Kommunikation mit externen Stakeholdern findet meistens bereits im Vorfeld des Zusammenschlusses statt. Für die Aktionäre sind Preis, Cash und Benefits von Bedeutung. Auch muss das Approval der Aktionäre bereits im Vorfeld vorliegen, sonst ist das ganze Zusammenschlussvorhaben schon gescheitert. Nach dem Zusammenschluss wird nur noch sehr wenig extern kommuniziert und wenn, dann betrifft dies lediglich die neuen Ansprechpartner für die Kunden."*
>
> E3/EC2

Wie dem obigen Zitat zu entnehmen ist, liegt die Schwierigkeit der Kommunikation in der zeitlichen Abfolge. Schließlich müssen zuerst die externen Stakeholder informiert und überzeugt werden, damit sie dem Zusammenschluss zustimmen. Ebenfalls muss die damit verbundene Kommunikation vertraulich erfolgen, so dass sich die Mitarbeiter nicht übergangen fühlen. Erfahren die betroffenen Mitarbeiter dennoch von dem Vorhaben aus anderen Quellen als von der Geschäftsleitung, kann sich ihre Unsicherheit erhöhen und ihr „psychologischer Vertrag" eine Schwächung erfahren.

Hinsichtlich der Kommunikationsmedien gehen die Meinungen zwischen den befragten internen und externen Consultants auseinander. Letztere empfehlen die Roadshow zur Kommunikation mit internen Stakeholdern, wie Mitarbeitern und Arbeitnehmervertretern.

> *„Ideales Kommunikationsmedium ist die Roadshow. Dabei tourt die Geschäftsführung zu den einzelnen Standorten und präsentiert das Vorhaben. Dort bekommt sie dann auch gleich Feedback von den Mitarbeitern."* E1/EC1

Vorteil der Roadshow ist, dass die Mitarbeiter von der Unternehmensführung persönlich über den Zusammenschluss und den damit verbundenen Veränderungen erfahren. Gleichzeitig bietet sich den Integrationsverantwortlichen die Möglichkeit, sich unmittelbar über die Ängste und Probleme der Mitarbeiter zu informieren. Dieses Kommunikationsmedium empfiehlt sich folglich zur Berücksichtigung des psychologischen Vertrages im Integrationsprozess. Zu beachten ist jedoch die Reihenfolge, mit der die Unternehmensführung die einzelnen Standorte besucht, so dass sich keine Mitarbeitergruppe benachteiligt fühlt.

Wie bereits bei der Integrationsplanung ersichtlich wurde, erachten die externen Integrationsconsultants die Partizipation als eher unwesentlichen Aspekt der Integration. Auch bei der Roadshow wird zumeist eine Kommunikation gewählt, bei der die Mitarbeiter nicht beteiligt sind.

Einen davon abweichenden Ansatz wählten die befragten internen Berater. Ein Unternehmen veranstaltete so genannte Town Hall Meetings. Zu Beginn dieser Treffen stellte die Unternehmensführung das Zusammenschlussvorhaben, den Integrationsprozess und die damit antizipierten Veränderungen vor. Anschließend wurden kleinere Arbeitsgruppen gebildet, in denen die betroffenen Beschäftigten miteinander Fragen und Vorschläge formulieren und diskutieren konnten. Die Ergebnisse wurden dann zusammen mit den Integrationsverantwortlichen in einer offenen Diskussion, die von einem externen Gesprächsführer moderiert wurde, erörtert und entsprechend ihrer Dringlichkeit kategorisiert. Gemäß dieser Priorisierung (1=critical, 2=medium und 3=low) wurden die Mitarbeitervorschläge bei der Integration berücksichtigt.

Bezüglich der Inhalte, die den Mitarbeitern kommuniziert wurden, unterschieden sich die Antworten der internen und externen Integrationsconsultants. Hauptgrund hierfür mag sein, dass bei den Integrationsprozessen, die von den befragten externen Beratern betreut wurden, fast immer ein Mitarbeiterabbau stattfand. Ohne Verzug entschieden sie sich, alle Beschäftigten darüber klar und unmissverständlich in Kenntnis zu setzten. Im Gegensatz dazu war es den internen Integrationsconsultants wichtig, mit Beginn des Integrationsprozesses den betroffenen Mitarbeitern mitzuteilen, dass redundanzbedingte Kündigungen möglichst vermieden werden. Mit Bekanntgabe des Zusammenschlussvorhabens sicherte das „Unternehmen 3“ den Mitarbeitern den

Fortbestand ihres Arbeitsplatzes zu. „Unternehmen 4“ gab zumindest eine Arbeitsplatzgarantie für die nächsten zwei bis drei Jahre. Kommunikationsinhalte, -medien und –zeitpunkte sind folglich bedeutsame Einflussgrößen zur Berücksichtigung des psychologischen Vertrages im Integrationsprozess.

Organisationsstruktur

Bei der Auswertung der Experteninterviews zeichneten sich zwei Vorgehensweisen ab, mit denen die Integrationsconsultants bei Zusammenführung der beiden Organisationsstrukturen den psychologischen Vertrag berücksichtigen können. Ein Beispiel für eine dem psychologischen Vertrag zuträgliche Integrationsdurchführung wurde von den externen Unternehmensberatern E1/EC1 und E2/EC1 geschildert. Bei einem von ihnen betreuten Zusammenschluss entsprach die Organisationsstruktur des übernommenen Unternehmensteils den geografischen Märkten (Europa, Asien, etc.), in denen das Unternehmen angesiedelt war. Der übernehmende Unternehmensteil war hingegen entsprechend der Produktlinien (Produkt A, Produkt B, etc.) organisiert. Die angestrebte Unternehmensstruktur entsprach der einer Matrix. In dieser repräsentieren die Spalten die Produktlinien des übernehmenden Unternehmens, während sich in den Zeilen die Struktur des übernommenen Unternehmens nach regionalen Märkten widerspiegelt. Eine solche Reorganisation verlangt von beiden Beschäftigtengruppen Zugeständnisse, sie lässt aber Elemente beider vormals selbstständiger Unternehmen erkennen.

Bei der Besetzung einzelner Positionen im neuen Unternehmen wurde bewusst auf Stellenversetzungen verzichtet. Stattdessen sollten sich die einzelnen Mitarbeiter aus eigener Initiative auf freie Positionen bewerben. Einerseits wurde so den Mitarbeitern die Möglichkeit eröffnet, ihre Wünsche und Vorstellungen umzusetzen; andererseits trägt diese Vorgehensweise zur Erreichung der Organisationsziele bei, da im Bewerberauswahlprozess das Leistungsprinzip weitestgehend Anwendung fand. Die Berücksichtigung des psychologischen Vertrages kann auf diese Weise einen Beitrag für eine erfolgreiche Integration leisten.

Eine andere Vorgehensweise zur Berücksichtigung des psychologischen Vertrages bei der Zusammenführung der beiden Organisationsstrukturen wurde von dem befragten internen Integrationsconsultant E7/IC4 vorgestellt. Bei dem Ansatz des sog.

„New Roof" werden die vormals selbstständigen Unternehmensteile unter einem neuen Dach zusammengeführt; dabei sollen die bereits bestehenden Organisationsstrukturen soweit wie möglich erhalten bleiben. Dennoch ist es beabsichtigt, zentrale Unternehmenseinheiten, wie das Controlling, aus beiden Unternehmensteilen herauszulösen und eine zentrale Serviceeinheit zu bilden. Diese Vorgehensweise wird vom befragten Integrationsconsultant aufgrund der geringen Auswirkungen auf den psychologischen Vertrag bevorzugt. Besonders in der wissensintensiven Branche, in der „Unternehmen 4" tätig ist, kann der Verlust einiger weniger Wissensträger den Erfolg des ganzen Zusammenschlussvorhabens gefährden.

Anreiz- und Vergütungssysteme

Im hier vorgestellten Fragenblock sollten die Befragten Vorschläge unterbreiten, wie die Zusammenführung der beiden Anreiz- und Vergütungssysteme unter Berücksichtigung des psychologischen Vertrages erfolgen kann.

Aufgrund des vorgegebenen rechtlichen Rahmens gab die Mehrheit der befragten Consultants an, dass bei den betroffenen tariflich vergüteten Beschäftigten nur geringe Möglichkeiten der Entgeltanpassung bestehen. Hier können lediglich übertarifliche Elemente des Gehalts, d. h. Gratifikationen wie Weihnachtsgeld oder Prämien, aneinander angeglichen werden.

Bei den außertariflich entlohnten Führungskräften steht der Unternehmensführung ein größerer rechtlicher Spielraum zur Verfügung, so dass bei dieser Beschäftigtengruppe zumeist eine Harmonisierung der Vergütungssysteme nach dem Zusammenschluss angestrebt wird. Das nachfolgende Zitat fasst die Äußerungen der Interviewten prägnant zusammen.

> *„Bei einem Merger plädieren wir immer für ein gemeinsames, neues Gehaltssystem. Dabei werden die einzelnen Stellen definiert, bewertet, d.h. gegradet, und im Anschluss Gehaltsbändern zugeordnet. Dadurch ist den Führungskräften klar ersichtlich, dass die Integration objektiv und gerecht vollzogen wird. In der Praxis kann man dann beobachten, dass das mal besser und mal schlechter passt. Wichtig ist nur, hochgraden ist einfach, downgraden ist oftmals unmöglich."* E4/EC2

Eine Annäherung beider Gehaltssysteme geht mit der Angleichung der Entgelthöhen im Integrationsprozess einher. Die befragten Experten berichteten von einer annähernd vergleichbaren Entgelthöhe bei der Gruppe der betroffenen Mitarbeiter in beiden Unternehmensteilen. Aufgrund der engen rechtlichen und tariflichen Rahmenbedingungen sehen sie in den meisten Fällen von einer weiteren Vereinheitlichung ab. Deutlichere Unterschiede zeigten sich hingegen beim Management. Es wurde mehrheitlich geschildert, dass Gehaltsunterschiede zwischen vergleichbaren Stellen umso deutlicher ausfallen, je höher die Position ist, die die Führungskraft im Unternehmen einnimmt.

Um vergleichbare Gehälter zwischen den beiden Managementgruppen zu erreichen, schilderte der Befragte E6/IC3 folgende Situation. Da die Führungskräfte des übernommen Unternehmens weniger verdienten als die des übernehmenden Unternehmens, sahen sich die Integrationsverantwortlichen gezwungen, darauf zu reagieren. Aus finanziellen Gründen konnte jedoch das Gehalt der niedriger vergüteten Führungskräfte nicht sofort an das höhere Niveau angeglichen werden. Umgekehrt konnten die höheren Gehälter nicht herabgesetzt werden. Deshalb wurde von den Integrationsconsultants folgende Vorgehensweise gewählt:

> *„Wir haben bei den dortigen Managern zwar die variablen Gehaltsbestandteile erhöht, dafür aber im Gegenzug die Gehaltsprogression beim Festgehalt verringert. Wir erhoffen uns von diesem Schritt, dass wir einerseits die Führungskräfte nicht demotivieren, andererseits damit aber zumindest langfristig auch für eine Entgeltgerechtigkeit zwischen den Standorten sorgen.“*
>
> E6/IC3

Die Haltung der externen Integrationsconsultants unterscheidet sich jedoch von der gerade dargestellten deutlich. Bei großen Unterschieden in der Vergütung der beiden Managementgruppen, die eine Aufstockung unangemessen erscheinen lassen, ziehen sie eine Mitarbeiterfreisetzung in Erwägung.

> *„Gehaltsunterschiede führen besonders bei Führungskräften zu einer Gehaltsinflation. Schließlich ist es einfach, das Gehalt einer Führungskraft zu erhöhen. Muss man ihr Gehalt jedoch verringern, so steht man vor folgendem Di-*

lemma: Eine Führungskraft, die das mit sich machen lässt, braucht man nicht; da kann man sie auch gleich kündigen.“

E4/EC2

Wie bereits die Ausführungen zur Anreiz-Beitrags-Theorie nahe legen, besteht ein sehr enger Zusammenhang zwischen Vergütungsänderung und psychologischem Vertrag. Existiert zwischen den beiden Zusammenschlusspartnern ein so großer Unterschied in der Vergütung, dass eine Anhebung auf das Niveau des höheren nicht sofort ökonomisch umsetzbar ist, so bieten sich dem Integrationsconsulting lediglich die Möglichkeiten der schrittweisen Gehaltsanpassung. Hierbei liegt nahe, dass die Stagnation des Festgehaltes und die moderate Steigerung der variablen Bestandteile bei den höher bezahlten Führungskräften bestenfalls leicht negative Auswirkungen auf den psychologischen Vertrag haben. Bei der Gruppe der Manager mit stärker ansteigenden Grundgehältern ist von einem gestärkten psychologischen Vertrag auszugehen.

Die Angaben der Interviewpartner zur Integration der Personalentwicklungsmaßnahmen ähnelten sich unabhängig der Zugehörigkeit zur Gruppe der internen oder externen Integrationsconsultants. Sämtliche befragte Experten sprachen sich für einen integrativen Ansatz aus, bei dem die besten Personalentwicklungsmaßnahmen beider Unternehmen Verwendung fanden. Das folgende Zitat fasst die Meinung der Befragten zusammen:

„Bei der Personalentwicklung kann man flexibler sein. Grundsätzlich gibt es ja drei Integrationsansätze: best-of-both worlds, all new und schließlich die Übernahme der überlegenen Personalentwicklung. Hier ist es so, dass sämtliche Beschäftigten den best-of-both worlds Ansatz begrüßen. Schließlich sollte keiner etwas gegen gute Personalentwicklungsmaßnahmen haben und welcher Ansatz überlegen ist, ist auch einfach zu identifizieren.“

E1/EC1

Insbesondere Personalentwicklungsmaßnahmen können zu einer Stärkung des psychologischen Vertrages führen. Schließlich drückt das Unternehmen durch die Fortbildung der Beschäftigten auch seine Wertschätzung ihnen gegenüber aus. Gleichzeitig können solche Maßnahmen der Erreichung der Unternehmensziele dienlich sein, indem besser ausgebildete Mitarbeiter stärker zum Integrationserfolg beitragen.

Kein einziger Befragter gab an, dass bei einem von ihm begleiteten Unternehmenszusammenschluss ein Cafeteria-Modell[620] eingeführt worden ist. Obwohl dieses Anreizsystem im Hinblick auf den psychologischen Vertrag als vielversprechend erscheint, fand es bei den hier interviewten Integrationsconsultants bisher keine Anwendung.

Integrationscontrolling

Im dritten Teil des Interviews wurde gefragt, welche Anforderungen an das Integrationscontrolling zur Überprüfung des psychologischen Vertrages im Integrationsprozess gestellt werden. Die Mehrheit der Befragten gab an, dass sie zwar ein Personalcontrolling hinsichtlich der Faktoren Fluktuation, Absentismus und Commitment im Integrationsprozess betreiben. Jedoch erfolgt die Überprüfung der Mitarbeiterkennzahlen meistens nur einmalig am Ende des Zusammenschlussprozesses mit einer recht großen zeitlichen Verzögerung nach der Umsetzung der Integrationsmaßnahmen.

Besonders hervorzuheben ist die Vorgehensweise, die der interne Integrationsconsultant E7/IC4 schilderte. Er gab an, dass bei dem von ihm begleiteten Unternehmenszusammenschluss die Indikatoren Fluktuation und Absentismus in regelmäßigen Abständen überprüft werden.

> *„Fluktuation ist ein sehr guter Indikator, da er einfach zu ermitteln ist und klar auf Missstände im Unternehmen hindeutet. Im Verlauf des Integrationsvorhabens haben wir uns mit dieser Problematik beschäftigt. Wir sind die einzelnen Mitarbeiter durchgegangen und haben mögliche Wackelkandidaten ermittelt. Diese Mitarbeiter sprachen wir direkt an und sagten ihnen, dass das Unternehmen ein starkes Interesse an ihrer Weiterbeschäftigung hat. Dadurch gelang es uns auch, die Fluktuation zu senken. Schließlich haben wir seit dem Zusammenschluss nur einen Wissensträger verloren."* E7/IC4

620 Vgl. Abschnitt 5.2.3.

Die von diesem internen Integrationsconsultant vorgestellte proaktive Herangehensweise ist deshalb beispielhaft, da sie bereits im Vorfeld ermöglicht, etwaige Beeinträchtigungen des psychologischen Vertrages zu erfassen. Zum einen wird den Integrationsconsultants frühzeitig bewusst, bei welchen Mitarbeitern der psychologische Vertrag geschwächt ist. Zum anderen ist ein offenes und ehrliches Gespräch zwischen Mitarbeiter und Führungskraft/Integrationsconsultant eine gute Gelegenheit, den bisher bestehenden psychologischen Vertrag an die neuen zusammenschlussbedingten Gegebenheiten zu adaptieren und zu festigen.

Die Auswertung der Interviews bestätigte das in Kapitel 5 vorgestellte Konzept zur Berücksichtigung des psychologischen Vertrages im Integrationsprozess[621]. Sämtliche befragte Experten gaben an, dass dieses Konzept dem Integrationserfolg zuträglich ist und dass dafür in der Beratungs-/Unternehmenspraxis ein zusätzlicher Bedarf besteht.

Die Überprüfung dieses Konzepts, der darin enthaltenen Aspekte sowie ihre Abfolge ergab Folgendes: Zunächst gab die Mehrheit der befragten internen als auch der externen Integrationsconsultants Gerechtigkeit und Partizipation als bedeutsame Faktoren an, die in der Phase der Integrationsplanung aufzugreifen sind. Auch bekräftigte das Erhebungsergebnis die besondere Rolle der Aspekte Kommunikation, Organisationsstruktur sowie Anreiz- und Vergütungssysteme im Zuge der Integrationsdurchführung. Dass für ein erfolgreiches Integrationsconsulting eine Überprüfung von Absentismus- und Fluktuationsrate in der Phase des Integrationscontrollings von Bedeutung ist, konstatierte ebenfalls die Empirie.

Ergänzend gaben einige befragte Experten an, dass ein wichtiger Faktor, nämlich der der Transparenz, im Verlauf des Interviews nicht angesprochen wurde. Seine Bedeutung wurde von den Interviewpartnern wie folgt thematisiert:

> *„Auch der Aspekt der Transparenz ist bei unserer Planung von Bedeutung. Es ist uns ein Anliegen, den Mitarbeitern immer zu zeigen, an welchem Punkt der*

[621] Vgl. Abbildung 38.

Integration wir nun arbeiten und wie der Stand des gesamten Integrationsprozesses ist."

E7/IC4

„Transparenz ist uns wichtig. Wir legen dafür immer eine Zeitschiene an, an der ersichtlich wird, welcher Prozess wann ansteht und wer bei den Entscheidungen involviert ist. Die einzelnen Ziele müssen ganz klar mit einer Deadline verknüpft werden, bei der es von zentraler Bedeutung ist, dass sie eingehalten wird."

E1/EC1

Eine transparente Integration zeichnet sich durch die Festlegung konkreter Ziele und Erwartungen aus, die verfolgt werden sollen. Darüber hinaus werden getroffene Entscheidungen nachvollziehbar dokumentiert und zugänglich gemacht. Sämtliche Beschäftigte können dann die Entscheidungen und die dabei angewandten Kriterien nachvollziehen -und zwar prospektiv und retrospektiv.

Eine transparente Vorgehensweise des Integrationsconsultings trägt zur Berücksichtigung des psychologischen Vertrages bei. Erst wenn alle Beschäftigten die Zusammenschlussziele und –prozesse verstehen, können sie ihre Erwartungen anpassen und schließlich zum Erfolg des Integrationsvorhabens beitragen. Deshalb soll er in das Konzept zur Berücksichtigung des psychologischen Vertrages aufgenommen werden. In dem nachfolgend dargestellten Konzept wurde die Transparenz der Phase der Integrationsplanung zugeordnet, da mehrere Consultants darauf hin wiesen, dass sie bereits bei der Planung transparentes Vorgehen praktizierten.

In der nachfolgenden Abbildung 45 soll das mit der Beratungs-/Unternehmenspraxis abgeglichene und ergänzte Konzept zur Berücksichtigung des psychologischen Vertrages im Integrationsprozess wiedergegeben werden.

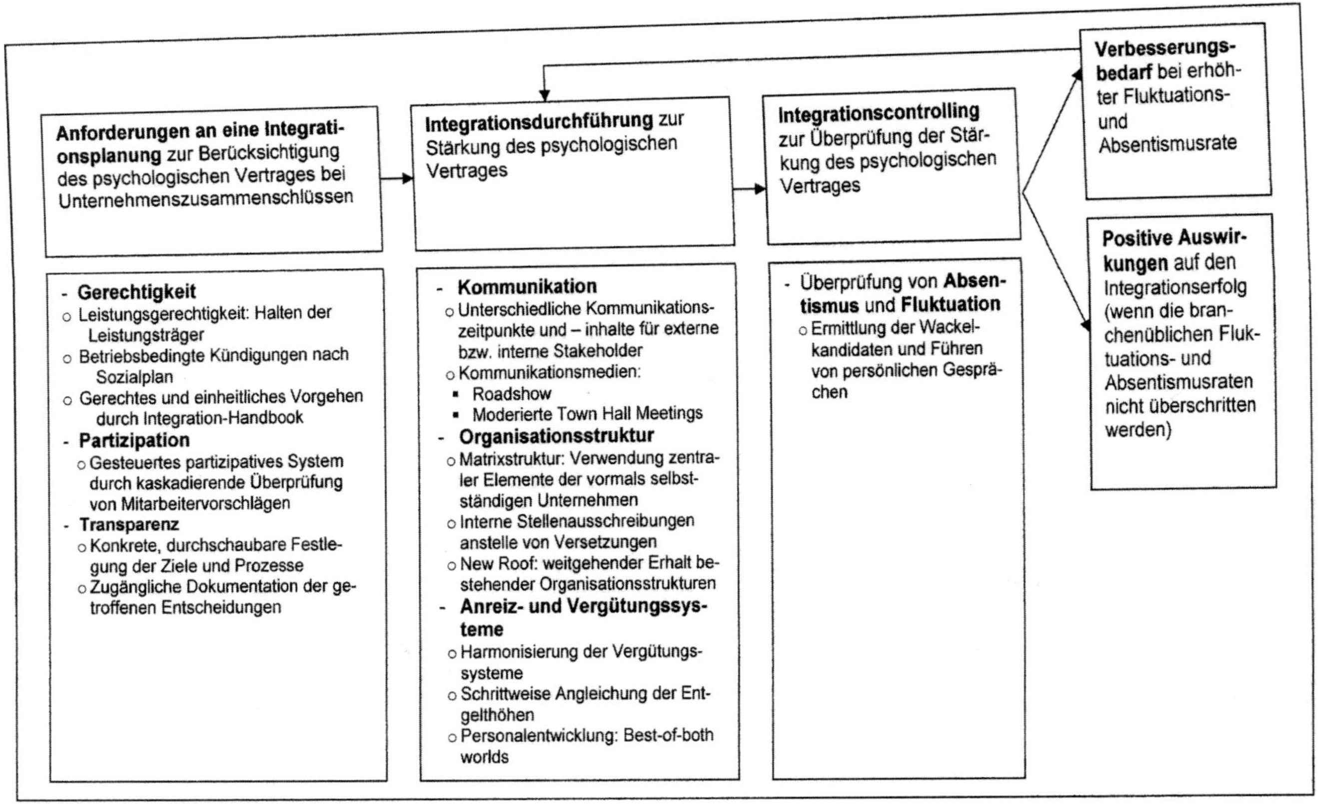

Abbildung 45: Abgeglichenes und ergänztes Konzept im Rahmen des Integrationsconsultings zur Berücksichtigung des psychologischen Vertrages im Integrationsprozess

7. Zusammenfassung und Restriktionen der Untersuchung

7.1. Zusammenfassung der Untersuchung

Unternehmenszusammenschlüsse sind aus der heutigen Wirtschafts- und Consultingpraxis nicht mehr wegzudenken. Die durch sie ausgelösten Veränderungen sind für die betroffenen Führungskräfte und Mitarbeiter zumeist mit Auswirkungen auf den psychologischen Vertrag verbunden. Es ist jedoch festzustellen, dass die mit der Integration angestrebten Ziele oftmals nicht erreicht werden. Deshalb kommt dem Integrationsconsulting eine zentrale Bedeutung zu, da es den Integrationsprozess gestaltet und so Einfluss auf den psychologischen Vertrag der Beteiligten nehmen kann.

In dieser Arbeit wurde erstmals die Forschung zum psychologischen Vertrag in das Integrationsconsulting einbezogen. Es wurde zunächst angenommen, dass eine positive Änderung des psychologischen Vertrages, verursacht durch den Zusammenschluss, dem Integrationserfolg zuträglich ist, während seine Schwächung dem Erfolg abträglich ist. Davon ausgehend wurden die folgenden Ziele formuliert: (1.) Analyse und empirische Untersuchung der Wechselwirkungen zwischen Unternehmenszusammenschluss und psychologischem Vertrag. (2.) Erstellung und Ergänzung des Konzeptes zur Berücksichtigung des psychologischen Vertrages im Rahmen des Integrationsconsultings.

Für die Analyse der Wechselwirkungen zwischen Unternehmenszusammenschluss und psychologischem Vertrag wurden zunächst bekannte wissenschaftliche Basistheorien herangezogen. Dabei stellte sich heraus, dass weder die Theorie der sozialen Identität noch die Anreiz-Beitrags-Theorie, noch die Equity-Theorie alleine geeignet erscheinen, umfassende Handlungsoptionen für den psychologischen Vertrag im Hinblick auf das Integrationsconsulting zu liefern. Es wurde vielmehr deutlich, dass sich die Aussagen der Basistheorien gegenseitig ergänzen und damit in ihrer Gesamtheit eine Grundlage für die wissenschaftliche Analyse bilden. In dieser Analyse wurden die Auswirkungen eines Unternehmenszusammenschlusses auf den psychologischen Vertrag der Zusammenschluss-/Integrationsverantwortlichen und Mitarbeiter sowie die Auswirkungen der Änderung des psychologischen Vertrages auf den Integrationserfolg mithilfe einer profunden Literaturrecherche eruiert und validiert.

Ziel der nachfolgenden ersten empirischen Untersuchung war es, die bisher gewonnenen Erkenntnisse der Zusammenschlusswirklichkeit gegenüberzustellen. Mit Hilfe eines Leitfadens, der auf den Erkenntnissen der wissenschaftlichen Analyse basiert, wurden in problemzentrierten Interviews die Auswirkungen eines Zusammenschlusses durch Befragung von 26 Personen erfasst. Die Auswertung der qualitativen Erhebung bekräftigt die eingangs formulierte Annahme, dass Wechselwirkungen zwischen Unternehmenszusammenschluss und psychologischem Vertrag bestehen. Dabei kann der psychologische Vertrag sowohl durch die Zugehörigkeit zu einer bestimmten Beschäftigtengruppe als auch durch eine Veränderung des Verhältnisses von Anreizen zu Beiträgen beeinflusst werden. Außerdem ergab die Empirie, dass eine Schwächung des psychologischen Vertrages dem Integrationserfolg in deutlich stärkerem Maße abträglich ist, als eine Stärkung zum Integrationserfolg beiträgt. Die Untersuchung ergab ferner mögliche Ansatzpunkte, die vom Integrationsconsulting aufgegriffen werden sollten.

Basierend auf diesen Erkenntnissen wurde ein Konzept zur Berücksichtigung des psychologischen Vertrages im Integrationskontext entwickelt und vorgestellt. Dieses Konzept greift die einzelnen Phasen eines Integrationsprozesses auf, skizziert Anforderungen und Maßnahmen und kann mittels einer iterativen Schleife Verbesserungsbedarf erkennen und so zum Erfolg des Vorhabens beitragen.

In einer anschließenden qualitativen Untersuchung wurde das Konzept empirisch ergänzt. An dieser Expertenbefragung nahmen jeweils 4 interne und 4 externe Integrationsconsultants teil. Die Auswertung dieser zweiten qualitativen Studie bestätigte das vorgestellte Konzept weitgehend. Das Integrationsconsulting sollte neben Gerechtigkeit und Partizipation den Aspekt der Transparenz in der Planungsphase berücksichtigen. Kommunikation, Organisationsstruktur sowie Anreiz- und Vergütungssysteme bei der Integrationsdurchführung sind weiterhin von zentraler Bedeutung. Zu diesen einzelnen Faktoren wie auch zum Integrationscontrolling lieferte die Auswertung der Interviews vielfältige Hinweise und Vorschläge. Negative Effekte auf den psychologischen Vertrag können beispielsweise durch die Erstellung eines

Integration-Handbooks und durch so genannte Town-Hall Meetings sowie Roadshows abgefangen werden. Eine ausführliche Darstellung der Möglichkeiten des Integrationsconsultings spiegelt Abbildung 45 wider.

Bei der Auswertung der Daten stellte sich die Frage, ob sich die Aufgabenbereiche der internen und externen Integrationsconsultants unterscheiden. Es zeigte sich, daß die Interessen der Mitarbeiter von den externen Beratern in geringerem Umfang berücksichtigt wurden als von den internen Consultants. Bei Ersteren stand vielmehr der Aspekt der Mitarbeiterreduktion wesentlich stärker im Fokus. Denkbar ist deshalb, dass externe Berater von der Unternehmensführung bevorzugt dann engagiert werden, wenn bereits zu Beginn des Zusammenschlusses feststeht, dass Personalreduzierungen erforderlich sind. Da bei den internen Integrationsconsultants die Verringerung der Belegschaft nur eine untergeordnete Rolle spielte, können die Ergebnisse dieser Arbeit auch dahin gehend interpretiert werden, dass für die jeweiligen Beratergruppen jeweils angepasste Konzepte zur Berücksichtigung des psychologischen Vertrages im Zusammenschlusskontext zu entwickeln sind. Diese Anschlussfrage bedarf jedoch weiterführender Forschung.

7.2. Restriktionen der Untersuchung

Nachdem im vorangehenden Abschnitt eine Zusammenfassung vorgenommen wurde, soll im Folgenden die Güte der Methode und damit verbundene Restriktionen der Untersuchung anhand der Kriterien Objektivität, Zuverlässigkeit (Reliabilität), Gültigkeit (Validität) und Repräsentativität/Generalisierbarkeit kritisch betrachtet werden. Mithilfe dieser Merkmale kann der Grad der Wissenschaftlichkeit der gewählten Vorgehensweise bestimmt werden. Sie dienen somit als Zielvorgaben und wissenschaftliche Prüfsteine einer Methode.[622]

Als erstes Gütekriterium wird Objektivität zur Beurteilung der Restriktionen der Untersuchung herangezogen. Dieser methodischen Anforderung jeglicher wissenschaftlicher Forschung ist dann genüge getan, wenn eine inter-individuelle Zuver-

[622] Vgl. Lamnek, Siegfried (2005) Qualitative Sozialforschung, Lehrbuch, 4. vollständig überarbeitete Auflage, Weinheim [u.a.]: Beltz Verlag, S. 142 ff.

lässigkeit bzw. Nachprüfbarkeit gegeben ist. Das Objektivitätskriterium ist also erfüllt, wenn verschiedene Wissenschaftler unter ceteris-paribus Bedingungen zu denselben empirisch gewonnenen Resultaten gelangen.[623]

Bei der ersten empirischen Untersuchung wäre zunächst eine subjektive Beeinflussung bei der Durchführung der Befragung denkbar. In dieser Arbeit wurden diese Effekte jedoch durch den strukturierten Interviewleitfaden und das sofortige Aufzeichnen des Gesprächs minimiert. Durch persönliche Einflüsse des Forschers bei der nachfolgenden Auswertung der einzelnen Interviews und der Interpretation der Daten mithilfe der Inhaltsanalyse nach Mayring wäre ferner eine Beeinträchtigung des Erhebungsergebnisses möglich. Deshalb wurde bereits bei Erstellung des Interviewleitfadens darauf geachtet, dass neben persönlichen Empfindungen der Befragten auch objektiv nachprüfbare Veränderungen, wie Status- oder Anreizänderungen, erfragt wurden.

Aufgrund der stärkeren explorativen Ausrichtung der zweiten empirischen Untersuchung ist die Objektivität der hiermit erzielten Ergebnisse als vergleichsweise geringer einzustufen. Eine Ursache hierfür kann in dem relativ hohen Freiheitsgrad gesehen werden, der den befragten Integrationsconsultants im Rahmen der Themenblöcke zur Verfügung stand. Zwar kann dieses Charakteristikum von Experteninterviews als Manko ausgelegt werden, gleichzeitig unterstreicht es aber den Bedarf an weiterführender Forschung.

Das Element der Zuverlässigkeit (Reliabilität) beschreibt den Grad der Messgenauigkeit, mit dem das zu prüfende Merkmal bestimmt wird. Sie ist umso höher, je kleiner der zu dem Messwert gehörende Fehleranteil ist.[624] Ein vollständig reliables Testergebnis müsste folglich bei wiederholter Anwendung bei denselben Personen zu exakt den gleichen Ergebnissen führen. Weichen die Ergebnisse voneinander ab, so können hierfür Messfehler verantwortlich gemacht werden. In der empirischen Praxis lassen sich Fehler durch situative Einflüsse oder etwa Missverständnisse nie ganz ausschließen.

---

[623] Vgl. Lamnek 2005, S. 172 ff.

[624] Vgl. Bortz, Jürgen/Döring, Nicola (2003) Forschungsmethoden und Evaluation für Human- und Sozialwissenschaftler, 3. überarbeitete Auflage, Berlin [u.a.]: Springer, S. 195.

Aufgrund des explorativen Charakters und der gewählten qualitativen Erhebungsweise ist eine verminderte Reliabilität beider empirischer Studien zu vermuten. Dass eine erneute Befragung der Interviewpartner exakt identische Antworten liefert, erscheint eher unwahrscheinlich. Vielmehr ist anzunehmen, dass sich die Befragten zumindest unbewusst weiter mit der hier untersuchten Problematik auseinandersetzen.[625] Bei einer erneuten Befragung wäre dann ein Fehleranteil zu verzeichnen, der sich aus der Möglichkeit der weiterführenden Reflexion der Interviewpartner ergibt.

Nach Mayring kann die Reliabilität mithilfe einer Konsistenzprüfung bestimmt werden. Hierbei wird die zu untersuchende Gesamtheit in zwei gleiche Hälften geteilt. Anschließend werden die beiden Erhebungsergebnisse miteinander verglichen. Da bei einer solchen Teilung mit großer Wahrscheinlichkeit ungleiche Hälften entstehen, sind abweichende Befragungsergebnisse zu erwarten, die bei der Reliabilitätsprüfung zu einem gewissen Fehleranteil führen.[626]

Führt man im Sinne von Mayring eine Konsistenzprüfung bei der ersten empirischen Untersuchung durch, so bestätigten alle befragten Mitarbeiter von Unternehmen 1, 3, 4 und 5 unabhängig voneinander, dass Wechselwirkungen zwischen Unternehmenszusammenschluss und psychologischem Vertrag bestehen. Für eine Konsistenzprüfung können jeweils die 7 befragten Beschäftigten von Unternehmen 1, die 3 Interviewpartner von Unternehmen 3, die 8 befragten Mitarbeiter von Unternehmen 4 sowie die 7 Interviewpartner von Unternehmen 5 herangezogen werden. Da bei Unternehmen 2 nur ein Mitarbeiter befragt werden konnte, ist hier die Durchführung einer Konsistenzprüfung nicht möglich. Es kann somit festgestellt werden, dass die Ergebnisse weitestgehend konsistent und damit auch reliabel sind. Dies lässt den Rückschluss zu, dass sich die gewählte Erhebungsmethode als geeignet erweist.

Bei der zweiten empirischen Studie wurden Experteninterviews geführt. Untersuchungsgegenstand war dabei das dem Befragten innewohnende Expertenwissen über die Gestaltung von Zusammenschlussprozessen. Zwar wurde hier die Reliabili-

[625] Vgl. Festinger, Leon (1978) Theorie der kognitiven Dissonanz (A theory of cognitive dissonance), [übersetzt von Möntmann, Volker], Bern [u.a.]: Huber.

[626] Vgl. Mayring, Phillipp (2002) Einführung in die qualitative Sozialforschung, eine Anleitung zu qualitativem Denken, 5. Auflage, Weinheim [u.a.]: Beltz, S. 141.

tät der Ergebnisse nicht überprüft, jedoch kann eine gewisse zeitliche Stabilität des abgefragten Wissens der Experten vermutet werden. Eine erneute Befragung würde wahrscheinlich aufgrund der spezifischen Wissensbestände zu ähnlichen Ergebnissen führen.

Ein weiteres Gütekriterium einer wissenschaftlichen Studie ist die Validität bzw. Gültigkeit. Sie bestimmt, ob ein Test das misst, was er messen soll bzw. was er zu messen vorgibt. Eine empirische Untersuchung kann trotz hoher Reliabilität und Objektivität unbrauchbar sein, weil etwas anderes gemessen wird als vermutet.[627] Deshalb genießt die Validität einen bevorzugten Status gegenüber den anderen beiden Merkmalen.[628]

Grundlage beider empirischer Untersuchungen war der zuvor sorgfältig konzipierte Interviewleitfaden. Er wurde auf Basis der vorhergehenden wissenschaftlichen Analyse erstellt. Es ist deshalb davon auszugehen, dass die relevanten Themenkomplexe erfasst und die dazugehörigen relevanten Fragen gestellt wurden. Folglich kann konstatiert werden, dass aufgrund der theoretischen Fundierung zumindest eine Augenscheinvalidität („face validity") der erzielten Ergebnisse gegeben ist.

Die Validität kann ferner durch das Phänomen der „sozialen Erwünschtheit" beeinträchtigt werden. Hierbei antwortet der Interviewte das, von dem er meint, dass es der Interviewer erwartet. Dieses Phänomen kann anhand des folgenden Beispiels verdeutlicht werden. Würde etwa ein Vorgesetzter gefragt: „Wie häufig kommt es vor, dass ihre Mitarbeiter ungerecht beurteilt werden?" wäre davon auszugehen, dass viele Befragte dies verneinen. Ansonsten hätte der befragte Vorgesetzte zugegeben, dass er zumindest seinen Führungsaufgaben nicht entsprechend nachkommt.[629] Die Beantwortung dieser Frage lässt deshalb keine Rückschlüsse auf die tatsächliche Anzahl ungerechter Beurteilungen zu. Folglich ist die Validität eingeschränkt, da der Interviewer nicht das erhebt, was er vorgibt zu erfassen.

---

627 Vgl. Bortz/Döring 2003, S. 199.

628 Vgl. Lamnek 2005, S. 153.

629 Vgl. Nienhüser, Werner/Krins, Christina (2005) Betriebliche Personalforschung: eine Einführung, München [u.a.]: Hampp, S. 90 f.

Dass der Effekt der sozialen Erwünschtheit einen Einfluss auf das Ergebnis der beiden vorliegenden empirischen Studien hat, kann nicht ausgeschlossen werden. Bei der ersten Untersuchung wäre aber zu vermuten, dass Interviewpartner, die zu solchem Verhalten neigen, gar nicht erst an der Befragung teilgenommen hätten. Im Rahmen der zweiten empirischen Studie sollten die Interviewpartner lediglich Auskunft über ihre Vorgehensweise im Zusammenschlussprozess geben. Soziale Interdependenzen, die zur Beeinflussung der Forschungsergebnisse führen, wären dabei eher unwahrscheinlich. Vielmehr waren in beiden empirischen Untersuchungen Aussagen der Befragten zu finden, die als sozial unerwünschtes Verhalten gewertet werden können. Darunter zählen u. a. die Aussagen bezüglich der Partizipationsmöglichkeiten der Mitarbeiter von U5/AV1 sowie des externen Integrationsconsultants E4/EC2. Die Existenz dieser Aussagen deutet darauf hin, dass es dem Interviewer gelang, den Effekt der sozialen Erwünschtheit weitestgehend auszuschließen.

Zuletzt soll auf die Elemente Repräsentativität und Generalisierbarkeit eingegangen werden. Die Ergebnisse einer Studie sind dann generalisierbar, wenn von einer Stichprobe zuverlässig auf Grundgesamtheiten geschlossen werden kann und die zuvor genannten Gütekriterien erfüllt sind.[630] Von einer repräsentativen Teilgesamtheit bzw. Stichprobe ist auszugehen, wenn sie in bestimmten Merkmalen eine ähnliche Struktur aufweist wie die Grundgesamtheit.[631] In der Forschungspraxis stellt diese Forderung jedoch eher eine theoretische Zielvorgabe als ein Attribut konkreter Untersuchungen dar.

In der Sozialforschung muss sich der Wissenschaftler mit der Untersuchung einer begrenzten Gesamtheit begnügen, um anschließend Aussagen von darüber hinausgehender Geltung zu formulieren. In der qualitativen Forschung vertritt Volmerg dazu die Auffassung, dass Ergebnisse nicht generalisiert werden dürfen, die mittels repräsentativer Stichprobe und mithilfe standardisierter Methoden gewonnen wur-

[630] Vgl. Lamnek 2005, S. 180.

[631] Vgl. Zentes, Joachim (1996) Grundbegriffe des Marketing, 4. überarbeitete und erweiterte Auflage, Stuttgart: Schäffer-Poeschel, S. 383.

den, auch wenn dies zulässig erscheint.[632] Ein Grund hierfür ist, dass verallgemeinernde Aussagen, die über die untersuchten Bereiche hinausgehen, mit Argumenten der Statistik nicht belegt werden können. Eine Forderung der qualitativen Sozialforschung ist es deshalb, diese Aussagen theoretisch zu begründen.[633]

Da von einer Generalisierbarkeit der Ergebnisse dieser Studie deshalb abzusehen ist, soll zumindest deren Repräsentativität überprüft werden. Die Stichprobe müsste dann die Gesamtpopulation möglichst getreu bzw. repräsentativ widerspiegeln. Bei Betrachtung der Stichproben beider empirischer Studien dieser Arbeit fällt auf, dass die Forderung der quantitativen Sozialforschung nach Repräsentativität nicht vollständig erfüllt ist. Denn fraglich ist, ob die Untersuchungssamples, welche lediglich aus 26 Befragten bei der ersten und 7 Befragten bei der zweiten Untersuchung bestehen, mit der relevanten Gesamtpopulation übereinstimmen.

Aufgrund der Schwierigkeit, den Anforderungen der Repräsentativität in der qualitativen Forschung gerecht zu werden, schlägt Lamnek vor, diesen durch den Begriff des Typischen abzulösen.[634] Hierbei sollen die qualitativ gewonnenen kollektiv geteilten Sichtweisen, Deutungs- und Handlungstypen im Mittelpunkt wissenschaftlichen Interesses stehen.[635] Qualitative Sozialforscher richten damit ihr Interesse weniger auf die zahlenmäßige Verteilung bestimmter Merkmale als auf die Erkenntnis wesentlicher und typischer Zusammenhänge. Diese Merkmalkombinationen lassen sich anhand weniger Fälle aufzeigen, unabhängig davon wie häufig sie anzutreffen sind.[636]

In der ersten empirischen Untersuchung wurde der Vorschlag Lamneks dahingehend aufgegriffen, indem eine Zuordnung der betroffenen Beschäftigten, wie in Ab-

---

[632] Vgl. Volmerg, Ute (1983) Validität im interpretativen Paradigma. Dargestellt an der Konstruktion qualitativer Erhebungsverfahren, in Zedler, Peter/Moser, Heinz (Hrsg.) Aspekte qualitativer Sozialforschung. Studien zu Aktionsforschung, empirischer Hermeneutik und reflexiver Sozialtechnologie, Opladen: Leske und Budrich, S. 124-143.

[633] Vgl. Hopf, Christel (1979) Soziologie und qualitative Sozialforschung, in Hopf, Christel/Weingarten, Elmar (Hrsg.) Qualitative Sozialforschung, Stuttgart: Klett-Cotta, S. 11-37.

[634] Vgl. Lamnek 2005, S. 185 f.

[635] Vgl. Hopf, Christel (1982) Norm und Interpretation. Einige methodische und theoretische Probleme der Erhebung und Analyse subjektiver Interpretationen in qualitativen Untersuchungen, Zeitschrift für Soziologie, 11. Jahrgang, Heft 3, S. 307-329.

[636] Vgl. Lamnek 2005, S. 183.

bildung 30 dargestellt, erfolgte. Diese Matrix ermöglichte für jede Beschäftigtengruppe (Zusammenschluss-/Integrationsverantwortliche, betroffene passive Mitarbeiter, „übernehmende“ und „übernommene“ Beschäftigte) die Erfassung typischer Merkmale bezüglich der Wechselwirkungen zwischen Unternehmenszusammenschluss und psychologischem Vertrag. Die Auswertung der gewonnenen Daten eruierte typische Charakteristika für fast jede Gruppierung. Bei dieser Arbeit begründet die Typenbildung somit eine gewisse Repräsentanz der Ergebnisse, sie erfüllt aber nicht die statistischen Anforderungen nach Repräsentativität.[637]

Insgesamt bringt diese Arbeit die Forschung zum psychologischen Vertrag voran, indem sie anhand typischer Fälle die Anwendbarkeit und Gültigkeit dieses Konstruktes auf den Bereich von Unternehmenszusammenschlüssen erweitert. Darüber hinaus stellt die Arbeit für die Unternehmens- und Beratungspraxis ein neues und vielversprechendes Konzept für das Integrationsconsulting vor, das zu einem fortschrittlichen standardisierten Beratungsprodukt erwachsen kann.[638]

Abschließend kann deshalb folgendes Fazit gezogen werden: Die Berücksichtigung des psychologischen Vertrages im Integrationsprozess und die Anwendung des hier entwickelten Konzeptes können einen wesentlichen Beitrag zum Erfolg von Unternehmenszusammenschlüssen leisten. Dennoch darf nicht bestritten werden, dass aufgrund der methodischen Restriktionen der empirischen Untersuchungen weiterer Forschungsbedarf besteht.

---

[637] Vgl. Lamnek 2005, S. 186 f.

[638] Vgl. Abbildung 10.

8. Anhang

Integrationsconsulting bei Unternehmenszusammenschlüssen
unter Berücksichtigung des psychologischen Vertrages

Juni-Juli 2009

Ekkehard Hermsdorf MBA, BA (Hons.)

Interviewleitfaden 1

1. Einführung

- Für die Bereitschaft zum Gespräch bedanken
- Erläuterung zur Untersuchung
- Zusicherung der Anonymität
- Abfolge des Interviews erläutern:
    - Allgemeine Fragen zur Person
    - Vorstellung des Begriffs psychologischer Vertrag
    - Themenkreis 1: Analyse der Wechselwirkungen zwischen Unternehmenszusammenschluss und psychologischem Vertrag
    - Themenkreis 2: Erstellung eines Konzeptes im Rahmen des Integrationsconsultings zur Berücksichtigung des psychologischen Vertrages im Integrationsprozess

2. Allgemeine Fragen zum Interviewpartner

    - Welche Position bekleiden Sie im Unternehmen?
    - Welchen beruflichen Werdegang haben Sie absolviert (vor und nach dem Zusammenschluss) ?
    - Wie verlief der Unternehmenszusammenschluss (Größe der beteiligten Unternehmen, Art, Zeitpunkt und Gründe für den Zusammenschluss)?
    - Fand eine Integration der beiden vormals selbstständigen Unternehmensteile statt?

3. Analyse der Wechselwirkungen zwischen Unternehmenszusammenschluss und psychologischem Vertrag

    3.1 Auswirkungen des Unternehmenszusammenschlusses auf den psychologischen Vertrag:
    - Gab es Unterschiede zwischen den beiden vormals selbstständigen Mitarbeitergruppen? Wenn ja, welche?
    - Eröffnete der Integrationsprozess den Mitarbeitern einer Beschäftigtengruppe Möglichkeiten, die Mitgliedern der anderen Gruppe eher verwehrt blieben? Wenn ja, welche?
    - Räumte Ihnen die Unternehmensführung Partizipationsmöglichkeiten im Integrationsprozess ein? Wenn ja, welche?
    - Hatte der Zusammenschluss Auswirkungen auf ihre Tätigkeiten/Arbeitszeiten/Arbeitspensum? Wenn ja, welche?
    Veränderte sich ihre Position/Stelle im Unternehmen im Verlauf des Zusammenschlusses? (z.B. Status innerhalb der Organisation/Kompetenzen)
    - Bot Ihnen das Unternehmen sonstige zusätzliche Anreize (monetäre Anreize, wie Prämien etc./ immaterielle Anreize, wie Fortbildungsmaßnahmen etc.) an?
    - Hatte der Unternehmenszusammenschluss einen Einfluss auf ihre Vergütung? (Steigerung/keine Veränderung/Verringerung)
    - Wurden Ihre Erwartungen durch den Zusammenschluss erfüllt? (Ja/Nein)

Seite 1 / 2

Integrationsconsulting bei Unternehmenszusammenschlüssen
unter Berücksichtigung des psychologischen Vertrages

Juni-Juli 2009

Ekkehard Hermsdorf MBA, BA (Hons.)

3.2 Auswirkungen eines veränderten psychologischen Vertrages auf den Integrationserfolg

- Überprüfung des Mitarbeiterverhaltens im Integrationskontext mithilfe der Variablen Commitment, Absentismus, Fluktuation:
  - Veränderte sich das Mitarbeiter Commitment im Integrationsprozess? Wenn ja, wie? Wie manifestierte sich diese Veränderung?
  - Waren diesbezüglich Unterschiede zwischen den beiden vormals selbstständigen Mitarbeitergruppen festzustellen? Welche?
  - Veränderten sich die Mitarbeiter-Fehlzeiten während des Integrationsprozesses? Wenn ja, wie?
  - Waren diesbezüglich Unterschiede bezüglich der beiden vormals selbstständigen Mitarbeitergruppen festzustellen? Welche?
  - Veränderte sich die Mitarbeiter-Fluktuationsrate im Verlauf des Integrationsprozesses? Wenn ja, wie?
  - Wurden Austrittsgespräche geführt? Was waren deren Erkenntnisse?

4. <u>Erstellung eines Konzeptes im Rahmen des Integrationsconsultings zur Berücksichtigung des psychologischen Vertrages im Integrationsprozess</u>

- Welche Aspekte müssen die Integrationsverantwortlichen bei der Integrationsplanung besonders berücksichtigen?
- Welche Punkte hätten die Integrationsverantwortlichen bei der Integrationsdurchführung stärker beachten sollen?
- Welches sind Ihrer Meinung nach die entscheidenden Erfolgsfaktoren im Integrationsprozess?
- Welche konkreten Handlungs- bzw. Gestaltungsempfehlungen würden sie den Führungs- bzw. Integrationsverantwortlichen geben?

Die Fragen zunächst offenen stellen, eventl. stützen durch

- Gerechtigkeit
- Partizipation
- Kommunikation
- Anreiz-/Vergütungssysteme
- Organisationsstruktur

5. <u>Abschluss des Interviews</u>

- Wurden Problemfelder in diesem Gespräch ausgelassen?
- Wie haben Sie das Interview empfunden? (Feedback für den Interviewer)

Seite 2 / 2

Abbildung 46: Interviewleitfaden 1.

Interviewleitfaden 2

1. Einführung

- Für die Bereitschaft zum Gespräch bedanken
- Erläuterungen zur Untersuchung
- Zusicherung der Anonymität
- Abfolge des Interviews skizzieren
- Hinweis auf das Ziel des Interviews, nämlich die Erfassung und wissenschaftliche Nutzung der Expertise in Bezug auf das Konzept im Rahmen des Integrationsconsultings zur Berücksichtigung des psychologischen Vertrages im Integrationsprozess

2. Allgemeine Fragen zum Interviewpartner

- Haben Sie Erfahrung in der Mitarbeiterbetreuung bei Integrationsprozessen?
- Wie viele Integrationsprozesse haben Sie bereits beratend begleitet?
- Welche Position haben Sie im Rahmen Ihres Consultings eingenommen?
- Fungieren Sie als externer oder interner Integrationsconsultant?

3. Abgleich und Ergänzung des Konzeptes im Rahmen des Integrationsconsultings zur Berücksichtigung des psychologischen Vertrages im Integrationsprozess

3.1 Anforderungen an eine Integrationsplanung im Hinblick auf das Integrationsconsulting

- o Berücksichtigen Sie bei der Planung den Aspekt der Gerechtigkeit bei der Zusammenführung der vormals selbstständigen Mitarbeitergruppen? Wenn ja, wie? (Verteilungs-/Verfahrensgerechtigkeit)
- o Verringert Ihrer Meinung nach die Berücksichtigung von Gerechtigkeitsaspekten die Widerstände der Mitarbeiter im Integrationsprozess?

- o Räumen Sie bei der Planung des Integrationsprozesses den Beschäftigten beider Mitarbeitergruppen Partizipationsmöglichkeiten ein?
  Wenn ja, welche? Bei welchen Aspekten und in welchem Umfang konnten die Mitarbeiter mitbestimmen?
- o Erhöhten die zusätzlichen Partizipationsmöglichkeiten die Akzeptanz der Mitarbeiter bei der Implementierung der geplanten Maßnahmen?

Integrationsconsulting bei Unternehmenszusammenschlüssen unter Berücksichtigung des psychologischen Vertrages

September-Oktober 2009

Ekkehard Hermsdorf MBA, BA (Hons.)

3.2 Anforderungen an eine Integrationsdurchführung im Hinblick auf das Integrationsconsulting

- Welche Zusammenschlussziele sollen in dieser Phase kommuniziert werden? Wie sollte diese Kommunikation erfolgen?
- Haben Sie bei den Kommunikationsinhalten zwischen den externen und internen Stakeholdern unterschieden?
- Wie kommunizieren Sie Veränderungen, die die Stelle oder die Stelleninhalte betreffen?
- Hilft eine gute Kommunikation, etwaige Widerstände bei den Mitarbeitern in dieser Phase zu verringern?

- Wie fügen Sie die beiden vormals selbstständigen Organisationsstrukturen zu einer neuen Gesamtheit zusammen? Orientieren Sie sich dabei an der relativen Größe der beiden Unternehmensteile zueinander?
- Haben Sie bereits Erfahrungen in der Zusammenführung von Einlinen- und Mehrlinensystemen im Zusammenschlusskontext gesammelt? Wenn ja, was ist für das Integrationsconsulting von besonderer Bedeutung?
- Stärkt eine sorgfältige Planung der neuen gesamtheitlichen Organisationsstruktur die Akzeptanz der neuen Organisationsstruktur bei den Mitarbeitern? Welche Erfahrungen haben Sie gemacht?

- Wie fügen Sie die beiden vormals selbstständigen Anreiz- und Vergütungssysteme zu einer neuen Gesamtheit zusammen? Orientieren Sie sich dabei an jenem des „übernehmenden“ Unternehmensteiles?
- Wie haben sie die unterschiedlichen Personalentwicklungssysteme zusammengeführt? Achten Sie bei der Durchführung der Personalentwicklungsmaßnahmen darauf, dass sich die Beschäftigten der beiden Mitarbeitergruppen dabei näher kennen lernen können?
- Herrschten in beiden Unternehmen unterschiedliche Arbeitszeitregelungen? Wie haben Sie diese vereinheitlicht?
- Wie haben Sie die unterschiedlichen Vergütungssysteme für die Zusammenschlussverantwortlichen/Führungskräfte des Unternehmens auf einen gemeinsamen Nenner gebracht? Haben Sie sich an den Vorgaben des „übernehmenden“ Unternehmens orientiert? Haben sie dabei individuelle Wünsche und Bedürfnisse der Angehörigen dieses Beschäftigtenkreises berücksichtigt (Cafeteria-Modell)?

3.3 Anforderungen an ein Integrationscontrolling im Hinblick auf das Integrationsconsulting

- Mittels welcher mitarbeiter-gestützter Indikatoren könnte man überprüfen, ob bei der Integrationsplanung und -durchführung die Erwartungen der Mitarbeiter ausreichend berücksichtigt wurden.
- Wann und wie könnte ein solcher Indikator auf einen erfolgreichen Zusammenschluss hindeuten?

4. <u>Abschluss des Interviews</u>

- Wurden Problemfelder in diesem Gespräch ausgelassen?
- Wie haben Sie das Interview empfunden? (Feedback für den Interviewer)

Seite 2 / 2

Abbildung 47: Interviewleitfaden 2.

Datum	Unternehmen	Position	Geschlecht	Alter[639]	Betriebszugehörigkeit[640]	Mitarbeiterkürzel
22.06.09	U1	Controlling	m	50	ca. 10 Jahre	U1/BM1
23.06.09	U1	Marketing	w	40	ca. 15 Jahre	U1/BM2
23.06.09	U1	Personal	m	55	ca. 25 Jahre	U1/BV1
24.06.09	U1	Technik	m	30	ca. 10 Jahre	U1/BM3
26.06.09	U1	Marketing	m	60	ca. 25 Jahre	U1/BV2
26.06.09	U1	Personal	m	30	ca. 10 Jahre	U1/BM4
26.06.09	U1	Forschung	m	60	ca. 25 Jahre	U1/BV3
29.06.09	U2	Planung	m	55	ca. 30 Jahre	U2/BM1
30.06.09	U3	Planung	m	55	ca. 20 Jahre	U3/AM1
30.06.09	U3	Planung	m	45	ca. 15 Jahre	U3/AM2
30.06.09	U3	Planung	w	55	ca. 20 Jahre	U3/AV1
02.07.09	U4	Personal	w	30	ca. 5 Jahre	U4/AV1
02.07.09	U4	Personal	w	40	ca. 10 Jahre	U4/AV2
02.07.09	U4	Underwriter	m	45	ca. 5 Jahre	U4/BM1
02.07.09	U4	Underwriter	m	40	ca. 10 Jahre	U4/BV1
02.07.09	U4	Underwriter	m	35	ca. 5 Jahre	U4/BV2
06.07.09	U4	Risiko-Bewertung	m	30	ca. 5 Jahre	U4/AM1
06.07.09	U4	Risiko-Bewertung	m	45	ca. 15 Jahre	U4/AM2
07.07.09	U4	Risiko-Bewertung	m	55	ca. 10 Jahre	U4/AM3
09.07.09	U5	Geschäftsführer	m	40	ca. 10 Jahre	U5/AV1
09.07.09	U5	PTA	w	60	ca. 40 Jahre	U5/AM1
09.07.09	U5	PKA	w	40	ca. 10 Jahre	U5/AM2
13.09.09	U5	PKA	w	30	ca. 5 Jahre	U5/BM1
13.09.09	U5	Filialleiter	m	35	ca. 5 Jahre	U5/BV1
15.06.09	U5	Geschäftsführer	m	35	ca. 10 Jahre	U5/AV2
15.06.09	U5	PKA	m	40	ca. 5 Jahre	U5/BM2

Abbildung 48: Merkmale und Zuordnung der Interviewpartner für die erste empirische Untersuchung in Kapitel 4.

639 Die Angabe erfolgt in Fünfer-Schritten, um die Anonymität des Befragten zu wahren.
640 Die Angabe erfolgt in Fünfer-Schritten, um die Anonymität des Befragten zu wahren.

Datum	Unter-nehmen	Externer / Interner Integrations-consultant	Geschlecht	Alter[641]	Anzahl der be-treuten Integrati-onsprozesse	Mitarbeiter Kürzel
14.09.09	1	Extern	m	30	2	E1/EC1
15.09.09	1	Extern	m	40	8	E2/EC1
18.09.09	2	Extern	m	35	3	E3/EC2
22.09.09	2	Extern	m	40	2	E4/EC2
28.09.09	3	Intern	w	30	1	E5/IC3
30.09.09	3	Intern	w	45	1	E6/IC3
02.10.09	4	Intern	m	35	2	E7/IC4
05.10.09	5	Intern	m	45	1	E8/IC5

Abbildung 49: Merkmale und Zuordnung der befragten Experten für die zweite empirische Untersuchung in Kapitel 6.

[641] Die Angabe erfolg in Fünfer-Schritten, um die Anonymität des Beragten zu wahren.

9. Literaturverzeichnis

A.T. Kearney (1998) Global PMI Survey, in: Grube, Rüdiger/Töpfer, Armin (2002) Post Merger Integration, Erfolgsfaktoren für das Zusammenwachsen von Unternehmen, Stuttgart: Schäffer-Poeschel Verlag, S. 49.

A.T. Kearney Research (1999) Corporate Marriage: Blight or Bliss? A Monograph on Post-Merger Integration, http://www.atkforum.com.cn/index.php?option=com_docman&task=-doc_download&gid=107 (Stand 20.03.2009).

Achleitner, Ann-Kristin (2001) Handbuch Investment Banking, 2. Auflage, Wiesbaden: Gabler.

Adams, John (1963) Towards An Understanding of Inequality, Journal of Abnormal and Normal Social Psychology, 67. Jahrgang, Heft 5, S. 422-436.

Adams, John (1965) Inequity in social exchange, in Berkowitz, Leonard (Hrsg.) Advances in Experimental Psychology, New York [u.a.], S. 267-299.

Agrawal, Anup/Walking, Ralph (1994) Executive Careers and Compensation Surrounding Takeover Bids, The Journal of Finance, 49. Jahrgang, Heft 3, S. 985-1014.

Al-Ani, Ayad/Gattermeyer, Wolfgang (2000) Entwicklung und Umsetzung von Change Management-Programmen, Al-Ani, Ayad/Gattermeyer, Wolfgang (Hrsg.) Change Management und Unternehmenserfolg: Grundlagen-Methoden-Praxisbeispiele, Wiesbaden: Gabler, S. 13-40.

Alberti, Karl-Richard, Huber, Rudolf (1995) Corporate Identity im Fusionsprozeß. Ein Beratungsmodell, Stuttgart: Deutscher Sparkassen-Verlag.

Albrecht, Stefan (1994) Kritische strategische Erfolgsfaktoren bei Zusammenschlussstrategien, Wiesbaden: Deutscher Universitätsverlag.

Aldering, Christoph/Högemann, Bernd (2005) Human Resources Due Diligence in Berens, Wolfgang/Brauner, Hans/Strauch, Joachim (Hrsg,) Due Diligence bei Unternehmensakquisitionen, 4. überarbeitete und erweiterte Auflage, Stuttgart: Schäffer-Poeschel, S. 513-538.

Allan, Natalie/Meyer, John (1990) The measurement and Antecedents of Affective, Continuance and Normative Commitment to the Organization, Journal of Occupational Psychology, 63. Jahrgang, Heft 1, S. 1-18.

Anderson, Neil/Schalk, René (1998) The psychological contract in retrospect and prospect, Journal of Organizational Behavior, 19. Jahrgang, Special Issue, S. 637-647.

Ansoff, Igor (1966) Management-Strategie, [deutsche Übersetzung von Folchert, Helmut] München: Verlag moderne Industrie.

Ansoff, Igor/Brandenburg, Richard/Portner, Fred/Radosevich, Raymond (1971) Acquisition Behavior of U.S. Manufacturing Firms: 1946-1965, Nashville: Vanderbilt University Press.

Antoni, Manfred (1982) Arbeit als betriebswirtschaftlicher Grundbegriff, Frankfurt a.M. [u.a.]: Lang.

Appelbaum, Steven/Gandell, Joy/Yortis, Harry/Proper, Shay/Jobin, Francois (2000) Anatomy of a merger: behavior of organizational factos and processes throughout the pre- during- post-stages (part1), Management Decision, 38. Jahrgang, 2000, Heft 9, S. 649-661.

Appelbaum, Steven/Gandell,Joy/Yortis, Harry/Proper, Shay/Jobin, Francois (2000) Anatomy of a merger: behavior of organizational factors and processes throughout the pre- during- and post-stages, Management Decision, 38. Jahrgang, Heft 9, S. 649-661.

Arbeitgeberverband der Versicherungsunternehmen in Deutschland (2009) http://www.agv-vers.de/personalstatistik/fehlzeiten/index.html (Stand: 28.05.2009).

Arbeitgeberverband der Versicherungsunternehmen in Deutschland (2009) http://www.agv-vers.de/personalstatistik/fluktuation/index.html (Stand 28.05.2009).

Argyris, Chris (1957) The Individual and the Organization: Some Problems of mutual Adjustment. Administrative Science Quarterly, 2. Jahrgang, Heft 1, S. 1-24.

Argyris, Chris (1958) The Organization: What makes it healthy?, Harvard Business Review, Jahrgang 36, Heft 6, S. 107-116.

Argyris, Chris (1960) Understanding organizational behavior, London: Tavistock.

Argyris, Chris (1963) Integrating the Individual and the Organization, New York [u.a.]: John Wiley & Sons.

Armbrüster, Thomas/Kieser, Alfred (2001) Unternehmensberatung – Analysen einer Wachstumsbranche, Die Betriebswirtschaftslehre (DBW), 61. Jahrgang, Heft 6, S. 688-709.

Ashforth, Blake/Mael, Fred (1989) Social Identity Theory and the Organization, Academy of Management Review, 14. Jahrgang, Heft 1, S. 20-39.

Baetge, Jörg (1997) Akquisitionscontrolling: Wie ist der Erfolg einer Akquisition zu ermitteln?, in Claussen, Carsten/Hahn, Oswald/Kraus, Willy (Hrsg.) Umbruch und Wandel: Herausforderungen zur Jahrtausendwende, Festschrift für Prof. Dr. Carl Zimmerer zum 70 Geburtstag, München [u.a.]: Oldenbourg.

Baethge, Martin (1999) Subjektivität als Ideologie. Von der Entfremdung in der Arbeit zur Entfremdung auf dem (Arbeits-)Markt?, in Schmidt, Gert (Hrsg.) Kein Ende der Arbeitsgesellschaft. Arbeit, Gesellschaft und Subjekt im Globalisierungsprozeß. Berlin: Edition Sigma, 1999, S. 29-44.

Balderjahn, Ingo/Specht, Günter (2005) Einführung in die Betriebswirtschaftslehre, 5. überarbeitete Auflage, Stuttgart: Schäffer-Poeschel.

Bamberger, Ingolf/Wrona, Thomas (2005) Konzeptionen der strategischen Unternehmensberatung, in Bamberger, Ingolf (Hrsg.), Strategische Unternehmensberatung: Konzeptionen, Prozesse, Methoden, 4. Auflage, S. 1-48.

Barney, Jay (1991) Firm resources and sustained competitive advantage, Journal of Management, 17. Jahrgang, Heft 1, S. 99-120.

Bartels, Eric/Cosack, Sabine (2008) Integrationsmanagement, in Picot, Gerhard, et.al. (Hrsg.) Handbuch Mergers & Acquisitions, Planung, Durchführung, Integration, Stuttgart: Schäffer-Poeschel, S. 450-470.

Bartoszewski, Piotr (2006) Erfolgreiches Integrationsmanagement bei Fusionen und Akquisitionen, Wiesbaden: Deutscher Universitäts-Verlag.

Bartscher-Finzer, Susanne/Martin, Albert (1998) Die Erklärung der Personalpolitik mit Hilfe der Anreiz-Beitrags-Theorie, in Martin, Albert/Nienhüser, Werner (Hrsg.) Personalpolitik: Wissenschaftliche Erklärung der Personalpraxis, München [u.a.]: Hampp, S. 113-145.

Bartscher-Finzer, Susanne/Martin, Albert (2003) Psychologischer Vertrag und Sozialisation, in Martin, Albert (Hrsg.) Organizational Behaviour- Verhalten in Organisationen, Stuttgart: Kohlhammer, S. 53-76.

Bartunek, Jean/Ryners Sara/Daft, Richard (2001) Across the great divide: knowledge creation and transfer between practioners and academics, Academy of Management Journal, 44. Jahrgang, Heft 2, S. 340-355.

Bauer, Jobst-Hubertus (1993) Arbeitsrechtliche Aufhebungsverträge: arbeits-, gesellschaft-, steuer und sozialversicherungsrechtliche Hinweise zur Einvernehmlichen Beendigung von Dienst- und Arbeitsverhältnissen, 3. neubearbeitete Auflage, München: Beck.

Bea, Franz Xaver/Haas, Jürgen (2005) Strategisches Management, 4. Auflage, Stuttgart: Lucius & Lucius.

Becker, Daniel (2005) Ressourcen-Fit bei M&A Transaktionen-Konzeptionalisierung, Operationalisierung und Erfolgswirkung auf Basis des Resource-Based View, Wiesbaden: Deutscher Universitätsverlag.

Becker, Fred (1990) Anreizsysteme für Führungskräfte: Möglichkeiten zur strategisch-orientierten Steuerung des Managements, Stuttgart: Schäffer-Poeschel.

Becker, Fred (1993) Explorative Forschung mittels Bezugsrahmen - ein Beitrag zur Methodologie des Entdeckungszusammenhangs, in Becker, Fred/Martin, Albert (Hrsg.) Empirische Sozialforschung - Methoden und Beispiele, München [u.a.]: Hampp, S. 111-128.

Becker, Fred (2001) Anreizsysteme als Instrumente der strukturellen Mitarbeiterführung, in Eyer, Eckhard/Andresen, Boy-Jürgen (Hrsg.) Praxishandbuch Entgeltsysteme. Durch differenzierte Vergütung die Wettbewerbsfähigkeit steigern, Düsseldorf: Symposium, S. 11-28.

Beckmann, Til/Forbes, William (2004) An Examination of Takeovers, Job Loss and Wage Decline within UK Industry, European Financial Management, 10. Jahrgang, Heft 1, S. 141-165.

Bellou, Victoria (2007) Psychological contract assessment after a major organizational change: The case of mergers and acquisitions, Employee Relations, 29. Jahrgang, Heft 1, S. 68-88.

Benkhoff, Birgit (1997) Disentangeling Organizational Commitment. The dangers of the OCQ for research and policy, Personnel Review, 26. Jahrgang, Heft 1-2, S. 114-131.

Bennett, Haydn/Durkin, Mark (2000) The effects of organizational change on employee psychological attachment. An exploratory study, Journal of Managerial Psychology, 15. Jahrgang, Heft 2, S. 126-147.

Berens, Wolfgang/Hoffjan, Andreas/Strauch, Joachim (2005) Planung und Durchführung der Due Diligence, in Berens, Wolfgang/Brauner, Hans/Strauch, Joachim (Hrsg,) Due Diligence bei Unternehmensakquisitionen, 4. überarbeitete und erweiterte Auflage, Stuttgart: Schäffer-Poeschel, S. 119-173.

Berens, Wolfgang/Strauch, Joachim (2005) Herkunft und Inhalt des Begriffs Due Diligence, in Berens, Wolfgang/Brauner, Hans/Strauch, Joachim (Hrsg,) Due Diligence bei Unternehmensakquisitionen, 4. überarbeitete und erweiterte Auflage, Stuttgart: Schäffer-Poeschel, S. 3-24.

Bergh, Donald (2001) Executive retention and acquisition outcomes: A test of opposing views on the influence of organisational outcomes. Journal of Management, 27. Jahrgang, Heft 5, S. 603-622.

Bergmann, Helmut (2005) Zusammenschlusskontrolle, in Picot, Gerhard/Bartels, Eric (Hrsg.) Handbuch Mergers & Acquisitions: Planung Durchführung Integration, 3. grundlegend überarbeitete und aktualisierte Auflage, Stuttgart: Schäffer-Poeschel, S. 353-408.

Berner, Samuel (1999) Reaktionen der Verbleibenden auf einen Personalabbau, St. Gallen: Universität.

Berner, Winfried (2002) Zur Psychologie der Fusion: Post-Merger-Integration als angewandte Sozial- und Massenpsychologie, Wirtschaftspsychologie aktuell Arbeit-Betrieb-Organisation, Jahrgang 2002, Heft 2, S. 12-19.

Berthel, Jürgen (1997) Personalmanagement: Grundzüge für Konzeption betrieblicher Personalarbeit, 5. aktualisierte und korrigierte Auflage, Stuttgart: Schäffer-Poeschel.

Betz, Christoph (2008) Die betriebsbedingte Änderungskündigung, Mittel oder Hindernis bei der Umsetzung freier unternehmerischer Entscheidungen?, München: Sellier.

Beyer, Horst-Thilo (1989) Der zeitflexible Beschäftigungsmix als strategischer Erfolgsfaktor, in Hax, Herbert/Kern, Werner/Schröder, Hans-Horst (Hrsg.) Zeitaspekte in betriebswirtschaftlicher Theorie und Praxis, Stuttgart: Poeschel, S. 299-313.

Birkinshaw, Julian/Bresman, Henrik/Håkanson, Lars (2000) Managing the post-acquisition integration process: how the human integration and task integration processes interact to foster value creation, Journal of Management Studies, 37. Jahrgang, Heft 3, S. 427-443.

Boen, Filip/Vanbeselaere, Norbert/Brebels, Lieven/Huybens,Wouter/Millet,Kobe (2007) Post-merger identification as a function of pre-merger identification, relative representation, and pre-merger status, European Journal of Social Psychology, 37. Jahrgang, Heft 2, S. 380-389.

Böhme, Margit (2006) Kündigung des Arbeitnehmers, betriebsbedingt, verhaltensbedingt und personenbedingt, Eschborn: RKW-Verlag.

Bortz, Jürgen/Döring, Nicola (2003) Forschungsmethoden und Evaluation für Human- und Sozialwissenschaftler, 3. überarbeitete Auflage, Berlin [u.a.]: Springer.

Bower, Joseph (2004) When we study M&A, what are we learning? in Pablo, Amy/Javidan, Mansour (Hrsg.) Mergers and Acquisitions: Creating Integrative Knowledge, Oxford: Blackwell, S. 235-244.

Brandenburg, Uwe/Nieder, Peter (2003) Betriebliches Fehlzeiten Management: Anwesenheit der Mitarbeiter erhöhen; Instrumente und Fallbeispiele, Wiesbaden: Gabler.

Brealey, Richard/Myers, Steward (1988) Principles of Corporate Finance, 3. Auflage, New York [u.a.]: McGraw-Hill.

Brebeck, Frank/Bredy, Jörg (2005) Financial Due Diligence I: Vermögen, Ertrag und Cashflow, in Berens, Wolfgang/Brauner, Hans/Strauch, Joachim (Hrsg,) Due Diligence bei Unternehmensakquisitionen, 4. überarbeitete und erweiterte Auflage, Stuttgart: Schäffer-Poeschel, S. 371-394.

Brehm, Marion (1998) Verminderung von Kompetenz und Verantwortung. Analyse des Karrieremusters ‚Downward Movement', Frankfurt a.M.[u.a.]: Peter Lang.

Breisig, Thomas (2001) Entlohnen und Führen mit Zielvereinbarungen. Orientierungs- und Gestaltungshilfen für Betriebs- und Personalräte sowie für Personalverantwortliche, 2. überarbeitete und erweiterte Auflage, Frankfurt a.M.: Bund Verlag.

Brockner, Joel/Davy, Jeanette/Carter Carolyn (1985) Layoffs, self-esteem, and survivor guilt: Motivational, affective, and attitudinal consequences, Organizational Behavior and Human Decision Processes, 36. Jahrgang, Heft 3, S. 229-244.

Brockner, Joel/Grover, Steven/Reed, Thomas/Dewitt, Rocki (1992) Layoffs, job insecurity, and survivors' work effort: evidence from an inverted u-relationship, Academy of Management Journal, 35. Jahrgang, Heft 2, S. 413-425.

Brose, Hanns-Georg (2000) Einleitung: Die Reorganisation der Arbeitsgesellschaft, in Brose, Hanns-Georg (Hrsg.) Die Reorganisation der Arbeitsgesellschaft, Frankfurt a.M [u.a.]: Campus Verlag, S. 9-30.

Brunner, Franz/Wagner, Karl (2008) Taschenbuch Qualitätsmanagement - Leitfaden für Studium und Praxis, München [u.a.]: Hanser.

Bucerius, Matthias (2004) Marketing-Integration nach Fusionen und Akquisitionen, Wiesbaden: Deutscher Universitäts Verlag.

Buchholtz, Ann/Ribbens, Barbara/Houle, Irene (2003) The role of human capital of CEO departure, Academy of Management Journal, 46. Jahrgang, Heft 4, S. 506-514.

Bühner, Rolf (1990a) Reaktionen des Aktienmarktes auf Unternehmenszusammenschlüsse. Eine empirische Untersuchung, Schmalenbachs Zeitschrift für betriebswirtschaftliche Forschung (zfbf), 42. Jahrgang, S. 295-316.

Bühner, Rolf (1990b) Der Jahresabschlußerfolg von Unternehmenszusammenschlüssen, Zeitschrift für Betriebswirtschaftslehre (ZfB), 60. Jahrgang, S. 1275-1294.

Bund Deutscher Unternehmensberater e.V. (Hrsg.), Marktstudie Facts & Figures zum Beratermarkt 2006/7, Bonn, http://www.itz-medi.com/Presse/BDU_Studie_2006_2007_Beratermarkt.pdf (Stand 21.03.2009).

Bunderson, Stuart (2001) How work ideologies shape the psychological contracts of professional employees: doctors' responses to perceived breach, Journal of Organizational Behavior, 22. Jahrgang, Heft 7, S. 717-741.

Buono, Anthony (2003) SEAM-less post-merger integration strategies: a cause for concern, Journal of Organizational Change, 16. Jahrgang, Heft 1, S. 90-98.

Buono, Anthony/Bowditch, James (1989) The human side of mergers and acquisitions: managing collisions between people, cultures and organizations, San Francisco [u.a.]: Jossey Bass.

Burchert, Heiko/Sohr, Sven (2008) Praxis wissenschaftlichen Arbeitens, eine anwendungsorientierte Einführung, 2. aktualisierte und ergänzte Auflage, München [u.a.]: Oldenbourg.

Burkart, Roland/Hömberg, Walter (1992) Kommunikationstheorien: ein Textbuch zur Einführung, Wien: Braumüller.

Buse, Verena (2006) Unternehmensidentität bei Fusionen, Grundlagen, Anforderungen, Instrumente, Saarbrücken: Verlag Dr. Müller.

Canepa, Ancillo (1998) Die Due Diligence im M & A Prozeß, Bern [u.a.]: Haupt.

Capron, Laurence (1999) The long-term performance of horizontal acquisitions, Strategic Management Journal, 20. Jahrgang, Heft 11, S. 987-1018.

Carqueville, Petra (1991) Rollentheoretische Analyse der Berater/Klientenbeziehung, in: Hofmann, Michael (Hrsg.) Theorie und Praxis der Unternehmensberatung: Bestandsaufnahme und Entwicklungstendenzen, Heidelberg: Physika-Verlag, S. 247-280.

Cartwright, Sue/Cooper, Cary (1992) Mergers and acquisitions: the human factor, Oxford [u.a.]: Butterworth-Heinemann.

Cartwright, Sue/Cooper, Cary (1993) The role of culture compatibility in successful organizational marriage, Academy of Management Executive, 7. Jahrgang, Heft 2, S. 57-70.

Cartwright, Sue/Cooper, Cary (1995) Organizational marriage: "hard" versus "soft" issues?. Personnel Review, 24. Jahrgang, Heft 3, S. 32-42.

Cartwright, Sue/Cooper, Cary (2000) HR Know How in Mergers and Acquisitions, London: Institute of Personnel and Development.

Cartwright, Sue/Cooper, Cary (2000a) Managing mergers, acquisitions and strategic alliances: integrating people and cultures, 2. Auflage, Oxford [u.a.]: Butterworth-Heinemann.

Chandler, Alfred (1990) Scale and scope: the dynamics of industrial capitalism, 2. Auflage, Cambridge [u.a.]: Belknap.

Chatterjee, Sayan (1986)Type of synergy and economic value: The impact of acquisition on merging and rival firms, Strategic Management Journal, 7. Jahrgang, Heft 2, S. 119-139.

Chatterjee, Sayan (1992) Sources of value in takeovers: Synergy or restructuring-implications for target and bidder firms, Strategic Management Review, 13. Jahrgang, Heft 4, S. 267-286.

Clausen, Dirk Uwe (2007) Bewertung von Aktienoptionen als ein mögliches Instrument der Top-Management-Vergütung, http://www.zhbflensburg.de/dissert/clausen/-Dissertation%20Dirk%20Uwe%20Clausen%201.0%20Uni%20Flensburg.pdf (Stand 19.01.2009).

Clayton, Matthew/Hartzell, Jay/Rosenberg, Joshua (2005) The Impact of CEO Turnover on Equity Volatility, Journal of Business, 78. Jahrgang, Heft 5, S. 1779-1806.

Clever, Holger (1993) Post-Merger-Management, Stuttgart, [u.a.]: Kohlhammer.

Coffey, John/Garrow, Valerie/Holbeche, Linda (2002) Reaping the benefits of mergers & acquisitions: in search of the golden fleece, Oxford [u.a.]: Butterworth-Heinemann.

Coley, Stephen/Reinton, Sigurd (1988) The hunt for value, McKinseyQuarterly, Spring 1988, Heft 2, S. 29-34.

Condor, Susan/Brown, Rupert (1988) Psychological processes in intergroup conflict, in Stroebe, Wolfgang/Kruglanski, Arie/Daniel, Bar-Tal/Hewstone, Miles (Hrsg.) The Social psychology of intergroup conflict, Berlin [u.a.]: Springer.

Conway, Neil/Briner, Rob (2002a) A Daily Diary Study of Affective Responses to Psychological Contract Breach and Exceeded Promises, Journal of Organizational Behavior, 23. Jahrgang, Heft 3, S. 287-302.

Conway, Neil/Briner, Rob (2002b) Full-Time versus Part-Time Employees: Understanding the Links between Work Status, the Psychological Contract, and Attitudes, Journal of Vocational Behavior, 61. Jahrgang, Heft 2, S. 279-301.

Conway, Neil/Briner, Rob (2005) Understanding psychological contracts at work. A critical evaluation of theory and research, Oxford [u.a.]: Oxford University Press.

Coyle-Shapiro, Jackie/Kessler, Ian (2000) Consequences of the psychological contract for the employment relationship: A large scale survey, Journal of Management Studies, 37. Jahrgang, Heft 7, S. 903-930.

Coyle-Shapiro, Jacqueline/Kessler, Ian (2002) Exploring reciprocity through the lens of the psychological contract: Employee and employer perspectives, European Journal of Work & Organizational Psychology, 11. Jahrgang, Heft 1, S. 69-86.

Coyle-Shapiro, Jacqueline/Neuman, Joel (2004) The psychological contract and individual differences: the role of exchange and creditor ideologies, Journal of Vocational Behavior, 64. Jahrgang, Heft 1, S. 150-171.

Currie, Janet/Farsi, Mehdi/Macleod, Bentley (2005) Cut to the bone? Hospital takeovers and nurse employment contracts, Industrial and Labor Review, 58. Jahrgang, Heft 3, S. 471-493.

Dabos, Guillermo/Rousseau, Denise (2004) Mutuality and Reciprocity in the Psychological Contracts of Employees and Employers, Journal of Applied Psychology, Jahrgang 89, Heft 1, S. 52-72.

Dahm, Hans (1982) Der Akquisitionsprozess, in: Rädler, Albert/Pöllath, Reinhard (Hrsg.) Handbuch der Unternehmensorganisation, Frankfurt a. M., S. 11-37.

Datta, Deepak/Puia, George (1995) Cross-border acquisitions: an examination of the influence of relatedness and cultural fit on shareholder value creation in U.S. acquiring firms, Management International Review, 35. Jahrgang, Heft 4, S. 337-359.

Davy, Jeanette/Kinicki, Angelo/Kilroy, John/Scheck, Christine (1988) After the merger: Dealing with people's uncertainty, Training & Development Journal, 42. Jahrgang, Heft 11, S. 57-61.

DiGeorgio, Richard (2002) Making mergers and acquisitions work: what we know and don't know – part 1, Journal of Change Management, 3. Jahrgang, Heft 2, S. 134-148.

Doosje, Bertjan/Spears, Russel/Ellemers, Naomi (2002) Social identity as both cause and effect: The development of group indentification in response to anticipates and actual changes in the intergroup, British Journal of Social Psychology, 41. Jahrgang, Heft 1, S. 57-76.

Drosdowski, Günther/Dose, Maria/Folz, Jürgen/Kraif, Ursula/Mang, Dieter/Schrupp, Charlotte/Tauchmann, Christine/Thyen, Olaf/Trunk-Nußbaumer, Marion (1995) Duden- das große Wörterbuch der deutschen Sprache, Band 8, 2. völlig überarbeitete und erweiterte Auflage, Mannheim [u.a.]: Dudenverlag.

Drucker, Peter (1956) Die Praxis des Management: Ein Leitfaden für die Führungsaufgaben in der modernen Wirtschaft, Düsseldorf: Econ Verlag.

Dycke, Axel/Schulte, Christof (1986) Cafeteria-Systeme. Ziele, Gestaltungsformen, Beispiele und Aspekte der Implementierung, Die Betriebswirtschaft, 46. Jahrgang, Heft 5, S. 577-589.

Ebers, Mark/Gotsch, Wilfried (2006) Institutionenökonomische Theorien der Organisation, in Kieser, Alfred/Ebers, Mark (Hrsg.) Organisationstheorien, 6. erweiterte Auflage, Stuttgart: Kohlhammer, S. 247-306.

Ellemers, Naomi/Doosje, Bertjan/Spears, Russel (2004) Sources of respect: the effects of being liked by ingroups and outgroups, European Journal of Social Psychology, 34. Jahrgang, Heft 4, S. 155-172.

Ellis, Kimberly (2004) Managing the Acquisition Process: Do Differences Actually Exist Across Integration Approaches, in Pablo, Amy/Javidan, Mansour (Hrsg.) Mergers and Acquisitions, creating integrative knowledge, Oxford: Blackwell, S. 113-134.

Engler, Christiane (2008) Disziplinierung und Kündigung im deutschen und französischen Arbeitsrecht, Baden-Baden: Nomos.

Epstein, Marc (2004) The Drivers of Success in Post-Merger Integration, Organizational Dynamics, 33. Jahrgang, Heft 2, S. 174-189.

Ernst, Berit/Kieser, Alfred (2002) In Search of Explanations for the Consulting Explosion, in: Sahlin-Andersson, Kerstin/Engwall, Lars (Hrsg.) The expansion of management knowledge: carriers, flows, and sources. Stanford: Stanford University Press, S. 47-73.

Etzioni, Amitai (1973) Soziologie der Organisationen (aus dem Amerikanischen übersetzt von Baetge, Jörg unter Mitarbeit von Lepenies, Rolf/Nolte,Helmut), 4. Auflage, München: Juventa-Verlag.

Faller, Markus (2006) Strategieorientierte HR Due Diligence, Lohmar [u.a]: Eul.

Fallgatter, Michael/Breitsohl, Heiko (2006) Zur Diskussion um ausufernde Managervergütungen - Hintergrund, empirischer Zugang, Einordnung, Arbeitspapier 207, Wuppertal: Bergische Universität Wuppertal: Lehrstuhl für Betriebswirtschaftslehre, insb. Personalmanagement und Organisation.

FEACO (European Federation of Management Consultancies Association) (2003) Survey of the European Management Consulting Market 2003, Brüssel, http://www.consultoras.org/frontend/aec/descargar.php?idf=11449 (Stand 21.03.2009).

FEACO (European Federation of Management Consultancies Association) (2007) Survey of the European Management Consulting Market 2006/2007, Brüssel, http://www.consultoras.org/frontend/aec/descargar.php?idf=11452 (Stand 21.03.2009).

Felder, Rupert (2004) Human Resources im M&A-Prozess, Frankfurt a.M.: FAZ-Buch.

Festinger, Leon (1978) Theorie der kognitiven Dissonanz (A theory of cognitive dissonance), [übersetzt von Möntmann, Volker], Bern [u.a.]: Huber.

Festinger, Marion/Lasalle, Julius (2006) Determinanten des psychologischen Vertrags –eine empirische Untersuchung am Beispiel der Alumni der ESCP-EAP Europäische Wirtschaftshochschule Berlin, Berlin: ESCP-EAP, Europäische Wirtschaftshochschule Berlin.

Fischer, Katja (2001) Ein Nachfolger für den Chefsesel dringend gesucht, Welt Online, http://www.welt.de/print-welt/article425686/Ein_Nachfolger_fuer_den_Chefsessel_dringend-_gesucht.html, (Stand 11.03.2009).

Fischer, Peter/Greitemeyer, Tobias/Omay, Suat Ilkay/Frey, Dieter (2007) Mergers and Group Status: The Impact of High, Low and Equal Group Status on Identification and Satisfaction with a Company Merger, Experiences Controllability, Group Identity and Group Cohesion, Journal of Community & Applied Social Psychology, 17. Jahrgang, Heft 3, S. 203-217.

Flippo, Edwin/Munsinger, Gary (1982) Management, 5. Auflage, Boston [u.a.]: Allyn and Bacon.

Flood, Patrick/Turner, Thomas/Ramamoorthy, Nagarajan/Pearson, Jill (2001) Causes and consequences of psychological contracts among knowledge workers in the high technology and financial services industries, International Journal of Human Resource Management, 12. Jahrgang, Heft 7, S. 1152-1165.

Freund, Werner (1991) Die Integration übernommener Unternehmen: Fragen, Probleme und Folgen, Die Betriebswirtschaft, 51. Jahrgang, S. 491-498.

Fritsche, Michael/Griese, Markus (2005) Legal Due Diligence, in Berens, Wolfgang/Brauner, Hans/Strauch, Joachim (Hrsg,) Due Diligence bei Unternehmensakquisitionen, 4. überarbeitete und erweiterte Auflage, Stuttgart: Schäffer-Poeschel, S. 457-488.

Gebert, Diether (1978) Organisation und Umwelt: Probleme der Gestaltung innovationsfähiger Organisationen, Stuttgart [u.a.]: Kohlhammer.

Georgopoulos, Basil/Mahoney, Gerald/Jones, Nyle (1957) A Path-Goal Approach to Productivity, Journal of Applied Psychology, 41 Jahrgang, Heft 6, S. 345-353.

Gerds, Johannes/Schewe, Gerhard (2004) Post Merger Integration, Unternehmenserfolg durch Integration Excellence, Berlin [u.a.]: Springer, S. 4 ff.

Germany Trade and Invest (2009) http://www.gtai.de/DE/Content/__SharedDocs/Links-Einzeldokumente-

Datenbanken/fachdokument.html?fIdent=MKT200802188008 (Stand 28.05.2009).

Gerpott, Torsten (1993) Integrationsgestaltung und Erfolg von Unternehmensakquisitionen, Stuttgart: Schäffer-Poeschel.

Ghoshal, Sumantra (1987) Global Strategy: An organizing framework, Strategic Management Journal, 8. Jahrgang, Heft 5, S. 425-440.

Giessner, Steffen (2003) Eine Intergruppenperspektive auf Unternehmensfusionen, in Strähle, Jochen (Hrsg.) Interkulturelle Mergers & Acquisitions. Eine interdisziplinäre Perspektive, Sternenfels: Verlag Wissenschaft & Praxis, S. 168-194.

Gimpel-Iske, Eva (1973) Untersuchung zur Vorteilhaftigkeit von Unternehmenszusammenschlüssen, Bonn: Institut für Gesellschafts- und Wirtschaftswissenschaften.

Glahn von, Carsten/Keuper, Frank (2006) Gestaltung unternehmensmarktlicher Interaktionsbedingungen in der Post-M&A-Phase, in Keuper, Frank/Häfner, Michael/Glahn von, Carsten (Hrsg.) Der M & A Prozess: Konzepte, Ansätze und Strategien für die Pre- und Post-Phase, S. 339-366.

Gläser, Jochen/Laudel, Grit (2006) Experteninterviews und qualitative Inhaltsanalyse als Instrumente rekonstruierender Untersuchungen, 2. durchgesehene Auflage, Wiesbaden, Verlag für Sozialwissenschaften.

Gomez, Peter/Weber, Bruno (1989) Akquisitionsstrategie: Wertsteigerung durch Übernahme von Unternehmen, Stuttgart: Schäffer.

Grabbe, Hanna (2009) Wie Fusionen die Branche retten sollen, Financial Times Deutschland, http://www.ftd.de/unternehmen/gesundheitswirtschaft/:Pharma-Wie-Fusionen-die-Branche-retten-sollen/484843.html?p=1#a1, (Stand 11.03.2009).

Grant, David (1999) HRM, rhetoric and the psychological contract: a case of ‚easier said than done', The International Journal of Human Resource Management, 10. Jahrgang, Heft 2, S. 327-350.

Graves, Desmond (1981) Individual Reactions to a merger of two small firms of brokers in the re-insurance industry: a total population survey, Journal of Management Studies, 18. Jahrgang, Heft 1, S. 89-113.

Greenberg, Danna/Lane, Harry/Bahde, Keith (2005) Organizational Learning in Cross-Border Mergers and Acquisitions, in Stahl, Günter/Mendenhall, Mark (Hrsg.) Mergers and acquisitions : managing culture and human resources, Stanford: Stanford Business Books, S. 53-76.

Greenberg, Jerald (1990) Organisational Justice: yesterday, today, and tomorrow, Journal of Management, 16. Jahrgang, Heft 2, S. 399-432.

Greenhalgh, Leonard (1983) Managing the job insecurity crisis, Human Resource Management, 22. Jahrgang, Heft 4, S. 431-444.

Greenwood, Royston/Hinings, C.R./Brown, John (1994) Merging Professional Service Firms, Organization Science, 5. Jahrgang, Heft 2, S. 239-257.

Grewe, Anne-Katrin (2005): Integration akquirierter Unternehmen, Frankfurt a.M., [u.a].: Verlag Peter Lang.

Griesar, Patrick (1998) Verschmelzung und Konzernabschluß: Konsolidierungsanforderungen und Konsolidierungsmethoden, am Beispiel der Aufnahme eines konzernfremden Unternehmens durch ein Konzernbeteiligungsunternehmen, Düsseldorf: IDW-Verlag.

Grinstein, Yaniv/Hribar, Paul (2003) CEO compensation and incentives: evidence from M&A bonuses, Journal of Financial Economics, 73. Jahrgang, Heft 1, S. 119-143.

Grundmann, Stephan (2004) Der Aufhebungsvertrag, Münster: Rieder.

Guest, David (1998) On meaning, metaphor and the psychological contract: a response to Rousseau (1998), Journal of Organizational Behaviour, 19. Jahrgang, Special Issue, S. 673-677.

Guest, David (2004) Flexible employment contracts, the psychological contract and employee outcomes: an analysis and review of the evidence, International Journal of Managment Reviews, 5/6 Jahrgang, Heft 1, S. 1-19.

Guzzo, Richard/Noonan, Katherine (1994) Human Resource Practices as Communications and the Psychological Contract, Human Resource Management, 33. Jahrgang, Heft 3, S. 447-462.

Hambrick, Donald/Cannella, Albert (1993) Relative standing: A framework for understanding departures of acquired executives, Academy of Management Journal, 36. Jahrgang, Heft 4, S. 733-762.

Hanau, Peter/Adomeit, Klaus (2007) Arbeitsrecht, 14. neu bearbeitete Auflage, Neuwied: Luchterhand.

Hase, Stefan (1996) Integration akquirierter Unternehmen: Planung, Konzeption, Bewertung und Kontrolle, Berlin; Wissenschaft und Praxis.

Hasek, Glenn (1997) The Era of Experts, Industry Week, 246. Jahrgang, Heft 10, S. 60-67.

Haspeslagh, Philippe/Jemison, David (1991) Managing acquisitions: creating value through corporate renewal. New York: Free Press.

Haspeslagh, Philippe/Jemison, David (1992) Akquisitionsmanagement: Wertschöpfung durch strategische Neuausrichtung des Unternehmens, [übersetzt ins Deutsche durch Künzel, Patricia], Frankfurt a.M. [u.a.]: Campus Verlag.

Healy, Paul/Palepu, Krishna/Ruback, Richard (1997) Which Takeovers are profitable? Strategic or Financial, Sloan Management Review, 38. Jahrgang, Heft 4, S. 45-57.

Heckhausen, Heinz (1989) Motivation und Handeln, 2. völlig überarbeitete und ergänzte Auflage, Berlin [u.a.]: Springer.

Heini, Claude (2003) Besondere Herausforderungen beim Erwartungsmanagement von Fusionsintegrationen, M&A, 12/2003, S. 522-526.

Heini, Claude (2003) Eine Megafusion erleben aus Sicht von Managern und Mitarbeitern, Münster [u.a.]: Waxmann.

Herriot, Peter/Manning, W.E.G/Kidd, Jennifer (1997) The content of the psychological contract, British Journal of Management, 8. Jahrgang, Heft 2, S. 151-162.

Herriot, Peter/Pemberton, Carole (1995) New Deals, the revolution in managerial careers, Chichester [u.a.]: Wiley.

Herriot, Peter/Pemberton, Carole (1997) Facilitating New Deals, Human Resource Management Journal, 7. Jahrgang, Heft 1, S. 45-56.

Hesse, M. (2005) Fressen und gefressen werden. Frankfurter Allgemeine Zeitung, 17./18. September, S. 27.

Hild, Markus (2004): Die Rolle von Organisationskultur in der Integrationsphase von Fusionen, Karlsruhe: Selbstverlag, S. 88.

Hiltrop, Jean-Marie (1995) The changing psychological contract: The human resource challange of the 1990s, European Management Journal, 13. Jahrgang, Heft 3, S. 286-294.

Hiltrop, Jean-Marie (1996) Managing the changing psychological contract, Employee Relations, 18. Jahrgang, Heft 1, S. 36-49.

Hoffmann, Donna/Novak, Thomas (1996) Marketing in Hypermedia Computer-Mediated Environments: Conceptual Foundations, Journal of Marketing, 60. Jahrgang, Heft 3, S. 50-68.

Hofstede, Geert (2001) Lokales Denken, globales Handeln: Kulturen, Zusammenarbeit und Management, 2. durchgesehene Auflage, München: Deutscher Taschenbuchverlag.

Hofstetter, Helmut (1988) Die Leiden der Leitenden: Zur Pathologie interpersonaler und interpersoneller Störungen von Führungskräften, Köln: Datakontext-Verlag.

Högemann, Bernd (2005) Cultural Due Diligence, in Berens, Wolfgang/Brauner, Hans/Strauch, Joachim (Hrsg.) Due Diligence bei Unternehmensakquisitionen, Stuttgart: Schäffer-Poeschel, S. 539-564.

Homans, George Caspar (1969) Theorie der sozialen Gruppe, 4. Auflage, Köln [u.a.]: Westdeutscher Verlag.

Homburg, Christian/Bucerius, Matthias (2004) Übernahmen erfolgreich gestalten, Frankfurter Allgemeine Zeitung, 26. April, S. 20.

Hopf, Christel (1979) Soziologie und qualitative Sozialforschung, in Hopf, Christel/ Weingarten, Elmar (Hrsg.) Qualitative Sozialforschung Stuttgart: Klett-Cotta.

Hopf, Christel (1982) Norm und Interpretation. Einige methodische und theoretische Probleme der Erhebung und Analyse subjektiver Interpretationen in qualitativen Untersuchungen, Zeitschrift für Soziologie, 11. Jahrgang, Heft 3, S. 307-329.

Hopfenbeck, Waldemar (2000) Allgemeine Betriebswirtschafts- und Managementlehre: Das Unternehmen im Spannungsfeld zwischen ökonomischen, sozialen und ökologischen Interessen, 13. vollständig überarbeitete und erweiterte Auflage, Landsberg a. Lech: Verlag Moderne Industrie.

Hromadka' Wolfgang (1994) Arbeitsrecht: Handbuch für die betriebliche Praxis, 2. überarbeitete und erweiterte Auflage, Stuttgart: Schäffer-Poeschel.

Hrovàth, Peter/Herter, Ronald (1992) Benchmarking: Vergleich mit den Besten der Besten, Controlling, 4. Jahrgang, Heft 1, S. 4-11.

Hüfner, Katja (2003) Anreizsysteme für Führungskräfte in multinationalen Unternehmen: Eine Konzeptualisierung unter Berücksichtigung multinational-relevanter Einflussfaktoren, Lohmar: Eul.

Imping, Andreas/Knoche, Sebastian (2003) Arbeitsrecht in Balz, Ulrich/Arlinghaus, Olaf (Hrsg.) Das Praxisbuch Mergers & Acquisitions: Von der strategischen Überlegung zur erfolgreichen Integration, München: Redline, S. 241-265.

Inglehart, Ronald (1971) The silent revolution in Europe: Inter-generational change in post industrial societies. American Political Science Review, 65. Jahrgang, Heft 4, S. 991-1017.

Inglehart, Ronald (1979) Wertewandel in den westlichen Industriegesellschaften: politische Konsequenzen von materialistischen und postmaterialistischen Orientierungen, in Klages, Helmut, Kmieciak, Peter (Hrsg.) Wertewandel und gesellschaftlicher Wandel, Frankfurt a.M., [u.a.]: Campus-Verlag, S. 279-316.

Inglehart, Ronald (1989) Kultureller Umbruch: Wertewandel in der westlichen Welt, Cultural change, [ins Deutsche übersetzt von Mäurer, Ute], Frankfurt a.M., [u.a.]: Campus Verlag.

Inglehart, Ronald (1998) Modernisierung und Postmodernisierung. Kultureller wirtschaftlicher und politischer Wandel in 43 Gesellschaften, Modernization and postmodernization, [ins Deutsche übersetzt von Fischer, Ivonne], Frankfurt a.M. [u.a.]: Campus Verlag.

Iverson, Roderick/Pullman, Jacqueline (2000) Determinants of voluntary turnover and layoffs in an environment of repeated downsizing following a merger: An event history analysis, Journal of Management, 26. Jahrgang, Heft 5, S. 977-1003.

Jahoda, Marie/Deutsch, Morton/Cook, Stuart (1965) Beobachtungsverfahren, in König, René (Hrsg.) Beobachtung und Experiment in der Sozialforschung, 3. Auflage, Köln [u.a.]: Kiepenheuer&Witsch, S. 77-96.

Jansen, Stephan (1999) Mergers & Acquisitions. Unternehmensakquisitionen und –kooperationen; eine strategische, organisatorische und kapitalmarkttheoretische Einführung, 2. Auflage, Wiesbaden.

Jansen, Stephan (2001) Mergers & Acquisitions: Unternehmensakquisitionen und –kooperationen. Eine strategische, organisatorische und kapitalmarkttheoretische Einführung, 4. überarbeitet und erweiterte Auflage, Wiesbaden: Gabler.

Jansen, Stephan (2002) Die 7 K's des Merger Managements, Zeitschrift Führung + Organisation, 71. Jahrgang, Heft 1, S. 6-13.

Jansen, Stephan (2003) Form der Fusion –empirische und modelltheoretische Analysen zum Management von Unternehmenszusammenschlüssen- Am Beispiel von Großtransaktionen mit deutscher Beteiligung und High Tech-Mehrfachakquisiteuren im Silicon Valley, CA, 1 CD ROM 12cm.

Jansen, Stephan (2005) Trends, Tools, Thesen und empirische Tests zum Integrationsmanagement bei Unternehmenszusammenschlüssen, in Picot, Gerhard/Bartels, Eric (Hrsg.) Handbuch Mergers & Acquisitions: Planung, Durchführung, Integration, 3. grundlegend überarbeitete und aktualisierte Auflage, Stuttgart: Schäffer-Poeschel, S. 525-560.

Janz, Christian (2002) Unternehmeszusammenschlüsse in der Mich- und Zuckerindustrie unter wettbewerbsrechtlichen und ökonomischen Gesichtspunkten, Göttingen, http://webdoc.sub.gwdg.de/diss/2003/janz/.

Jensen, Michael (1988) Takeovers: Their causes and consequences, Journal of Economic Perspectives, 2. Jahrgang, Heft 1, S. 21-48.

Johnson, Jonathan/O'Leary-Kelly, Anne (2003) The effects of psychological contract breach and organizational cynicism: not all social exchange violations are created equal, Journal of Organizational Behavior, 24. Jahrgang, Heft 5, S. 627-647.

Jung, Hans, 2006, Allgemeine Betriebswirtschaftslehre, 10. überarbeitete Auflage, München/Wien: Oldenbourg.

Jungermann, Helmut/Pfister, Hans-Rüdiger/Fischer, Katrin (2005) Die Psychologie der Entscheidung, 2. Auflage, Heidelberg [u.a.]: Elsevier, Spektrum Akademie-Verlag.

Junker, Abbo (2007) Grundkurs Arbeitsrecht, 7. neu bearbeitete Auflage, München: Beck.

Justus, Angelika (1999) Wissenstransfer in strategischen Allianzen: eine verhaltenstheoretische Analyse, Frankfurt a.M.: Peter Lang.

Kaase, Max/Ott, Werner/Scheuch, Erwin (1983) Empirische Sozialforschung in der modernen Gesellschaft, in Kaase, Max/Ott, Werner/Scheuch, Erwin (Hrsg.) Empirische Sozialforschung in der modernen Gesellschaft, Beiträge und Referate, Frankfurt [u.a.]: Campus Verlag, S. 9-26.

Kappler, Ekkehard (1976) Anreiz-Beitrags-Theorie als personalwirtschaftlicher Bezugsrahmen, Bierfelder, Wilhelm (Hrsg.) Handwörterbuch des öffentlichen Dienstes, Berlin: Schmidt, Sp. 83-96.

Kepper, Gaby (1990) Unternehmenskultur als wesentliche Einflussgröße einer erweiterten Corporate Identity Strategie, Köln: Seminar für Allgemeine Betriebswirtschaftslehre, Marktforschung und Marketing.

Kern, Horst/Schumann, Michael (1990) Das Ende der Arbeitsteilung?: Rationalisierung in der industriellen Produktion; Bestandsaufnahme, Trendbestimmung, 4. um ein Nachwort erweiterte Auflage, München: Beck, S. 40 ff.

Keul, Siegfried (2007) Fehlen aus Gewohnheit: Strategien zur Absenkung des Absentismus, Saarbrücken: Verlag Dr. Müller.

Kickul, Jill/Lester, Scott/Finkl, Jonathon (2002) Promise Breaking During Radical Organizational Change: Do Justice Interventions Make a Difference?, Journal of Organizational Behavior, 23. Jahrgang, Heft 4, S. 469-488.

Kidder, Deborah/Buchholtz, Ann (2002) Can excess bring success? CEO compensation and the psychological contract, Human Resource Management Review, 12. Jahrgang, Heft 4, S. 599-617.

Kieser, Alfred/Walgenbach, Peter (2007) Organisation, 5. Auflage, Stuttgart: Schäffer-Poeschel.

Kieser, Alfred/Wellstein, Benjamin (2008) Do activities of consultants and management scientists affect decision making by managers?, S. 499, in: Hodgkinson, Gerard/Starbuck, William (Hrsg.) The Oxford Handbook of Organizational Decision Making, Oxford University Press, S. 495-516.

Kipping, Matthias (2002) Jenseits von Krise und Wachstum, Zeitschrift Führung + Organisation (ZfO), 71. Jahrgang, Heft 5, S. 269-76.

Kitching, John (1967) Why do mergers miscarry?, Harvard Business Review, 45. Jahrgang, Heft 6, S. 84-101.

Kleemann, Frank/Matuschek, Ingo/Voß, Günter (2003) Subjektivierung von Arbeit. Ein Überblick zum Stand der Diskussion, in: Moldaschl, Manfred/Voß, Günter (Hrsg.) Subjektivierung von Arbeit, 2. Auflage, München/Mering: Hampp, S. 57-114.

Klein, Hortense/ et. al (2003) Kennzahlengestütztes Personalcontrolling, KGSt-Bericht 5/2003, Köln.

Kleinfeld, Klaus (1992) Corporate Identity und strategische Unternehmensführung, München: Akademie Verlag.

Klendauer, Ruth/Frey, Dieter/Jonas, Eva/Kauffeld, Simone (2003) Psychologische Erfolgsfaktoren bei Fusionen und Akquisitionen, in Schwaab, Markus-Oliver/Frey, Dieter/Hesse, Jörg (Hrsg.) Fusionen, Herausforderungen für das Personalmanagement, Heidelberg: Verlag Recht und Wirtschaft, S.193-213.

Knaese, Birgit/Probst, Gilbert (2001) Wissensorientiertes Management der Mitarbeiterfluktuation, Zeitschrift für Führung + Organisation (ZfO), 70. Jahrgang, Heft 1, S. 35-41.

Kohnert, Nicole (2006) Bezüge der Top-Manager steigen kräftig, Financial Times Deutschland, in der Ausgabe vom 31.03.2006, http://www.ftd.de/unternehmen/61185.html (Stand: 5. Dezember 2008).

König, Arne (2006) Erfolgreiches Fusionsmanagement, VDM Verlag Dr. Müller, S. 24 ff.

Korine, Harry (1995) Procedural Fairness: A Key to Innovation Team Management. INSEAD Working Paper Series: Corporate Renewal Initiative, 95/77/SM.

Kosiol, Erich (1964) Betriebswirtschaftslehre und Unternehmensforschung, Zeitschrift für Betriebswirtschaft, 34. Jahrgang, Heft 12, S. 743-762.

Kostka, Claudia/Kostka, Sebastian (2006) Der kontinuierliche Verbesserungsprozess: Methoden des KVP, 3. völlig neubearbeitete Auflage, München [u.a.]: Hanser.

Kotter, John (1973) The psychological contract: Managing the Joining-up Process, California Management Review, 15. Jahrgang, Heft 3, S. 91-99.

Kreikebaum, Hartmut (1993) Strategische Unternehmensplanung, 5. überarbeitete Auflage, Stuttgart [u.a.]: Kohlhammer.

Kriegesmann, Bernd (1993) Innovationsorientierte Anreizsysteme: Ein empirisch fundierter Beitrag zur Gestaltung und Umsetzung typenspezifischer Anreizstrukturen für innovative Mitarbeiter, Bochum: Institut für Angewandte Innovationsforschung.

Kropp, Waldemar (1997) Systemische Personalwirtschaft: Wege zu vernetzt-kooperativen Problemlösungen, München [u.a.]: Oldenbourg.

Krug, Jeffrey/Hegarty, Harvey (2001) Predicting who stays and leaves after an acquisition: A study of top managers in multinational firms, Strategic Management Journal, 22. Jahrgang, Heft 2, S. 185-196.

Lamnek, Siegfried (2005) Qualitative Sozialforschung, Lehrbuch, 4. vollständig überarbeitete Auflage, Weinheim [u.a.]: Beltz.

Lapré, Michael/van Wassenhove, Luk (2003) Managing learning curves in factories by creating and transfering knowledge, Californian Management Review, 46. Jahrgang, Heft 1, S. 53-71.

Larsson, Rickard (1989) Organizational integration of mergers and acquisitions: a case survey of realization of synergy potentials, Lund: Lund University Press.

Larsson, Rikard/Finkelstein, Sydney (1999) Integrating Strategic, Organizational, and Human Resource Perspectives on Mergers and Acquisitions: A Case Survey of Synergy Realization, Organization Science, 10. Jahrgang, Heft 1, S. 1-26.

Larsson, Rikard/Lubatkin, Michael (2001) Achieving acculturation in mergers and acquisitions: An international case survey, Human Relations, 54. Jahrgang, Heft 12, S. 1573-1607.

Lawler, Edward (1971) Pay and organizational effectiveness: a psychological view, New York [u.a.]: Mc-Graw-Hill.

Lawler, Edward (1973) Motivation in Work Organizations, Monterey: Brooks.

Lawler, Edward (1977) Motivierung in Organisationen: Ein Leitfaden für Studenten und Praktiker, [übersetzt aus dem Amerikanischen von Markert, Christoph], Bern [u.a.]: Haupt.

Lawler, Edward/Rhode, John (1976) Information and control in organizations, Pacific Palisades: Goodyear Publishing.

Leland, Hayne (2007) Financial synergies and the optimal scope of the firm: implications for mergers, spinoffs, and structured finance, Journal of Finance, 62. Jahrgang, Heft 2, S. 765-807.

Lester, Scott/Turnley, William/Bloodgood, James/Bolino, Mark (2002) Not seeing eye to eye: differences in supervisor and subordinate perceptions of and attributions for psychological contract breach, Journal of Organizational Behavior, 23. Jahrgang, Heft 1, S. 39-56.

Levinson, Harry/Mandl, Harold/Munden, Kenneth/Price, Charlton/Solley, Charles (1962) Men, Management, and Mental Health, Cambridge: Harvard University Press.

Lieb, Manfred/Jacobs, Matthias (2006) Arbeitsrecht, 9. neu bearbeitete Auflage, Heidelberg: Müller.

Liebel, Hermann (1992) Personalentwicklung durch Verhaltens- und Leistungsbewertung, in Liebel, Hermann/Oechsler, Walter (Hrsg.) Personalbeurteilung: Neue Wege zur Bewertung von Leistung, Verhalten und Potential, Wiesbaden: Gabler, S. 103-188.

Lipponen, Jukka/Olkkonen, Maria-Elena/Moilanen, Minna (2004) Perceived procedural justice and employee responses to an organizational merger. European Journal of Work and Organizational Psychology, 13. Jahrgang, Heft 3, S. 391-413.

Lombriser, Roman/Abplanalp, Peter (2005) Strategisches Management: Visionen entwickeln, Strategien umsetzen, Erfolgspotenziale aufbauen, 4. Auflage, Zürich: Versus.

Lubatkin, Michael (1987) Merger strategies and stockholder value, Strategic Management Journal, 8. Jahrgang, Heft 1, S. 39-53.

Lubatkin, Michael/Lane, Peter (1996) Psst... The merger mavens still have it wrong, Academy of Management Review, 10. Jahrgang, Heft 1, S. 21-37.

Lubit, Roy (2001) Tacit knowledge and knowledge management: the keys to sustainable competitive advantage, Organizational Dynamics, 29. Jahrgang, Heft 4, S. 164-178.

Lucks, Kai/Meckl, Reinard (2002) Internationale Mergers & Acquisitions: der prozessorienierte Ansatz, Berlin [u.a.]: Springer.

Lutter, Marcus (1995) Verschmelzung – Spaltung – Formwechsel nach dem neuen Umwandlungsrecht und Umwandlungssteuerrecht, Köln: O.Schmidt.

Lynch, Richard (2000) Corporate Strategy, 2. Auflage, Harlow [u.a.]: Pearson Education.

Macharzina, Klaus/Wolf, Joachim (2005) Unternehmensführung: Das internationale Managementwissen, Konzepte-Methoden-Praxis, 5. grundlegend überarbeitete Auflage, Wiesbaden: Gabler, S. 489 ff.

MacNeil, Ian (1985) Relational contract: What we do and do not know. Wisconsin Law Review, 2. Jahrgang, Heft 3. S. 483-525.

Maguire, Heather (2002) Psychological contracts: Are they still relevant? Career Development International, 7. Jahrgang, Heft 3, S. 167-180.

Mall, Georg/Sehling, Michael (1998) Das Fehlzeiten-Informations-Management. Ein Konzept zur Verbesserung der betrieblichen Prozesse, Renningen-Malmsheim: Expert- Verlag.

March, James/Simon, Herbert (1958) Organizations, 2. Auflage, New York [u.a]: Wiley.

March, James/Simon, Herbert (1976) Organisation und Individuum: Menschliches Verhalten in Organisationen, (aus dem Englischen übersetzt von Krczal, Albin), Wiesbaden: Gabler.

Marks, Abigail (2001) Developing a multiple foci conceptualization of the psychological contract, Employee Relations, 23. Jahrgang, Heft 5, S. 454-467.

Marks, Mitchell/Mirvis, Philip (1998) Joining forces: Making one plus one equal three in mergers, acquisitions and alliances, San Francisco [u.a.]: Jossey Bass.

Masing, Walter/Pfeifer, Tilo (Hrsg.) (2007) Handbuch Qualitätsmanagement. 5. vollständig neu bearbeitete Auflage, München [u.a.]: Hanser.

Mathea, Michael (2008) Prüfung der Post-Merger-Integration auf Basis internationaler Prüfungsnormen, Düsseldorf: IDW Verlag.

Mathieu, John/Zajac, Dennis (1990) A Review and Meta-Analysis of the Antecedents, Correlates, and Consequences of Organizational Commitment, Psychological Bulletin, 108. Jahrgang, Heft 2, S. 171-194.

Mayrhofer, Wolfgang (1993) Nonreaktive Methoden, in Becker, Fred/Martin, Albert (Hrsg.) Empirische Personalforschung: Methoden und Beispiele, München [u.a.]: Hampp, S. 11-32.

Mayrhofer, Wolfgang/Strunk, Guido/Meyer, Michael (2003) Gruppenidentität, in: Martin, Albert (Hrsg.) Organizational Behaviour - Verhalten in Organisationen, Stuttgart: Kohlhammer, S. 197-210.

Mayring, Phillipp (2002) Einführung in die qualitative Sozialforschung, eine Anleitung zu qualitativem Denken, 5. Auflage, Weinheim [u.a.]: Beltz.

Mayring, Phillipp (2008) Qualitative Inhaltsanalyse, Grundlagen und Techniken, 10. Auflage, Weinheim [u.a.]: Beltz.

Mayr-Keber, Gert (1980) Strukturelemente der visuellen Erscheinung von Corporate Identity, in Birkigt, Klaus/Stadler, Marinus (Hrsg.) Corporate Identity: Grundlagen, Funktionen, Fallbeispiele, München: Verlag Moderne Industrie, S. 260-296.

McLean Parks, Judi/ Kidder, Deborah (1994) „Till death us do part…“ Changing work relationships in the 1990s, in Cooper, Cary/ Rousseau, Denise (Hrsg.) Trends in Organizational Behavior, 1. Jahrgang, Chichester: Wiley, S. 111-136.

McLean-Parks, Judi/Schmedemann, Deborah (1994) When promises become contracts: implied contracts and handbook provisions on job security, Human Resource Management, 33. Jahrgang, Heft 3, S. 403-423.

Metz, Matthias (2002) Controlling des Integrationsprozesses bei Mergers & Acquisitions, Wiesbaden: Deutscher Universitätsverlag.

Meyer, John/Allen, Natalie (1997) Commitment in the workplace: Theory, research and application, Thousand Oaks: Sage.

Meyer, John/Allen, Natalie/Smith, Catherine (1993) Commitment to Organizations and Occupations: Extension and Test of a Three-Component Conceptualization, Journal of Applied Psychology, 78. Jahrgang, Heft 4, S. 538-551.

Mingers, Susanne (1996) Systematische Organisationsberatung: Eine Konfrontation von Theorie und Praxis, Frankfurt a.M: Campus Verlag.

Moderegger, Hermann (1996) Personalentlohnung und monetäres Anreizsystem, Wiesbaden: Gabler.

Modrow-Thiel, Brita (1993) Qualitative Interviews-Vorgehen und Probleme, in Becker, Fred/Martin, Albert (Hrsg.) Empirische Sozialforschung, Methoden und Beispiele, München [u.a.]: Hampp, S. 129-149.

Mohe, Michael/Nissen, Volker/Deelmann, Thomas (2008) „Einige Überlegungen und Daten zur Institutionalisierung des Forschungsfeldes Consulting Research“, in: Loos, Peter/Breitner, Michael/Deelmann, Thomas (Hrsg.): „IT-Beratung – Consulting zwischen Wissenschaft und Praxis“. Berlin: Logos Verlag, S. 75-88.

Moldaschl, Manfred (2002) Das Subjekt als Objekt der Begierde – Die Perspektive der „Subjektivierung von Arbeit“, in Schreyögg, Georg/Conrad, Peter (Hrsg.) Theorien des Managements, Managementforschung, Bd. 12, Wiesbaden: Gabler, S. 245-280.

Moldaschl, Manfred (2003) Subjektivierung – Eine neue Stufe in der Entwicklung der Arbeitswissenschaften? in Moldaschl, Manfred/Voß, Günter (Hrsg.) Subjektivierung von Arbeit, 2. Auflage, München, Mering: Hampp, S. 25-56.

Moldaschl, Manfred/Voß, Günter (2003) Zur Einführung, in: Moldaschl, Manfred/Voß, Günter (Hrsg.) Subjektivierung von Arbeit, 2. Auflage, München/Mering: Hampp, S. 15-23.

Möller,Wolf-Peter (1983) Der Erfolg von Unternehmenszusammenschlüssen: Eine empirische Untersuchung, München: Minerva-Publikation.

Morosoni, Piero/Radler, George (1999) DaimlerChrysler: Organizing the Post-Merger Integration, http://harvardbusinessonline.hbsp.harvard.edu/-b02/en/common/item_detail.jhtml? id=IMD122 (Stand 09.10.2008).

Mowday, Richard/Steers, Richard/Porter, Lyman (1979) The measurement of Organizational Commitment, Journal of Vocational Behaviour, 14. Jahrgang, Heft 2, S. 224-247.

Müller, Martina (2007) Die Identifikation kultureller Erfolgsfaktoren bei grenzüberschreitenden Fusionen. Eine Analyse am Beispiel der DaimlerChrysler AG, Wiesbaden: Deutscher Universitätsverlag.

Müller-Jentsch, Walter/Stahlmann, Michael (1988) Management und Politik im Prozeß fortschreitender Kompetenzen, in Österreichische Zeitschrift für Soziologie (ÖZfS), 13. Jahrgang, Heft 2, S. 5-31.

Müller-Stewens, Günter/Lechner, Christoph (2005) Strategisches Management: wie strategische Initiativen zum Wandel führen, der St. Galler General-Management-Navigator, 3. Auflage, Stuttgart: Schäffer-Poeschel.

Müller-Stewens, Günter/Spickers, Jürgen/Deiss, Christian (1999) Mergers & Acquisitions: Markttendenzen und Beraterprofile, Stuttgart: Schäffer-Poeschel.

Müller-Stewens, Günther (2006) Konzeptionelle Entscheidungen beim Post-Merger-Management, in: Wirtz, Bernd (Hrsg.) Handbuch Mergers & Acquistions, Wiesbaden: Gabler, S. 785-804.

Müller-Stewens, Günther/Schreiber, K. (1993) Zur organisatorischen Anbindung des Akquisitionsprozesses in Käuferunternehmen, Die Unternehmung, 47. Jahrgang, Heft 4, S. 275-292.

Mullins, Laurie (2002) Management and organisational behaviour, 6. Auflage, Harlow [u.a.]: Financial Times.

Nahavandi, Afsaneh/Malekzadeh, Ali (1988) Acculturation in Mergers and Acquisitions, Academy of Management Review, 13. Jahrgang, Heft 1, S. 79-90.

Napier, Nancy (1989) Mergers and acquisitions, human resource issues and outcomes: A review and suggested typology, Journal of Management Studies, 26. Jahrgang, Heft 3, S. 271-289.

Nerdinger, Friedemann (2008) Unternehmensschädigendes Verhalten erkennen und verhindern, Göttingen [u.a.]: Hogrefe.

Neumann, Andreas (1994) Fusionen und fusionsähnliche Unternehmenszusammenschlusse unter besonderer Berücksichtigung finanzieller Aspekte, Bern: Haupt.

Nick, Franz (1975) Anreiz-Beitrags-Theorie, in Gaugler, Eduard (Hrsg.) Handwörterbuch des Personalwesens, Stuttgart: Poeschel, S. 38-48.

Nicolai, Alexander (2004) Der „trade-off" zwischen „rigour" and „relevance" und seine Konsequenzen für die Managementwissenschaften, Zeitschrift für Betriebswirtschaft (ZfB), 77. Jahrgang, Heft 2, S. 99-118.

Nieder, Peter (1992) Absentismus, Gaugler, Eduard/Weber, Wolfgang (Hrsg.) Handwörterbuch des Personalwesens, 2. neubearbeitete und ergänzte Auflage, Stuttgart: Poeschel.

Niedereichholz, Christel (2001) Beratungsmarketing und Auftragsaquisition, 3. vollständig neu bearbeitete und erweiterte Auflage, München [u.a.]: Oldenbourg, S. 13.

Nienhüser, Werner (1993) Die Leistungsfähigkeit unterschiedlicher Methoden zur Erforschung von Entscheidungsprozessen, in Becker, Fred/Martin, Albert (Hrsg.) Empirische Personalforschung, Methoden und Beispiele, München [u.a.]: Hampp, S. 69-92.

Nienhüser, Werner/Krins, Christina (2005) Betriebliche Personalforschung: eine problemorientierte Einführung, München [u.a.]: Hampp.

Nouri, Hossein/Parker, Robert (1998) The relationship between budget participation and job performance: The roles of budget adequacy and organizational commitment, Accounting, Organizations and Society, 23. Jahrgang, Heft 5-6, S. 467-483.

o.A. (2005) Global Alliance for Hybrid Development, in DaimlerChrysler (Hrsg.), 2005, [http://www.daimlerchrysler.com/Projects/c2c/channel/documents/750025_IRRelease_Global_Alliance_for_Hybrid_Development.pdf], abgerufen am 23.09.2007.

o.A. (2008) DaimlerChrysler"Company at a Glance – Board of Management", in http://www. Coursemba. com/members/cases/DaimlerChrysler%20-A%20Union%20with%20Caveats!.pdf (Stand. 12. 10. 2008).

Odiorne, Gerorge (1980) Management by objectives: Führungssysteme für die achtziger Jahre [übersetzt von Maass, Wolfgang], München: Moderne Industrie.

Oechsler, Walter (1992) Personalführung durch tätigkeitsbezogene Leistungsbewertung, in Liebel, Hermann/Oechsler, Walter (Hrsg.) Personalbeurteilung: Neue Wege zur Bewertung von Leistung, Verhalten und Potential, Wiesbaden: Gabler, S. 11-102.

Oechsler, Walter (1996) Vom Lohnempfänger zum Vergütungsgestalter, Personal-Zeitschrift für Human Resource Management, 48. Jahrgang, Heft 3, S. 125-129.

Oechsler, Walter (2000) Personal und Arbeit: Grundlagen des Human Resource Management und der Arbeitgeber-Arbeitnehmer-Beziehungen, 7. grundlegend überarbeitete und erweiterte Auflage, München [u.a.]: Oldenbourg.

Oechsler, Walter (2006) Personal und Arbeit: Grundlagen des Human Resource Management und der Arbeitgeber-Arbeitnehmer-Beziehungen, 8. grundlegend überarbeitete Auflage, München [u.a.]: Oldenbourg.

Oldham, Greg/Kulik, Karol (1992) Arbeitsstrukturierung, in Gaugler, Eduard/Weber, Wolfgang (Hrsg.) Handwörterbuch des Personalwesens, 2. neubearbeitete und ergänzte Auflage, Stuttgart: Poeschel, Sp. 363-374.

Ostroff, Cheri (1992) The Relationship Between Satisfaction, Attitudes, and Performance: An Organizational Level Analysis, Journal of Applied Psychology, 77. Jahrgang, Heft 6, S. 963-974.

Pablo, Amy (1994) Determinants of acquisition integration level: A decision-making perspective, Academy of Management Journal, 37. Jahrgang, Heft 4, S. 803-836.

Pablo, Amy/Javidan, Mansour (2002) Thinking of a merger ... do you know their risk and propensity file?, Organizational Dynamics, 30. Jahrgang, Heft 3, S. 206-222.

Pack, Heinrich (2005) Due Diligence, in Picot, Gerhard/ Bartels, Eric (Hrsg.) Handbuch Mergers & Acquisitions: Planung, Durchführung, Integration, 3. grundlegend überarbeitete und aktualisierte Auflage, Stuttgart: Schäffer-Poeschel, S. 287-320.

Paprottka, Stephan (1996) Unternehmenszusammenschlüsse: Synergiepotentiale und ihre Umsetzungsmöglichkeiten durch Integration, Wiesbaden: Gabler.

Paul, Robert/Niehoff, Brian/Turnley, William (2000) Empowerment, expectations, and the psychological contract-managing the dilemmas and gaining the advantages, Journal of Socio-Economics, 29. Jahrgang, Heft 5, S. 471-485.

Pausenberger, Ehrenfried (1989) Zur Systematik von Unternehmenszusammenschlüssen, Wirtschaftsstudium, 18. Jahrgang, Heft 11, S. 621-626.

Pausenberger, Ehrenfried (1993) Unternehmenszusammenschlüsse, in Wittmann, Waldemar/Kern, Werner/Köhler, Richard/Küpper, Hans-Ulrich/Wysocki, Klaus von (Hrsg.) Handwörterbuch der Betriebswirtschaft, 5. völlig neu gestaltete Ausgabe, Stuttgart: Schäffer-Poeschel, Sp. 4436-4448.

Penrose, Edith (1997) The theory of the growth of the firm, 3. Auflage, Oxford, u.a.: Oxford University Press.

Phillips, Derek (1971) Knowledge from what: Theories and methods in social research, Chicago: Rand McNally.

Picot, Gerhard (2000) Gestaltung von Mergers & Acquisitions, Betriebswirtschaftliche Forschung und Praxis, 52. Jahrgang, Heft 4, S. 345-357.

Picot, Gerhard (2005) Wirtschaftliche Aspekte der Durchführung von Mergers & Acquisitions, insbesondere der Gestaltung des Transaktionsvertrages, in Picot, Gerhard (Hrsg.) Handbuch Mergers & Acquisitions: Planung, Durchführung Integration, 3. grundlegend überarbeitete und aktualisierte Auflage, Stuttgart: Schäffer-Poeschel, S. 121-286.

Picot, Gerhard (2005b) Personelle und kulturelle Integration, in Picot, Gerhard/Bartels, Eric (Hrsg.) Mergers & Acquisitions: Planung, Durchführung, Integration, 3. grundlegend überarbeitete und aktualisierte Auflage, Stuttgart: Schäffer-Poeschel, S. 449-490.

Picot, Gerhard (2008) Vertragliche Gestaltung besonderer Erscheinungsformen der Mergers & Acquisitions, in: Picot, Gerhard, et al. (Hrsg.), Handbuch Mergers & Acquisitions, 4. Auflage, Stuttgart: Schäffer-Poeschel Verlag, S. 270-373.

Picot, Gerhard (2008) Vertragliche Gestaltung des Unternehmenskaufs, in Picot, Gerhard, et. al. (Hrsg.) Handbuch Mergers & Acquisition, Planung, Durchführung, Integration, Stuttgart: Schäffer-Poeschel, S. 206-269.

Picot, Gerhard (2008): Wirtschaftliche und wirtschaftsrechtliche Parameter bei der Planung von Mergers & Acquisitions, in: Picot, Gerhard, et al. (Hrsg.) Handbuch Mergers & Acquisitions: Planung, Durchführung, Integration, 4. grundlegend überarbeitete und aktualisierte Auflage, Stuttgart: Schäffer-Poeschel, S. 2-47.

Pinchot, Gifford (1988) Intrapreneuring: Mitarbeiter als Unternehmer, [aus dem englischen übersetzt von Hyland, Ingrid], Wiesbaden: Gabler.

Porter, Michael (1998) Wettbewerbsstrategie: Methoden zur Analyse von Branchen und Konkurrenten, (deutsche Übersetzung von Brandt, Volker), 10. durchgesehene und erweiterte Auflage, Frankfurt a.M., [u.a.]: Campus.

Raffée, Hans (1993) Gegenstand, Methoden und Konzepte der Betriebswirtschaftslehre, in Bitz, Michael et al. (Hrsg.) Vahlens Kompendium der Betriebswirtschaftslehre, 3. überarbeitete und erweiterte Auflage, München: Vahlen, S. 1-46.

Raja, Usma/Johns, Gary/Ntalianis, Filotheos (2004) The impact of personality on psychological contracts, Academy of Management Journal, 47. Jahrgang, Heft 3, S. 350-367.

Ramaswamy, Kannnan (1997) The performance impact of strategic similarity in horizontal mergers: Evidence from the U.S. banking industry, Academy of Management Journal, 40. Jahrgang, Heft 3, S. 697-715.

Reber, Gerhard (1976) Implikationen der Anreiz-Beitrags-Theorie. Gibt es nur Verhalten in Organisationen oder auch ein Verhalten von Organisationen, Zeitschrift für Betriebswirtschaftslehre, 46. Jahrgang, S. 357-368.

Renner, Sebastian (1991) Corporate Identity: Gestaltungsformen, Informationslogik, Unternehmensauftritt, Würzburg: Vogel.

Rentsch, Joan/Schneider, Benjamin (1991) Expectations for postcombination organizational life: A study of responses to a merger and acquisition scenarios, Journal of Applied Social Psychology, 21. Jahrgang, Heft 3, S. 233-252.

Robinson, Sandra (1995) Violations of psychological contracts: Impact on employee attitudes, in Tetrick, Lois/Barling, Julian (Hrsg.) Changing employment relations: behavioral and social perspectives, Washington: American Psychological Association, S. 91-108.

Robinson, Sandra (1996) Trust and Breach of the psychological contract, Administrative Science Quarterly, 41 Jahrgang, Heft 4, S. 574-599.

Robinson, Sandra/ Wolfe-Morrison, Elizabeth (1995) Psychological contracts and OCB: The effect of unfulfilled obligations on civic virtue behavior, Journal of Organizational Behavior, 16. Jahrgang, Heft 3, S. 289-298.

Robinson, Sandra/Kraatz, Matthew/Rousseau, Denise (1994) Changing obligations and the psychological contract: A longitudinal study, Academy of Management Journal, 37. Jahrgang, Heft 1, S. 137-152.

Robinson, Sandra/Rousseau, Denise (1994) Violating the psychological contract: not the exception but the norm, Journal of Organizational Behavior, 15. Jahrgang, Heft 3, S. 245-259.

Rockholtz, Carsten (1999) Marktwertorientiertes Akquisitionsmanagement: Due Diligence-Konzeption zur Identifikation, Beurteilung und Realisation akquisitionsbedingter Synergiepotentiale, Frankfurt a.M. [u.a.]: Peter Lang.

Rogers, Robert (1995) The psychological contract of trust – Part 1, Executive Development, 8. Jahrgang, Heft 1, S. 15-19.

Rohloff, Susanne (1994) Die Unternehmungskultur im Rahmen von Unternehmenszusammenschlüssen, Köln [u.a.]: Eul.

Ropella, Wolfgang (1989) Synergie als strategisches Ziel der Unternehmung, Berlin [u.a.] de Gruyter.

Rosenstiel von, Lutz/Molt, Walter/Rüttinger, Bruno (1995) Organisationspsychologie, 8. überarbeitete und erweiterte Auflage, Stuttgart [u.a.]: Kohlhammer.

Rousseau, Denise (1989) Psychological and implied contracts in organizations. Employee Responsibilities and Rights Journal, 2. Jahrgang, Heft 2, S. 121-139.

Rousseau, Denise (1990) New hire perceptions of their own and their employer's obligations. A study of psychological contracts, Journal of Organizational Behaviour, 11. Jahrgang, Heft 5, S. 389-400.

Rousseau, Denise (1993) The contracts of individuals and organizations, Research in Organizational behavior, 15. Jahrgang, S. 1-43.

Rousseau, Denise (1995) Psychological contracts in organizations: understanding written and unwritten agreements, Thousand Oaks [u.a.]: Sage.

Rousseau, Denise (2004) Psychological contracts in the workplace: Understanding the ties that motivate, Academy of Management Executive, 18. Jahrgang, Heft 1, S. 120-127.

Rousseau, Denise/Anton, Ronald (1991) Fairness and implied contract obligations in job terminations: The role of contributions, promises, and performance, Journal of Organizational Behavior, 12. Jahrgang, Heft 4, S. 287-299.

Rousseau, Denise/Schalk, René (2000) Psychological contracts in employment: cross-national perspectives. Thousand Oaks [u.a.]: Sage.

Rugman, Alan/Hodgetts, Richard (2003) International Business, 3. Auflage, Harlow: McGraw-Hill.

Saunders, Mark/Lewis, Philip/Thornhill, Adrian (2000) Research Methods for Business Students, 2. Auflage, Harlow [u.a.]: Pearson.

Schäfer, Michael (2001) Integrationscontrolling – Bausteine zur Beobachtung der Integration von Akquisitionen. Bamberg: Difo-Druck.

Schäfer, Thorsten (2008) Stakeholderorientiertes Integrationsmanagement bei Fusionen und Akquisitionen, Wiesbaden: Gabler.

Schanz, Günther (1978) Verhalten in Wirtschaftsorganisationen, Personalwirtschaftliche und organisationstheoretische Probleme, München: Vahlen.

Schanz, Günther (1979) Betriebswirtschaftslehre als Sozialwissenschaft: Eine Einführung. Stuttgart [u.a.]: Kohlhammer.

Schanz, Günther (1988) Erkennen und Gestalten: Betriebswirtschaftslehre in kritisch-rationaler Absicht, Stuttgart: Poeschel.

Schanz, Günther (1990) Die Betriebswirtschaft als Gegenstand kritisch-konstruktiver Betrachtungen: Kommentare und Anregungen, Stuttgart: Poeschel.

Schanz, Günther (2000) Personalwirtschaftslehre: Lebendige Arbeit in verhaltenswissenschaftlicher Perspektive, 3. neu bearbeitete und erweiterte Auflage, München: Vahlen.

Schanz, Günther (2004) Das individualisierte Unternehmen: neurobiologische und motivationstheoretische Grundlagen, konzeptionelle Merkmale, Gestaltungs- und Handlungsfelder, München [u.a.]: Hampp.

Schaumburg, Harald/Rödder, Thomas (1995) UmwG – UmwStG: strukturierte Textausgabe des Umwandlungsgesetzes und Umwandlungssteuergesetzes mit Materialien und ergänzenden Hinweisen, Köln: O. Schmidt.

Schein, Edgar (1965) Organizational psychology, Englewood Cliffs [u.a.]: Prentice Hall.

Schein, Edgar (1978) Career Dynamics: Matching individual and organizational needs, Reading [u.a.]: Addison-Wesley Publication.

Schein, Edgar (1980) Organisationspsychologie, [deutsche Übersetzung von Münster, Thomas], Wiesbaden: Gabler.

Scheiter, Dietmar (1989) Die Integration akquirierter Unternehmen, St. Gallen: Forschungsstelle für Internationales Management.

Schellschmidt, Henner (2005) Fehlzeiten-Report, Ergebnisse aus der Auswertung von AU-Routinedaten der GKV, Wissenschaftliches Institut der AOK (WIdO), http://www.zes.uni-bremen.de/ccm/cms-service/stream/asset/?asset_id=1639409 (Stand 28.05.2009).

Schildknecht, Carsten (1998) Management ganzheitlicher organisationaler Veränderung, Wiesbaden: Deutscher Universitätsverlag.

Schmidt, Karsten (2002) Gesellschaftsrecht, 4. völlig neu bearbeitete und erweiterte Auflage, Köln: Heymanns.

Schmidt, Klaus-Helmut/Hollmann, Sven/Sodenkamp, Daniel (1998) Psychometrische Eigenschaften und Validität einer deutschen Fassung des "Commitment"-Fragebogens von Allen und Meyer (1990) Zeitschrift für Differentielle und Diagnostische Psychologie, 19. Jahrgang, Heft 2, S. 93-106.

Schmidt, Ralf-Bodo (1969) Wirtschaftslehre der Unternehmung: Grundlagen, Stuttgart: Poeschel.

Schmidtchen, Gerhard (1984) Neue Technik, neue Arbeitsmoral: eine sozialpsychologische Untersuchung über Motivation in der Metallindustrie, Köln: Deutscher Instituts-Verlag.

Schnabel, Claus (1997) Betriebliche Fehlzeiten. Ausmaß, Bestimmungsgründe und Reduzierungsmöglichkeiten, Köln: Deutscher Institutsverlag.

Schneider, Dietram (2004) Grundlagen der Betriebswirtschaftslehre: kompaktes Basiswissen, Norderstedt: Books on Demand.

Schnell, Rainer/Hill, Paul Bernhard/Esser, Elke (2005) Methoden der empirischen Sozialforschung, 7. völlig überarbeitete und erweiterte Auflage, München [u.a.]: Oldenbourg.

Schubbe, Marcus (1999) Der Einfluss von Unternehmenskulturen auf den Integrationsprozess bei Unternehmenszusammenschlüssen, Freiburg: Universitätsschrift.

Schubert, Werner/Küting, Karlheinz (1981) Unternehmenszusammenschlüsse, München: Vahlen.

Schurer-Lambert, Lisa/Edwards, Jeffrey/Cable, Daniel (2003) Breach and fulfillment of the psychological contract: a comparison of traditional and expanded views, Personnel Psychology, 56. Jahrgang, Heft 4, S. 895-934.

Schützeichel, Rainer (2004) Soziologische Kommunikationstheorien, Konstanz: UVK-Verlag.

Schweiger, David/Denisi, Angelo (1991) Communication with employees following a merger. A longitudinal field experiment, Academy of Management Journal, 34. Jahrgang, Heft 1, S. 110-135.

Schweiger, David/Goulet, Philip (2000) Integrating mergers and acquisitions: An international research review, Advances in Merger and Acquisition, 1. Jahrgang, S. 61-91.

Sebastian, Karl-Heinz/Niederdrenk, Ralph/Tesch, Andreas (1998) Market Due Diligence: Bewertungen von Unternehmen aus Sicht des Marktes, M&A Review, Jahrgang 1998, Heft 5, S. 207-211.

Senge, Peter (1996) Die fünfte Disziplin: Kunst und Praxis der lernenden Organisation (The fifth discipline), 2. Auflage, [aus dem Englischen übersetzt von Klostermann, Maren], Stuttgart: Klett-Cotta.

Seufert, Andreas/von Krogh, Georg/Bach, Andrea (1999) Towards knowledge networking, Journal of Knowledge Mangement, 3. Jahrgang, Heft 3, S. 180-190.

Shanley, Mark/Correa, Mary (1992) Agreement between top management teams and expectations for post acquisition performance, Strategic Management Journal, 13. Jahrgang, Heft 4, S. 245-266.

Shaver, Myles (2006) A paradox of synergy: contagion and capacity effects in mergers and acquisitions, Academy of management review, 31. Jahrgang, Heft 4, S. 962-976.

Shelton, Lois (1988) Strategic business fits and corporate acquisition: Empirical evidence, Strategic Management Journal, 9. Jahrgang, Heft 3, S. 279-287.

Shore, Lynn/Barksdale, Kevin (1998) Examining degree of balance and level of obligation in the employment relationship: a social exchange approach, Journal of Organizational Behavior, 19. Jahrgang, Heft 7, S. 731-744.

Shrivastava, Paul (1986) Postmerger Integration, Journal of Business Strategy, 7. Jahrgang, Heft 1, S. 65-76.

Si, Teven/Wie, Feng/Li, Yi (2008) The effect of organizational psychological contract violation on managers' exit, voice, loyalty and neglect in the Chinese context, The International Journal of Human Resource Management, 19. Jahrgang, Heft 5, S. 932-944.

Sims, Ronald (1994) Human resource management's role in clarifying the new psychological contract, Human Resource Management, 33. Jahrgang, Heft 3, S. 373-382.

Singh, Habir/Zollo, Maurizio (1998) Creating Value in Post-Acquisition Integration Processes, Working Paper Series, Philadelphia: Financial Institutions Center, Wharton School, University of Pennsylvania.

Singh, Harbir/Montgomery, Cynthia (1987) Corporate acquisition strategies and economic performance, Strategic Management Journal, 8. Jahrgang, Heft 4, S. 377-386.

Sirower, Marc (2001) Der Synergie-Effekt: Chancen und Risiken von Fusionen für Unternehmer und Anleger, München: FinanzBuch Verlag.

Smithson, Janet/Lewis, Suzan (2000) Is job insecurity changing the psychological contract?, Personnel Review, 29. Jahrgang, Heft 5/6, S. 680-702.

Spindler, George (1994) Psychological contracts in the workplace: A lawyer's view, Human Resource Management, 33. Jahrgang, Heft 3, S. 325-333.

St. Jean, Dianne/Cohen, Allan/Madden, Edward (2000) DaimlerChrysler Merger: The quest to create „one company", http://miha.ef.unilj.si/_dokumenti3plus2/-192278/ZdruzitevDaimlerjain Chryslerja.pdf (Stand. 09.10.2008).

Staehle, Wolfgang (1999) Management: Eine verhaltenswissenschaftliche Perspektive, 8. überarbeitete Auflage, überarbeitet von Conrad, Peter/Sydow, Jörg, München: Vahlen.

Stahl, Günter/Mendenhall, Mark/Pablo, Amy/Javidam, Mansour (2005) Sociocultural Integration in Mergers and Acquisitions, in Stahl, Günter/Mendenhall, Mark (Hrsg.) Mergers and Acquisitions, Stanford, Stanford University Press, S. 3-16.

Stock-Homburg, Ruth (2008) Personalmanagement, Wiesbaden: Gabler.

Stolzenberg, Kerstin/Heberle, Krischan (2006) Change Management. Veränderungsprozesse erfolgreich gestalten- Mitarbeiter mobilisieren, Heidelberg: Springer Medizin Verlag.

Strohmer, Michael (2001) Integration nach Merger and Acquisition: Erfolgskonzeption für das Post-Deal Management, Wiesbaden: Deutscher Universitäts Verlag.

Sturges, Jane/Conway, Neil/Guest, David/Liefooghe, Andreas (2005) Managing the career deal: The psychological contract as a framework for understanding career management, organizational commitment and work behavior, Journal of Organizational Behavior, 26. Jahrgang, Heft 7, S. 821-838.

Sutton, Gigi/Griffin, Mark (2004) Integrating expectations, experiences, and psychological contract violations: A longitudinal study of new professionals, Journal of Occupational & Organizational Psychology, 77. Jahrgang, Heft 4, S. 493-514.

Tajfel, Henri (1978) Intergroup Behaviour: Individualistic Perspectives, in: Tajfel, Henri/Fraser, Colin (Hrsg.) Introducing Social Psychology, Hammondsworth: Penguin Books, S. 401-422.

Tajfel, Henri/Turner, John (1986) The social identity theory of intergroup behaviour, in Worchel, Stephen/Austin, William (Hrsg.) The social psychology of intergroup relations, 2. Auflage, Chicago: Nelson-Hall Publishers, S. 7-24.

Tajfel, Henri/Turner, John (2004) An integrative theory of intergroup conflict, in: Hatch, Mary (Hrsg.) Organizsational identity, Oxford [u.a.]: Oxford University Press, S. 56-66.

Taylor, Frederick (1977) Die Grundsätze wissenschaftlicher Betriebsführung (The principles of scientific management), [deutsche autorisierte Übersetzung von Roesler, Rudolf], neu herausgegeben und eingeleitet von Volpert, Walter/Vahrenkamp, Richard. Nachdruck der autorisierten Ausgabe von 1913, München: Oldenbourg.

Tekleab, Amanuel/Takeuchi, Riki/Taylor, Susan (2005) Extending the Chain of Relationships among Organizational Justice, Social Exchange, and Employee Reactions: The Role of Contract Violations, Academy of Management Journal, 48. Jahrgang, Heft 1, S. 146-157.

Tekleab, Amanuel/Taylor, Susan (2003) Aren't there two parties in an employment relationship? Antecedents and consequences of organization-employee agreement on contract obligations and violations, Journal of Organizational Behavior, 24. Jahrgang, Heft 5, S. 585-608.

Thibaut, John/ Walker, Laurens (1975) Procedural justice: a psychological analysis, Hillsdale:Lawrence Erlbaum.

Thobe, Wiltrud (2002) Externalisierung impliziten Wissens. Ein verhaltenstheoretisch fundierter Beitrag zum organisationalen Lernen, Frankfurt a. M.: Peter Lang.

Thoma, Georg/Reuter, Till (1999) ‚Shrinking the Atlantic'. Der Zusammenschluss von daimler-Benz und Chrysler, M&A Review, 7-8 Jahrgang, S. 314-321.

Thommen, Jean-Paul / Achleitner, Ann-Kristin (2006) Allgemeine Betriebswirtschaftlslehre, 5. Auflage, Wiesbaden: Gabler.

Thompson, John (2002) Strategic Management, awareness and change, 4. Auflage, London [u.a.]: Thompson.

Thomsen, Eike-Hendrik (2006) Strategische Unternehmensführung, 2. Auflage, St. Gallen: SMG Publishing.

Tita, Thomas (1999) Zu Möglichkeiten effizienter Gestaltung betrieblicher Arbeitsgruppen. Erfassung und Evaluierung eines organisationalen Veränderungsprozesses unter Berücksichtigung von sozialperspektivischer Wahrnehmung, Attribution und Zufriedenheit der Mitarbeiter, Göttingen: Cuvillier.

Trautwein, Friedrich (1990) Merger Motives and prescriptions, Strategic Management Journal, 11. Jahrgang, Heft 4, S. 283-295.

Turner, John (1999) Some current issues in research on social identity and self categorization theories, in: Ellemers, Naomi/Spears, Russell/Doosje, Bertjan (Hrsg.) Social identity: context, commitment, content, Oxford [u.a.]: Blackwell, S. 6-34.

Turnley, William/Bolino, Mark/Lester,Scott/Bloodgood, James (2003) The impact of psychological contract fulfillment on the performance of in-role and organizational citizenship behaviors, Journal of Management, 29. Jahrgang, Heft 2, S. 187-206.

Turnley, William/Feldman, Daniel (1999) The impact of psychological contract violation on exit, voice, loyalty, and neglect, Human Relations, 52. Jahrgang, Heft 7, S. 895-922.

Turnley, William/Feldmann, Daniel (2000) Re-Examining the Effects of Psychological Contract Violations: Unmet Expectations and Job Dissatisfaction as Mediators, Journal of Organizational Behavior, 21. Jahrgang, Heft 1, S. 25-42.

Unterreitmeier, Andreas (2004) Unternehmenskultur bei Mergers & Acquisitions: Ansätze zur Konzeptualisierung und Operationalisierung, Wiesbaden: Deutscher Universitätsverlag.

Voci, Alberto (2006) The link between identification and in-group favourism: Effects of threat to social identity and trust related emotions. British Journal of Social Psychology, 45. Jahrgang, Heft 2, S. 265-284.

Volmerg, Ute (1983) Validität im interpretativen Paradigma. Dargestellt an der Konstruktion qualitativer Erhebungsverfahren, in Zedler, Peter/Moser, Heinz (Hrsg.) Aspekte qualitativer Sozialforschung. Studien zu Aktionsforschung, empirischer Hermeneutik und reflexiver Sozialtechnologie, Opladen: Leske und Budrich, S. 124-143.

Vos de, Ans/Buyens, Dirk/Schalk, René (2003) Psychological contract development during organizational socialisation: adaptation to reality and the role of reciprocity, Journal of Organizational Behavior, 24. Jahrgang, Heft 5, S. 537-559.

Vroom, Victor (1964) Work and Motivation, New York [u.a.]: Wiley.

Wache, Thies/Brammer, Dirk (1993) Corporate Identity als ganzheitliche Strategie, Wiesbaden: Deutscher Universitäts Verlag.

Wagner, Dieter (1991) Anreizpotentiale und Gestaltungsmöglichkeiten von Caféteria-Systemen, in Schanz, Günther (Hrsg.) Handbuch Anreizsysteme in Wirtschaft und Verwaltung, Stuttgart: Poeschel, S. 91-110.

Wagner, Dieter (1993) Cafeteria-Modelle in der Unternehmenspraxis, Personalwirtschaft, 20. Jahrgang, Heft 3, S. 53-56.

Wagner, Dieter/Grawert, Achim/Doyé, Thomas/Langemeyer, Heiner (2004) Flexibilisierung und Individualisierung von Entgeltbestandteilen, Potsdam: IMO Werkstattbericht.

Wagner, Dieter/Grawert, Achim/Langemeyer, Heiner (1993) Cafeteria-Modelle. Möglichkeiten der Individualisierung und Flexibilisierung von Entgeltsystemen für Führungskräfte, Stuttgart: Schäffer-Poeschel.

Waldecker, Peter (1995) Strategische Alternative in der Unternehmensentwicklung: interne Entwicklung und Unternehmensakquisition, Wiesbaden.

Walger, Gerd (1995) Idealtypen der Unternehmensberatung, in: Walger, Gerd/Achatzi, Hans-Joachim (Hrsg.) Formen der Unternehmensberatung, Köln: Otto Schmidt Verlag, S. 1-18.

Walkner, Veit (2001) Gerechtigkeit und Fairness als Konzept zur Ueberwindung der Widerstandsproblematik bei Beratungsprojekten, Bamberg: Difo-Druck.

Walsh, James (1988) Top Management turnover following mergers and acquisitions, Strategic Management Journal, 9. Jahrgang, Heft 2, S. 173-183.

Walsh, James (1989) Doing a deal: Merger and acquisition negotiations and their impact upon target company top management turnover, Strategic Management Journal, 11. Jahrgang, Heft 4, S. 307-322.

Walster, Elaine/Walster, William/Berscheid, Ellen (1978) Equity: Theory and Research, Boston [u.a.]: Allyn & Bacon.

Wanous, John/Poland, Timothy/Premack, Stephen/Davis, Shannon (1992) The Effects of Met Expectations on Newcomer Attitudes and Behaviors: A Review and Meta-Analysis, Journal of Applied Psychology, 77. Jahrgang, Heft 3, S. 288-297.

Weber, Jürgen/Schäffer, Utz (2006) Einführung in das Controlling, 11. vollständig überarbeitete Auflage, Stuttgart: Schäffer-Poeschel.

Webernsdorfer, Andreas (2005) Sanktionsbeurteilung von Laien und Rechtsbewusstsein, Norderstedt: Grin Verlag.

Weick, Karl (1995) Der Prozess des Organisierens, [ins Deutsche übersetzt von Hauck Gerhard], Frankfurt a.M.: Suhrkamp.

Weiner, Bernard (1988) Motivationspsychologie, 2. neu ausgestattete Auflage, München [u.a.]: Psychologie-Verlags-Union.

Weise, Peter (1982) Werte als Alternativkosten, in Stachowiak, Herbert/Ellwein, Thomas/Herrmann (Hrsg.) Bedürfnisse, Werte und Normen im Wandel, Band 1, Grundlagen, Modelle und Prospektiven, München: Fink, S. 165-180.

Weiss, Katharina (2005) Zur Relevanz weicher Faktoren bei Akquisitionen: Einflussbereiche der Unternehmenskultur und Einflussfaktoren des Integrationsklimas, http://deposit.ddb.de/cgibin/dokserv?idn=978917219&dok_var=d1&dok_ext=pdf&filename=978917219.pdf (Stand 21.11.2008).

Weitz, Joseph (1956) Job Expectancy and Survival, Journal of Applied Psychology, 40. Jahrgang, Heft 4, S. 245-247.

Welge, Martin (1975) Profit-Center-Organisation: organisatorische Analyse von Strukturbewertungsproblemen in funktionalen und profitcenter-orientierten Organisationen, Wiesbaden: Gabler.

Weller, Ingo (2003) Commitment, in Martin, Albert (Hrsg.) Organizational Behaviour- Verhalten in Organisationen, Stuttgart: Kohlhammer, S. 77-94.

Werpers, Katja (1998) Konflikte in Organisationen: Eine Feldstudie zur Analyse interpersonaler und intergruppaler Konfliktsituationen, Münster [u.a.]: Waxmann.

Wiedmann, Klaus-Peter/Jugel, Stefan (1987) Corporate-Identity-Strategie: Anforderungen an die Entwicklung und Implementierung, Die Unternehmung, 41, Jahrgang, Heft 3, S. 186-204.

Wiedmann, Klaus-Peter/Meissner, Sabine/Grotheer, Arne (2003) Markenintegration als strategische Herausforderung bei Mergers & Acquisitions, Hannover: Lehrstuhl für ABWL und Marketing.

Wilkens, Uta (2004) Management von Arbeitskraftunternehmern. Psychologische Vertragsbeziehungen und Perspektiven für Arbeitskräftepolitik in wissensintensiven Organisationen. Wiesbaden: Deutscher Universitätsverlag.

Winfield, Peter/Bishop, Ray/Porter, Keith (2000) Core management for HR students and HR practitioners, Boston: Butterworth Heinemann.

Wirtz, Bernd W., 2003, Mergers & acquisitions management: Strategie und Organisation von Unternehmenszusammenschlüssen, 1. Auflage, Wiesbaden: Gabler.

Witt, Jürgen/Witt, Thomas (2006) Der kontinuierliche Verbesserungsprozess (KVP) : Konzept - System – Maßnahmen, 2. durchgesehene Auflage, Frankfurt a.M: Verlag Recht und Wirtschaft.

Witte, Erich (1989) Sozialpsychologie: Ein Lehrbuch, München: Psychologie-Verlags-Union.

Wittwer, Antje (1995) Innerbetriebliche Kommunikation bei Unternehmenszusammenschlüssen: Eine Untersuchung über Strategien zur Mitarbeiterintegration, München: tuduv-Verlag.

Wöhe, Günter (2002) Einführung in die allgemeine Betriebswirtschaftslehre, 21. neubearbeitete Auflage, München: Vahlen.

Wolf, Joachim (2000) Strategie und Struktur 1955-1995: ein Kapitel der Geschichte deutscher nationaler und internationaler Unternehmen, Wiesbaden: Gabler.

Wolfe-Morrison, Elizabeth/ Robinson, Sandra (1997) When employees feel betrayed: A model of how psychological contract violation develops, Academy of Management Review, 22. Jahrgang, Heft 1, S. 226-258.

Womack, James/Jones, Daniel (1997) Lean thinking: Auf dem Weg zum perfekten Unternehmen (Lean thinking), [deutsche Übersetzung von Meyer, Hans-Peter], Frankfurt a.M. [u.a.]: Campus Verlag.

Zentes, Joachim (1996) Grundbegriffe des Marketing, 4. überarbeitete und erweiterte Auflage, Stuttgart: Schäffer-Poeschel.

Zimmer, Alexander (2001) Unternehmenskultur und Cultural Due Diligence bei Mergers & Acquisitions, Aachen: Shaker.

Zimmermann, Rainer/Herres, Jürgen (2008) Interne und externe Kommunikation, in Picot, Gerhard (Hrsg.) Handbuch Mergers & Acquisitions, Planung, Durchführung, Integration, 4. grundlegend überarbeitet und aktualisierte Auflage, Stuttgart: Schäffer-Poeschel.

Zöllner, Wolfgang/Loritz, Karl-Georg/Hergenröder, Curt (2008) Arbeitsrecht- ein Studienbuch, 6. neubearbeitete Auflage, München: Beck.